CATF
中国建筑思想论坛
China Architecture Thinking Forum

OCT 華僑城地产 本书由华侨城地产资助出版

走向公民建筑

中国建筑传媒奖 / 中国建筑思想论坛
2011-2012

中国建筑传媒奖组委会　中国建筑思想论坛组委会
南方都市报

广西师范大学出版社
·桂林·

罗东文化工场，建筑设计：田中央工作群 + 黄声远

罗东文化工场

最佳建筑奖

第三届中国建筑传媒奖

2012

歌华营地体验中心，建筑设计：OPEN建筑事务所

歌华营地体验中心

最佳建筑奖

第三届中国建筑传媒奖

2012

宁波市鄞州区人才公寓，建筑设计：DC国际

宁波市鄞州区人才公寓

居住建筑特别奖

第三届中国建筑传媒奖

2012

陈志华（右二）在四川省合江县福宝场采访当地老乡

陈志华

杰出成就奖

第三届中国建筑传媒奖

2012

孝泉镇民族小学，建筑设计：华黎

华黎

青年建筑师奖

第三届中国建筑传媒奖

2012

目 录

中国建筑传媒奖

第三届中国建筑传媒奖（2012）

中国建筑思想论坛

传统与我们

第三届中国建筑思想论坛（2011）

访谈·文选

第三届中国建筑传媒奖访谈

第三届中国建筑传媒奖评论奖文选

前言

本书是《走向公民建筑》丛书的第二辑，收录了我们在2011年（“第三届中国建筑思想论坛”）、2012年（“第三届中国建筑传媒奖”）的主要成果。

中国的城市化问题是人类史上空前绝后的工程，不只关乎占人类人口五分之一的中国人口的居住状况，也关乎中国社会如何走向公民社会。在这样的大背景下，我们选取“公民建筑”为概念切入点，以“中国建筑传媒奖”和“中国建筑思想论坛”两个活动（单年举办思想论坛，双年举办传媒奖）为平台，积极倡导社会性强、品质卓越的建筑文化，力图在空间维度上支持中国的城市化进程，推动中国公民社会的发展。

上述两个活动的成功举办要向诸多学者致谢。感谢第三届中国建筑思想论坛学术召集人朱涛，以及认真准备并有精彩发言的龙应台女士、赖德霖、赵辰、王维仁、王澍、刘家琨、黄印武及刘东洋；感谢第三届中国建筑传媒奖提名及初评委员会主席黄居正及委员李晓峰、马卫东、饶小军、史建、王俊雄、王路、王明贤、叶长安、于冰、赵辰、支文军；感谢第三届中国建筑传媒奖终评委员会主席严迅奇及委员崔恺、栗宪庭、孟建民、王骏阳、夏铸九、吴光庭等。他们以精深的专业素养、正直的人格、严谨的态度，实践着中国建筑传媒奖的每一个环节，使得建筑传媒奖具有了公信力及不可代替性。

特别感谢深圳市光耀地产集团有限公司对第三届中国建筑思想论坛的无私赞助。

第三届中国建筑传媒奖的成功举办则要感谢深圳华侨城房地产有限公司的全力支持，除赞助活动运营、提供绝佳的颁奖场所外，他们还资助了本书的出版。华侨城地产一直关注中国建筑传媒奖的发展。作为“现代服务业成片综合开发运营”的领跑者，其以“文化艺术”为内涵，坚持“绿色低碳、生态环保”理念，26年来为深圳乃至全国的城市规划建设提供了有益的示范。

还要特别感谢梁文道先生，不辞辛苦地主持了上述两个活动。

“走向公民建筑”是我们两个活动的口号。我们期待着多方人士，热情地汇入到这一“走向”的过程中。大家联手起来，共同在中国的大地上，打造出公民空间、公民城市和公民社会！

编者

2012年12月

1

中国建筑传媒奖

第三届中国建筑传媒奖（2012）

大奖宣言

走向公民建筑

快速城市化进程从根本上改变了人们的生活，建筑的设计与建造一直在其中扮演着关键的角色。当下对建筑作品的解读，已无法仅局限于对建筑形式或技术等单方面的讨论，而必须扩展到社会和人文的层面。为此，《南方都市报》联合国内多家建筑杂志和媒体，共同设立中国建筑传媒奖，力图以更宽阔的视野、以建筑的社会意义和人文关怀为主要标准来评价建筑。

中国建筑传媒奖的口号是“走向公民建筑”。“公民建筑”是指那些关心民生，如居住、社区、环境、公共空间等问题，在设计中体现公共利益，倾注人文关怀，并积极为现时代状况探索高质量文化表现的建筑作品。

南方都市报系一直致力于推动中国的公民社会建设。我们也深信，“走向公民建筑”是其中极为重要的一个环节。通过设立中国建筑传媒奖，我们希望向建筑界和社会发出这样的呼吁：形象工程的时代该结束了，漠视公众建筑质量和空间利益的时代该结束了，让我们共同致力于开创一个“公民建筑”的时代！

中国建筑传媒奖组委会

第三届中国建筑传媒奖

2012

第三届中国建筑传媒奖

提名及初评委员会

主席　黄居正

秘书长　赵　磊

委员
黄居正　《建筑师》主编
李晓峰　《新建筑》主编、华中科技大学建筑与城市规划学院教授
马卫东　文筑国际创始人、建筑评论家
饶小军　《世界建筑导报》总编辑、深圳大学建筑与城市规划学院教授
史　建　建筑评论家、策展人
王俊雄　《台湾建筑报道》总编辑、台湾淡江大学建筑系专任副教授
王　路　《世界建筑》主编、清华大学建筑学院教授
王明贤　中国艺术研究院建筑艺术研究所副所长
叶长安　香港建筑师、策展人、香港理工大学赛马会社会创新设计院总监
于　冰　《domus 国际中文版》主编
赵　辰　南京大学建筑学院教授
支文军　《时代建筑》主编、同济大学建筑与城市规划学院教授

终评委员会

主席　严迅奇

秘书长　赵　磊

委员
崔　恺　中国建筑设计研究院总建筑师
黄居正　《建筑师》主编
栗宪庭　艺术评论家
孟建民　深圳市建筑设计研究总院总建筑师
王骏阳　同济大学建筑与城市规划学院教授
夏铸九　台湾大学建筑与城乡研究所教授
严迅奇　香港许李严建筑工程师有限公司执行董事
吴光庭　台湾淡江大学建筑系副教授

最佳建筑奖

罗东文化工场［台湾宜兰，建筑设计：田中央工作群＋黄声远］

歌华营地体验中心［河北省秦皇岛，建筑设计：OPEN 建筑事务所］

入围奖

高黎贡手工造纸博物馆［云南省腾冲市，建筑设计：TAO 迹·建筑事务所］

南山婚姻登记中心［广东省深圳市，建筑设计：都市实践］

休宁双龙小学［安徽省黄山市，建筑设计：维思平建筑设计］

罗东文化工场

建筑设计：田中央工作群＋黄声远
项目地点：台湾宜兰县
建成时间：2012年

第三届中国建筑传媒奖（2012）

最佳建筑奖

罗东文化工场

颁奖词

罗东文化工场为台湾近年来最具突破性之公共建筑。在台湾，文化的定义已经日益多元，日常生活和即兴活动都成为其中不可或缺的部分。建筑群以罕见的方式回应这一趋势，既隐喻着罗东历史中大型林场的生产空间历史，也为小镇营造了具有震撼力和平等的公共文化交流空间。建筑结构和空间形式蓄意游走于现代主义和地方性之间，同时也结合场地设计，与城市环境肌理充分融合。项目本身也是协调和权衡经济、政治等因素的复杂产物。

简历

黄声远，1986 年毕业于台湾东海大学建筑系，1991 年获得耶鲁大学建筑硕士。从土地及生活出发，在宜兰深耕 16 年，现为田中央建筑学校 / 田中央工作群主持建筑师，与一群来自各地的建筑伙伴一同陆续在宜兰推动都市改造。

田中央工作群团队自 1994 年起推动宜兰河边的维管束计划、宜兰河、罗东文化工场等都市改造计划。他们的空间想象如藤蔓茎脉匍爬于宜兰小镇与乡野，没有必然的主要空间，也不必急着用答案来限定未来的发展，只要提供足够的养分，更多的想象力就可以蔓延、联结、开放、长出不同的枝节，拓展出更多的空间契机。

鸟瞰罗东新林场（都市关系）

作品简介

罗东文化工场原名宜兰县立第二文化中心。“在各县市建设文化中心”为蒋经国执政时在 1980 年代提出的文化政策，从那时之后，台湾各县市纷纷建起文化中心，内有演艺厅、图书馆和艺廊等，但实际上文化中心常为一庞大黑盒子，与民众生活遥远。在此语境下，罗东文化工场企图为“文化中心”提出新定义。以往拒常民于千里之外的封闭形象，在这里找不出一丝痕迹。取而代之的，是一个宏伟壮观、可供任何人在任何时候自由进出的“大棚子”，它就是该毫无拘束的公共生活的空间化身。大棚子下高 18 米，面积广阔，除可供举行大型艺术文化活动外，也让小区居民每天可以在遮阳避雨的环境下散步、运动和休闲。除此之外，文化中心也是邻近都市空间的整合器，借着空中艺廊的引导，原来因外环道开辟被切断的空间纹理被重新接续起来，同时借着这些新通道居民可以很容易地走进参与文化中心的展演活动。而借着东光国中的开放式校园与文化中心附属公园的延伸，整个地区被整合成一个广大的开放空间，并且可与樟仔园、罗东夜市和中山公园等小区中心密切串连，对于促进公共生活帮助颇大。

罗东镇是宜兰县兰阳溪以南之工商发展重镇，长期以来缺乏较大型的文艺活动表演或展示场地，借由文化中心第二馆区的兴辟计划，于本案的天空艺廊、半户外大棚架及外围景观运动设施型塑“罗东新林场”意象，使溪南重镇的罗东地区成为能兼具商业与文化的多元化城镇。

这“食衣住行”皆文化的“未来城市基础设施”，终于穿过各种分期的预算筹措及政党轮替而慢慢来到人间。经济罗东对比于政教宜兰的不羁性格，棚架净高 18 米，有挣脱的气魄、有知识起家工业城镇的抽象力量，有一片人人平等的水平面，8 米出挑，透视上避开了结构的现实性，产生让人愿意接受的轻盈。

一开始就想用“把美术馆吊起来，文化市集趴下去”的剖面策略，认真把空间的中段空出来，不挡到四周互望的视线。这种把一切留给公共流动，游走其间到处透出山色的简单心愿，点出了宜兰公共工程还地于民的心胸。

罗东是一个阶级流动的城市，透过对技术知识的努力，可以自由爬上高空，人人都可以公平看到全局。这是一个留下空白以等待层层文化从土地里逐渐“生成”的骨架；是邀请人的聚集而非搬演、拼凑既定的模式；是让每一个人可以公平登上都市屋顶的礼物；是铺陈“小镇文化廊道”这样的软性组织，钻来钻去四处蔓延，想要为公共“做”什么而不是“成为”什么的冒险付出。

一个以产业、商业作为起始点的历史乡镇，在形象上可以适度地用建筑的手法加以联想、转化，实质的空间内容亦可反映罗东所固有的极富地域特色的商业生活及夜间活动。作为溪南地区最重要的区域，罗东经常举办大型活动，已成为当地居民的普遍经验，具备提供高密度活动、或可供观赏的集体活动的特质，并与运动设施及周遭的图书馆、活动中心、校园、体育馆等相结合成一个具有小区气息、历史情感的新型文化体育园区。

具备高度弹性、可供适应与调整的空间设施，符合快速变化的现代社会需求，且能使宝贵的大空间保持永续经营；展现一种多元共存，大型集会与小区可以共享的半户外省能空间及身体与数字虚拟信息并存的空间企图。

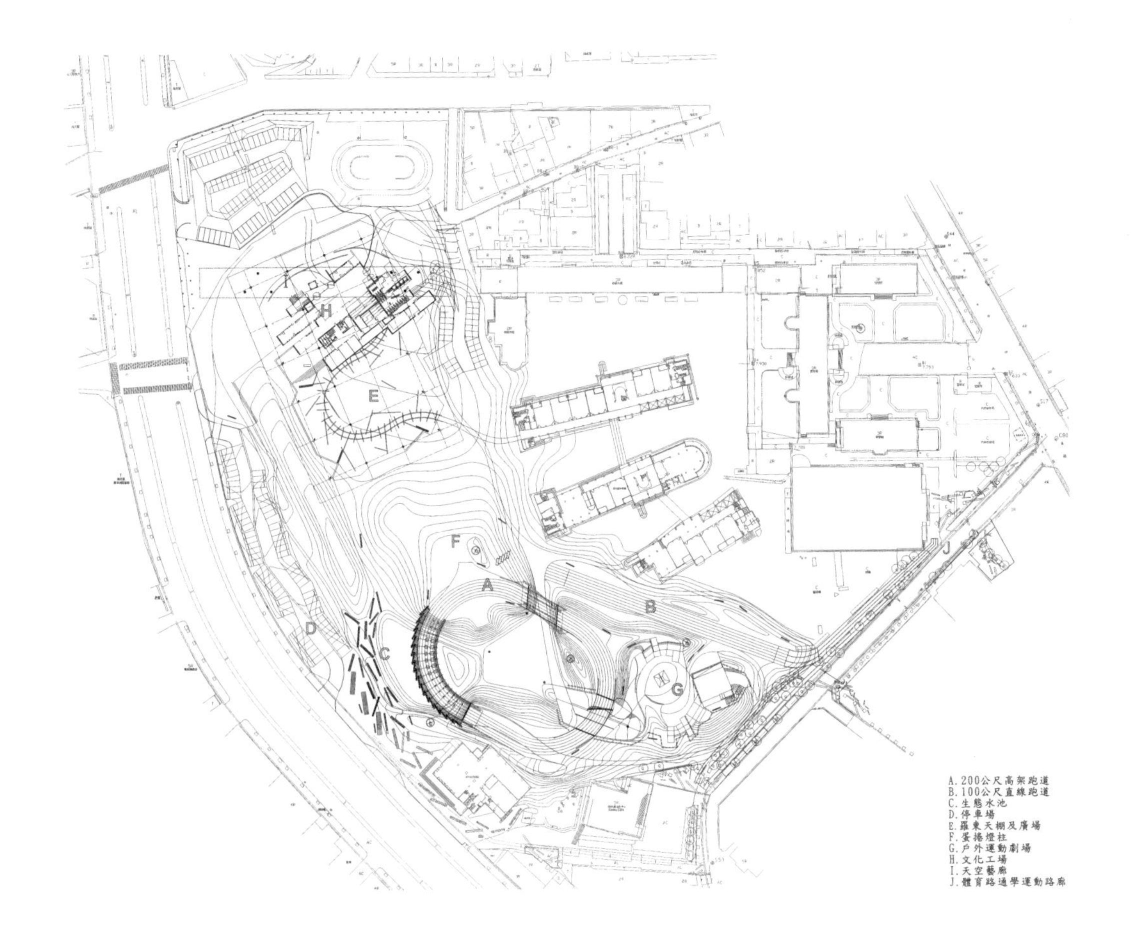
H
E
I
F
A
B
D
C
G
J
A.200公尺高架跑道
B.100公尺直線跑道
C.生態水池
D.停車場
E.羅東天棚及廣場
F.蛋捲燈柱
G.戶外運動劇場
H.文化工場
I.天空藝廊
J.體育路通學運動路廊

全区配置图

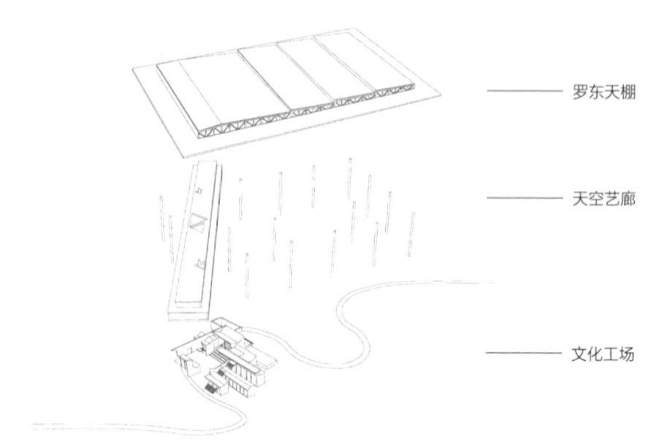

组合透视图

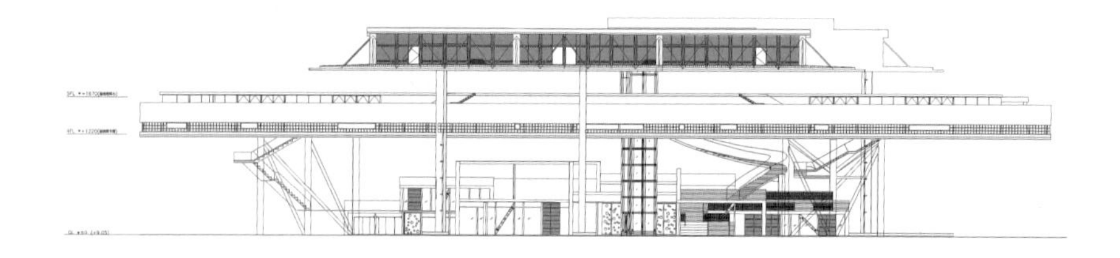

全区北向立面图

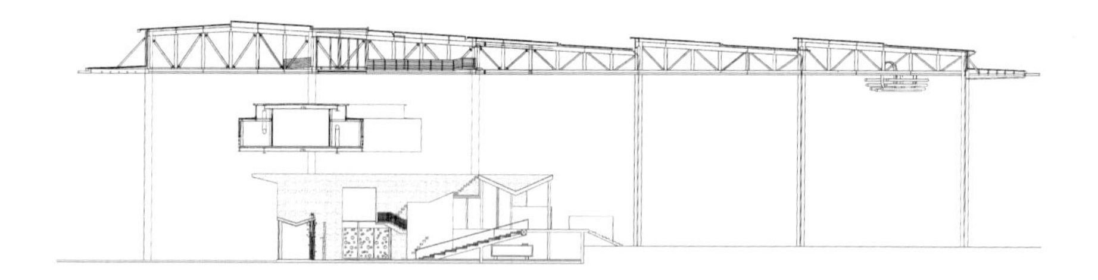

全区长向剖面图

大棚架猫道层平面图

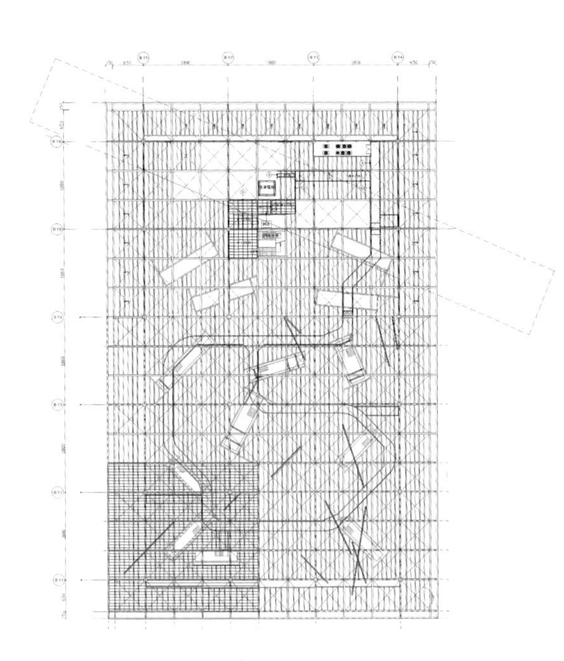

大棚架短向剖面图

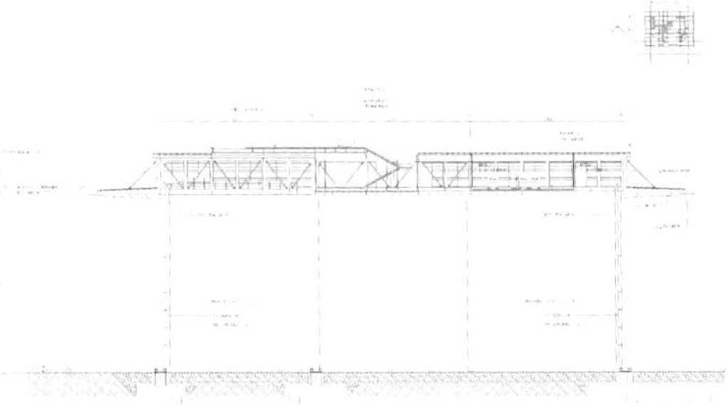

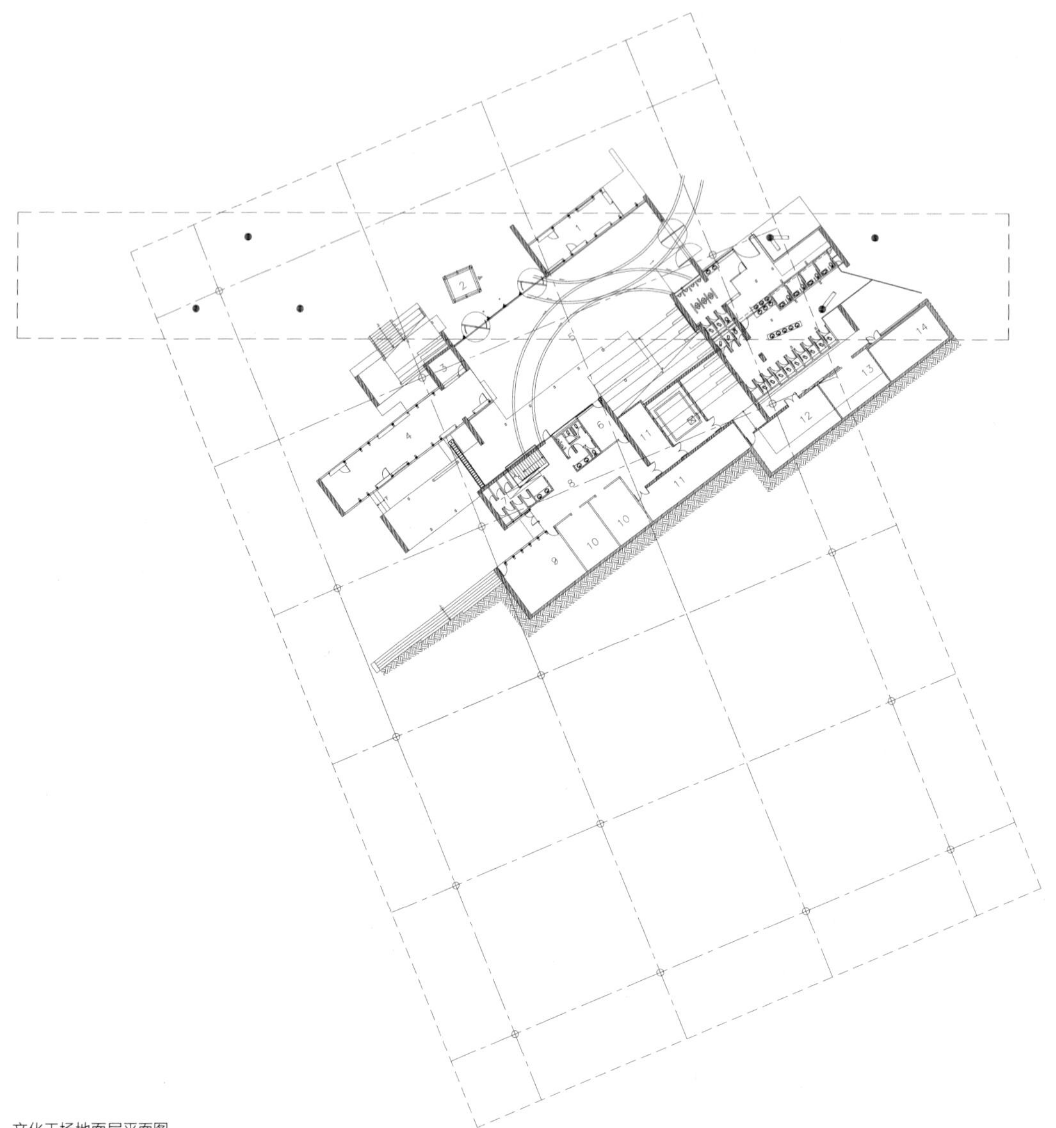

文化工场地面层平面图

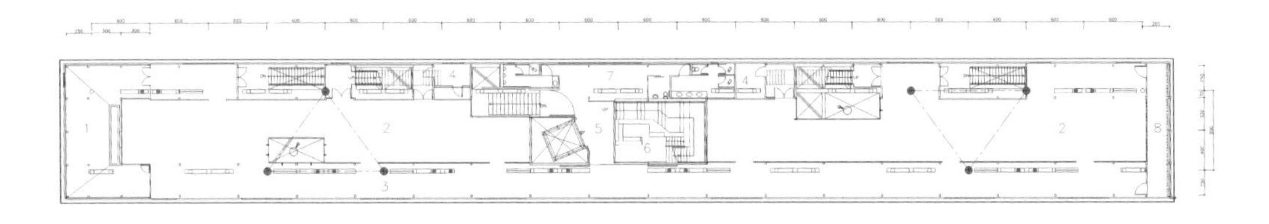

天空艺廊展示层平面图

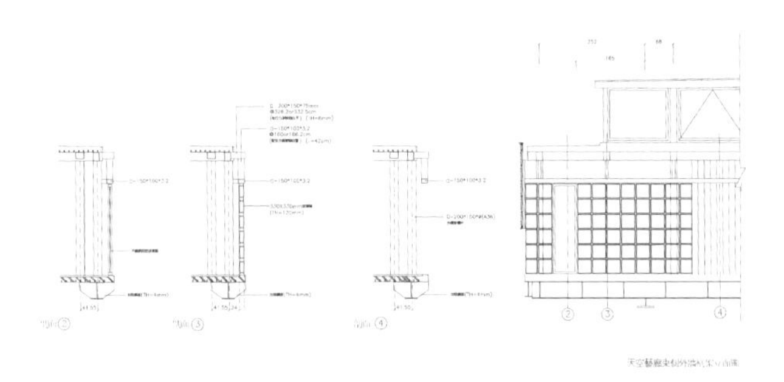

天空艺廊构造剖面细部图

天空艺廊屋顶层（漂浮月台）

猫道往下望三个物件的关系

宜兰位于台湾东北角，总共46万人口，五条水系都指向龟山岛，5个主要城市的人口都在浪漫的五万到十万之间，地理上山脉把兰阳平原跟台湾西岸的城镇隔开，历史上这片土地一直都保持着自主的性格。

宜兰人一直在走不一样的路，愿意让彼此有能力尝试新的未来，而田中央有幸身在其中。这里有一群公务人员愿意倾听人民的声音，秉着自己也是居民的心情，坚守各自的工作位置。他们勇于承担责任、尊重专业，并且和一群一群在地蹲点的工作者结合。无论先来后到，大家知道居民最需要的，是在多数人善意“表达意见”后就“各自去忙”的现实中，有勇气扛起“动手做”的承担，一年又一年细心协调而且“撑到最后”。就算已经分不清是谁的想法，只要是为了公共，就不放弃任何局部实现的可能。

这些前赴后继的专业者不会因为地方政治上的扭曲而裹足不前，也不会因选举时的蓝绿恶斗，有一方找人在地上喷漆，民粹式地讲谁谁谁不是宜兰人就泄气。

乡愁式的抽播并非自由的青年们可以贡献的回家之路，为了反省几个长期在地团队也有可能共同形成一言堂，不时出现各式各样的地景尝试，有时只是一种友善的邀请；是自我批判的开始，是还没成熟的学习，而非被误会的“形式自信”。

“没见过的样子”在民主社会最终还能被实现而且跨出一步，通常是真实生活的社群包括在地公务员，起来集体反抗包括“政治正确”、“机能挂帅”等隐藏霸权的结果，想找出亲爱家人本来该有的生活。

其实，每一个小城的活化都是非常多团队、非常多人共同努力的，田中央的青年只是从不缺席，也从不放弃。这一代年轻人对英雄式的一意孤行并没有兴趣，他们已经能够和别的团队自自然然地跨界合作，主动，而且愿意不断调整。“人的一生，可贵在能成就什么。”自由的年轻人，一棒接一棒，永远把感谢放在心上。

已经做了十四年的罗东文化工场终于开始运营了，当年暂定的名称“罗东新林场”已经走入历史，以后官方的正式名称为“罗东文化工场”，而地方居民仍亲切叫它“丝瓜棚”。从设计到施工，透过与上千人不断沟通，田中央9万小时的集体工作（还不包括营建工人、专家学者以及公务员），心情放松不预设立场，才慢慢凝聚出四周社区真正需要的那片空白。

经过十四年努力，跨越“中央”两次与宜兰县二次的“政党轮替”，历任三任县长，七任文化局长操盘，不太顺，反而能慢慢累积认同，开枝散叶，开花结果。希望从来没有忘记过居民们每一个小小托付，暂时做不到的，也留在心里等待。

罗东文化工场是一大群青年的合作接力，包括前赴后继陪我们找方法的热血公务员，以及各行各业在地的民意支持。互相信任的各方承办人员终于能在超大量施工图、预算书、政治敏感的肉搏战中支撑过来。这是一留下空白以等待层层文化从土地里逐渐“生成”的骨架，是邀请人的聚集而非拼凑既定的模式；是让每一个人可以公平登上都市屋顶的礼物；是铺陈“小镇文化廊道”这样的软性组织，钻来钻去的四处蔓延，想要为公共做什么而不是成为什么的冒险付出。

每一个小地方都需要相信自己能够往前连接历史，往后构建传奇。越来越多的自由专业者，选择离

开都会定居乡间，他们比同龄待在都会的青年容易跨过门槛，早一点选择土地或者老房子，动手建成自己的住宅或者工作室，大伙互相扶持，轮番体验必要的专业经验，无时无刻不忘那“人人平等”、“生命不被分割”的初衷，这里已是逐渐真实的明日家园。

以前学者们会担心建筑师听不见住民心声，其实这一代在左派理论耳提面命下成长的青年建筑师，不少已成熟到另一个境界。各位看到的常是“见山又是山”来回小心思考的结果。他们知道通常去问个别使用者得到的意见是“再大一点”、“再亮一点”。然而那还是人性中永不满足的反映，很自然，但毕竟不符合有限资源下的公共利益。例如在津梅栈道的十年奋斗中，社会的阿妈告诉我们路要窄一点，才不会有人盘踞，流动时而正面相逢才更增添彼此认识的机会。灯不要太亮以免干扰到鸟和植物的休息。扛起可能被骂但比较永续的责任，每一个动作，其实都要经得起更大范围地方整体民意考验才做得出来。

很高兴有机会从这么远的南方，向快乐的同事、快乐的邻居、市民，还有年轻热血、前赴后继的县政府承办人员致敬。

祝福南方！祝福深圳！

从棚架猫道望向南区附属运动公园

大棚架猫道层与客货两用电梯

提供各种活动发生如庙埕广场般的半户外棚架广场

大厅

艺廊南向回廊

瞰棚架广场

文化工场大厅

东天际线

北向临街空间保留文化市集的线性穿越

南都：罗东文化工场高达18米的棚架设计，其实颇有视觉上的震撼效果，这个设计框架的初衷，和罗东这个地方的历史、文化有关系吗？还是只是建筑师的突发奇想呢？

黄声远：罗东这个地方是宜兰县的一个镇，有46万人，也是现在台湾人口密度最高的一个镇。因为有太平山森林的自然资源，罗东以前是靠林业起家，在日据时期，罗东快速发展为密集型的工业性城镇。林场、储木池、成排堆放的木材不但是罗东人对那段辉煌岁月最鲜明的记忆，也成为促进这个城镇繁荣崛起的产业标记。

所以，可以遮雨的大棚架并非是突发奇想，它是对于罗东林场工业记忆的回应。在有着浮光木影的棚架下面，就如同置身储木池底；此外，罗东一向阴沉多雨，这里的居民确实需要一个可以避雨、喘口气、自由伸展的公共空间。

南都：据说，你在这个项目上耕耘了十四年之久，显示了一个建筑师无与伦比的耐心和毅力。

黄声远：这个项目确实历时十四年之久，从1998年一直做到2012年，其间历经了两次的“政党轮替”、三任县长、七任文化局局长。在这种不断的变迁中，这个项目的预算也从5亿新台币最终压缩到3亿新台币。我想一般的建筑师很少能够忍受一个项目做这么久的，要和不断变化的掌权者反复沟通，达成一致，有坚持，有斗争，也有谅解。

也许正是十四年的漫长经历，情况的不断变化，也使得我们有了一个漫长聆听的过程，一个阶段一个阶段的反省，然后尽量去做减法，不断减少固定机能空间，使它更包容更空旷。

现在看来，所有的坚持和不断的改变都是非常正确的。我和我田中央的同事们必须学习以最少的用料、准确的细部，降低装修成本。我们还慢慢学会将这个项目分解成很多部分进行设计，大棚架、空中艺廊、文化市集、高架跑道、社区极限运动场，这些部分都有自己独立的基础，这有助于我们一项一项分头找钱分期施工，为了等待，事务所一定要学会长期健康地活下去。

南都：说说罗东文化工场的最大特点。

黄声远：我想一定是它的公共性，以及由这种公共性创造出的无限可能性。大棚架带来的通透感让四周的邻居都能看见彼此。它提供的巨大的公共空间谁都可以自由进出，吹笛子、打太极、民间自发表演不用空调，更不必预约审查。大的棚架上还提供了公共的屋顶，可以让所有人公平登上以观赏罗东的景色，这改变了只有有钱人才能看到全局的情况。这种模糊的边界，把活动的能量辐射入四周的渠道、小巷、小弄、学校、市场……

更真实的情况是，每到傍晚，很多妈妈陪着孩子把极限运动场当大滑梯溜着玩儿；晚餐后全家人扶老携幼前来运动或者坐在草地上听音乐、看自发的表演；也有祖父母带着孙子女来水边听听虫鸣蛙叫。我同事告诉我，下个月开始，这里还会有自发的歌仔戏表演。我想这个项目似乎是恢复了罗东人生活的一个广场，它提醒罗东人在热爱工作的同时，也要好好陪家人生活。这个文化广场不只是中产阶级、健康的人、有钱的人来用，各种各样的人都可以来使用，不用租借，不用花钱。

南都：罗东文化工场提供的公共空间和可参与性，也正是此次获得第三届中国建筑传媒奖最佳建筑奖的原因。

黄声远：是的，这是我们做任何项目时都在努力的目标。譬如说我们的棚架为什么高度是18米，因为罗东的规划所有的建筑都在18米以下，所以这个高度既创造了可以遮雨的公共空间，又绝对不会遮挡民众的视线。

再举个例子，我们这个文化广场唯一的美术馆被"吊"在了空中，不是为了新奇、古怪、视觉冲击，同样也是为了公民性的原则。吊在空中，这样美术馆开和不开，都不会影响这块场地的用途，它空出了地面的位置给所有想使用它的人。

此外，这种吊着的美术馆，不是买菜逛街时抬脚就能进的，它也会过滤掉一些靠关系办展览的可能，吸引那些真正有水平、有启发性的作品前来。因为，只有你做得够好，别人才愿意上来看。

南都：我们大奖的口号是"走向公民建筑"，谈谈你个人对于建筑公民性的理解。

黄声远：其实，我认为公民性并不是一个集体的事情，而是基于对个人性的充分尊重，也就是说，每个人可能的念头都被尊重，这就是公民性。

你想，当我们每个人来衷心许愿的时候，内心最深刻的愿望，实际是差不多的，每个人都有很多相似的愿望，它们会形成一种巨大的力量，如果你在设计时候去聆听并尊重每个人善意的愿望，那么就能做出好的公民建筑。

南都：其实，内地很多城市，甚至深圳，都有很多大型广场，面积也非常巨大，可是却无法吸引市民来，最后只成了政府的政绩、摆设，你是怎么看的？

黄声远：一个能吸引市民前来的广场，不仅仅是大面积、种些树、放几张椅子，甚至弄些昂贵的喷泉就可以的。还是那句话，你有没有思考、尊重过使用者内心的需求？除了晚上就要暴晒于阳光下的广场，白天谁愿意来活动？平面、枯燥的地形又怎么吸引人经常前来？

在罗东，我们就尽量做了各种丰富的地貌，不同的活动设施，引入了地下水系，创造了生态的环境，所有人可以各取所需。这才是符合人们需求的城市活动广场。

南都：你在台湾，算是另类的建筑师吗？

黄声远：和主流以商业为主的建筑师相比，我确实是另类的建筑师。但是，因为在台湾像我这样有自己个性的建筑师不在少数，且都按照自己的方式工作、生活着，所以虽然有点另类，但是我从没有被边缘化的感觉。

南都：你从业以来没有做过商业项目，是排斥这类项目吗？

黄声远：确实，我从业以来就从来没有做过一个商业项目。事务所刚开的前两三年，我做过一些小型的个人住宅，但是我的愿望是为更多的民众服务，所以就不再接个人住宅，专心去做公共项目，参加各种公共竞图。好在，得到不少学者的认可，尤其是来到宜兰后，在本地做了不少公共的建筑。

其实，我个人真的一点都不排斥商业项目，因为像集合式住宅其实也是为非常多的家庭在服务。不过，遗憾的是，根本没有建商会来找我做商业项目。主要原因是，我做项目的周期很长，像是津梅栈道做了十年，罗东做了十四年。你知道建商是追求利益最大化，也要考虑到资金流动、回笼的问题。我这种盖房子的速度，他们真不敢来找我。

南都：你建房子真的都这么慢吗？有些建筑模式是可以拷贝的。

黄声远：说个有趣的事，我自己在宜兰的房子，是他们快要盖到第二层的时候我买下来的，后来我决定自己盖到三层，没想到这一两层楼让我足足盖了六年之久。

曾经有建商看上过我以前做的小房子，觉得很有特点，想改造一下，然后复制起来大面积地做，并且署名建筑师是黄声远。这件事找我谈之后，我思考了好长一段时间，还是拒绝了，骨子里来说，我觉得每个房子都像是我自己的孩子，我实在做不到让自己的孩子被复制，很难接受。

南都：今后，有考虑过离开宜兰发展吗？

黄声远：就我个人而言，我根本不想在宜兰之外做东西，我在这里做了很久，了解这里所有的风土人情。我是个有怪癖的建筑师，我是一直要看着自己的作品的，在建造的时候一定大多时候在现场盯着；就算建完交付使用了，我也一定三不五时要回去看看情况，有任何问题，譬如残障车位被其他车占据、某些柱子刷的油漆的颜色改变了，我都会打电话给县长，督促他们尽快改进的。像我这样个性的建筑师，真的只适合蹲点发展，慢慢耕耘。

南都：你刚刚说的都是就你个人而言，但是你的团队“田中央”支持你的想法吗？

黄声远：没错，田中央不是我一个人的，我还有两个合伙人，一个小我十岁，一个小我快二十岁。我经常觉得，我不能替他们做决定，他们应该有自己的自由。现在这位小我二十岁的合伙人就在我的支持下去美国进修去了。我总相信年轻人更棒，他们的智慧要比我们更高，所以要给他们充分的空间。

在田中央，这么多年来我们的团队一直保持在20到30人左右。有一些是核心成员，有一些属于储备人才，甚至可以兼职。我们的财务一直是公开的，收到的款项、支出的款项，包括每个人的薪水都是公开的。挺有意思的是，在我们财务情况比较好的时候，会有更多人专心进来做感兴趣的项目，但是当财务情况不太理想时候，会有一部分人在外面接活，做自己的事情。我们一直以来都是如此运作的。

歌华营地体验中心

建筑设计：OPEN建筑事务所
项目地点：河北省秦皇岛
建成时间：2012年

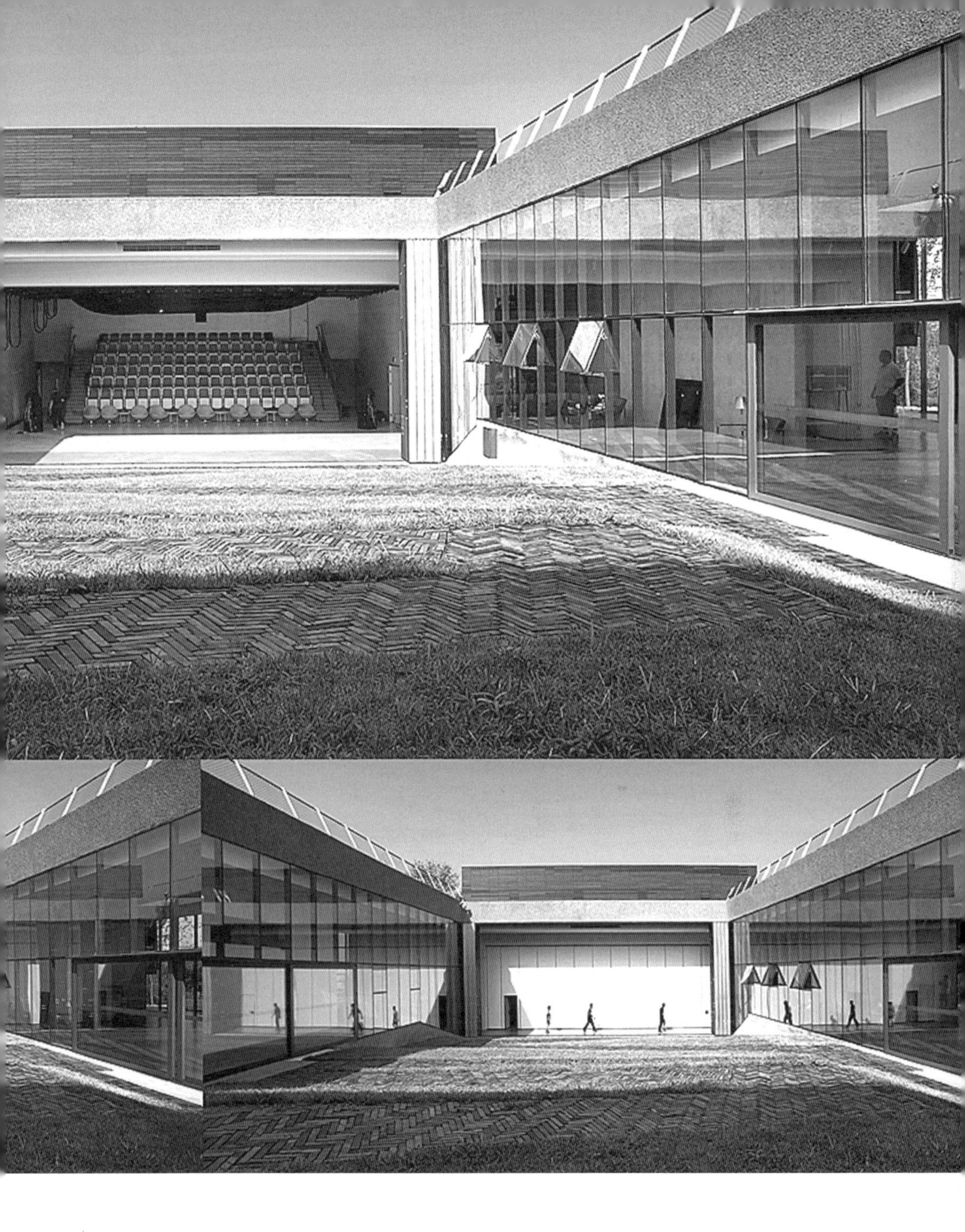

颁奖词

建筑力图在一个小小的建筑中承载较大的社会功能，不仅让在这里学习、体验的青少年可以看到一个关于建筑与自然、建筑与人的关系，更在公益组织的协作下积极推动一种新的体验式教育模式。项目包括一系列复杂功能，通过对场地、材料、当地文脉以及能源问题细致处理，实现了流动的空间组织与内外关系和充满多元趣味的建筑效果。项目在 6 个月内完成全部的设计和施工，并且呈现出了良好的完成度和对建筑细节的精准实现。

简历

李虎与黄文菁同是 1973 年生，1996 年清华大学建筑学本科毕业后赴美国读书，于 2006 年先后回到北京。

李虎，1998 年获美国莱斯大学建筑学硕士。2000 年加入斯蒂文 · 霍尔建筑事务所，2005 年起成为合伙人，创建并负责其北京工作室。2010 年底正式退出霍尔事务所，专注于 OPEN 建筑事务所的实践。在霍尔事务所工作期间，领导了多个重要获奖项目的设计工作，包括北京的当代 MOMA、深圳万科中心、南京四方美术馆、成都来福士广场等。从 2009 年起，李虎也是美国哥伦比亚大学北京建筑中心的主任。

黄文菁，1999 年获普林斯顿大学建筑学硕士。1999—2006 年在纽约贝 · 考伯 · 弗里德建筑事务所（原贝聿铭建筑师事务所）工作，任资深设计师。她是纽约州注册建筑师和美国建筑师协会会员。实践之外，她曾任教于香港大学建筑学院和清华大学建筑学院。

OPEN 建筑事务所由李虎和黄文菁创立于纽约。2006 年建立北京工作室。OPEN 是一个国际化的建筑师和设计师的团队，和跨越不同领域的合作者一起实践城市设计、建筑设计、室内和家具设计。在实践的同时，OPEN 也自发地进行着一系列的城市研究项目。

第三届中国建筑传媒奖（2012）

最佳建筑奖

歌华营地体验中心

作品简介

营地能有效地培养青少年的领导力、责任感、探索精神，是让青少年真正了解世界、自我成长的地方，而这些正是中国教育里严重缺乏的。小天使行动基金在和一家国外建筑事务所合作不成功后，2011 年底委托 OPEN 建筑事务所设计这个公益性的、致力于青少年活动的实践和研发的营地体验中心。虽然面临巨大的时间压力，OPEN 还是欣然接受了这一富于社会意义的挑战。

营地体验中心由歌华文化发展集团投资建设，小天使行动基金运营管理。2012 年 7 月 28 日正式开营，现在已经产生了相当大的社会影响力。在紧张而宝贵的七亩地上，建筑尝试把通常一个大型营地里所提供的活动体验压缩并有效地组织，利用最少的资源去创造最大化、最丰富的体验。

建筑置身于自然之中，若隐若现，隔绝于城市的喧嚣之外。空间通透开放，自由流动，阳光和风可以自在地穿过。灵活可变的空间轻松地适应不同的活动需求。建筑中心的内庭院，不仅是全年的景观，也可以扩展为观众席来观看剧场的演出。建筑屋顶为绿化和活动场地，于是基地 100% 的面积都被利用起来，成为室外活动场地。

建筑给青少年提供了一个充满阳光和自然，可以自由发现和创造不同奥秘与故事的场所。它像一个微缩的社会，包罗万象。这个建筑也成为一个季节性旅游城市中少有的常年运营的文化活动中心，承担各种演出和文化活动。小建筑也可以承载大的社会功能。

这是一个关于自然的建筑，被动式节能和自然材料结合，朴素没有装饰的空间，开放灵活的体验，令建筑本身成为营地的一本教科书。作为一个实验样板，青少年营地将陆续出现在其他城市里。

营地体验中心拥有一个 120 席位的小剧场，虽然剧场规模不大，却可以承担非常专业和高质量的演出。与一般剧场不同的是，舞台后有两层大型折叠门，可以分别或同时打开，将室外庭院纳入剧场空间。表演和观看都有了无数全新的可能。比如京剧可以从室内演到室外；内层白色的折叠门可以做超大型露天电影的屏幕；演出可以同时从室内室外观看等等。观众在戏剧化的意外中享受不同寻常的观看体验。

值得一提的是，营地体验中心从设计开始到施工完成投入使用只经历了短短的 6 个多月的时间，但并未由此而降低要求，项目完成度良好，甚至大门的拉手都是设计订制并手工打磨出来的。极限的时间压力挑战建筑师的经验和设计策略，团队的杰出配合和呕心沥血的努力将不可能变成现实。

主入口
VIP入口
剧场入口
次入口
下沉通道
1 门厅
2 咖啡厅
3 主厨房
4 小型多功能厅
5 小庭院
6 VIP活动室
7 DIY空间
8 DIY空间门厅
9 中控室
10 医务室
11 办公室
12 普通客房
13 小型活动空间
14 VIP化妆间
15 剧场
16 剧场休息厅
17 画廊
18 中心庭院
19 大师工作室
20 剧场控制室
21 VIP主卧室
22 VIP书房
23 VIP起居室

首层平面图

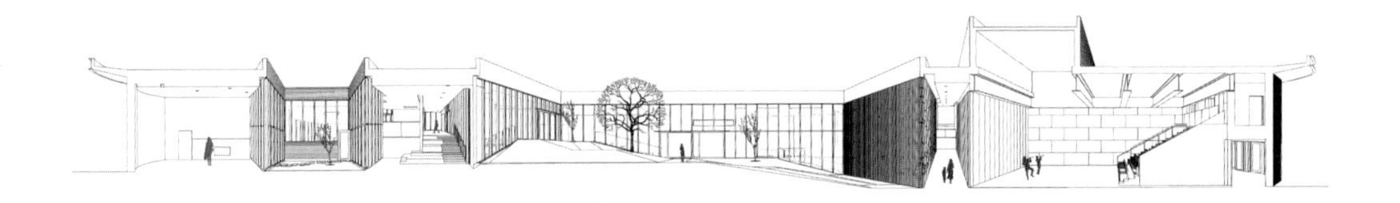

概念透视图

草图

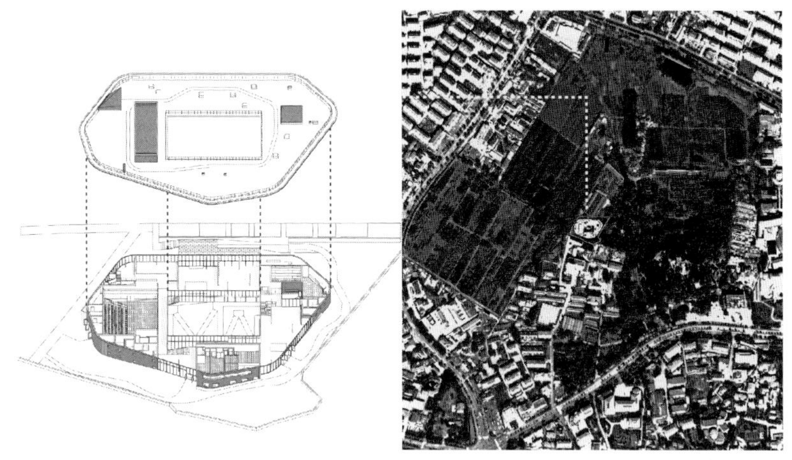

区位总图

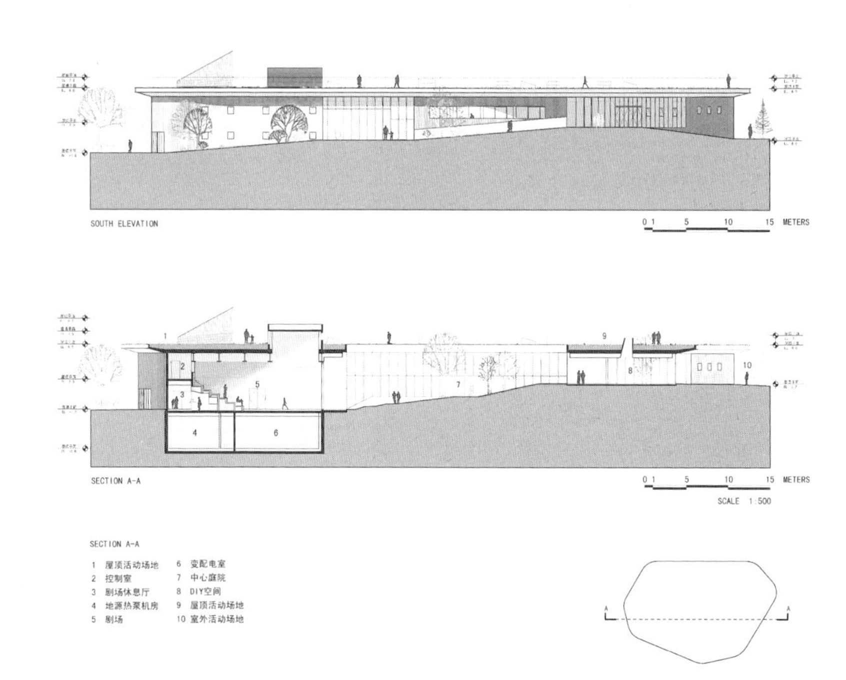
SOUTH ELEVATION
0 1 5 10 15 METERS
SECTION A-A
0 1 5 10 15 METERS
SCALE 1:500
SECTION A-A
1 屋顶活动场地
2 控制室
3 剧场休息厅
4 地源热泵机房
5 剧场
6 变配电室
7 中心庭院
8 DIY空间
9 屋顶活动场地
10 室外活动场地
A
A

立面剖面图

获奖感言

今天在这里，真的是百感交集。李虎没能来领奖，因为他的老母亲，经过多年与病痛的抗争，在两天前离开了我们。现在这个获奖的消息，算是对老人在天之灵一个最好的告慰吧！

所以，我代表李虎，和 OPEN 团队里的每个人，在这里，接受这个格外有意义的荣誉。同时也想说，李虎和我觉得所有最后入围的建筑都很优秀。有时候真的觉得很难说哪个建筑是最好，因为每一个建筑都是不一样的，都做到了自身的最好。能和这样一些优秀的建筑师和优秀的建筑一起被评判，对我们来说是非常荣幸的一件事。这里我们想祝贺所有最后入围的作品和创造它们的建筑师们！

前两天在纪念尼迈耶的文章里，看到他说的一句话：建筑师不应当只关注建筑本身，更重要的是建筑如何解决世界存在的问题。建筑师的角色是为了让世界变得更好而战斗，他的设计应当是为每个人服务的，而不是给少数有特权的人。这是典型的现代主义大师的情怀。然而李虎和我一直都觉得，在今天，在中国特定的建筑实践环境里，建筑师面临着前所未有的矛盾、挑战和机遇。作为一个群体，我们应当意识到并主动地承担起更多的对社会的责任。OPEN 的实践中一直努力坚持着这种理想主义的一面，并且在我们的每个机遇里，探寻实现理想的、切实可行的设计策略。青少年营地，就有幸是这样的一次探索。

作为既是建筑师，又是家长的我们，大量观察和研究让我们看到了目前中国教育体制里的很多问题。我们大多数的孩子们，在分数和升学的重压之下，成长的过程有非常多的欠缺，从人格到能力到体力。营地，作为一种公益性的教育模式，对在国内成长的年轻人还相对陌生。但在国际上，营地已经成为发达国家教育体制的一个重要部分。营地着重于对青少年的领导能力、勇敢独立精神、社会责任感、环境意识等方面综合能力和完整人格的培养，是对正常学校教育所缺失部分的积极而有效的补充。因而，对营地这个有着深远社会意义的项目，对这种在中国还是全新的建筑类型，对这次从设计到建成使用只有 6 个多月的建造机会，我们倾注了全部的心血。

我们很高兴地看到，从今年 7 月 28 日营地开营以来，一批又一批的孩子们来到北戴河，在营地里流连忘返，在这里找到成长的全新体验。值得一提的是，这个营地是常年运行的，不仅仅面对青少年，校长们和教育工作者们，也在这里参加各种工作坊。它也给北戴河这个季节性的度假城市，提供一个迫切需要的常年运行的文化活动中心。小建筑也可以承载大的社会意义。

在这里有很多人我们需要感谢。感谢营地项目后面真正的推手，歌华文化集团和小天使行动基金，那些怀着公益心推动教育为社会服务的人们；感谢中国建筑传媒奖，为推动对中国当下有深远意义的公民建筑，所做出的巨大努力；感谢提名我们的各位老师和各位评委们，尤其是不辞辛苦亲自去现场查看的崔愷老师和黄居正老师，感谢你们对我们的努力的认可和支持；感谢这些年来，一直真心关注我们成长的各位老师们，尤其是清华大学的沈三陵教授，我们成长的轨迹里伴随了她持续的关心和指导；感谢营地项目中我们的合作伙伴们，尤其是中国建筑科学研究院建研科技的团队；感谢 OPEN 团队里的每一员，尤其是作为营地项目建筑师的戚征东和 Thomas Batzenschlager, 任何一个建筑都是团队努力的结果，感谢你们和我们一样相信，没有一个好建筑是轻轻松松就可以完成的，感谢你们的努力和付出。

最后，我想感谢我们的父母，你们用自己的方式最大程度地支持了我们艰苦的事业！

南都：众所周知歌华营地体验中心，从接到案子到完工只用了6个月，怎么做到的?

黄文菁：最初就知道必须在非常短的时间内完成，李虎觉得在这么短的时间内，这么复杂的要求下，建筑要尽可能简单。所以，他最初的想法是在一个自然的坡地上做一个完整的、屋面有一个坡面的屋顶，屋顶下面是基地的内容，中心庭院提供一个室外活动的空间，屋顶建成之后，其他的建筑可以逐步完成。当然这是建立在李虎多年实践经验的基础上，他十分清楚哪些可以完成，哪些不能完成。

南都：记得在初评会上，歌华营地体验中心入围，给大家印象最深的一是建筑与环境的对话，二是内部空间和人员动线的流畅。你自己最满意哪里?

黄文菁：我对这个项目在空间的开放性和流动性方面的处理比较满意。因为这是一个青少年活动营地，它所承载的内容是不断变换的，一个空间要最大程度地容纳不同的功能，我们尽可能地实现了。最有特色的是小剧场，有两重折叠门，可以分别打开和关上，全部打开的时候，剧场和庭院可以完全融为一体。后来我还去看过几次演出，有时候剧场内部是观众席，有时候庭院是观众席，有时两重门都关上形成一个高质量的封闭式剧场，总之有很多种使用方法。

南都：从这次入围的项目来看，包括歌华营地在内，容积率都很低，建筑的公共性和土地效率上是否存在矛盾?

黄文菁：这次入围的几个项目，都是以公益为目的，不是商业开发项目，所以没有通过提高容积率来盈利。在营地里面，我们尝试用最小的资源来实现最大的功能。从最终的呈现来看，营地已经是一个非常压缩的建筑形态，建筑完全是从中心庭院中挤压出来的，从建筑的使用效率上来看，一期已经是非常高效的使用密度了。

南都：在最初提名的时候，深圳就有房地产业内人士在微博上推荐歌华营地，认为给他们一个相当的触动。

黄文菁：这个很意外，我们一直以为只有青少年和老师才会去。客观地说，它确实产生了很大的影响。我们已经开始准备做歌华营地二期了，二期基本上是一期的配套，但是占地会是一期的三倍。因为政府也看到这样的建筑带来的社会意义，非常努力来推动这个事情。

南都：OPEN如何理解和诠释公民建筑?

黄文菁：公共空间的营造是我们一直都很关注的重点。中国的城市里面有很多问题，我们一直尝试如何能够在不同的项目里面，去营造有价值的、愉悦的公共空间，这也是我们一直在坚持的内容。我们没有在哪一个项目里特别去想公民建筑，但是也从未间断实践，包括我们最近还做了一个Open State（开放状态）的展览，也是出于对公共空间的考虑。李虎之前在斯蒂芬·霍尔的事务所里，很多是精英类型的实践。后来创办OPEN，就是想和中国本土实践结合，践行“让好建筑服务更多人”的理念。

南都：歌华营地是一个建筑面积只有2700平方米的小体量作品，但是同时OPEN也在做一些体量数十万平方米的庞大建筑，在设计方面两者关注的重心有不同吗？

黄文菁：除了尺度不同之外，关注的重点没有太多不同。而且在中国目前，其实小体量的项目反而更难得一些。我们都处于一个特定建设时期，有大量的项目在进行，而且体量都很大，反而是这些小体量的建筑真正能够关怀到社会的细节。比如，近两年也是机缘巧合，我们做了很多的教育建筑。教育建筑不是建筑师里面特别辉煌的，但是责任特别重大，复杂的功能，而且经常设计的造价很低，但是社会意义又很大。

南都：比如你们近期在做的“二环2049”项目，旨在将当前功能失调的城市快速路改造成32公里长的文化公园。

黄文菁：这是我们研究的一个项目。为什么叫“二环2049”呢？就是希望到2049年的时候，二环不再是城市中间的快速路，可以变成承载很多城市公共空间的公园。这里有个前提是，北京的内城不适合大量的汽车交通。现在的二环是城市中间的快速路，把城市的核心切断了。我们希望到2049年，内城尽量依靠公共交通，比如地铁、有轨电车、公共汽车来代替私家车，计划在二环以外设立很多换乘站，从外面进来的车，在二环三环之间换乘公共交通。

南都：建筑师该扮演怎样的角色，来推动城市向更好的方向发展？

黄文菁：李虎今年就曾经应邀给北京市的政府部门做过两次培训，我觉得政府本身有很强的主观愿望来推动这个事情，但是目前可能还在寻找更好的方法。作为建筑师，我们没有那么大的权力直接做这个事情，但是建筑师有必要比城市想得更远一步，OPEN在做项目的同时，也在做城市研究，比如2009年深港双年展中的“红线公园”，出发点也是我们自发地去设想能够为城市空间做点什么。我们当然希望政府能够看到，能够采纳我们的想法。一个建筑师的声音是微弱的，但是很多建筑师的声音会逐渐大起来。这也是李虎为什么会发起一个系列的展览，希望能够针对当前的城市问题提出解决建议。

南都：无论是在微博上还是在公开发表的文章上，都可以看到李虎先生对建筑师谢英俊和黄声远很有些惺惺相惜的感觉。但这两位立足公民建筑的建筑师，目前基本只在台湾的屏东山区和宜兰实践。你如何看待这种情况？从专业角度来看，他们的理念是否有机会进入城市？

黄文菁：确实，李虎非常欣赏这两位建筑师。台湾和内地城市略有不同，台湾因为经历过经济的大起大落，慢慢地平静下来，整个社会的心态更加平和，可以像黄声远那样慢慢地去打磨一个东西。

包括我们自己研究的项目“红线公园”，其实也是因为看到城市被围墙分割成一个个的孤岛，路和公共设施在封闭的社区里面，没有效率。未来的城市应该是更开放的，资源可以更多地共享。所以我们考虑，能否自发地把围墙变成公园，这个过程是可以参与城市发展的，在未来开放的城市

中，像黄声远这种社区建设的方式就会进入城市。谢英俊做的是一个开放的建造体系，对于灾后重建、新农村建设、廉价住宅的建设，都是马上就可以用的。

南都：随着城市化的深化，城市只能向更高、更密集的方向发展吗？这种垂直的压力该如何缓解？
黄文菁：我觉得我们可能还没有一个完整的答案。可是有一点，我们的城市还没有做到充分的高密度。恰恰相反，我们是把大量的、未来开发的土地提前透支了，大量的耕地变成开发用地，城市无限扩张。
纽约是对我影响特别大的城市。曼哈顿密度很高，生活很有意思，但是曼哈顿之外的密度也并不太高。我们应该学习香港，香港能建设的土地只有30%，70%的土地会留作以后建设。所以，我觉得未来应该是两个方向，一个是城市中心土地的效率还应该更高，另一个则是要留出土地给未来。

南都：关于OPEN，深圳人最熟悉的还是李虎与斯蒂芬·霍尔合作的万科中心，八只脚撑起庞大的建筑体系，最初的规划是解放出的空间可以作为大梅沙的一个公园，如今在公共空间的呈现方面，你觉得如何？
黄文菁：那个项目是很彻底地实现了私有项目空间的公共性，当年那块地旁边还没有太多房子，可是李虎觉得未来很快会被城市化，就想把这个房子架起来，一方面建筑本身会有很好的海景，另一方面不管周围怎样发展，这个地面可以完全解放出来。据我所知，目前车子进入不太方便，但是人可以很方便地进入，会有人在里面结婚、遛狗、散步，我们觉得很有意义。

南都：OPEN在深圳目前还有一个清华研究院的海洋中心，目前进展如何？在设计时是否考虑到深圳的特质？
黄文菁：这个项目明年4月清华校庆的时候奠基，现在还在紧张的设计中。有特别考虑深圳这个城市的情况，主要是在气候方面。深圳夏天很热，一年很多季节会有自然通风和采光。整个海洋楼是以研究中心为单位的，我们把各个中心拉开了一些，形成一个半室外的公共空间，这个公共空间有屋顶，夏天有很好的遮阳，也有很好的通风采光，同时各个中心之间也能够在这个空间有很好的交流。

高黎贡手工造纸博物馆

建筑设计：TAO迹·建筑事务所
项目地点：云南省腾冲市界头乡新庄村
建成时间：2011年

获奖理由

建筑适应当地气候，充分利用当地材料、技术和工艺，结合了传统木结构体系和现代构造做法，全部由当地工匠完成建造，使项目建设本身成为地域传统资源保护和发展的一部分。身处乡村、民间驱动、公众参与、服务社区等这些特征构成了这个项目的社会学意义，环保的自然材料、建构逻辑与建造痕迹的真实体现等构成其建筑学本体意义上的特征。

简历

华黎，TAO创始人及主持建筑师。1994年毕业于清华大学建筑系，获建筑学学士学位，1997年获清华大学建筑学硕士学位，1999年毕业于美国耶鲁大学建筑学院，获建筑学硕士学位，之后曾工作于纽约 Herbert Beckhard & Frank Richlan 建筑设计事务所。2003年回到北京开始独立建筑实践，2009年创立TAO迹·建筑事务所。

TAO对当代建筑在全球化的消费主义语境下沦为时尚符号或形式教条持批判性的态度，反之，TAO关注通过空间的诗意和建构的清晰来呈现建筑的本质意义。TAO的项目大多处于具有特殊的地域文化和自然景观的环境中，因此TAO的工作致力于深入理解和尊重项目此时此地的条件，营造根植于当地社会土壤和环境生态的当代建筑和景观。场所意义营造、场地及气候回应、本地资源合理利用，以及适宜的材料与建造方式等命题的探讨，构成了TAO每个项目工作的核心内容。

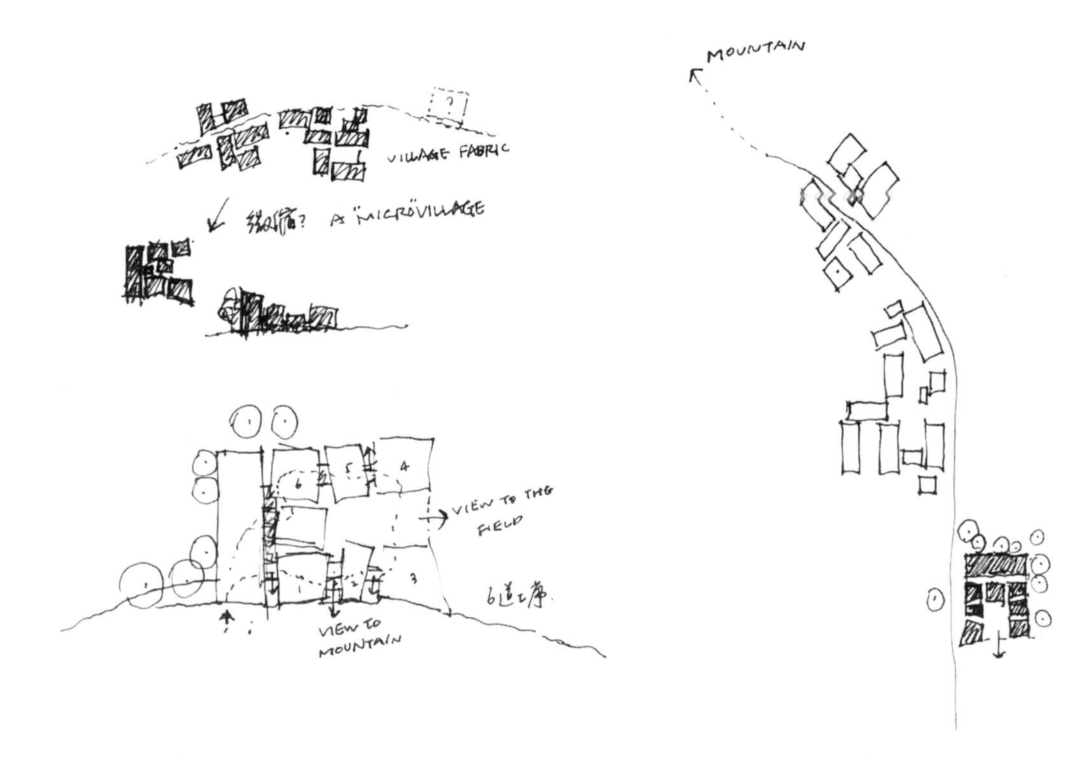
MOUNTAIN
VILLAGE FABRIC
A "MICROVILLAGE"
VIEW TO THE FIELD
VIEW TO MOUNTAIN

概念草图

外部视角

北面视角

作品简介

高黎贡手工造纸博物馆的工作开始于 2008 年 4 月，这是一个有益于当地传统资源保护以及促进社区发展的建筑项目。项目坐落在腾冲附近高黎贡山下的一个村庄边上，村子有手工造纸的悠久历史传统，其生产的纸原料为当地的构树皮，纸质淳厚，富有韧性和质感，当地称为新庄古纸。然而这种纸的现实应用仅限于茶叶包装和冥纸。这个社区发展项目的目的就是通过引入外部投资与本地村民合作，对手工造纸的工艺进行改进以提升纸的质量，同时设计研发纸的产品，扩大手工纸的用途和影响，并借此延续这一传统技艺和文化。而建设博物馆则是一个窗口，起到展示造纸的历史文化、工艺及产品，以及接待访客、文化交流等作用。

由民间投资与当地村民合作成立农村合作社的方式来共同进行手工造纸的保护与开发，而建设博物馆则是保护这一传统资源并促进社区发展工作的组成部分。

项目所在的地区无疑是一个本身具有显著地域特征和传统文化的环境。对我而言，在这样一个具有强烈场所属性的乡土环境中建博物馆，建筑的活动也是当地传统资源保护和发展的一部分。正如造纸的保护发展一样，建筑应当是根植于当地的土壤并从中汲取营养。而当其开花结果后，反过来又可以丰富土壤的成分。"保护"并不是维持原状，而是通过与当下的结合，促发新的生命力。

基于这样一个想法，我们的设计思考开始于对当地气候、建筑资源、建造传统的考察与理解，建筑师希望建筑从建造角度与"当地"深入结合，因为建造——而不是形式——才是建筑的地域性最本质的出发点。建筑最终采用当地传统的木结构体系做法，及木、竹、火山石等当地常用材料，并完全由当地工匠来营建，都是基于这一思想。

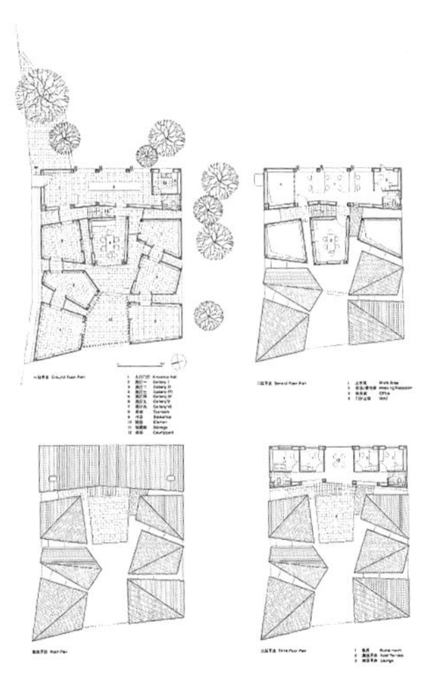

平面图

建筑具体形式是对周边环境的回应，空间组织则围绕光线、景观、风等基本元素展开。建筑从尺度上采用聚落的形式来适应场地环境，化整为零，避免体量过大带来的突兀感；而聚落式的建筑在内部又产生了室内外不断交互的空间体验，以此来提示观众建筑、造纸与环境之间密不可分的关系。整个村庄连同博物馆又形成一个更大的博物馆——每一户人家都可以向来访者展示造纸；而博物馆则是村庄空间的浓缩，如同对村庄的一个预览。建筑高度上由东向西逐渐跌落，以适应场地周边的空间尺度。展厅的屋顶形态起伏各异，形成了一道人工景观，与周边的山势和稻田相呼应。

乡土环境中的建造方式具有前工业时代的手工特征，缺乏现代工艺的处理，使得杉木、竹、火山石及手工纸这些建筑中采用的当地材料，似乎都不那么精致和结实，它们会随着日晒雨淋而褪色、干裂、长青苔、变黄，然而正是这种变化赋予建筑一种时间感，使其融入环境当中。这些自然材料看似有缺陷的地方也正是它的美德所在——本质得以呈现。这也如手工纸，看似粗糙，但其质感肌理告诉你造纸的原料、方式等线索，当其变得精致光滑，这些品质也就随之丧失。正是基于此，建筑并不追求基于机器制造的光鲜精致和无可挑剔，而是更注重“还原”和“呈现”的价值，建筑在细节上试图体现真实的建构逻辑：例如在屋檐下梁的位置暴露梁和柱，以及外墙底部的柱础和镂空条石方角，都在提示梁柱而非墙体承重的事实。建筑细节在此使建筑具有体现本体特征的文献价值。

项目从设计到建造前后经历了两年多的时间。习惯于传统营造方式的本地工匠不大会看图纸，因此设计与工匠之间的交流主要通过模型和现场的交流。没有施工图，纸面（设计）和现场（建造）的距离被拉近，且融汇成了一个开放的过程，许多构造做法是过程中与工匠讨论和实验确定的，而非预先设定。最终的做法对工匠们来说是用熟悉的方法做出不同于以往的结果。这岂非也是对传统木构做法的保护发展？传统不是僵化的，就是要不断更新才具有持久的生命力。虽然由于国家整体木材资源有限，木构注定不会成为未来建造方式的主流，但是在局部地区尤其是乡村环境中，由于其经济性和生态性（尤其是可拆装迁建重复利用的特点）仍具有广泛应用。这一传统技法的更新发展具有现实意义。

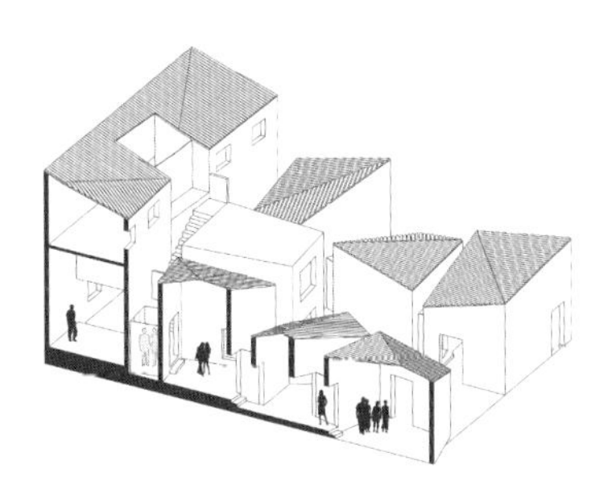

轴测图

从庭院看农田

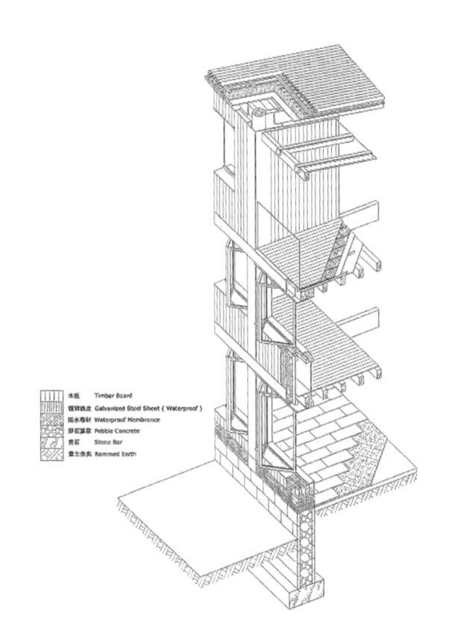

轴测图细部

二楼工作区域

从庭院看茶舍

南都：这个博物馆的项目建筑面积只有361平方米，功能却涵盖了博物馆、书店、茶室、办公区和客房，这在技术层面上是怎么实现的?

华黎：这是从它所处的环境条件自然而然出发的。首先它需要展示造纸的空间并不是很大，只需要展示出造纸的原料、器具，以及制造的流程。至于为何有其他的功能区，这个博物馆也是访客、前来工作者的落脚点、村民活动的公共空间，它需要有这么多的功能。

南都：这个建筑的所在地——云南腾冲，当地的建筑形态是怎样的?

华黎：腾冲城市的部分已经基本城市化了。这个项目所在地的建筑类型以乡土建筑为主。乡村的建筑基本都是通过手工等传统的方式建造：木结构，如石材、木材等自然材料。这也是为什么我们会选择木质材料的原因，它是因地制宜，以现有的条件为出发点的。

南都：在项目介绍中我读到了这样一句话：建筑师希望从建造的角度是与当地的一种深入的结合，因为建造——而不是形式——才是建筑的地域性最本质的出发点。作为设计师你是怎么理解这句话的?

华黎：建筑的本质在于建造，以最自然的方式形成，而不是设计师将个人主观因素强加在建筑上，还原建筑的本源。关于对这个乡间建筑的设计态度，我在我的博客里写过这样一段话：田园是一种返璞归真的状态，还原事物本来的状态，它是一个去符号化的过程和一种抵抗异化与分裂的手段。田园不是概念的堆砌，而是事实本身。田园是一种自由精神，但不是浪漫主义，是对人作为

大厅

从博物馆向西

独立个体的尊重，解除权威枷锁的奴役而重新获得创造力的机会。田园可以让我们跳出资本、消费、话语、体制等圈套和陷阱，重新审视事实。

南都：因此项日建造所涉及的材料及风格都是原汁原味的“当地出品”。

华黎：是这样的。这个建筑最终采用当地传统的木结构体系做法，及木、竹、火山石等当地常用材料，并完全由当地工匠来建造，都是基于这一思想。

南都：在保护并发展传统上，高黎贡手工造纸博物馆是如何实现的?

华黎：我们充分利用当地的材料来修建，并用当地工匠、通过传统的榫卯的木结构来建这个房子。但它又不是简单地去复制，它的形式是经过设计、在传统的基础之上但又能体现当代元素的，这也给当地的工匠出了很多难题，它让传统也能考虑去发展、研究，做新的尝试。我觉得这是一个嫁接的过程，让现代和传统双方都能找到结合和学习的地方。

南都：据说这个项目从设计到建造完成前后用了两年多的时间。当地工匠不会看图纸，你们是通过模型和现场的交流，进而较为开放，结果也非预先设定的。这种过程在你以往的设计中常见吗?

华黎：很少。因为都是乡村工匠（在看设计图上不是很专业），但都很聪明，所以用模型来交流是最直接有效的。所以这反而让我们回到一种更原始的工作状态，没有那么多条条框框图纸的限制。我会更享受这种工作状态，而工匠们也通过熟悉的制作手法打造出了一个不同于以往的结果，双方都感觉收获很多。

博物馆

走廊

南山婚姻登记中心

建筑设计：都市实践
项目地点：广东省深圳市
建成时间：2011年

获奖理由

建成的南山婚姻登记中心成为公园的一部分，以开放的空间回馈市民。它也成为激发社区交流、创造宜人居住环境的催化剂。投入使用后，其立刻成为一个社区中心。与此同时，它也暗示了一座城市在大规模高速度建设之后进一步提升的新方式，即通过小规模的局部介入和穿针引线式的调整改善目前粗糙乏味的城市空间，进而重新解读日常生活模式，创造新的、意想不到的可能性。

简历

都市实践（URBANUS）是中国当今最具影响力的建筑师团队之一，由刘晓都、孟岩和王辉创建于 1999 年，目前有深圳公司、北京公司和香港公司。都市实践既是一个机构，更是一种理念。它旨在从广阔的城市视角和特定的城市体验中解读建筑的内涵，紧扣中国的城市现实，以研究不断涌现的当下城市问题为基础，致力于建筑学领域的探索。事务所多次参加重要的国际建筑展览及交流活动，多个作品获得重要奖项并发表在世界权威设计杂志上。合伙人也应邀在世界各地知名学府及设计机构演讲，并担任国际竞赛评委。

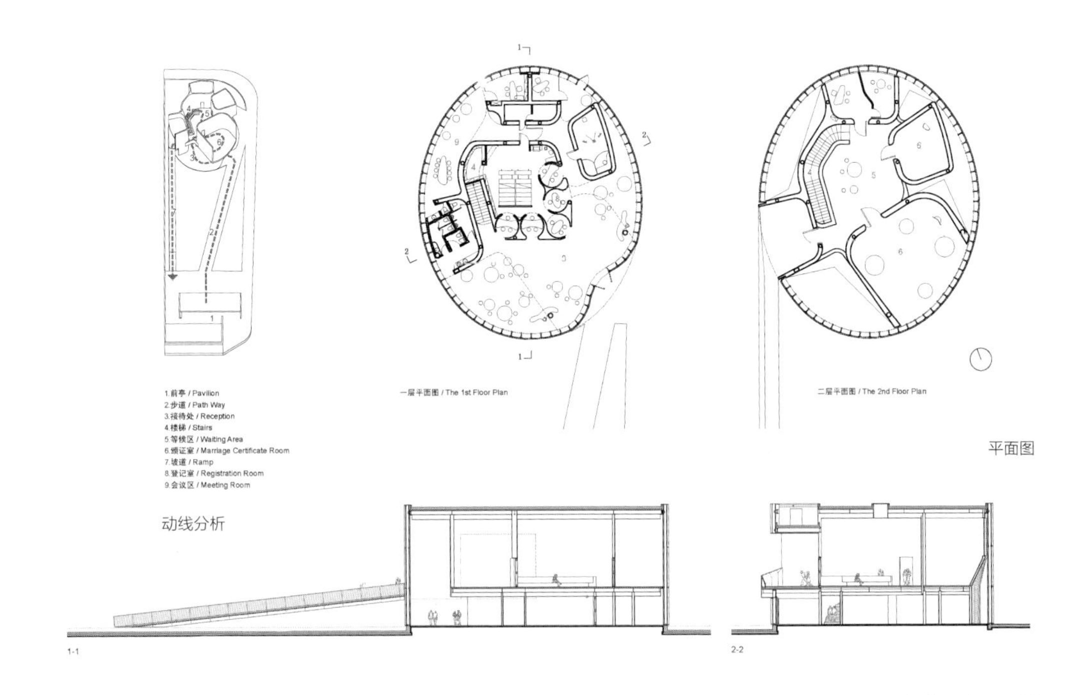
1.前亭 / Pavilion
2.步道 / Path Way
3.接待处 / Reception
4.楼梯 / Stairs
5.等候区 / Waiting Area
6.婚证室 / Marriage Certificate Room
7.坡道 / Ramp
8.登记室 / Registration Room
9.会议区 / Meeting Room
动线分析
一层平面图 / The 1st Floor Plan
二层平面图 / The 2nd Floor Plan
平面图
1-1
2-2
0 2 6 12m
剖面图

作品简介

在中国的现实生活中，婚姻登记处作为民政部门的一个办事机构，只是个平常和平淡的场所，原本浪漫和令人激动的婚姻登记只是一个枯燥的程序。作为一个新的婚姻登记处建筑类型，南山婚姻登记中心不仅能够为前来登记的新人们带来新的生活体验，更能成为一个信息发布的媒介，显示和记录新婚夫妇登记结婚这一美好的历程。同时，也为城市创造一个留存永久记忆的场所。

人们在建筑中行走的空间体验是这个项目设计的重点，建筑内部的一条连续的螺旋环路舒缓地串联起整个序列性的片断，“到达、在亲友的注目下穿过水池步向婚礼堂、合影、等候、办理、拾级、远眺、颁证、坡道、穿过水池、与等候的亲友相聚”。

在建筑内部空间的塑造方面，以相对私密的小空间来划分完整的空间体量，剩余的充满整个建筑具有流动性质的公共空间，形成“通高”“镂空”等丰富的空间效果。包裹整个建筑主体的表皮由两层材料构成，外表皮的铝金属饰面用细腻的花格透出若隐若现的室内空间，内表皮则由透明玻璃幕墙构成真正的围护结构。整个建筑内部空间和外部表皮统一的白色烘托出婚姻登记的圣洁氛围。

在中国，婚庆仪式的举办是家庭和个人的一件大事，隆重的场面背后是一系列繁琐复杂的工作和一笔巨大的经济支出。南山区政府将一个政府办公部门从公文申办的机械刻板流程中抽离出来，在一个独立的场所通过建筑师的空间设计将仪式性纳入婚姻登记这一行为过程之中，通过建筑设计为每一环节提供了简洁、优雅、隆重、或私密或喜庆的空间。亲朋好友可以正式到场观礼结婚登记的过程。南山婚姻登记中心自 2011 年末建成投入使用以来，立刻成为附近社区的一个中心，男女老幼相携前来在其庭院广场休憩嬉戏，浓厚的亲情氛围为这座小小的建筑带来一种欢乐喜庆的气氛。而这个建筑的存在也成为一个激发社区交流、创造宜人居住环境的催化剂。

外观

一层室内

一层室内

一层室内

二层室内

南都：南山婚姻登记中心的外形和结构很奇特，外部有水池、坡道，主建筑外形是一个圆柱体，外皮由发亮的铝金属制成。设计出这样别具一格的婚姻登记场所，设计师的设计灵感来自何处？

刘晓都：灵感首先来自场地，而这个项目的设计更着重于怎样能让登记的新人更好地体验到一种“仪式感”，这是从头到尾贯穿整个设计的点。仪式感在当前社会很多方面是缺失的，婚姻作为人类从生到死的非常重要的一个节点，它的仪式感在中国更多被显示在“摆酒席，摆婚宴”上，而在一对新人从法律层面上确定夫妻关系的这一登记环节，以往都缺乏一种仪式感。

我们想做的就是让结婚的新人在这一环节感受到严肃、庄严的仪式感，让他们在回想这段经历的时候能够回味到一丝神圣的感触。

南都：那么礼仪性是如何通过建筑体现的呢？

刘晓都：在设计中我们增加了一条长长的上坡道，新人缓步通过，体现的是一种“过程”，另外水池也是一种礼仪性的景观。

南都：你最满意这个作品中的哪部分？

刘晓都：我最满意它的一个整体性。它的内和外都运用了大量的“圆”和“曲线”，内墙运用的白色调和外墙运用的带有婚纱意味的材料，外部长条形的走廊和水面，整体看起来就像纷杂城市中的小清新。设计过程一气呵成，整体上的完成度是很高的。

南都：在这个项目的设计和建造过程中你感受最深的是什么？

刘晓都：这个建筑的建筑面积只有不到1000平方米，一开始给出的设计费预算才20万，我们做了将近两年，过程自然是很艰辛的。我觉得还是很值得的。因为正是得到了建筑传媒奖的关注，国内更加年轻的建筑设计师才知道什么样类型的建筑项目才是值得做的，应该怎么去做，等等。今天包括我们的婚姻登记中心在内的大部分项目都是不挣钱的，才能做到这一高度。做建筑，不是简单为了得到名气和奖励。

南都：在项目介绍中我看到这样一句话：人们在建筑中行走的空间体验是这个项目设计的重点。为何要把重点放在“行走的空间体验”上？

刘晓都：建筑的空间是会有隐喻的，会在一定程度上激发人的情感。我们想表达的是，在新人步入婚姻殿堂的一步步中，通过在建筑中行走的过程，能让自己回想起跟身边人一路走来的点点滴滴。意在激发人们的感受。

休宁双龙小学

建筑设计：维思平建筑设计
项目地点：安徽省黄山市
建成时间：2012年

获奖理由

整体设计以科学化且具推广性为基础，坚持减少建造对学校场地、村民生活的影响。项目采用自重较轻、抗震性高的轻钢结构体系，采用可循环利用的建筑材料，确保能耗及环境污染降到最低；并创造出舒适的室内环境和多功能的室外场地，优化了村落生活及校园公共空间。

简历

吴钢，维思平建筑设计主设计师、董事总经理。1988 年获同济大学景观设计专业学士学位后赴德国深造，1992 年获德国卡尔斯鲁厄大学建筑学硕士学位，同年成为该校博士生；1994 年成为慕尼黑西门子建筑设计部设计主持人、亚洲项目设计总裁。1996 年作为合伙人成立慕尼黑 WSP 建筑师事务所，1999 年在北京成立维思平建筑设计事务所。同时，也是香港中文大学建筑系的副教授，曾任南京大学、东南大学等多所著名学府建筑系的客座教授及评委。

维思平建筑设计是一个国际化的并以设计创新为导向的建筑设计事务所。1996 年在德国慕尼黑成立，经过 15 年的发展，已成长为在德国慕尼黑、中国北京和中国杭州三地拥有 70 多名规划师、建筑师、环境设计师和室内设计师，具有丰富的大型项目运作经验和众多成功合作客户的著名设计企业和行业先锋。

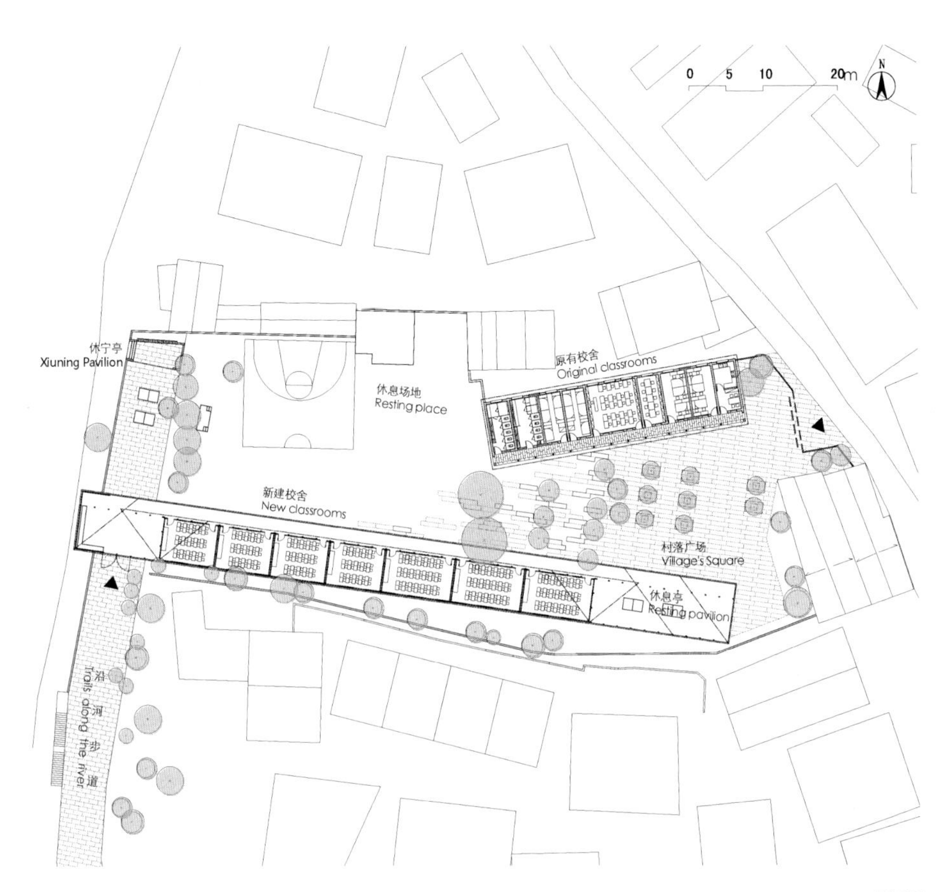
0 5 10 20m
N
休宁亭
Xiuning Pavilion
休息场地
Resting place
原有校舍
Original classrooms
新建校舍
New classrooms
村落广场
Village's Square
休息亭
Resting pavilion
沿河步道
Trails along the river

平面图

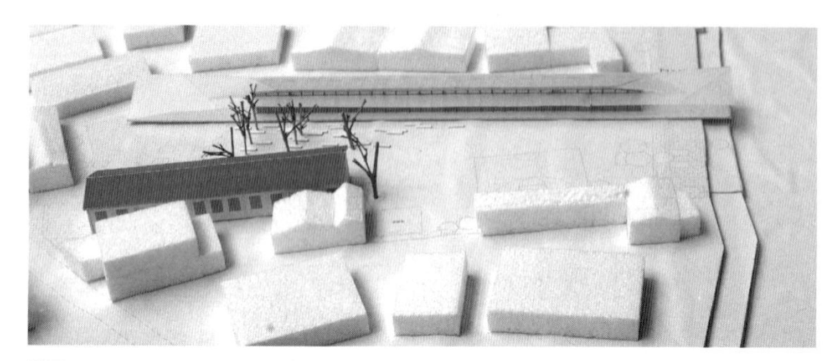

模型

南立面图

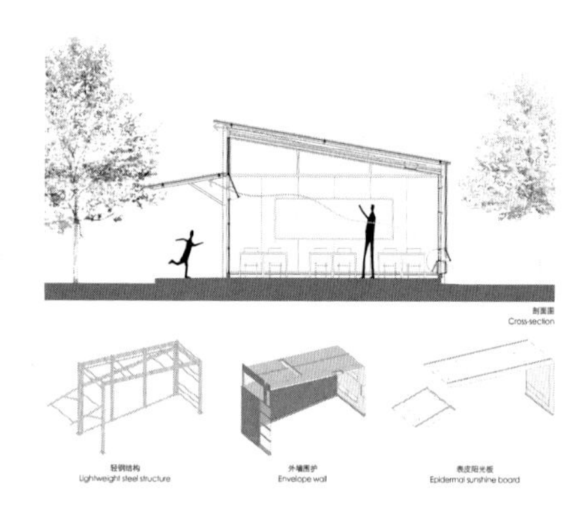
剖面图
Cross-section
轻钢结构
Lightweight steel structure
外墙围护
Envelope wall
表皮阳光板
Epidermal sunshine board

剖面图

作品简介

依山傍水、人杰地灵的休宁县自古被称为“状元故里”，但由于地处偏远，经济发展受到限制，硬件设施落后，学生只能在危房中学习。项目选址在休宁县双龙小学，除了为营造最舒适的教学环境，培养更多栋梁之才，更从研究角度出发，着眼大局，充分拓展小学活动场地，由学校带动村落，形成互动共赢的援建模式。

整体设计过程历经多番探讨，反复试验，以科学化且具推广性的设计与研究方法为基础，坚持减少建造活动对学校场地、村民生活的影响。采用自重较轻、抗震性高的轻钢结构体系，被动式节能、复合板材材料，及可循环利用的建筑材料，确保能耗及环境污染降到最低，创造最为舒适的室内环境和多功能的室外场地，优化村落生活及校园公共空间。

小学包括基地南侧的新建建筑和北侧的改建建筑。新建建筑是位于建筑中部的 7 间教室和两端的活动空间，改建建筑承担生活和教学辅助功能。两栋建筑将场地划分为尺度不同的活动场地，既是可容纳教学活动的大尺度场地，又是孩子自由活动的小尺度场地。在非教学时间，可供村民举行公共活动。

学校的设计与建造是以科学化且具推广性的设计与研究方法为基础。建筑大部分构件在工厂预制，现场组装搭建。建筑材料可循环利用，减少能耗及环境污染。外墙构造从室内到室外依次是：保温材料岩棉夹心板、轻钢结构、表皮及防水材料聚碳酸酯多层板。保温层与表皮之间形成从南立面延伸到屋面的空气间层，通过开启和关闭通风口，夏季起到拔风作用；冬季达到保温作用。建筑采光均采用聚碳酸酯多层板，为教室提供均匀的漫射光，确保光线在投入教室后不会留下阴影。利用有效的设计手段，减少建筑能耗，创造舒适的室内环境。

双龙小学改建项目是维思平组织捐助、研发、设计、施工的一项公益研发建筑工程，也是一个从建筑、环保、教育和社会公益等各方面多赢的典范项目。通过企业行为，整合社会资源，把所有收益用于教育和社会公益事业。所承担的社会责任感不仅仅是捐赠行为本身，更体现在建筑作品的价值上，激发了对人文、环境与社会的关怀，推广低碳校园建设和小学素质教育，创造了一个深思熟虑的可持续复制的援建模式。

维思平在项目初期获得了公益慈善联合体、休宁县政府、休宁县教育局、安大教育基金会、海外和民间团体的捐助。同时，其整合了一批著名企业、大学、专家等社会资源参与设计，并对接到受惠人士和相关政府机关，全程深度参与，从策划、选址、设计、建造、监控到后续检测都一丝不苟。建设之外，还派专人组织协调公益团体中的事务工作，管理监督各项公益善款的使用流向，力求全方位确保捐建项目的成功，务必使学童受惠最大化。

维思平的公益行为得到了多方的肯定，作为研究性项目，我们要的不只是一所小学，更是共享互动的希望小学，力图充分拓展小学的活动场地，发掘当地使用者，建立循环网络；激发游客与当地交流，吸引外界机构的关注与支持；由学校带动村落，完善物资、资金、信息的循环网络，实现互动多赢。

南都：休宁双龙小学项目与其他作品最大的不同是它由建筑师首先发起。维思平最初是怎么想到要做这个项目呢？

吴钢：这几年来大家都很关心农村地区“撤点并校”这个变化，知道有很多学生因为教学点撤销而需要走两三个小时去外面上学，更有不少学生因此辍学。我们了解到这么一个情况，就想着作为建筑师可不可以有所作为。正好双龙小学这个教学点因为校舍破旧原因要撤销，如果换到中心小学，村里一两百个孩子上学就会很困难。我是在这里长大的，建筑又是我的专业，就决定要努力把学校留下来。小学建完后，外村的孩子也都可以到这里来上学。

南都：能否讲讲这个项目的历程？

吴钢：过程很长，大概花了三年多时间。首先是找合适的地点。选址定在休宁，不仅因为这是我的家乡，还因为它自古就有注重文教的传统，这里的教育局、安大教育基金会乃至小学本身都非常积极，所以和我们一拍即合。我们捐出了一百多万，并承担新校舍设计和铺地排水等工作，他们同样出资改造了旧校舍和厕所等设施，所以是一个很成功的合作。

然后落实到建筑设计上，作为建筑师，我们首先希望新建筑能够整合到整个村里的肌理中去。目前，村民周末都会到学校来活动或者吃饭，平时接送孩子的家长也会在院子或者岸边休息，经常能够看到师生和家长在一起交流。我们很欣慰地看到，这里成为了村里唯一的公共场所。其次，我们希望建筑融入皖南的意向，用轻盈的形式、结构和材质回应江南的姿态。这种“轻”也体现在预制上，校舍在学生放假的过程中就组装完毕了。

总的来说，这代表了我们介入乡土环境的一个态度，就是不用传统的方式，而是将乡村和新技术连接起来，对乡村文明有一个新的提升。

南都：同样作为轻钢结构校舍，小学与朱竞翔老师在四川等地推广的新芽系列有哪些不同呢？

吴钢：朱老师对国内小学系统很有研究，所以在选择教学点上给了我们很多参考。同时，他也是我们前期系统研究的顾问，在轻钢结构上已经有不少经验，所以在各种场合都和我们分享了他的研究。但休宁小学不一样的地方是，我们希望房子是能够经过政府审核验收的，所以也请了武汉理工大学的王小平教授做结构顾问，并且与华信设计院合作完成施工图。

南都：有不少网友都很关注这个项目，有人认为开窗方式不太符合儿童天性，您设计时是怎么考虑这个问题的呢？

吴钢：这是一个很特别的观点（笑）。因为我们一直觉得，教室内部最重要的品质应该是优质的室内环境。在一般的教室里，学生到第三四节课就昏昏欲睡，一部分原因也是通风和采光都不理想。为此，我们不仅通过南北两边的高低窗增进通风，还特意将低窗开在学生课桌高度，而不是传统的90厘米高的窗台。这样风吹进来可以拂过脸，且

正好是比较温和的东南向风。其次，我们也用顶光来增加照明，所以室内环境是非常柔和的，白天不开灯也可以。当然，我们希望学生可以集中精力在课堂上，同时通过半透明材质可以隐约感受到屋外的活动，又不会觉得封闭。目前师生都是很满意的。

南都：休宁双龙小学作为一种模式而不是个案，有没有下一步的推广计划？
吴钢：这个项目建成后，我们也收到更多技术和资金援助的意愿。我们和安大教育基金会已经开始寻找下一个教学点，在开春之后会继续选址和准备工作。目前因为合作非常顺畅，政府也积极配合，而设计本身也很适应这个地区，所以选址应该会继续在休宁或黄山市。我们当然也希望发现其他地区类似的需要，但作为事务所，并没有那么强大的资讯组合能力，所以希望更多关心教育和建筑的朋友能和我们联系。

居住建筑特别奖

宁波市鄞州区人才公寓［浙江省宁波市，建筑设计：DC国际］

入围奖

四季：一所房子［陕西省渭南市，建筑设计：林君翰］

西柏坡华润希望小镇（一期）［河北省西柏坡，建筑设计：李兴钢建筑工作室］

宁波市鄞州区人才公寓
建筑设计：DC国际
项目地点：浙江省宁波市
建成时间：2011年

第三届中国建筑传媒奖（2012）

居住建筑特别奖

宁波市鄞州区人才公寓

颁奖词

不同于普通的住宅房产开发项目，“人才公寓”具有较为典型的住宅公建化的特征。在面向城市的部分，设置了一系列的居住及城市服务设施，意图辐射整个周边区域。这种将住区私有区域向外“翻折”，并包裹本社区空间的做法，在为城市做出贡献的时候也给住区注入了新的活力。户型设计上，实现了小户型的南北通透和错层的空间形式，较好地承载了年轻人群的生活方式。

简历

DC 国际是一个专业的建筑设计、城市规划和城市设计事务所，专注于寻求属于中国当时当地的设计道路，以东方体验为基础，诠释当代生活和现代建筑。2008 年事务所首次得到世界的关注，其作品宁波东部新城社区项目关注社会公正，是中国的拆迁安置建设中第一次得到世界建筑媒体高度评价的项目。DC 国际和 C+D 设计研究中心现由平刚、揭涌、万江蛟和崔哲、董屹领导，他们于 2008 年获得美国《商业周刊》和《建筑实录》联合颁发的“Good Design is Good Business”设计大奖。

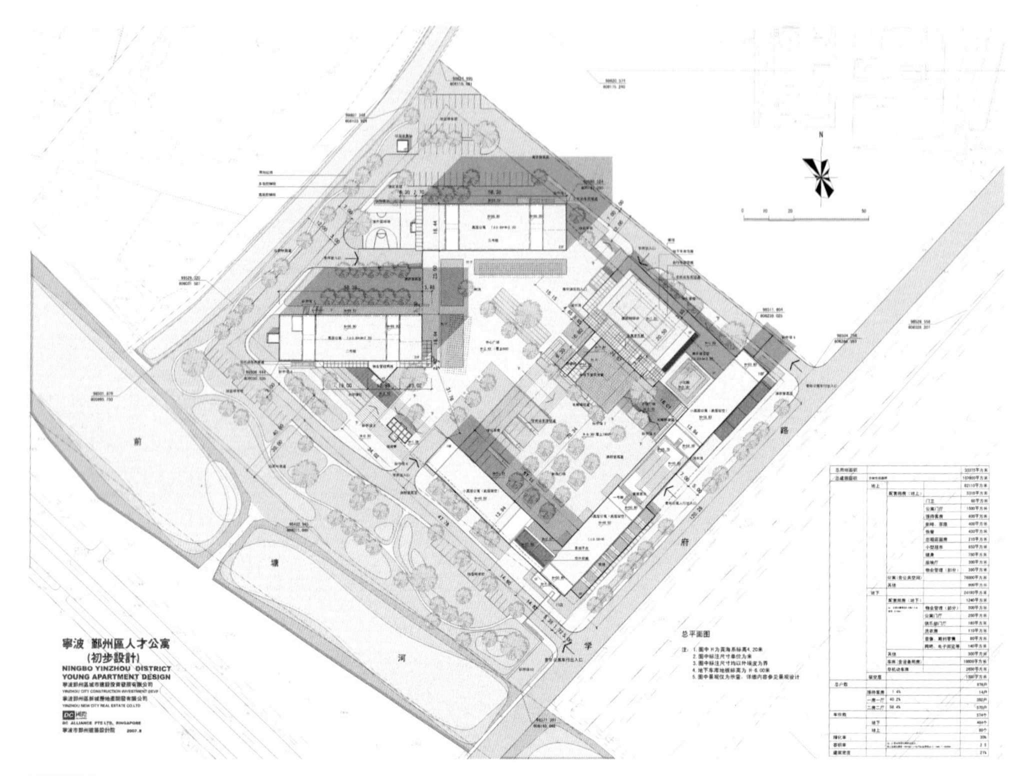

前
塘
河
学
府
路
寧波 鄞州區人才公寓
(初步設計)
NINGBO YINZHOU DISTRICT
YOUNG APARTMENT DESIGN
DC ALLIANCE PTE LTD, SINGAPORE
2007.8
总平面图
注：1. 图中 H 为黄海系标高4.20米
2. 图中标注尺寸单位为米
3. 图中标注尺寸均以外墙皮为界
4. 地下车库地板标高为 H-6.00米
5. 图中景观仅为示意，详细内容参见景观设计

总平面图

模型南侧鸟瞰

作品简介

项目作为人才保障用房，业主是宁波鄞州区城投公司，其基地地处宁波高教园区，依托了宁波最高端的人才资源，是宁波科技人才战略规划的组成部分，也是吸引人才的重要物质手段。项目需要为各企业引进的人才提供大约 1000 户小型单身公寓，由政府开发，企业购买，引进青年人才居住，限定标准、限定价格。目标并非注重盈利，而是更愿意表达一种“招贤纳士”的姿态，以收取良好的社会效益和联动的经济吸引力。

不同于普通的住宅房产开发项目，“人才公寓”具有较为典型的住宅公建化的特征，因此，最终设计的切入点仍然是城市。就城市功能来说，设计希望在可控制的范围内实现城市生活最大化，实现对城市的“反哺”。因此面向城市设置一系列的居住及城市服务设施，是集居住、生活、交流、休憩、运动等功能于一体的综合体，并辐射整个周边区域。这种将住区私有区域向外“翻折”并包裹本社区空间的做法，在为城市做出贡献的时候也给住区注入了新的活力。

就城市形象来说，事实上尽管是住宅项目，但达到 100 米的限高和相对完整的体量使其极有可能对周边地区起到强有力的控制作用。用地与南北向 45 度的错角和南向的采光要求带来了出乎意料的效果，“扭转”给总体布局和沿街立面带来了新的内容和支撑点，而设计获得了新的丰富度。在本项目中，大量的特殊居住单元在自由聚集的过程中形成独特的建筑形象，通过大尺度的表达成为特别的城市标志。

就户型设计来说，其出发点是使微型的城市体验可以延展至户内，为此设计者提供了以下两条原则：一是每户都能拥有南北两方面的朝向，实现自然通风；二是每户都有楼上楼下，并且每户都有独立的起居室。由于户型定位为 70 平方米左右的两房和 45 平方米左右的一房，原则的制定给设计带来了很大的难度，但在面积非常有限的情况下产生了多样的空间类型，使建筑成为一种诱发或包容生活的容器。

项目作为社会保障性住房，应该使其成为一个更加具有社会责任感的社区。而本项目与一般保障性住房又不尽相同，是通过解决住房问题来引进人才的一种政策福利，意在为各类人才营造具有“安全感、归属感、便利感、舒适感和幸福感”的高品质住宅。项目的特殊性使其在城市层面上具有更多的象征意义，基于一种乌托邦的居住理想，希望成为公众意志的体现地，在一定程度上代表了一个城市的社会公正和人才政策。同时，人才公寓项目有良好的经济测算与成本控制体系，不论在社会效益还是经济效益方面都有乐观的预期。在成就上，以坚持社区的社会责任为己任，不盲目追求利润，而是追求社会效益和经济效益的平衡和双赢。申购工作完成之后获得了广泛的社会反响和各方面的好评。

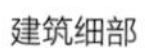

建筑细部

获奖感言

首先要感谢《南方都市报》所提供的这样一个平台，使那些真正怀着理想和社会责任感的建筑师们能够在这里分享公民意识和人文情怀。同时也要感谢提名人赵辰先生和各位评委对我们所做工作的肯定。我想，鄞州人才公寓的获奖可能不仅在于它提供了一种新的居住模式，而更多在于其对于“公正”这个词的建筑解读。

作为社会规范和价值体系的组成部分，“社会公正”是个极具争议的概念。事实上，对于目前的中国来说，产生大量社会不公平的原因不是体制本身，而是体制的不健全，或者说是公平意识的不到位。在这样的前提下，建筑师如何参与到“社会公正”的建设中来是我们需要思考的问题。作为建筑师本身所掌握的资源和话语权，决定了其不可能在普遍意义上推进“社会公正”，因此有必要进一步认识建筑师的贡献潜能。在这里，我们提出并关注了“空间公正”的概念，它应该是“社会公正”在空间环境领域内的投射，是建筑师所能引导的空间资源、美学观念和生活方式的平等机会。在一个“空间公正”的环境中，空间权益被放在最优先的位置得到考虑，也只有在保证起始权益的基础上，才能使社区住民在空间资源上得到平等的发展机会。这其中包括空间参与、资源匀质、技术共享等方面都维持在一个高度公正的基础上，人均环境的享有度达到最高，其空间环境所带来的效应总和也达到最大。与此同时，“空间公正”还需要把社区放到整个社会的大环境中去考量，社区空间分配的原则是以不损害整体社会中基础人口的利益为基础，而社区空间也应具有向社会与城市开放的潜力。

我们更要感谢业主宁波鄞州城投公司，一直全方位地支持着我们的实践。项目由政府开发，企业购买，引进青年人才居住，限定标准、限定价格，目标并非注重盈利，而是更愿意表达一种“招贤纳士”的姿态以收取良好的社会效益和联动的经济吸引力。事实上，在当今社会“人才”与“保障”并没有实质的冲突，也有生存状态的契合点，因此也许可以称其为“保障性人才公寓”。

人才公寓的诞生基于一种乌托邦的居住理想，从一开始就希望成为公众意志的体现地。我们从最基本的空间公正出发，例如我们为房型设计提供了两条简单但重要的原则：一是每户都能够实现南北自然通风；二是每户都有楼上楼下，并且都有独立的起居室。看似简单的原则给设计带来了很大的难度，但同时保证了空间资源的公平分配，在面积非常有限的情况下产生了多样的空间类型，使建筑成为一种诱发或包容生活的容器，而最终的结果也的确带给人惊喜。

人才公寓还在陆续入住的过程中，对于公共空间资源的使用也在逐步完善。对于项目来说，这是一次以保障空间公正为前提的空间资源和城市功能的再分配；而对于建筑师来说，这是一次对社会责任自我审视的过程，从而发现建筑理想和真实生活的差距。而我们所能做的就是尽力弥补这个差距，推动社会公正前行。

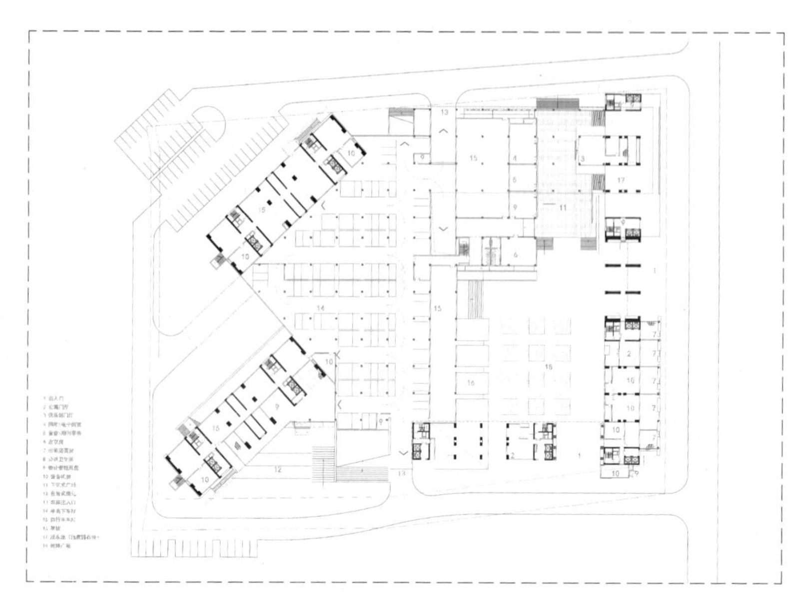
半地下室、1号楼一层平面图

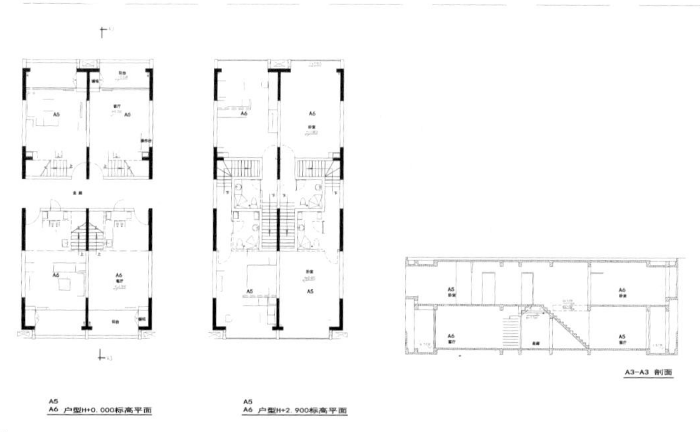
户型图

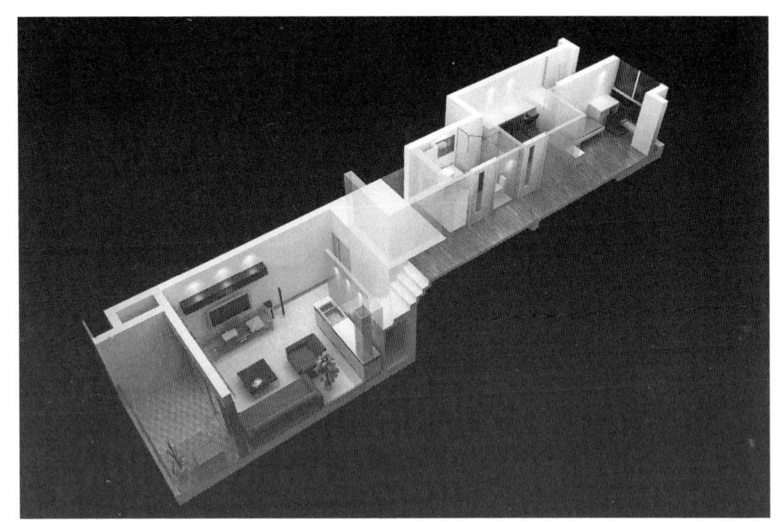

两室一厅房型模型

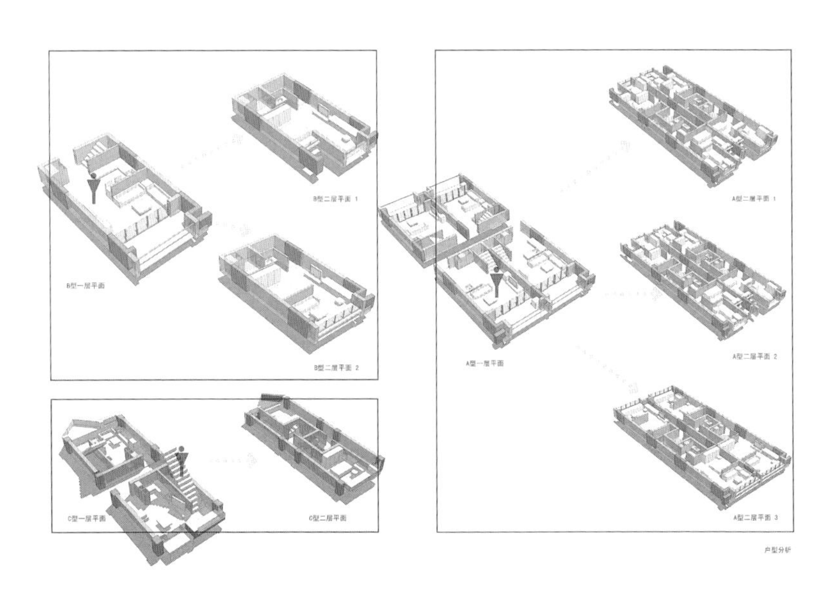

户型分析图

南都：能谈谈你们DC国际是如何拿下鄞州区人才公寓这个项目的吗?

平刚：我们通过竞标拿下的。说来很曲折。项目的设计始于2006 年，2011年建成，其间几生变故。初次参加投标时，地块对象是在鄞州区泰康中路钱湖南路的转角。谁知，之后那块地居然被开发商买走了，也就是说“人才公寓用地发生变更，我们要重新投标”！用地被置换到了鄞州新城区泰康东路与学府路交叉口的西北侧，这对于我们忙碌了大半年的建筑师来说是难以接受的。虽然当时我们都有抱怨和抵触，但不甘放弃，继续投标，加上之前我们建筑师们对任务书的透彻理解以及细节的设计深度，我们再次顺利拿下了项目。

南都：相比最初的设计，第二轮在设计上有哪些变化?

平刚：地块的朝向和形状都有变化，例如，第一块为正南北方向，很方正，我们的方案以行列式的布局竞标成功。变更后的地块，一侧临河，道路偏离正南北方向约45度，用地不再像之前那块地那么端正，但似乎蕴含了很多设计的可能性。地块45度的错角和南向的采光要求令我们在总体布局和沿街立面上设计出不一样的惊喜——“扭转”，注入了这个新的内容之后，整体的设计也更加富有变化。

南都：鄞州区人才公寓作为人才保障用房，你们设计的出发点落在哪里?

平刚：鄞州区人才公寓，名字有些新鲜，从中不难看出业主“宁波鄞州城投公司”求变创新的意图。事实上最初业主希望将本项目作为宁波住宅市场的一种新型高端产品在鄞州区率先试行。我认为，其准确定位应该被描述为“人才+公寓”，它必须承载着特定人群的特定需求，要为这些人的特定生活方式树立建筑模板。我们在设计之初，曾做过1000多份“调查问卷”，以求获知“需求有哪些”，例如，要不要设计宠物医院等。

南都：我们该怎样理解它的本质?

平刚：总的来说，项目的特殊性又使其成为一个具有住宅公建化特征的项目。但我们的设计切入点仍是城市。城市作为住区的母体，为其提供生长的土壤。那么，住区也应有所反馈。对于这个项目来说，政府资本投入的价值指向在很大程度上要求住区对城市进行反哺，提供相应的社会与文化价值。

因此，在此前提之下，人才公寓的本质就比较明晰了，我们是要使其成为社会改革先锋以切入城市的公共生活，还是城市未来的小众精英俱乐部? 毋庸置疑，我们选择了前者。这也令项目具备了特有的城市性特征。而项目也拥有更丰富的个性，开放的城市空间、建筑的城市标志性、城市功能的再分配，以及类城市的空间美学追求。

南都：鄞州人才公寓具备特有的城市性特征，将城市体验延伸至家里，这主要体现在哪些特性上?

平刚：这个项目大约提供了1000多套小户型单位，其中，45平方米的一房单位占40%、70平方米的两房单位占60%。户型总体上有两个原则不变，一是每户都能占据南北两个朝向（在当地有俗语打趣说，宁可不吃不喝买南北房，也不要东西房）；二是每户都有楼上楼下以及独立的起居室。原则的制定给设计带来了很大的难度。

我们就在这两种面积的框架之下，设计出了几十种变化，试图打破高层住宅标准化复制的做法，给居住者不同的空间体验。不足之处在于，只有70%的得房率和不高的套内空间使用率。但我们如果不采用这样的方式，排下1000户住宅似乎是不可能完成的任务；同样，不采用这样的模式，项目的社会特殊性似乎又不能很好地体现。

南都：除了多样变化的户型，在社区的设计上，你们又如何遵循这一理念进行设计的呢？

平刚：一座建筑是不可能成为一座城市的，但它仍然可能成为一个城市般的建筑。项目空间丰富不仅满足了公寓居住的功能，还提供了各种自由交往的空间，尽可能地增加社区的公共空间面积。我们可以将本项目的规划设计理解为能自我完成的微型城市结构，在这个项目中，建筑的结构像自给自足的城市，有街道、广场和独立的建筑单元，也就是使每一个地方成为一个场所，使每一个住宅和每一个城市成为一系列的场所。当建立这一“联系”，进一步组合的思路也就确定了。整体导致的平衡构思，搭建出错综复杂的形式和空间，用持续的不同尺度不同功能的单元聚集导致这一互相作用的“建筑—城市”形象。

南都：这样的复杂设计，会否带来建造成本的增加？如何平衡社会效益和经济效益之间的关系？

平刚：具体会增加多少，这个我也无法计算出结果。但庆幸的是，我们遇到了一个很好的甲方，从一开始，他们就没有对我们下太多的限制。对于这样的一个项目，我们尽量追求空间公正，这不仅体现在设计时平衡每一套房子的舒适性和便利感，不会产生哪一边的房间特别好用，哪一边的特别不好用。因为，保障性住房不像商品房，用市场价指导销售，我们还要考虑到后期企业购买的因素，要让每一户都价值相似，这样才能使企业购买时选择起来更容易。而且，我们还会尽可能留出大面积的社区公共空间，增加居住者的“安全感、归属感、便利感、舒适感和幸福感”。总的来说，这个项目有良好的经济测算与成本控制体系，在社会效益和经济效益之间有乐观的预期。

南都：你觉得这样一个称得上“复杂”的项目，对于保障房来说，它会不会对项目的建设成本造成很大的压力？是否具有可复制性？

平刚：你所说的项目是否具有可推广复制性，我认为，任何的项目都不会具备可复制性，所谓的可复制性应该说是一种态度和理念的可复制性，这才具有推广意义。并且，我也认为中国的建筑，包括保障性住房项目在内，缺乏的是态度，不是高度，是公平意识的不到位。

南都：对于保障性住房的建设，建筑师们还可以有哪些尝试，能令这类项目做得更好？

平刚：以往的拆迁安置房，只为了解决政治问题。拆迁盖新，楼房排排坐，单一地复制，缺乏思考和良好的居住体验。举例子来说，我们在宁波做了全国首个“绿色拆迁安置房”项目，就是把绿色建筑的理念用在拆迁安置房里。通常来看，拆迁安置房的最大特色在于大规模、高速度和复制。对于绿色建筑，建设部是有标准的，可通过技术手段、增量成本做到一星、二星、三星。一旦把“绿色建筑”的理念用在拆迁安置房这种大规模、高速度和复制的建筑产业里，就能迅速地得到推广。

南都：你作为高端人才特定群体的一分子，怎样的居住会带给你幸福感？

平刚：居住对于人来说其实是一件非常简单的事情，要看你所处的环境。例如，我在2007年徒步7天到达北极点。在这个过程中，我们是睡在4-10米的浮冰上。第四天遇到暴风雪，被困了30多个小时，除了短暂的几个小时在前行，其余的时间都睡在睡袋里面，极地帐篷，两个人睡一间帐篷，并排睡，中间放炉子、衣服和食物，还有一个50-60厘米的小空间，门口的地方存放雪块，背后有一个口，拉开可以倒尿液。可见，人在困难的条件之下，对于居住的要求是可以到这么简单。所以对于居住的需求和状态，要看特定的环境。

当你经历了这种恶劣的居住体验之后，在城市生活中，单纯对于住的需求其实并不会太高。户外生活的经历为我提供了更多的生活维度，并促使我思考，什么样的居住模式是我最需要的。对于居住的舒适状态而言，并不是说我是高端人才，居住的需求也是高端的，这是错误的理解。反而要以人的最基本的居住需求为基础，再去谈房子的其他附加值。

四季：一所房子

建筑设计：林君翰
项目地点：陕西省渭南市石家村
建成时间：2012年

获奖理由

此项目尝试拉近传统与现代之间的距离，把新旧建造技术相结合，以保卫传统乡土建筑材料的运用和建筑技术智慧，从而设计出一个现代中国夯土合院式住宅的原型与样本。这不仅是一个传统合院住宅，还是一项现代农村乡土调研的产物，代表着一种新的建筑尝试，有意识地将乡土建筑逐步融入现代施工中。

简历

林君翰，现任香港大学助理教授。在纽约的库柏联盟学院完成艺术学与工程学的学习后，于2002年被授予建筑学专业学位。他现阶段的研究重点是中国农村城市化进程以及乡村的可持续化发展。他设计并建造的项目包括学校、社区中心以及一所生态农宅原型，分布于陕西、江西、贵州及广东等省份的乡村地区。这些项目将当地传统的房屋施工手法与当代可持续化技术充分结合。他于2009及2010年两度获得《建筑评论》(*Architectural Review*)“新兴建筑奖”，于2011年获得“亚洲最具影响力设计奖”。

第三届中国建筑传媒奖（2012）

居住建筑特别奖·入围奖

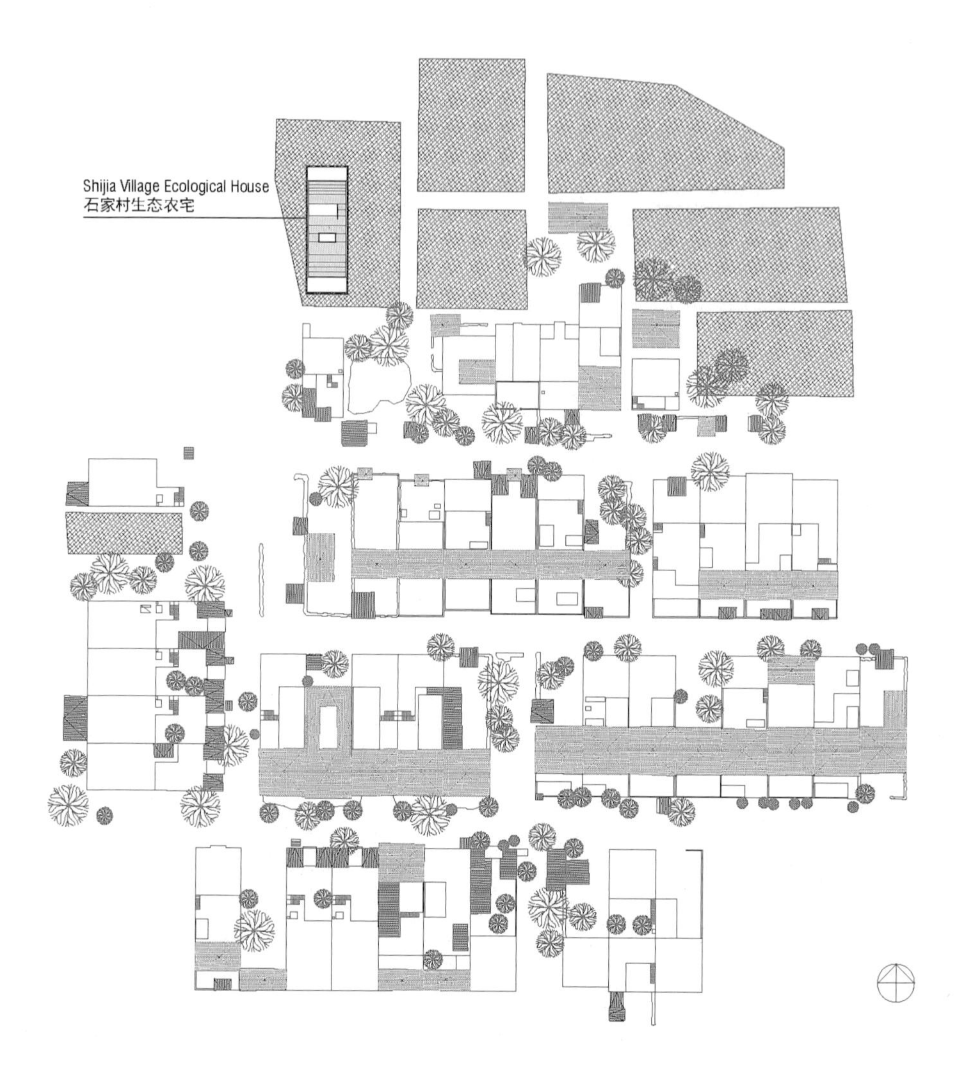

总平面图

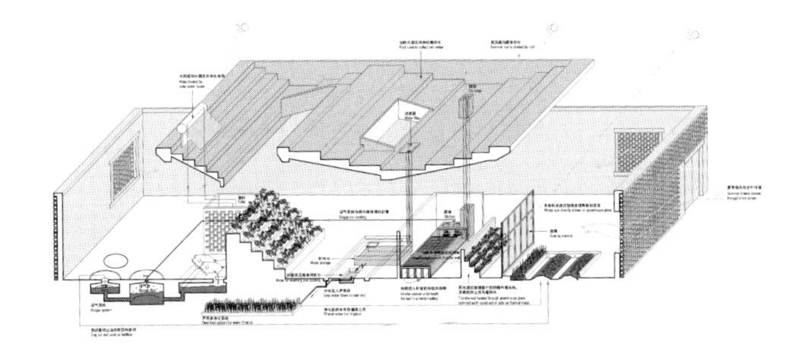

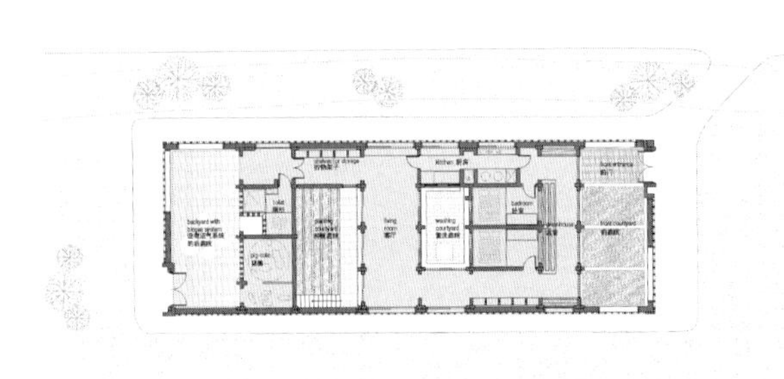

backyard with
biogas system
living
room
washing
courtyard
kitchen
bedroom
front courtyard

平面图

作品简介

过去三十年来的农民工进城打工潮不但使中国的城市地区有了急速的发展，同时这些农民工的乡村家园也发生了翻天覆地的变化。无论在物质、经济建设还是在社会层面上，这种城镇化正加剧农村的转变。随之而来的是中国乡土建筑的转型——原本各具特色的地域性建筑沦为由混凝土、墙砖、瓷砖构成的广谱建筑。然而在此情况下，建筑师们竟是全然缺席了。因此，作为专业工作者，最迫切的问题是：建筑师在这种被认为毫无必要的情况下究竟可以做些什么？

最初这个项目是香港大学建筑系举办的一个实践学习工作坊。工作坊的学生们走访了不同的农村家庭并记录了他们的生活状况，收集编辑成一套当代中国农村家庭写照。这不仅是对住宅形式的描述，更是变化中村民生活情况的真实写照。我们的项目尝试透过学习并改良当地乡土建筑形态，以提出一种当代的乡土房屋原型。

内部庭院是中国传统房屋的一个重要元素，正好诠释了农村人们的生活方式。我们设计的房屋建筑原型尝试革新内部庭院的空间，令其与生活更息息相关。四个功能不同、各有特色的庭院空间，分别被插进整个住宅的主要功能空间，即厨房、厕所、客厅以及卧室之中，仿佛整个房子是绕着这四个庭院而建的。

建造这个住宅原型的一个重要目的是抵御村民们对外来商品和服务的日益依赖。多用途屋顶不但提供了晾晒作物的空间和席地而坐的大台阶，而且雨季时还可用来收集并储存雨水，以便旱季时使用。这座房子成为了一个自给自足的典范。靠近庭院的猪圈和地下沼气系统为烧火做饭提供了能量，同时从厨房冒出来的炊烟直接进入卧室的热炕，最后通过烟囱排出。

房屋结构是混凝土梁柱结构与胡基砖墙围护体系相结合，融合了新旧的建造技术。胡基砖墙是大陆性气候地区适用的传统保温材料。与之不同的是，这种新颖的混合型结构满足了抗震的要求。房屋的整个外墙被镂空花砖墙包裹，不单保护夯土墙，还为庭院和室内遮阳庇荫。

此项目尝试拉近传统与现代之间的距离，把新旧建造技术相结合，以保卫传统乡土建筑材料的运用和建筑技术智慧，从而设计出一个现代中国夯土合院式住宅的原型与样本。这不仅是一个传统合院住宅，而且是一项现代农村乡土调研的产物，代表着一种新的建筑尝试，有意识地将乡土建筑逐步融入现代施工中。

盥洗庭院

西柏坡华润希望小镇（一期）

建筑设计：李兴钢建筑工作室
项目地点：河北省平山县西柏坡
建成时间：2012年

获奖理由

在具有中国特色的“新农村建设”背景下，华润希望小镇的设计运用了聚落的设计方法，以应对场地条件、人群特征、历史记忆和传统沿承的矛盾。因地制宜、从自然中生成的秩序使其具有了“当代聚落”的独特性和丰富性。

简历

李兴钢，建筑师，工学博士。1969年出生，中国建筑设计研究院（集团）副总建筑师、李兴钢建筑工作室主持人。1991年毕业于天津大学建筑系，1998年入选法国总统项目“50位中国建筑师在法国”，2012年获得天津大学建筑设计及理论专业博士学位。曾获得“中国青年科技奖”、“中国建筑学会青年建筑师奖”、“The Chicago Athenum 国际建筑奖”、“全国优秀工程设计金/银奖”、“全球华人青年建筑师奖”、“中国建筑艺术奖”、“英国世界建筑奖提名奖”等；受邀参加伦敦“从北京到伦敦——当代中国建筑展”、2011罗马“向东方——中国建筑景观”展、卡尔斯鲁厄/布拉格“后实验时代的中国地域建筑”展、布鲁塞尔“心造——中国当代建筑的前沿”展、第11届“威尼斯国际建筑双年展”、德累斯顿“从幻象到现实：活的中国园林”展、深圳“城市、建筑双年展”、“状态——中国当代青年建筑师作品八人展”等。

总平面图

模型研究

作品简介

西柏坡华润希望小镇位于河北省平山县西柏坡镇霍家沟，是华润集团捐资兴建的新农村示范项目。项目由原有的三个相邻的山村集中组合而成。包括 238 户农宅和村委会、村民之家、卫生所、幼儿园、商店、餐厅等公共设施。基址位于山坳的低洼处，三面环山，一面朝向水库。

设计保留了基址中现存的泄洪沟，并进行适度修整，结合新设置的村民广场及公共设施，构成贯穿整个小镇的景观带和公共活动中心，并顺势将小镇分为三个居住组团。建筑主要依坡地而建，低洼部分的基址则垫高为可用于房屋建设的台地。公共设施位于小镇中心并在入口处标示出小镇的边界。由此，形成了“居于高台，游于绿谷，聚于中心”的立体化聚落空间。

设计中尽可能地保留了场地中的树木、一户质量尚好的农宅院落和一座古桥，作为新聚落的历史记忆。以多样的方式处理建筑群组、公共节点、道路桥梁和街巷院落，营造丰富多变的路径、视角、景观以及停驻、交往、活动空间。农宅的设计在研究当地传统民居空间特征的基础上，以 L 形建筑主体加院墙形成可重复的围合院落，并对风水传统、朝向、檐下空间、自然通风、个性化、私密性、未来加建以及“农家乐”主题旅游功能进行了充分的考虑。

在具有中国特色的“新农村建设”背景下，华润希望小镇的设计运用了聚落的设计方法，以应对场地条件、人群特征、历史记忆和传统沿承的矛盾。因地制宜、从自然中生成的秩序使其具有了“当代聚落”的独特性和丰富性。

小镇俯瞰，张广源 摄

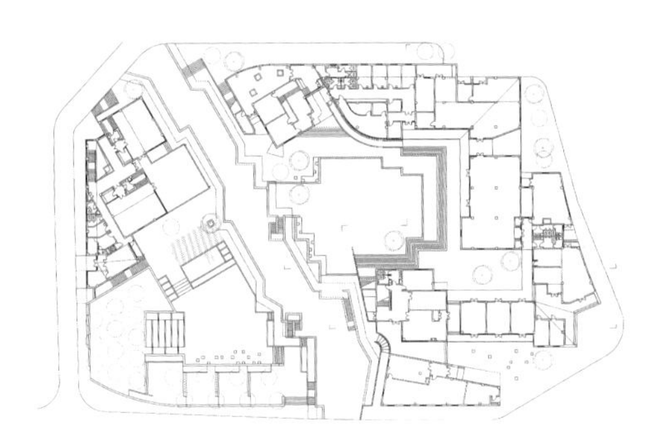

公共建筑首层平面图

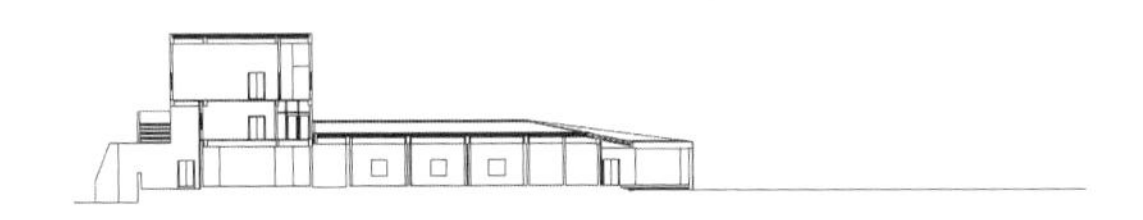

公共建筑A－A 剖面图

组团空间俯瞰，李兴钢 摄

住宅外景，李兴钢 摄

公共建筑夜景，李兴钢 摄

以保留树木为中心的组团空间，李兴钢 摄

杰出成就奖

陈志华

入围奖

王大闳

张良皋

陈志华

颁奖词

毕生以严谨和开放的学术态度在建筑教育和研究领域耕耘。从对西方建筑的研究到中国乡土建筑的研究，成果丰硕。并以其批判性的学术精神为我国的建筑评论做出了重要贡献。同时，他不满足于做一个书斋中的学者，常年奔波于田野乡间，尽一己之力，用书写和文字，用呼吁和人道关怀，与中国经济大潮席卷下的功利和短视、麻木和贪婪作着不懈的抗争。

简历

清华大学建筑学院教授，1929 年 9 月 2 日生于浙江省宁波市。祖籍河北省东光县。1947 年入清华大学社会学系，1949 年转营建系（现建筑学院）。1952 年毕业于建筑系。

1952 年毕业留校任教后，曾经讲授“外国古代建筑史”、“文物建筑保护”等课程，是中国第一部外国建筑史教材的作者。主要著作有《外国建筑史》、《外国造园艺术》、《外国古建筑二十讲》、《意大利古建筑散记》和译著《走向新建筑》、《风格与时代》等。

陈志华教授同时也是中国乡土建筑研究的倡导者。从 1989 年开始，陈志华率领清华大学建筑学院的乡土建筑研究组，专门从事乡土建筑遗产的研究和保护工作，提出并实践了“以乡土聚落为单元的整体研究和整体保护”的方法论，为民居和乡土建筑领域开辟了新局面。

近二十年来，清华乡土组对全国范围内的近三十处研究点展开了深入细致的考察工作，出版了四十余部专著，在国内外引起了巨大的反响。国际文物建筑保护界的权威费尔顿爵士，在了解并受陈志华教授的研究工作启发之后，向 ICOMOS（国际古迹遗址理事会）建议于 1999 年 10 月在墨西哥召开的第十二届大会上提出“乡土建筑要以村落为整体进行保护”的主张。

作为国家文物局的长期顾问，陈志华教授多年来一直致力于让国家文物局重视乡土建筑的保护。2007 年 4 月在江苏无锡举办了以“乡土建筑保护”为主题的中国文化遗产保护论坛，一百多位专家学者倡导全社会关注乡土建筑，重视对乡土建筑和它所体现的地方文化多样性的保护。会议通过了国内首部关于乡土建筑保护的纲领性文件《中国乡土建筑保护——无锡倡议》。2007 年陈志华教授又提出：中国乡土建筑为东方农业文明之见证，尤其表现在宗祠、庙宇和文教建筑三个元素上，它们分别对应着宗族、泛神崇拜和科举这三样西方文明没有的制度或观念。这从世界文明史的高度总结了中国乡土建筑的意义。

陈志华（中）在陕西党家村

在四川省合江县福宝场采访当地老乡（右二）

在乡下，与孩子们在一起

陈志华（左一）在湖南会同县

作品简介

作品一 《福宝场》，陈志华著，楼庆西摄影，三联书店，2003年版

本书是三联书店“乡土中国”系列中的一种，风格和趣味一如过去的《泰顺》、《水乡绍兴》和《晋中大院》，图文并茂。让人看到了过去生活的真实图像，而这样的生活业已逐渐变作了历史。

作品二 《乡土建筑遗产保护》，陈志华、李秋香著，黄山书社，2008年版

主要内容包括：中国乡土建筑遗产保护的世界意义、乡土建筑研究丛书总序、抢救乡土建筑的优秀遗产、乡土建筑保护十议、乡土建筑保护论纲、文物建筑保护中的价值观问题、怎样判定乡土建筑的建造年代、《关于乡土建筑遗产的宪章》，以及在《关于乡土建筑遗产的宪章》后的附言。

作品三 《外国建筑史》，陈志华著，中国建筑工业出版社，2004年版

全书主要内容有：古代埃及、两河流域和伊朗高原建筑，波斯、希腊、罗马、拜占庭和美洲的建筑，欧洲封建社会时期的建筑，资本主义初期的建筑，伊斯兰教国家的古代建筑，以及印度、东南亚国家及朝鲜和日本的古代建筑等。

作品四 《意大利古建筑散记》，陈志华著，安徽教育出版社，2003年版

本书用自然优美、精确平实的笔调，从历史、文化、建筑风格和民俗等多个角度，介绍了意大利近20个历史文化古城、数百幢古建筑和对它们的保护。读者在阅读的愉悦中，不知不觉对意大利人民尊重文化、爱护古建筑的非功利性态度和科学精神留下了深刻的印象。并且对当前世界上关于保护文物建筑和历史文化古城的主流理论、原则和方法有了大致的认识。
随文配有数百幅图片，包括地图、建筑照片等等，有的十分罕见，使本书不仅具有阅读与收藏价值，还可以作为意大利古建筑旅游的指南。

乡土中国

乡土中国
楠溪江中游古村落

婺源

楠溪江中游

十里铺

梅县三村

西华片民居与安贞堡

俞源村

新叶村

诸葛村

楼下村

关麓村

庙宇
「乡土瑰宝」系列

宗祠
「乡土瑰宝」系列

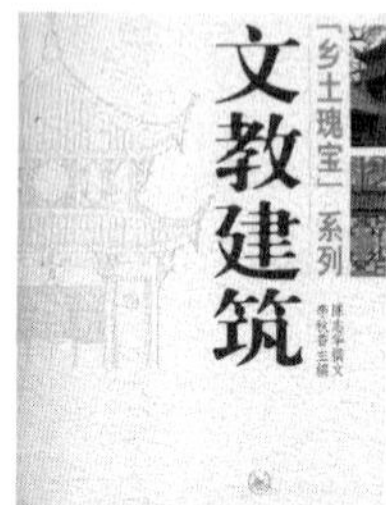
文教建筑
「乡土瑰宝」系列

住宅（下）
「乡土瑰宝」系列

村落
「乡土瑰宝」系列

文物建筑
保护文集

楠溪江上游古村落

古镇碛口

流坑村
中国乡土建筑

郭峪村
GuoYu

诸葛村
ZhuGe

新叶村
XinYe

获奖感言

今天跟各位新老朋友没有见上面，可惜了这么好的机会。很不巧身体出了点毛病。可是呢，我也有条件看到了一些前几次活动的记录，很受鼓舞，觉得这个工作做得非常好。我这一次只有请病假了（笑），当然以后要争取健康地来参加（这个活动）。

这个活动对我过去的工作有一些肯定，我很高兴，很不容易，我自己都没有想到。既然给了我这样的鼓励，那意思就是说，等我病好了，我还得好好做，尽量做，直到最后一口气。干得好不好不一定，可是我肯干，这一点我可以向大家保证。我希望有其他的同事能够理解我的工作，也希望有那么一些人来继续这项工作。这是非常迫切的。

有个出版社让我和其他同志合作，出一套比较全面的关于中国乡土建筑的书。说实话，这套书已经做不出来了，很多（建筑）已经没有了，有的人也不擅长，再做确实很不容易。这是一个很大的遗憾。一个有几千年文明的民族没有能力完整书写自己的历史，这是一个非常大的损失。大概很多同志还想不到会有这样的情况，但实际上我觉得已经是定论了。希望今天到场的身强力壮的年轻朋友们，有可能的话也做一些这样的工作。我知道现在建筑师是一个热门的工作，你们在百忙之中来关心学术工作，这对我是很大的鼓励。

我今天最想说的，是我从冯纪忠那里学来的一句话，“所有的建筑都是公民建筑，特别是我们这个时代。如果不能为公民服务，不能体现公民利益，它就不是真正的建筑。在学术上，在教学上，这个理念我坚持了几十年。”

看到这句话，我非常非常感动。冯先生说他坚持了几十年，但我才刚刚学会，非常惭愧。但是我向朋友们保证，我在以后跟上，再跟上，再跟冯先生学习。我希望人人都记得这句话。我愿意做冯先生的学生，这一句话就够我用几十年的。这一生成绩做得不好，多有缺点，请大家指出，懂了，我就改。谢谢大家。

南都：您今年83岁高龄了，还在为了保护乡土建筑，坚持在农村、山区这样的一线工作吗？

陈志华：是的，说实话现在愿意做这样工作的人太少，每年都是我和李秋香老师亲自去，加上几个学生，总共只有三四个人，二十多年来从未间断过。前阵子，我刚刚从村子里回来，可惜年龄大了，这次把腰椎弄坏了，不太能动。但是，好了之后，我肯定还是要继续工作下去的，只要还有一口气，就要做下去。

南都：在清华，您原本是从事外国建筑研究的，但从1989年开始，您毅然决然转而做乡土建筑研究和保护，从60岁做到今天。这种转变是怎么形成的?

陈志华：正是因为长期从事外国建筑的研究，所以对欧洲保护老建筑的精神、对文化传承的热情，特别有感触。此外，我还有很强的农村情结，乡土建筑是我几十年来牵魂的心爱。

我母亲是一位大字不识，连名字都没有的乡下妇女，只叫“大丫头”，但是她是织布能手，我享受了她一生的慈爱，每天晚上闭起眼睛等她过来给我轻轻整一整被子。八年抗战，为了躲开日本强盗的占领，我随老师躲在高山群中，是还说不上生活温饱的农家养活了我们。

我永远并且时刻都忘不了农民，不论中国还是外国，在社会工业化之前，连城里的房屋都是农民来造的。一到农闲时候，他们便背起锯子、斧子、刨子到城市里卖血汗。工业时代之前，农村的房子常常比城市里的还更有创造性，农民自己做主、自己欣赏，在自己房屋上创造可以更自由、更精致，不断加工翻新。这些农村的房子，也就是我们说的乡土建筑，是中国文化史的一部分，它们正在快速消亡，我希望我能保护它们。

南都：乡土建筑就是指农村那些居住的房子吗?

陈志华：中国乡土建筑的一个特点就是它往往形成一个完整的村落——不是东一个房子、西一个房子。我们所从事的乡土建筑保护，是以村或者小镇作为一个研究的地方，这一研究，周围的一大片就带动了。以前搞民居就是搞一个居住建筑或者是一个戏台，我们面对的则是一个完整的村子。这个完整的村子是一个非常有机的系统：一个孩子生下来了，祠堂里头就有你的登记了，有你的“身份证”了，有的生孩子就在祠堂里挂一盏灯；肚子疼了就要到庙里烧香；甚至家里的牛跟邻居的牛打架了，就到牛神庙、马王庙，还有柳四相公庙去烧香；当然，日常拜神的小土地庙、文昌阁、文峰塔，甚至水井、坟墓都算是乡土建筑的部分。我们整个乡土文化都在这样的村落里得到表达。所以我们说的乡土建筑是拿这个村子作为单位，而不是单独讲这个建筑、那个建筑。

南都：在您看来中国的乡土建筑、乡土文化都十分宝贵，可是对比欧洲的情况，破坏却十分严重。

陈志华：研究了一辈子外国的东西，发现我们中国自己的东西没人保护，你看欧洲人研究建筑多细呀。我记得在意大利北部的一个小城市的交流学习中，当地大学的一位老师兴冲冲地一定要带我去他家参观。千万别以为他家是什么豪宅，到了才知道是一个城墙的角楼，进到家里要上一段又窄又陡的楼梯，家里居然没有厕所，内部也显得十分粗糙。但是，这位老师因为有这样一个家非常得意，觉得能住在这样有历史的房子里才是有身份的象征。如果在我们国家，这种地方要不成为旅游景点，要不就被拆了重盖起所谓现代化的房子。

南都：相对而言，我们太不尊重和珍惜自己的历史和文化了。

陈志华：是的。我记得意大利的那个小城里有条古老的巷子，住在巷子里面的居民当时正打算给小巷写历史，每个人都很有参与感，大家决定分工合作。小巷的一位居民告诉我，只要他们写出来，政府就会负责帮他们出版。而反观国内，今年我为了出一本乡土建筑保护的书找到各个出版社，结果根本没有人愿意出这样的书，一定要自己花大把的钱来出，这也说明从政府到民间没有人重视我们自己的传统和文化，是非常可悲的。

南都：所以从开始做这项工作就是您自发要做的？

陈志华：确实是自己想做的。在国际上，关于古建筑的保护形成一股趋势，有理论研究和实践出现，其实也是上个世纪60年代的事情。我认为在中国，能代表传统文化的建筑基本都在农村，这些建筑是中国历史的见证，可是它们在遭到前所未有的破坏，却没有人意识到问题的严重性，也没有人想要去保护它们，既然没有人去做，那么我来做。从1989年开始，二十多年来我和楼庆西、李秋香老师去了无数个村子。暑期的时候带上清华大学建筑系分来的几个需要实习画图的学生，一起下乡了解村子的历史、社会组织，勘测、照相、画图。退休之后，清华还给我留了间办公室，有张办公桌，有了自己的空间，专门来做乡土建筑保护这个课题。

南都：您做乡土建筑研究保护这二十多年时间，觉得乡土建筑被损毁最快速、最集中的是发生在什么时期？

陈志华：这个很难说，到现在这种高速的破坏都没有停止过，但每个村子又不一样。有些村子年轻人去外面打工，赚到钱寄回家，父母就立刻拆了老房子，去建新房子，觉得非常有面子，所以有钱、富裕的农村老建筑被毁得更快。相反在偏远的山区，古老的建筑保存得相对要完好些。有些村子我们去考察，告诉他们保存老建筑的意义，可是过不了几年，县长、县委书记换了，为了所谓的政绩，他们又毫无顾忌地大拆大建，于是整个村落在短时期内面目全非。

有那么一个县，早期我们去考察了他们267个村子，这些旧村子太美了，有山有水，我们在这些村里走了无数遍，用心记录它们的全貌，并告诉当地人保护古建筑的意义。去年，我又去到这个县，当地领导客客气气请我吃饭。我一个老头子能吃什么，就是苦口婆心希望他们多保护一些当地的古建筑，县长说我们决定保护两个村，其中还有一个是革命司令的老家。我非常痛心，和领导说两个太少了，是不是能再多保护一些，几个领导当下商量一下说：看您的面子，我们再多保护一个。

我知道，在这个功利的时代，想要完整保护这些古村落、古建筑根本不可能。这么多年来，我所知所见的被破坏的村落多到无法统计，而且破坏速度之快令人痛心，这种大趋势挡也挡不住。

南都：您为这项工作如此费心投入，而这些古建筑被破坏的结果势不可挡，那么您觉得自己付出的努力是否有意义呢?

陈志华：当然有意义，正是知道意义重大，所以才坚持做到现在。我觉得我做的这项工作最大的意义在于，一个号称有数千年历史文明的国家、民族不能把自己历史载体的重要的一部分就这么给消灭了。一个国家、一个民族，假如在历史和文化上产生了空白，今后将何以为继?

你知道中国天字第一号的国家文物是什么吗？是"北京人"头盖骨，可是我们弄丢了它。你说这个头盖骨丢了又有什么关系？既不影响吃喝，也不影响工作。文物作为文化载体的价值和意义，是一个需要较高文化、较高文明程度的社会才能体会到的，这也是我们工作如此难做的原因。尽管如此，只要我的工作对于文化的传承还有一点积极的意义，那么再艰难我也不会放弃。

南都：您会有后继无人的担忧吗?

陈志华：感觉确实是后继无人了。这个时代，钞票的威力比文化的威力大很多。建筑师只想去盖新房子，不愿意去保护老房子。我们有不少优秀的学生回头来经常劝我，还是要去盖房子，否则很难有所作为。今天，我们几个老人家还在做着这份保护的工作，但是究竟五年以后会怎样，我真不敢想象。所以我也想呼吁一下，希望有更多的年轻人能投身到这个工作中来。

南都：就我们所知，在中国当下的建筑界，也有越来越多的建筑师和学生对传统村落和乡土建筑类型产生兴趣，应该不会像您说的这么悲观。

陈志华：我知道现在也有些学校在搞乡土建筑，但是他们所做的和我们不大一样。他们所做的研究绝大多数是为新项目的设计方案寻找思路和启示。而我们则是完全按照国际标准在保护真正的老房子。我很不喜欢打着"中国传统营造"的幌子来做"假古董"的事。有一些知名建筑师把房子翻翻屋角，垒一些砖头、瓦片，就觉得自己继承了中国传统文化，这种乍看漂亮的假古董不如不要。也许我有些悲观，但是我希望建筑师能凭自己的良心做事。

南都：第一届建筑传媒奖的杰出成就奖获得者冯纪忠先生就说过，所有的建筑都应该是公民建筑，只有具备良心的建造才能被称为建筑。您这里也提到建筑师要凭良心做事。

陈志华：没错，良心是我们今天非常需要的，冯纪忠先生大我十岁以上，是一位良师益友，我们应该记住他说的话。

我在欧洲的意大利待了很长一段时间，国内有些与建筑相关的代表团过去参观，大使馆都会让我去讲解一下。遗憾的是，其中有些老师会说，你看罗马的一些古建筑不也是保护得很糟糕，古罗马的建筑不也用砖头修修而已。实际上，这些老师根本不知道全世界文物建筑大规模、有理论地保护，成为国际性实践，也只是1960年代的事情。而古罗马的一些所谓用砖头修复的老建筑，是在中世纪被重修。不了解历史，就妄作评价，是件很糟糕的事情。

南都：您专注做了乡土建筑保护二十多年，遇到无数的阻力、挫折，那么让你最有成就感的又是什么？

陈志华：最有成就感的是出了不少书，这些书从文字、照片、绘图等各个方面记录保存了中国古老村落的原貌，尽管现实中它们不断地消失，但是毕竟我们还留下了珍贵的资料，这是让我觉得最满足的。此外，通过我们的努力，还比较完整地保留下了浙江的诸葛村，这个村落目前被列为国宝单位。前几年，他们刚刚上任的领导动过给村子申报世界文化遗产的念头。我就劝他，文化遗产已经有些变味了，申报成功可能对村子并不是真正的好事，这位领导接受了我的劝阻。诸葛村也是我这么多年保护工作中唯一做到较好、较完整的。

南都：您做这些乡土建筑考察大多非常艰苦，甚至有些是在做无用功，您会经常回访这些村落吗？

陈志华：只是偶然回访，不敢大规模回访，因为受不了打击，受不了亲眼看见它们毁灭的痛苦。我在研究和保护的工作中吃的再多的苦，包括坐几十小时硬座火车，被当地人驱逐，和乞丐住一起，等等等等，都没有我亲眼看见这些美丽的乡土建筑快速消失带来的痛苦强烈。

最近，我看见一个有趣的新闻，说的是欧洲一个小镇的地下发现了金矿资源，想要采矿的代价是要毁掉地面上的村落，可是当地村民则表示，要村子，不要金矿。我就想如果这事发生在中国的农村，又会是一种怎样的结果呢？

王大闳

获奖理由

他的作品有国父纪念馆、故宫博物院方案、建国南路自宅等，始终持守现代主义建筑的基本观念，对推动台湾现代建筑发展有重要的启蒙与示范贡献，是中国现代建筑史中承前启后并引领一个时代的最重要的建筑师之一。他的思想与创作实践所具有的历史价值在近年才日益凸显，被后人研究、展览，并得到了重新评价。

简历

王大闳，广东东莞人，1918 年生于北京，为中华民国首任外交总长、司法院长及驻荷兰海牙国际法庭法官王宠惠（1881—1958）之独子。1936 年考上英国剑桥大学的机械工程系，来年转建筑系。1941 年进哈佛大学随格罗皮乌斯学习，班上同学有贝聿铭与约翰逊，并于 1942 年 10 月取得建筑设计硕士学位。在哈佛期间曾熟读卢梭的著作，对其影响最深的是《社会契约论》。哈佛毕业后，拒绝普林斯顿大学弹道学（Ballistics）研究计划与布劳耶（M. Breuer）事务所的邀约，接受当时的驻美大使魏道明邀请，在华盛顿中国驻美大使馆任随员。回到上海后，与四位友人共同成立五联建筑师事务所（1947），同时在上海市政府都市计划委员会负责《大上海都市计划》。

王大闳是第一代少数经历过“完整”养成的华人建筑师，先是出身于中国上层社会的书香世家，体验过北京、上海与苏州的传统建筑空间，之后在人文欧洲浸淫多年，最后在美国又“亲炙”第一代前卫现代建筑师格罗皮乌斯、密斯等人，这让他自信、轻易地游走在两种文化之间，这也是日后台湾更年轻一辈建筑师无法望其项背的经历。

至于对中国传统，他认为，中国配置上的一进又一进、一间穿一间，很能满足人们对神秘感的需要。中国的墙也充分发挥了它的作用，隔绝住宅与外界，增加了住宅里的含蓄感，这些看似简单易懂的道理，却要完整的养成与生活经验来完成。

1947 年王大闳离开美国回到上海执业，那不只是对儿时的回忆，还是一个重要的酝酿期，因为西方现代性正在与古老的中国传统交会，期待另一个生命的火花。所以，在 1953 年设计的“建国南路自宅”、1955 年出版的“罗宅”、1964 年的“虹庐”是积累了许久的文化思考的产物。

3
建國南路自宅
1953
Architect's House on Jien-guo S. Road

建国南路自宅

4
日本駐華大使官邸
1953
Official Residence of the Japanese Ambassador

日本驻华大使官邸

虹庐外观

亚洲水泥

庆龄工业研究中心

作品目录

建国南路自宅（1953 年，已拆）
仰德大道日本驻华大使官邸（1953 年）
“国立”台湾大学渔业试验所（1954 年）
马公中油办公大楼（1960 年）
“国立”台湾大学第一学生活动中心（1961 年）
台北监狱（龟山监狱）总办公室、工厂、礼堂（1961 年）
“国立”台湾大学化工馆（1961 年）
“国立”台湾大学地质馆（1962 年）
淡水高尔夫球俱乐部（1963 年）
“国立”台湾大学法学院图书馆（1963 年）
林语堂宅（1963 年，现为林语堂故居）
虹庐（1964 年）
“国立”台湾大学化学研究中心（1965 年，已拆）
亚洲水泥大楼（1966 年）
“国立”台湾大学女生第九宿舍（1966 年）
登月纪念碑计划案（1968 年）
“国立”台湾大学归国学人宿舍（1970 年）
良士大楼（1970 年）
“中华民国教育部”办公楼（1971 年）
松山机场扩建案(1971 年，合作设计）
“中华民国外交部”办公楼（1972 年）
“国立”国父纪念馆（1972 年）
鸿霖大厦（1972 年）
“中央研究院”生物化学研究所大楼（1974 年，设于台湾大学）
“中央研究院”植物研究所李先闻纪念馆（1975 年）
“中央研究院”三民主义研究所大楼（1976 年）
“国立”台湾大学农艺馆（1976 年）
“中央研究院”数学研究所大楼（1977 年）
庆龄工业研究中心大楼（1977 年，设于台湾大学）
天母公寓（1979 年）
仁爱路东门基督教会长老教堂（1980 年）
“中央研究院”信息科学研究所大楼（1980 年）
“中央研究院”欧美联合大楼（1982 年）
“中央研究院”历史文物陈列馆（1984 年）
“中央研究院”分子生物研究所大楼（1985 年）
“中央研究院”学人宿舍（1987 年）

获奖理由

中国建筑历史学家，长期从事鄂西土家族建筑的研究、保护与利用，以及中国干栏建筑综合研究。他对土家建筑和土家文化进行了精妙的诠释，指出土家的巴文化对中华文化的形成具有举足轻重的作用，在国内外引起了强烈反响。张先生涉足领域广泛，不仅建筑史研究造诣深广，而且在红学研究领域也独树一帜。

简历

张良皋，1947 年毕业于中央大学建筑系。在校期间，师从鲍鼎先生和他所罗致的众多建筑学界的耆老宿儒；毕业后赴上海，先后在范文照建筑师事务所和汪定曾先生主持的上海市工务局营造处从事建筑设计。1949 年 5 月武汉解放，7 月间即在鲍鼎先生指导下接受当时的紧迫工业建筑设计，至 1951 年正式加入武汉工程公司设计科，该单位嗣后发展为今武汉市建筑设计院。晚年退休从教，在老学长周卜颐、黄康宇领导下共同创办华中科技大学建筑系，深感学植不足，必须努力充电。有些基础工作也要补课，以地缘之方便，首先选取鄂西土家吊脚楼为对象。几乎立即发觉中国干栏建筑早成系列，发育充分，技术成熟，造型丰富，聚落完整，是一种从原始到终极，具有永恒性的人居模式，值得我们深入研究。于是申请国家自然科学基金两次资助，成果除发表论文之外，还纂成《土家吊脚楼》和《武陵土家》二书。

张良皋深感前辈学者开创为劳，万端待理，他们不可能把一切事做完，亟待我们在他们的遗产上加工、整理和发扬，不能老停留在“述而不作”、“案而无断”的水平。他试图“为立说而著书”，将他认为重要的问题，从貌似细微的筵席到显然宏观的历史纵横剖面，总结为“七说”，发表了他的《匠学七说》。至此他感到建筑师有不可推卸的责任，从建筑的特殊视角为人类文明探源提出看法，因此接写成《巴史别观》一书，其间还插写《老门楼》以申建筑史家应本“巨细无遗”之义为学，“小题”也该“大做”。近年他更觉察，《巴史别观》也未到止境，他似乎“发现”了“蒿排世界”，为此在接连两届“建筑与文化学术讨论会”上，发表了《保护蒿排》、《蒿排世界——人类文明的水上温床》，目前已搜集到相当充分的资料，准备完成《蒿排世界》一书。

作品简介

作品一 《土家吊脚楼》，江苏美术出版社，1994年版。

与李玉祥合著，以其提供的图片为主，十分精美，曾被湖南大型文艺杂志《芙蓉》采用作封面一年。张良皋为此书撰写引论并提供该文图片。引论题为《井院式干栏的去 · 来 · 今》。此书为比较全面介绍土家吊脚楼的开创之作。

作品二 《武陵土家》，三联书店，2001版。

与李玉祥合著，图文并重，张良皋撰文并提供约1/3图片。本书全面介绍武陵土家族地区的江山、洞穴、建置、民居、民俗历史，并首次提出土家地区是中华文化源头的大胆假设。书出，得到文史专家王学泰先生的赞扬，更受土家学者的奖誉，为土家地区发展旅游事业作了文化的先驱。目前已到第三次印刷。

作品三 《匠学七说》，中国建筑工业出版社，2002年版。

本书主张不妨为"立说而著书"，乃将中国建筑的历史和理论方面的问题，分列筵席、干栏、圭臬、风水、朝市、班垂、纵横七个方面，提出自己的见解。书出，得到同行的广泛关注，有誉之为一本"建筑国学书"（陈纲伦），有誉之为"一部有感情的专业书"（李晓峰，引自网络），有誉之为"一部追求纯洁事物的著作"（罗章、赵有声），有认为此书"在工程学和社会学之间"（王学泰），此书的影响实已播于建筑学之外。

作品四 《老门楼》，人民美术出版社，2003年版。

本书由"古风"系列书编者发动各地摄影师提供照片，分成八类：牌坊、戏台、门楼、楼阁、祠堂、会馆、宅第、书院。除门楼之外，其余都可视为建筑类型，而"门楼"不过是一较大的"部件"。前七类都早已有学者选定，唯"门楼"题义太窄，无人应承，最后委之张良皋。碰巧，张良皋对门楼恰有一些看法，乐于接受这一任务。例如中国建筑的"门户之分"、"朝向之别"、"启闭之用"。著者在书中回答了诸如"何以中国建筑多用檐面开门"、"为何北京四合院要在东南角开大门"等问题，连带地批判西洋建筑的"门楼失忆症"。此书"窄题宽做"，研究了很多建筑史家来不及一瞥的"小"问题。

作品五 《巴史别观》，中国建筑工业出版社，2006年版。

作者以建筑师眼光，早就感到中国文化源头必在西南，因此在此前的著作《武陵土家》、《匠学七说》中早可见此论端绪。写成《巴史别观》乃是比较全面地论述对中华文明探源的见解。书中论庸国，论中国图像中的巴史，论盐对人类产生文明的作用，论沼泽开发与文明兴起的关系，论"泛巴文化"对中国乃至世界文化的影响，对广泛流传几成定论的中华文明起源诸说提出质疑。自问尽了中国建筑史家的应尽之责。

老房子

乡土中国
武陵
土家

古風
老门楼

建筑意匠与历史中国书系
匠学七说
张良皋 著

建筑意匠与历史中国书系
巴史别观
张良皋 著

青年建筑师奖

华黎

入围奖

董功

祝晓峰

华黎

颁奖词

视野开阔，理念成熟。关注建筑中空间和建构的本质意义，以及建筑生产过程对于社会与生态的影响。对建筑在全球化的消费主义语境下沦为时尚符号或形式教条持批判性的态度，对场所意义营造、场地及气候回应、材料与建造方式、资源分配、文化遗产、传统技艺等命题的探讨，构成了他工作的核心内容。设计手法自如，应对不同项目需求，张弛有度。

简历

华黎，TAO 创始人及主持建筑师。1994 年毕业于清华大学建筑系，获建筑学学士学位，1997 年获清华大学建筑学硕士学位，1999 年毕业于美国耶鲁大学建筑学院，获建筑学硕士学位，之后曾工作于纽约 Herbert Beckhard & Frank Richlan 建筑设计事务所。2003 年回到北京开始独立建筑实践，2009 年创立 TAO 迹 · 建筑事务所。

作品简介

作品一　孝泉民族小学

项目地点：四川省德阳市孝泉镇
建筑面积：8900平方米
建成时间：2011年

作为四川“5 · 12”地震灾后重建项目，该项目既是对建筑地域性及城市空间记忆延续策略的探索，也是对小学空间类型不同可能性的尝试。设计将校园视为一个微缩的城市，尝试在建筑中呈现基于自发生长而形成的城市空间的复杂性，这种自下而上式的多元空间给予儿童个体更多的环境选择。在延续震前的城市空间记忆的同时，避免因单纯追求灾后重建的高效率而导致城市空间的单一性，以及援建的外来因素导致重建与当地传统文脉的完全割裂。项目在低造价的条件限制下有效运用页岩砖、混凝土、木、竹等当地材料，针对当地气候，以适宜当地的低技术的方式有效解决了遮阳、通风、隔热等问题，整个项目建筑工程造价在1400元/平方米以下，很好地实现了整体预算控制。建造——而非形式，成为建筑地域性更本质的出发点。

鼓励儿童个性的自由，强调地震前后城市生活记忆的延续，导致这样一个去中心化的、具有偶发性和复杂性的空间群落组合，而不是一个行政化的纪念碑式的单体建筑。来自全国各地的多方社会捐助使该项目不同于地区对口援建，而使重建过程更加本地化，材料、技术、工人的本地化使项目更具有本地社会重建的意义，而不是仅仅接受一个建筑结果。

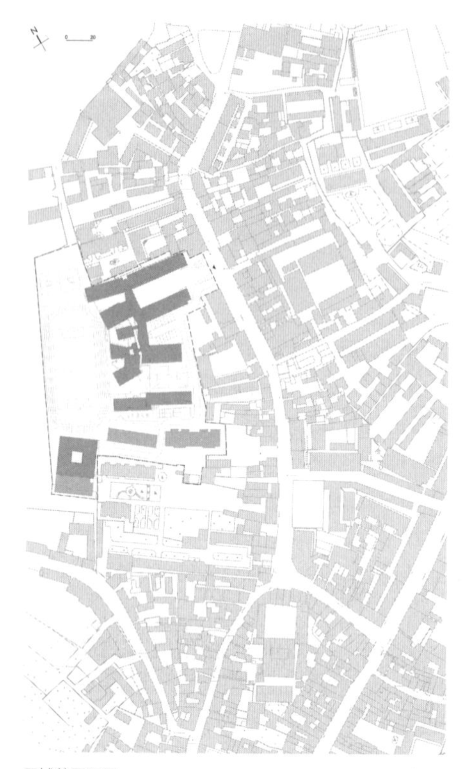

区域总平面图

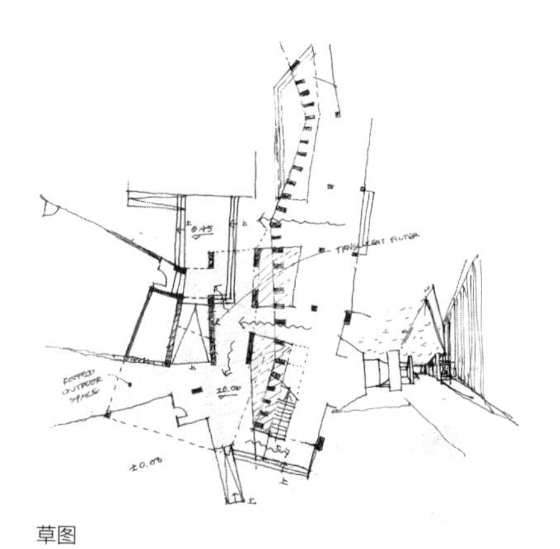

草图

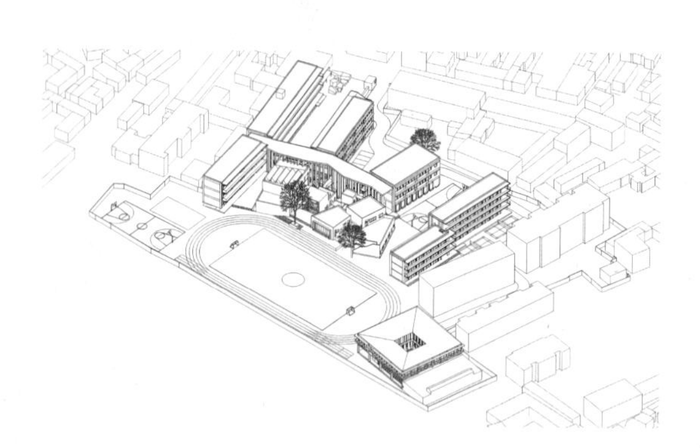

模型

前院

学校与操场

乐器室外墙开口

连廊和教学楼

街道

走廊

连廊

作品二　水边会所

项目地点：江苏省盐城市
建筑面积：500平方米
建成时间：2011年

水边会所坐落在盐城大洋湾的一条小河边。建筑以一种谨慎的态度来介入场地中，力求在不破坏原有意境的同时，通过建筑实现人与周边环境最亲密的接触。设计是以玻璃盒子的经典之作——密斯的范斯沃斯别墅为原型，通过对建筑体量的拉伸、环绕和折叠等动作，获得了减小进深（使建筑更通透）、形成内院（丰富了空间和景观的层次）、亲近水面和利用屋顶（延展可活动和观景的空间）的空间效果。在此，透明使建筑的物质性被消解，建筑作为实体的造型不再重要，重要的是创造流动而透明的空间，使人对建筑外部自然意境的感受最大化。

由于场地开阔，其水平特征强烈，因此建筑以曲折的形态在树丛中与水岸边顺其自然地“游走”，时而贴附于地面，时而又轻轻抬起（场地的软地基对桩基的需要也使建筑架空成为结构设计最合理的姿态），使人可以在不同高度和视角来体验环境的同时，创造了建筑与场地以一种非常“轻”的姿态相接触的形式意象，实现了建筑与环境微妙的、恰到好处的融合。建筑在场地中既是看景，又是被看的景。

在构造层面，将楼板、柱等建筑构件的尺寸控制到最小，以加强其轻盈的特征，使建筑漂浮于环境中。在材料上建筑采用超白玻璃、白色铝板、洞石地面、清水混凝土挂板，以及室内半透明夹丝玻璃隔断等材料，以加强简洁和纯粹的氛围，达到建筑形式上一种非物质化的抽象。在缺少具有地域性的材料和建造方式的外部条件下，抽象的形式也成为一种自然的美学选择。这种弱化了“物”性的形式缺少现实批判性，更多指向一种唯美的“我”境。但它强调的仍然是建筑与自然的对话这一基本关系，而摒弃其他无关的符号堆砌。

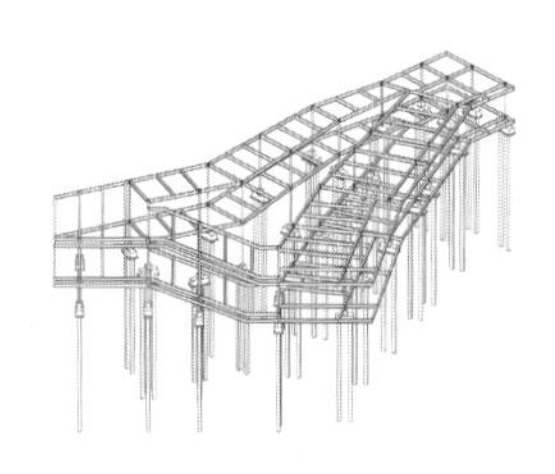

结构构架图

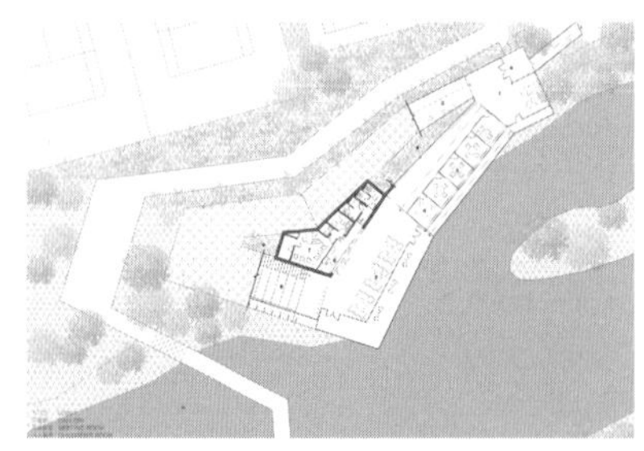

平面图

模型

鸟瞰

阳台往东视景

西北浮台视景

入口

斜景

楼梯

作品三　半山林取景器

项目地点：山东省威海市
建筑面积：256平方米
建成时间：2012年

半山林取景器位于威海塔山公园半山上的一片树林中，是一个服务于来此活动的周边居民的公园服务设施。设计利用山地的地形，将建筑半嵌入坡地中，通过局部悬挑获取最佳景观的同时，使建筑的屋顶得以充分利用，成为公园活动空间的延伸。从入口下半层进入建筑内部，到达悬挑于山坡上的可观景的茶室和展示空间；而从入口通过台阶拾级而上则到达豁然开朗的屋顶——一个景色绝佳的观海平台，这里成为市民欣赏城市风景和户外健身活动的开放公共空间。在平面上，为了尽可能保护场地里的现状树，建筑分成三个枝杈，以避让树木，而三个枝杈又分别指向城市的三个景观：刘公岛、海港、环翠楼，使这个小的景观建筑与城市建立起紧密的视线联系。
项目充分利用屋顶空间，以开放的姿态营造服务于市民的城市公共空间。尊重场地中树木、地形等自然景观要素，让建筑谦逊地融入环境当中，而非粗暴傲慢地随意改变场地，以保存更多的场所记忆。这是本设计的主要理念。

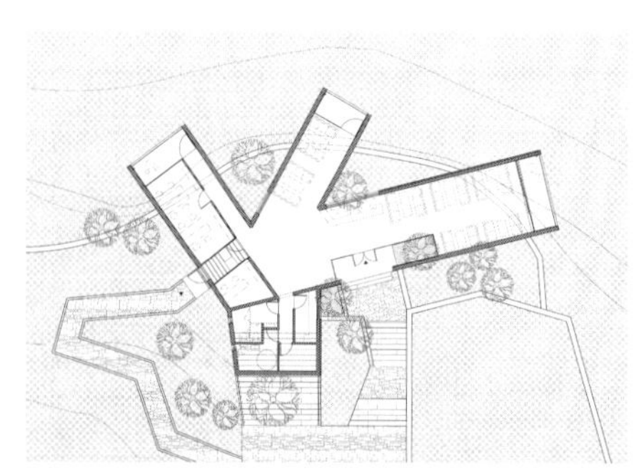
平面图

模型：建筑与地形

屋顶的公共活动

建筑在林中

内部空间

作品四　常梦关爱中心小食堂

项目地点：北京市通州区内军庄
建筑面积：180平方米
建成时间：2008年

常梦关爱中心是由公益人士常梦女士创立的一个收养和托收了十余名残疾、智障儿童和孤儿的机构，位于北京郊区的一个村庄。旧食堂因漏水地基下沉成为危房被拆除，在多位爱心捐助者的筹资帮助下，新食堂得以开始建设。设计将建筑主要空间以长餐桌为核心，作为主要的活动场所，孩子们可以在此用餐或学习游戏。西侧面向庭院的柱廊成为一个看向中间院子的过渡空间，兼起遮阳作用。建筑抬起形成可坐的平台，以强调中间院子的围合感。后面的两个小餐室提供了独立活动的区域，而餐室间的小庭院将室外元素引入建筑内部使室内空间更富有生机。设计采用了最经济和易操作的方式来建造：砖墙承重、轻型钢屋架、波纹金属屋面。坡屋顶角度变化是为更好地排雨且不设檐沟；玻璃直接固定于墙体中，省去了隔热的窗框，只对应于视线的要求；而可开启的木窗具有通风的功能，建筑元素因之还原为最单纯和基本的意义。这是一个让建筑回归本体和原初状态的尝试。

黄昏从院子看

主空间内部

老房子

乡土中国
武陵
土家

古風
老门楼

建筑意匠与历史中国书系
匠学七说
张良皋 著

建筑意匠与历史中国书系
巴史别观
张良皋 著

获奖感言

2002 年我在美国经历了一段对建筑的迷茫期，经过一番斗争，决定回国发展。在年底的时候从美国东部到西部开车进行了一次横穿之旅，算作告别，之后回到了中国并开始独立做建筑，到今天正好十年。今天在座的很多建筑师都是来自那一时期的朋友。

我觉得自己在这十年的建筑实践里走过很多弯路，直到近两年才逐渐形成了自己对建筑的理解，或者说信仰。

建筑对我，不仅仅是形式、技术这些外在的东西。形式，对于建筑师来说，往往在诞生时即已死亡，成为意义的空壳。而技术，只是手段，不是目的，它并不关照内心的问题。

重要的是，建筑不仅是空间的塑造，也是时间的积淀。建筑是历史，是记忆的载体。建筑承载的是从它出生到死亡与它相关的所有人的生活记忆，而正是因为有人，尤其是作为个体的人的记忆，建筑对我们才有意义。

作为建筑师，虽然我们只负责建筑出生的过程，我们会用心去想并寻找建筑可能带给与它相关的人的记忆。我们尊重每个场地所具有的现实因素和人的习俗；我们想象未来的使用者在空间里的生活和情感；我们保留建筑工人在建造中的劳动痕迹，哪怕它是因错误而带来的不完美；我们试图呈现建筑本身应有的逻辑，尽量不去扭曲和强加；我们试图还原材料自身的本质，而本质就是美德。

所以我们让房间成为房间，让光线成为光线，让窗户成为窗户，让过梁成为过梁，让石头成为石头。所有的个体、所有的场所、所有的构件、所有的材料都应该得到尊重，只有这样我们才接近存在的真实，而不是生活在他人或自己营造的幻觉中。

而我之所以这么想，也是因为我总觉得我们处于一个意义总是被绑架的时代，被符号、权威、利益绑架的时代。消费、传媒、话语权、资本则是绑架的工具。所以真正的公民建筑就是把我们从这种绑架中解放的建筑！公民建筑让使用它的人回到生活本身，公民建筑摒弃那些不需要的被强加的意义。

康德说：人类个体是目的，而不是达到某种目的的工具。公民建筑应该服务于具体个体的幸福，而非抽象整体的概念。这是我理解了冯纪忠先生为什么会说："所有的建筑都是公民建筑"。

我们做的工作如果借用卡尔·波普尔的话属于一种"零星社会工程"，从数量上看是微不足道的，但我们的建筑观点反对任何形式的乌托邦。我相信公民建筑应当摒弃各种伪装和借口，回归到人的本质需求。

在此我想感谢我事务所现在和曾经的建筑同事，这是一群志同道合的年轻人。也感谢我们项目的甲方、使用者、建造者，以及改造者，是所有人的努力共同成就了这些建筑的意义。还要感谢所有支持我们的建筑理想的朋友。

最后，我希望我说的这些话没有对在座的各位形成绑架。谢谢大家！

南都：在你自己看来，“青年建筑师奖”这一重要奖项颁给你是在表彰、肯定哪一方面？

华黎：我觉得应该是在肯定我在建筑设计中体现的对人的关注吧！而不是单纯的建筑专业层面的表彰。

南都：你提供的大多是完成学业十年左右的作品，你是否认为，十年之后的你的作品，是更优秀、更成熟的？

华黎：就像我之前说的，在建筑的道路上我走了很多弯路。现在的我对建筑的理解和观点，也是近几年才逐渐形成的，最近三年尤其明显。我觉得建筑应当保持对生活在其中的人的关注而不是建筑本身，这样的作品会是我比较认同的。

南都：十年的时间实在不短。以你的个人经验，青年建筑师怎样才能更迅速地成长起来？

华黎：最重要的是坚持你自己真正感兴趣的、你真正想做的事情，并且珍视自己。如果能坚持这一点，我想就能成长。如果更深地去理解建筑，你会发现它的乐趣。如果只是当成工作，或是追求名利的工具，你会觉得它枯燥。

南都：相比之下，你的作品商业味都不浓，食堂、小学、博物馆等比较多见。这是否与你个人的价值取向有关？

华黎：应该是吧！我选择项目最主要的一个判断标准，就是我希望能通过这个建筑寻找到一种场所意义。什么叫场所意义呢？举个例子，如果有一个开发商的项目，房子是拿去卖的，他自己都不知道房子将要卖给什么样的人去住，他们有什么需求，而你也不能准确想象使用者会怎么使用这个场所，这样的项目我会兴趣不大。很难挖掘人的需求，仅仅是做一个空壳。

南都：但这类项目盈利会更可观。

华黎：没错，做这种项目的出发点就是盈利，但我对这类项目天然兴趣不大。比如学校、食堂、博物馆等，这些都有清晰的场所意义，真正让我可以去做建筑。对我来说，做建筑不仅有物质上的需要，更要有精神上的需要。

南都：这个取向会随着时间和环境的变化，而有所改变吗？

华黎：只要我还在做建筑，应该就不会变。如果我不再做建筑了……那就说不定了。

南都：除了建筑之外，你还有其他感兴趣的事？

华黎：如果我不做建筑，说不定我会去写作（笑）。

南都：如果某个商业项目有合作意向，应该也有考虑的空间吧？

华黎：商业也是为人服务的，我并不会仅仅因为一个单纯的概念或是意识形态的东西，而去拒绝某一类建筑。事实上，我们也有会所、餐厅等商业的项目，像我们现在就在北京一个公园里头做一个会所。但我希望业主方对场所意义有比较明确的界定和想法，这点非常重要。

南都：从业这么久，你个人最满意的是哪一个作品？

华黎：这个很难讲，因为每个作品都有它的优点和不足的地方。如果从社会意义的角度来讲，我会觉得高黎贡手工造纸博物馆和孝泉民族小学更好一些。一个是体现了建筑的地域性与传统文化的关系，另一个则体现了建筑能给教学带来的可能性。

南都：高黎贡手工造纸博物馆也入围了最佳建筑奖，你当时为什么会考虑接手这个项目？

华黎：一开始是因为兴趣。当时有两个朋友找到我，一个是做传统文化和非物质文化遗产保护和研究的，他了解这个村庄四百年造纸历史的传承；另一个是做平面的，他对怎样把纸的产品保护下来很感兴趣。一开始我们的目的是保护、发展、延续传统的手工造纸业，而我对这个建筑本身的期待是，它既是对传统的延续，同时也是要去发展它，这个观点和我们对手工造纸传统的态度是一致的。

在我看来，我们对传统的态度应该不仅仅只是为了保留它，更重要的是去发展它，包括改进它的工艺、产品，让它更能够进入我们当代的生活。对于任何传统的保护方式，都不应该是像木乃伊一样把它放进博物馆，而是让它能真正进入到我们的生活。传统不是死的东西，它能真正地为我们所用，才能真正地去保护，这也是我做这个项目的一个深刻体会。

南都：在保护并发展传统上，高黎贡手工造纸博物馆是如何实现的？

华黎：我们充分利用当地的材料来修建，并采用了用当地工匠、通过传统的榫卯的木结构来建这个房子。但它又不是简单地去复制，它的形式是经过设计、在传统的基础之上又能体现当代元素的，这也给当地的工匠出了很多难题，它让传统也能考虑去发展、研究，做新的尝试。我觉得这是一个嫁接的过程，让现代和传统双方都能找到结合和学习的地方。

南都：我们参观过大大小小的许多博物馆，其中展示的占多数。高黎贡手工造纸博物馆除了展示之外，还有哪些可与外界互动的空间？

华黎：高黎贡手工造纸博物馆虽然小，但它在使用功能上是复合的。它一方面是展示，另一方面也是个工作站，二楼设置工作区，可以开展对造纸艺术的研究、培训等，三楼还有休息区。它是多功能的建筑。我希望博物馆的建筑活动能够让当地的人、资源、技艺以及意识充分介入。

南都：当地人怎样看这个建筑？怎样看待这种“介入”？

华黎：刚开始很多村民还会觉得它奇怪，与众不同，骨子里觉得它是外来物。但我们没必要忌讳，这个工作是一个结合，外来与本地的结合。最重要的是，它会给村子带来很多新兴的元素，给他们带来新的生活。

如果我们不做这个事情，也是可以的。村子里的人不会觉得有什么不同，也许手工造纸技艺会消亡，他们也许并不会太在意。但我们做了这件事情，使得他们多了很多交流，比如游客、建筑师、喜欢造纸的人与他们交流，他们也可以做一些相关的产品出售。博物馆提供了互动的空间，它产生了意义。

南都：它带给你本人的意义在哪里?
华黎：而于我个人而言，在建造它的过程中，它让你感受到了乐趣。正是因为有这个过程，你才能了解当地。建成之后的博物馆影响了一些人的生活，也许这种影响仅仅只是开始。

南都：就像本届建筑传媒奖杰出成就奖获得者陈志华老先生讲的，我们自己的本土建筑已经在慢慢消亡了。
华黎：首先我们要认识到，更多的传统很难避免消亡或被改变的命运。因为任何传统都是基于一个时代的，它一定会变化。比如高黎贡手工造纸博物馆，我们用传统的木结构，但是这是在当下的环境下采取的策略，很可能不用十年时间，那里就不再有木结构的房子，那个时候你再做木结构，那就仅仅是一种怀旧了。因为它已经离我们当下的生活远去了。我认为传统应该是不断演变的而不是静止的东西，而只有这种传统才能持续地跟我们在一起。建筑也是一样。

南都：那我们应当怎样来沿袭传承?
华黎：在日本，他们保护建筑会先把建筑拆掉，再一块块拼装起来，他们保护建筑就是在了解建筑。传统建筑怎样延续和保护，我个人比较强烈的感受是，保护不是像文物一样原封不动地去恢复它。建筑的意义离不开人的生活，如果建筑还是那个建筑，但生活在里边的人变了，那建筑的意义也变了。

南都：反过来我们看看新建筑。现在全国各地地标性的建筑很多，大多力求标新立异，而且颇为庞大。对这类建筑你的态度是怎样的?
华黎：社会应该是多元的，建筑也应当是多元的。所以标志性建筑也是建筑的一部分，它也有存在的理由。它和给老百姓使用的建筑都有存在的理由，但它存在的理由不应该是以压迫或剥削其他的群体或建筑的利益为前提。因为很多地标性建筑是对资源的过多的占有和浪费，这个我觉得是它的问题，集中某些资源、放大某些东西。它是消费主义的产物，旨在吸引人的眼球。

南都：当这些标志性的建筑越来越多，甚至成为潮流的时候，这会是建筑发展好的方向吗？

华黎：当出现这个现象的时候，这已经不是建筑本身的问题，而是社会机制的问题。标志性建筑是一种乌托邦，它想传达某种概念、意识形态，它不是平实地为人服务，有太多虚化的东西。从我个人来讲，我觉得它可以存在，但我不会感兴趣。

南都：你有一篇文章纪念你在耶鲁大学的导师雷蒙先生，里边提到他的一句话："用你的才能，而不是表现你的才能。表达，而不是表现。"这句话是否可以体现你对这类建筑的观点？

华黎：可以这么理解。我认同建筑不是为了去show off（炫耀），它应当是能去关注人的需求，关注每个人的需求，而不是某一类人的需求。因为整体的是抽象的，比如我不会认同有"我们的幸福"这一说法，只有你的幸福、我的幸福、他的幸福，而不存在我们的幸福。建筑不就是为了让人获得幸福吗？

南都：说说你近期正在做的事吧！

华黎：近期在做两个项目。一个是幼儿园，这是为孝泉小学的捐助方做的私立幼儿园。另一个是在北京做的工业厂房改造，改造后将成为电影中心，是包括导演工作室、剧院、沙龙、餐厅等综合性功能的空间。

南都：作为建筑工作室的合伙人，你是否有中长期的规划？

华黎：我觉得建筑就像遇到一个人，有点需要缘分。比如可能觉得有点意思可以做，那我可能就做了。你能怎么规划呢？难道你可以预期到，我能遇见谁、谁、谁吗？我没有长远的规划，顺其自然是我当下的想法。

董功

获奖理由

以坦诚直率的工作方法和工作态度面对设计问题，并在工作过程中保持清晰明确的设计方向，真实地面对环境、面对业主和使用者的需求，以此表现出建筑的社会价值。其坚守的建筑关照生活、社会性空间的营造、构造逻辑正确性等原则值得鼓励，其对项目的准确解读，以及对建造的不懈坚持，在青年建筑师中也极为突出。

简历

董功，毕业于清华大学，获得清华大学建筑学学士学位和硕士学位，后留学美国，获美国伊利诺大学建筑学硕士学位，其间作为交换学生在德国慕尼黑理工大学建筑学院交流学习。在美期间曾获得2000 年度 Steedman Fellowship 国际建筑设计竞赛优秀奖，2001 年度美国建筑师协会芝加哥分会学生主题建筑设计竞赛一等奖，2002 年度 Malama Learning Center 国际建筑设计竞赛优秀奖等奖项。

先后工作于美国芝加哥 Solomon Cordwell Buenz & Associates、纽约 Richard Meier & Partners 和 Steven Holl Architects。在 Steven Holl Architects 工作期间，董功任理事，并作为项目经理负责管理该事务所在中国的当代 MOMA 和万科中心两个项目。2008 年创建直向建筑设计事务所（Vector Architects）。

作品简介

作品一　昆山有机农场系列——采摘亭

项目地点：江苏省昆山西郊巴城县
建筑面积：150平方米
建成时间：2012年

2010年夏天，我们受业主之邀，在昆山的悦丰岛有机农场里设计一组小型公共建筑，包括会所、采摘亭、植物展房和入口信息凉亭，目的是为未来在这里活动的人群提供休憩和餐饮的空间。2012年初，采摘亭成为这组系列建筑中第一座建成的房子。项目场地位于昆山西郊巴城县境内，紧邻阳澄湖，现状是一片空旷的有机农田。天、云、风、水、土地、树木，这些单纯的自然元素构造出鲜明的场地特征。而我们的课题是建筑应该以什么样的姿态介入到这片自然环境之中，与其相协调，并最终塑造出一个新的、专属于这片土地的、有意义的空间场所，并由此促发多样的人的活动。

水平

区别于我们身处的楼宇密布的现代城市景象，昆山有机农场平坦开阔，天空和阳澄湖水相交而成的地平线在视野尽头绵延展开——“水平”是农场给我们留下的强烈的第一印象，也是我们这组系列建筑中每一个单体希望回应的主题。采摘亭横向舒展的建筑形态呼应着场地的水平性，这种关系被漂浮的金属挑檐进一步强化，挑檐下方的区域成为建筑和自然景观之间的过渡空间，使建筑和自然的边界不再生硬。在建筑内部，向远方水平延伸的挑檐将自然视野吸纳到建筑的空间中来。

轻和透明

“轻和透明”不是单纯的形式语言上的偏好，而是建筑应对这一片自然时所采取的策略。漂浮的水平银色金属格栅挑檐，为下方的空间制造不断变化着的光影，又在不同的时间微妙地映射着天空的颜色。竖向竹木格栅和玻璃墙面的组合，让建筑的垂直界面像一层薄纱一样半透明，农场的景物和远方的天际线在其后方若隐若现。在天气宜人时，由玻璃旋转门组成的两道建筑外墙可以全部打开，此时建筑的内部空间将会最大程度地融入到农场的自然气息之中。建筑空间地坪和周遭自然地面相切，仿佛是建筑和大地最轻微的触碰。
整体建筑形态和空间所呈现的安静、轻和纤细、通透和灵动，与我们理解中的江南地域文化气质特征相吻合。

总体规划

采摘生活

在建筑融入到自然环境之中的基础上，我们期待采摘亭的介入能够为这片场地创造有质量的生活，促使多样的行为发生，建立人和场地之间更生动的关系。轻和透明赋予这座建筑一个开放和欢迎的态势，也最大程度地把建筑内部和它外面的场地联系起来。室内地坪与自然地面相切使人们在心理上更愿意进入，并且消除了由于内外高差带来的连通上的不便。在天气适宜的情况下，玻璃旋转门打开，平台、草地和室内空间完全平接。在这个时候建筑的边界犹如消失了一样，孩子们可以无所顾忌地奔跑嬉戏于采摘亭内部和周边场地之间。建筑和空间好像溶化在阳澄湖畔的自然风景当中。飘伸出建筑之外的格栅挑檐，为紧邻建筑的户外平台制造令人愉快的阴影。

建成之前，业主对于采摘亭功能的期待主要是为蔬菜采摘后的清洗和切割等初加工提供场所，同时人在其中可以稍事休息。从建成之后几个月的使用情况看，采摘亭承载了更多的活动种类，主要包括：日常在农场散步和劳动的人的休息场所，周末或假日来自城市中的采摘者的家庭或朋友的聚会活动；企业和公司小规模的宴会、酒会；附近酒店客人的烹饪课程等。它逐渐成为农场中被人们提及并向往的空间场所。

建造的正确性

对于直向而言，从建造的角度出发，一个建筑最终的完成状态的品质取决于在设计阶段建筑师对于建造逻辑的清晰设立，和在施工状态对于建造逻辑的正确贯彻，二者缺一不可。

构造节点设计的正确性的含义，一是满足其工艺和物理层面的合理性，例如对于重力传递的处理、保温和防水的解决、施工方法和次序的考虑和使用耐久性的回应，等等；二是正确的构造应该是建筑设计整体概念的延续。在我们看来，好的房子就像是一棵大树的系统，每一处构造，就像是树的细枝末节，而概念就像是根，能量从树根输送到末端枝系，它们之间是内在连通，一脉相承的。采摘亭的建筑空间概念中对于轻和透明的追求，使得我们对于每一个裸露的构件的尺寸和连接方式，每一个材料的转角和材料之间的交接，都提出了近乎苛刻的要求。这其中当然包含了事先对于国内普遍施工工艺水准的考虑。我们尽力去除惯用的施工方法中为了隐藏粗糙而设的搭边、压条、法兰、胶缝的做法，使得建筑面和面的相接更真实、更干脆。建筑每个细节精乎于毫厘的微差，使最终的整体呈现出我们期待的轻盈、纤细和通透的姿态。这些做法要求自然会导致实施过程中的难度提升和更多时间和精力的投入。而作为建筑师，首先是在和施工方博弈的过程里能够得到来自业主的信任和支持。其次，过程中频繁的现场踏勘必不可少，在关键时期，我们会派送驻场代表，确保建筑师能够最大程度地参与到建造的过程中。

采摘亭是农场系列建筑中第一个被实施的房子，它也是我们了解昆山当地建造水准和特点的机会。从这点上讲，采摘亭是一次有意义的实验，为后面更大规模的建造积累经验。

作品二　张家窝镇小学

项目地点：天津市西青区
建筑面积：18000平方米
建成时间：2010年

我们希望在这个小学设计中着眼于“教”与“学”这种生活方式对于空间的需求，尝试提供给学生和老师、学生和学生之间充分而富有层次的交流机会和场所。在我们看来，这是当前国内教育建筑的模式化设计中所缺失的要点。

小学的规模为48班，主要功能包括普通教室、专业功能教室、食堂、风雨操场、办公室和室外活动场地。设计起始于对交流空间的行为和空间模式的研究和分析。为了寻求最合理的空间功能布局，我们在过程中进行了一系列手工模型研究。最终我们将一个共享的交流“平台”设置在二层，它像三明治一样被一层和三四层的普通教室夹在中间，最大程度上带来该空间使用的易达性和必达性。而各个年级交叉，教学形式相对自由，教师和学生之间交流互动最为频繁的专业功能教室则成为这个交流“平台”的功能载体。这使整个建筑活力最强、能量最集中的空间通过一个中庭在顶部获取自然光和加强自然通风，同时它延伸出室外，和位于其南侧的一层绿色屋顶平台相通，成为连接建筑各部分和教学楼前后景观的一个中心枢纽。由于功能的特殊性而带来的立面材料和开间节奏的特殊性，构成该建筑鲜明的室外视觉特征。

我们在设计中倡导运用一系列的绿色环保措施，主要包括地源热泵、绿色屋顶、可渗透景观、自然通风和采光最大化，等等。

作品三　华润置地广安门生态展廊

项目地点：北京市
建筑面积：500平方米
建成时间：2008年

这个“悬浮的装置”位于北京广安门地区的高耸楼群之中，是为华润置地广安门项目销售与生态展示所设计的一个使用期限约为三年的临时性建筑。因此如何使该建筑迅速便捷地建成，在使用过程中和未来拆除后对现状园区景观影响最小，并体现“绿色，生态”的销售主题，成为整个设计的前提。整个建筑像一个临时“装置”，以轻盈的姿态悬浮于现状景观广场之上，旨在不与现状纷杂的地段条件发生直接对接，化解“临时”和“永久”的矛盾。绿色的生态草板表皮将体量融入到周围景观树阵环境之中，同时强化了售楼处绿色体验，对建筑的生态可持续性做出了独特的尝试与诠释。我们介入到了和业主一同考虑选择地段的过程中，最终确定将该临时建筑定位于花园长条形的中央绿地，从而：

1. 对景观建设影响最小。
2. 对未来花园中的步行流线影响最小。
3. 用后拆除和景观恢复最容易。

结构选型

主体结构采用钢结构，从而：

1. 结构构件在拆除后可以被回收再利用。
2. 将结构工厂加工和场地开挖计划重合，加快施工速度。
3. 整体建筑结构悬浮，使用后拆除和地段恢复变得相对容易操作。

垂直绿化墙体和绿色屋顶

我们使用垂直绿化系统和绿色屋顶系统，从而：

1. 降低建筑外围护的热量损失。
2. 降低雨水流失和地表径流。
3. 虽然该建筑占用了花园中央绿地，但是它的植被面积是原绿地面积的三倍。
4. 垂直草板在拆除后可以被回收再利用。
5. 视觉上将建筑体量更好地融合到周边景观环境之中。

作品四　瞬间城市——合肥东大街售楼处

项目地点：安徽省合肥市
建筑面积：900平方米
建成时间：2009年

像中国的很多其他城市一样，合肥正在经历一次剧变。原有的城市肌理正在成片地消失，取而代之的是一批批没有表情的开发小区和巨型公建。相对于若干年后的城市形态，今天的合肥将仅仅是一个瞬间。我们称它是“瞬间城市”（momentary city）。

正在被拆除的街区和正在被建设的工地像一处处伤痕一样充斥着这座“瞬间城市”，与之俱来的是飞扬的噪音、灰尘和污染。我们的课题是如何在其中创造一个场所。在这里，人们可以暂时忘却城市的纷乱喧嚣，而体会到飘逝的光影、被风拂动的竹林、静谧的水波、四季花草的芬芳……这将是一次瞬间的体验，然而，我们希望它会转化成永久的记忆。

在室内空间和城市之间，我们嵌入了六个不同主题的院落空间，分别是竹的院子、花的院子、水的院子等等。它们成为提供建筑和城市视觉联络的媒介。院子的端面是用工业玻璃钢格栅板分两层挂装，在院落的一侧，颜色随院落的主题而变化；而在城市的一侧，玻璃钢无色而半透明。这种细节处理使得这些端面在城市一侧随着视角和远近的不同呈现出不同的视觉差异。在夜间，当灯光把院子里的墙和树木照亮时，半透明的双层玻璃钢界面像是一系列有不同颜色的发光体，静静渲染城市的步道边缘。

院落的格局和朝向成为内部空间起承转合的内在逻辑。阳光通过一系列位于北侧墙体上方的高侧窗，直接或间接地渗透到空间中。自然光的充分介入，建立了空间和时间之间不可分割的关联。随着一天中太阳的轨迹变化和四季的更替，空间的光影表情永远在变化。也许正是这些一个个不可再生的瞬间印象，才是对永久记忆最贴切的表达。

作品五　巴塘中学教学楼义务募捐设计

项目地点：四川省巴塘县
建筑面积：16797平方米

2012年春天，我们受邀参加了这次为四川省穷困县巴塘义务募捐设计其中小学新校区的活动。经过现场的实地踏勘和随后的设计研究工作，我们提出了三条设计策略：

1. 在满足日常的教学需求空间的基础上，建立公共活动空间系统，并希望由此激发更丰富的校园生活，鼓励校园中的交流和发现。我们在标准教学楼和专用教学楼之间，设置一个空间连接系统（水平/垂直），改善两楼之间单一的使用流线关系，创造带有选择性的多向联络。同时，提供丰富的户外公共空间，激发公共行为的产生。此系统像是能量集结的容器，同时又将其疏散到教学楼的空间和院落当中。空间中充满阳光、树木和各学生的活动。
2. 建立建造的逻辑，其中的重点是造价控制，容易建造，呼应当地建造的习惯和特征。
3. 建立建筑和风景之间的积极关系，呼应当地山峦、河道、阳光和色彩。

目前，该项目正在进行施工图深化。

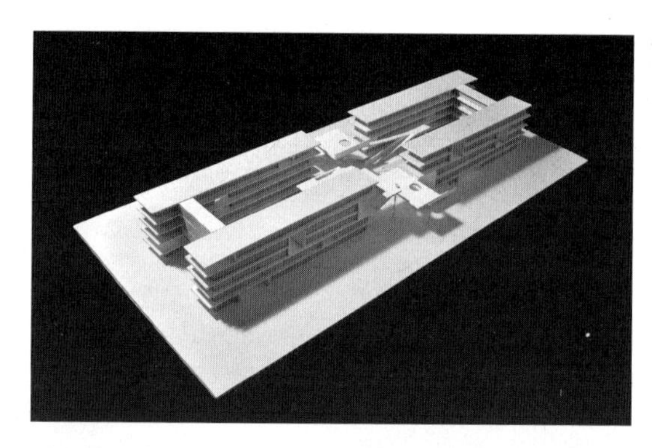

获奖理由

他在建筑设计和建造领域有持续探索，对建筑的形体、空间、材料等都有清晰的观点，且做了不同的尝试，形成了自身独特的原创性建筑语言。在探索建筑以外，更关注“人”的行为、使用和感受，颇具人文主义色彩。同时，他的作品展现了对传统和文化的关注，他对新旧建筑的关系处理颇为巧妙，让新建筑和旧建筑和谐共生，且独具自身风格。

简历

祝晓峰，1999 年哈佛大学建筑学硕士，1994 年深圳大学建筑学学士。2004 年在上海创办山水秀建筑事务所。山水秀的建筑作品受到国内外媒体的广泛关注，近年来参加的主要展览有：2006 年荷兰建筑学研究院（NAI）“中国当代建筑”展、2007 和 2009 年“深圳双年展”、2008 年伦敦维多利亚 / 阿尔波特博物馆（V&A）“创意中国”展、法国建筑与文化遗产博物馆“中国当代建筑”展、比利时建筑文化研究中心（CIVA）“建筑乌托邦”展、2008—2010 东京“建筑新潮流”展、2009 北京“不自然”展、2010“威尼斯建筑双年展”、2011“成都双年展”、2012“米兰三年展”等。近期作品包括：朱家角人文艺术馆、东来书店、连岛大沙湾海滨浴场、胜利街居委会、金陶村活动室、青松外苑、万科假日风景社区中心、晨兴广场写字楼、新虹桥快捷假日酒店、上海包玉刚中学、嘉定大裕艺术村等。

作品简介

作品一　人文艺术馆

项目地点：上海市朱家角
建筑面积：1818平方米
建成时间：2010年

作为上海保存最完整的水乡古镇，朱家角以传统的江南风貌吸引着日益增加的来访者。人文艺术馆位于古镇入口处，东邻两棵 470 年树龄的古银杏。这座 1800 平方米的小型艺术馆将定期展出与朱家角人文历史有关的绘画作品。

我们希望在此营造一种艺术参观的体验，它将根植于朱家角，而建筑是这一体验的载体。

在空间组织中，位于建筑中心的室内中庭是动线的核心。在首层，环绕式的集中展厅从中庭引入自然光；在二层，展室分散在几间小屋中，借由中庭外圈的环廊联系在一起。展厅之间则形成了气氛各异的庭院，收纳着周围的风景，为多样化的活动提供了场所。这种室内外配对的院落空间参照了古镇的空间肌理，使参观者游走于艺术作品和古镇的真实风景之间，体会物心相映的情境。在二楼东侧的小院，一泓清水映照出老银杏的倒影，完成了一次借景式的收藏。

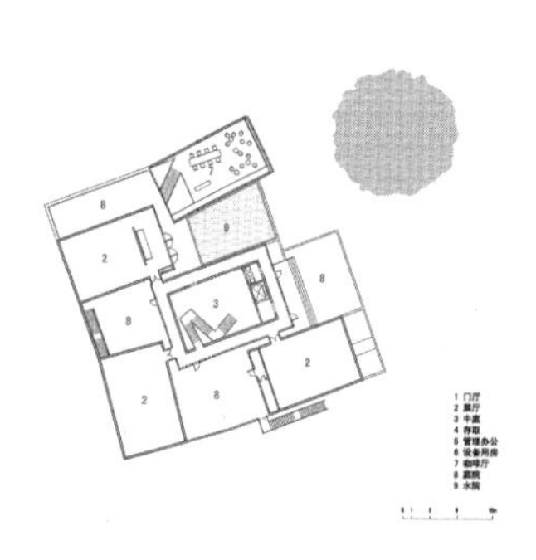

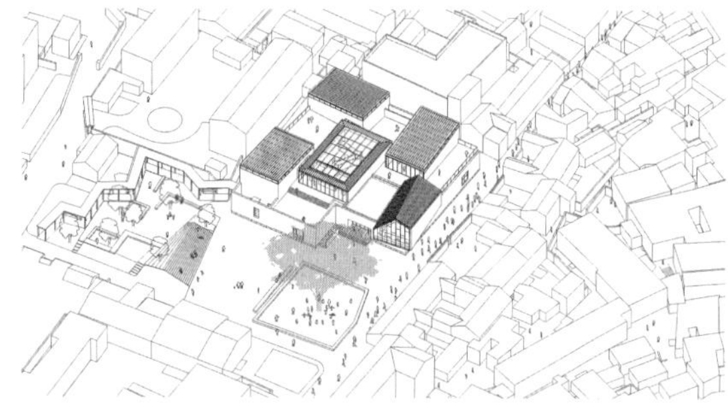

轴测图

美周弄街景

北院

美周弄夜景

茶室

中庭

水庭

作品二　金陶村村民活动室

项目地点：上海市嘉定区马陆镇大裕村
建成时间：2010年

金陶村是嘉定马陆大裕村里的自然村之一，小河环绕、绿竹猗猗。村子由挨在一起的金村和陶村组成，我们为新建村民活动室选址在两村的连接处，是三岔河口旁的一块集体用地。由于四周环境开阔、有聚合焦点的场所感，因此设计了一座六边形的环状建筑。由六片放射状的墙体划分出六个空间，其中三个空间容纳了活动室、茶室和一个面向谷场的小舞台；另外三个半室外空间则分别面向三幅风景：西北方向的水泥路桥、西南方向的河口，以及东南方向的石板小桥，这些面向各异的空间成为村民休息纳凉和聊天聚会的场所。六个空间的当中围着一个天井，它是空间聚集的中心，六片屋顶也遵从了传统内院的理制，形成了“六水归堂”的天井，承担屋面雨水的收集工作。

建筑师淡化了这六个空间室内外属性的差异，并不在意哪里是室内、哪里是室外，也不在意每个空间的功能应该为何。现在用木窗隔墙分出的房间也许在将来会根据使用的需要而变动位置、增加或者取消。因此，建筑师视这六个空间的整体为一个弹性的空间结构。从建筑所属的环境来看，这种弹性似乎是乡村生活闲散松弛的一种表现，但这种空间体验的弹性和多义性对当代的城市生活来说，同样具有重要的意义。这座活动室的建构嫁接了地域性的建造方式，但它的空间结构却可以被抽象出来，成为一种类似原型（prototype）的实验。

混凝土基座、青砖表面的承重砌体墙、墙之间的轻质木窗隔断、铝板包敷的钢结构屋顶由木板条吊顶、小青瓦做屋面。承重墙内的构造柱顶部放预埋件，和钢结构屋顶连接，形成了“钢混结构”。材料的选择兼顾了建构的逻辑和江南村落的风貌，而墙体夹在屋顶和基座之间的做法则暗示了成为空间原型的企图。建筑师希望材质的具象和空间的抽象在此融为一体。

活动室正在准备家具和各种活动计划，我们怀着无法预知的心情等待着。村民是否会喜欢这里？他们会如何使用这些空间？小小的天井暂时空着，等候着适宜种植的季节，我们计划在里面种一棵小树，并期待着小树长成大树的一天。

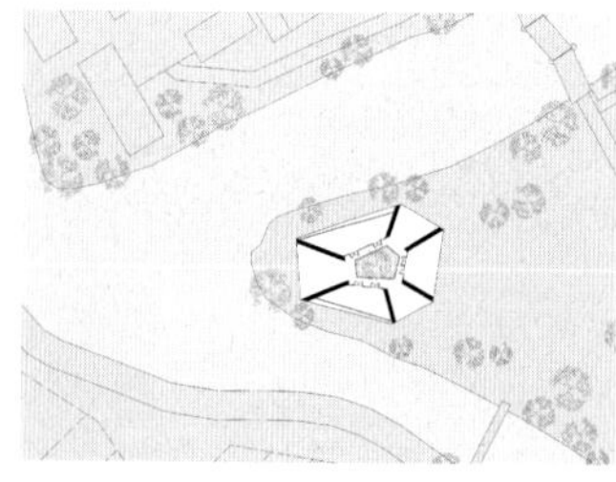

平面图

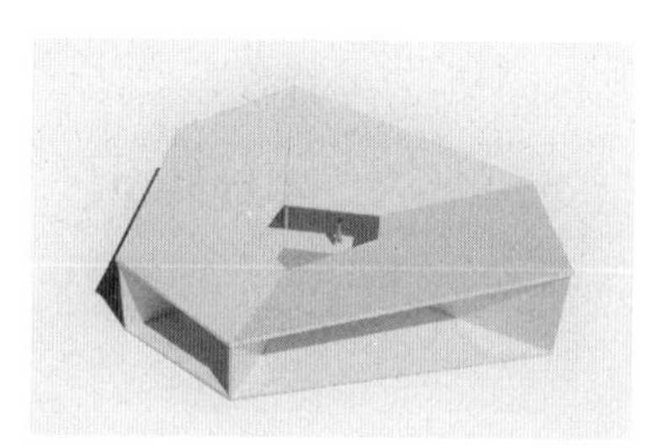

模型

东南侧全景

南侧入口

内院

内院

作品三　社交公厕

项目地点：上海市嘉定新城紫气东来中南部
建筑面积：146平方米
建成时间：2012年

公园南侧的动感广场，是一个集中举行活动的场地，人的流量和流动性都很高。公厕坐落在广场东侧的树林里，地上满铺着小豆石。

这是一座有顶棚的开放式建筑，能够从任一方向进入。顶棚下是随意摆放的几个小盒子，它们形态各异，容纳了公共卫生间里的各种功能。靠近中央部位是一个开敞的洗手池和一条坐凳，供人用水、休憩和交流。

空间的公共性在这里被扩散到整个公厕，而私密的功能被进一步分解成一个个独立体，散落在公共空间里，普通公厕中容纳和集中这些私密性的围墙被取消了。在这里，建筑师只保存如厕体验中最私密的使用空间，其他的交通空间全部被推挤出来，融入到积极的公共空间中，以鼓励交流的发生。我们希望借此探测公共与私密边界的新可能。

作品四　东来书店

项目地点：上海市嘉定新城紫气东来公园东北角
建筑面积：726平方米
建成时间：2011年

东来书店位于嘉定新城紫气东来公园的东北角，东、北两侧靠近城市道路，西南方面向公园。这座公共建筑处于城市和公园之间，建筑师的策略是用院落的方式呈现建筑与城市、建筑与自然的关系。墙语言是策略的执行者，它在东北方形成前院，在西南方形成后院，在中部盘绕而起，围成了建筑的室内空间、中庭和露台。建筑师设想书店的环境是一体的，室内空间和室外庭院呈现出一种平等的、相融的关系，引导人们在连续互通但意味不同的空间里看书、休息和漫步。

在院落的不同部分，我们通过墙高的连续变化、墙体线路的分合以及墙上的洞口，营造出多重层次的空间序列和丰富多变的空间体验。前院和后院中两个“绕出”的小院进一步模糊了外部空间的归属，为使用者提供了一种亲切、安全而又开放的场所感。

通过对院落的组织，建筑师将空间体验从城市导入，并最终引向自然。

东面

从后院绕出的小院内部

北面

从前院绕出的小院内部

作品五　大沙湾海滨浴场

项目地点：江苏省连云港市连岛
建筑面积：7761平方米
建成时间：2009年

连云港是中国海岸线中部正在崛起的一座海港城市，基地位于连云港北部连岛度假区的东海岸。这片“江苏省最好的沙滩”在夏季高峰时每天吸引两万名泳客。我们的设计为不断增加的客流量提供了新的更衣设施、餐饮、酒廊、健身中心、娱乐及住宿场所。

这座建筑朝东面向太平洋，由3块搁置在沙滩后方山坡上的“Y”形板体组成。板体之间的叠层和退台将来自南侧入口的人流引导到不同的平台，并为所有楼层提供了壮丽的海景视线。“Y”形板体的上下斜坡形成了多样化的户外开放空间，为不同的功能活动提供了交流机会。这些超过百米长度的板状建筑与自然界的山坡和海浪同时建立了尺度上的关系，并表达了这座城市崛起的雄心。

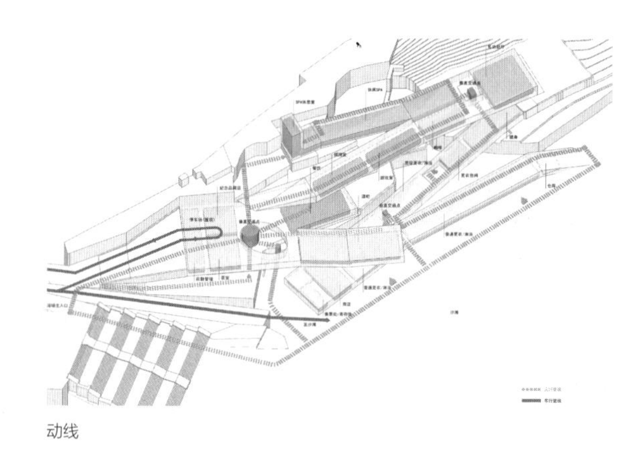

动线

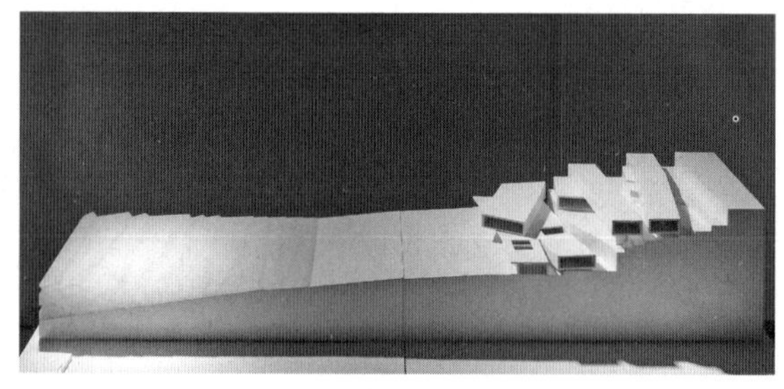

剖面研究，建筑剖面的延伸轨迹源自海浪的形态关系

全景

西向外观

东向海景

屋顶餐饮平台

建筑评论奖

阮庆岳

入围奖

金秋野

刘东洋

阮庆岳

颁奖词

作为跨界又多产的评论者和策划人，他每年撰写数十篇专业评论文章，出版的专业著作即超过两部以上，还策划多个专业展览，主持和参与专业学术论坛和相关活动；同时，积极介入文学、艺术界相关活动，以自身的影响力带动了社会大众对空间设计的关注，也为推动台湾与大陆建筑设计与交流做出了积极突出的贡献。

简历

阮庆岳，1985 年获美国宾夕法尼亚大学建筑硕士，现任台湾元智大学副教授兼艺术与设计系所主任，1992 年至 2002 年间曾为开业建筑师，并具有美国及台湾建筑师执照。

学术研究上着重于两岸三地的当代建筑观察与评述。相关建筑著作在台湾出版共十七本，在大陆正式发行也有三本，分别为：《城市漂流》（广西师范大学出版，2004 年版）、《开门见山色》（清华大学出版，2006 年版）、《阅读亚洲当代建筑：30 建筑师 ×30 关键词》（中国青年出版社，2011 年版），以及已经签约完成，即将出版的《下一道天际线：当代华人建筑考》（电子工业出版社，本书内包括有对刘家琨、王澍、朱锫、都市实践、张雷、王昀、童明、陈旭东、祝晓峰及标准营造等人的建筑评论）。

曾为《台湾建筑》等十余家报刊专栏作家，其他建筑类著作包括有《建筑师的关键词》、《城市的苏醒》、《弱建筑》、《烟花不堪剪》、《屋顶上的石斛兰》、《出柜空间》、《以建筑为名》、《新人文建筑》、《10 人》等。

除建筑与艺术评论外，也进行文学创作及策展。曾经三度于台北当代艺术馆策划展览，包括 2002 年的“长安西路神话”、“黏菌城市”，以及 2004 年与安郁茜联合策展的“城市谣言：华人建筑 2004”。2006 年策展“乐园重返：台湾的微型城市”，代表台湾参展“威尼斯建筑双年展”。2006 年与徐明松于台中的台湾艺术 · 设计与建筑展演中心（TADA Center）合策“久违了，王大闳先生！”，2011 于台北 Urban Core Gallery 策展“朗读违章：王澍 × 谢英俊”，2012 于台北中山创意基地策展“人民的城市：谢英俊建筑展”。

文学著作包括《林秀子一家》等，多次获奖。

作品简介

作品一　《弱空间：从〈道德经〉看台湾当代建筑》

本书着重处有二：

一是以 1990 年代起（台湾的政治解严后）为阅读起始点，梳理这段约二十年台湾建筑设计者及其作品的发展现象。本书除了针对当代台湾建筑师的近年作品（尤其是台湾的“9 · 21”地震后的新作品）进行观察与解读，并同时接续作者过往十余年所完成的共四十余人次的记录与评论成果。这些作品分别收录在其他专书里，书名如下：《下一个天际线：当代华人建筑考》（2010）、《弱建筑：从〈道德经〉看台湾当代建筑》（2006）、《10 人》（2002）、《新人文建筑》（2001）。意图以台湾当代建筑为主体，其他华人地区为辅体，进行系列记录与评述。

其二为以《道德经》为观察台湾当代建筑发展时的思索依据，并期盼能逐步发展出以此为本的评论观点，避免过度依赖西方理论的评论角度。也是延续前本专书著作《弱建筑》中意图结合的《道德经》观点，作为解读台湾当代建筑的思想依据与持续尝试。

其中，本书从老子《道德经》的价值观，针对五个建筑的基本议题，包括空间、美、社会、永续与宗教，进行衍生的思考与书写，并以此刻台湾当代建筑（共十五人 / 组建筑师的作为），与这五个基本价值相互作映照，以个案与设计者为中心做记录与评论，同时试探当代台湾建筑的未来走向可能。

作品二　《朗读违章》

本书系作者于 2011 年 3 月，在台北市中华路的一个街区里，邀请了两位建筑师：谢英俊（台湾南投）和王澍（大陆杭州），以现场的建筑作为参与阮庆岳所策划展览“朗读违章”的整理，意图探讨违章建筑与居住自主权的关联，并思考公民美学的存在意义与必要性。

同时，梳理了台湾战后的政经脉络，理出建筑发展中，与政治权力、资本权力，及逐渐成形的公民权利间，互动互依的演变关系。

因为在这样的社会环境变动里，现代建筑的美学思辨也同步变化，从原本所深深依赖的“由上而下”单一系统（指由专业者经由学习西方或日本的现代主义思潮与美学价值，转而介入台湾都市环境的方式），逐步可见到另一种“由下而上”的发展与挑战，也就是以在地现实为依据，所发展出来的美学观。

这个专著也提出对城市的思索，包括对于 20 世纪里、已然成形的第一世界都市的观察与批判，并重新省思现代亚洲城市居民的生活所自然显现各样细节的意义，以探索差异、自发、多样与可变等细微特质，在现代城市与建筑里，如何能够被正向接受与得以呈现。

作品三 《明建筑：斋明寺的一种〈道德经〉解读法》

本文探讨与比较台湾中生代建筑师孙德鸿在"十三行博物馆"（2001）后，经由"斋明寺"（2011）的新貌，所显露的不同与特质。

简而言之，差异的重点是对于主体、客体的再思考与定位，譬如人造建物与自然环境的主、次思辨（禅堂前坚持维持草地地面，不愿做成集众用的铺石广场，宁愿去除人众的活动，以维持自然生命的主体；或是，对于基地既存植栽的保留，甚至因而使动线必须作回绕等）。

另外则是对于以单一中轴线作权力象征的破解，以及因此让环状的人行长廊，在动线与空间的意涵上，能够得到强化与彰显，都可以表现出一种反对张扬单一权力，以人为本的姿态与观念。

孙德鸿在这件宗教建筑作品里，不宣扬宗教的圣性与权力，反而能够以"人"以"物"作为设计时念兹在兹的所在，应是最值得细细追索的路径。这样以"人"以"物"为本的态度，以及因之而生的"去中心"性思维，所衍生例如碎化与均质的谨慎操作手法，确实在这作品里四处可见。

若将"斋明寺"与"十三行博物馆"再次作对照观看，在作品的自明性上，"斋明寺"的婉约隐退气质与"十三行博物馆"的某种外显的明辨性格，确实有所分别与差异，也见出孙德鸿的演变所在。大约是本文对一件台湾建筑新作的评论。

作品四 《变形虫城市：凤山国际工作营的启示》

本文是以由作者策划、台湾实践大学的学生所参与，对于真实都市与社会环境做介入的工作营成果的总结。整个计划是对台湾都市的过往与未来，在朦胧彷徨间，意图探照的一次都市宣示，也是对建筑教育必须与现实环境作对话的声明。

其中思索的重点如下：一是加强真实都市与社会环境的教学必要性。在工作营的操作过程中，因为必须直接面对仍在正常运作中的都市现实，有两个不是平日在学校教室里能够准确意识得到的因素会特别明显地浮露出来，成为所有参与者无可回避的挑战。第一个因素是真实的都市，第二个因素是真实的人。借以思索挑战社会与现实的联结究竟何在。

第二个重点是小系统与大系统的辩证：以凤山市兴仁里作为思索的切入点，同时也是联想到20世纪的都市发展历程，尤其是关于大型都市与小型城市间的对比关系。

因为工业革命后，农业社会的架构逐步瓦解，许多赖以存在的价值体系，在这过程中也同步瓦解。人类必须自越来越小的乡村，涌向越来越大都市的现象，早已屡见不鲜，甚至已是某种现代文明的宿命。而以雄伟高楼作现代科技的图腾象征，大系统不断吞食小系统的模式，以及因之而生的价值信仰，也在这过程中被牢牢建立起来。

因之，本文意图以工作营的实践及成果总结，反思现代城市的此刻位置与究竟当何去何从的问题。

作品五 《演化吧，建筑！——兼比较两岸的“新锐”建筑师》

本文从“现代性”立论依据之一的“进化论”谈起，试图探讨当代华人建筑的“进化论”问题。

因为达尔文提出的演化论，牢牢占据生物学的核心轴，虽然难以撼动，却也争议不休。因之，建筑也有演化论吗？基因与突变也是建筑发展的决定因素吗？

同时推演与进化论息息相关的理性思维、科技崇拜与资本主义，对于华人现代建筑的影响究竟为何？也对于所谓的“进步”提出某些质疑，譬如文中写：“引回两岸的此刻建筑现象，似乎同落在霍布斯邦（Eric Hobsbawm）关于追求‘进步’的说法上，也仿佛同样有着他念兹在兹的隐忧：‘进步可能是（也可能不是）事实，而‘进步主义者’一词更只是政治用语。艺术上的革命者通常很容易与政治上的革命者相混淆……也都很容易和另一种极不相同的东西相混淆，即‘现代性’。”

文中同时以两岸“新锐”建筑师的风格表现与走向趋势，作为对应这样论述观察的佐证，并以如下做结语：“两岸都在响应全球皆无可回避的现代性挑战，也都各自在不同的应对点上回语，各有其祝福与诅咒。单一的建筑人或不能主导时代的大波澜与走向，但是能否做出省思与自觉，则是无可自脱的责任与检验处。因为，时代巨轮兀自转动，个人究竟要怎样应对？‘如何’做建筑从来不是问题，‘为何’与‘因何’做建筑才是挑战，而这也绝对与个人的心性与自决相关。”

获奖感言

非常、非常感谢，对我是很大的鼓励，我没有办法立刻说出什么话。我准备了一封信，我之前写给一个年轻记者的一封信，这封信跟这件事情有一些关系，所以我以这个信代替我的致谢辞。有一个年轻的人跟我表达对建筑这条路的困惑，他的困惑让我想到自己的感受，我给他回一封信，是简单的一封信，所以我跟大家一起分享。

我年轻的朋友，你好！

想要给你写封信的念头，一直魂萦不去，像是什么未能解去的枷锁，微微扣住我的心神。

我知道我想说什么，却不知如何启口，怕说重了，也怕说轻了。

便想着别人是怎样把那倾巢的话语，悠悠不扰人轻启开来的。立刻浮出我脑子的是常年旅居法国的程抱一。一直喜欢他某封信的起头，每次读来都觉得悠远也宁静，让我心眼潮润："亚丁：南瑞士的午夜，秋虫在野草间竞唱的山巅。在这罕有的时刻，除了为你提笔，我还能做什么呢？这一角大地充满了凝视与聆听。"

刚才天色还亮，我被屋外近日少见的阳光吸引，带椅子到屋顶读书晒太阳。但很快张望起邻近的矮小公寓顶。从我略似程抱一那样的山巅的位置，望着周遭显得再平常不过的屋宇，慢慢见到一些景象幽缓移动。一个父亲带着小儿子照顾屋顶的植栽，两人都显得满足也安静，还有个中年男人抽着烟打电话，小心把烟蒂点在角落的烟灰缸里。另一个男人舒服坐着读书，阳光晒着他专注的脸，而他年轻的妻子，一旁为他铺置桌上林列的饮食。还有我常望见的那个庙堂，女出家人蹲跪着擦洗入口的纱门。

望着这一切相互间并不打扰、各自独立运作的人与物，我觉得感动，好像自己就是"这一角大地充满了凝视与聆听"时刻里的人了。这心情就是我想诉说的，因为我似乎感觉到你此刻的不安与惶然。作为一个年轻的建筑人，过去十几年是个漫长的沉滞，因为政治权力与商业机制，曾经建构台湾当代建筑近两个世代的价值观。这个体系经过时代大环境的流转变动，造成此刻信仰的某种溃散，以及如何自我建构的质疑。

但是这样惶然的心情，其实并不稀少与罕见，但丁在《神曲》一启动，这样写着："一切都要从我三十五岁那年，无意间迷失在一座幽暗森林里说起。那座阴暗森林的广大、荒凉与恐怖，直到现在我还难以下笔描写。只要一想到它，我的心依旧惊惧不已，全身不寒而栗。面对那样的恐惧，比面对死亡更甚啊！噢，怎么会置身在那森林之中的，我其实也不清楚。只知道自己昏睡起来后，就在森林里了。”

现代建筑的建构过程里，暗藏着对政治权力过度依赖的观念。工业革命后急速发展与待解的现代城市，就连勒 · 柯布西耶也是一心期待借由政治权力的大手，来拯救奄奄一息转型中的旧城市。这种建筑师与权力的关系，在战后（尤其是到了 1980 年代以后）又逐渐被资本权力所接收，使建筑人对权力有着横贯整个世纪的依赖。

在屋顶平台上的凝视与聆听，因阳光迅速落山而必须告终。我借着仅余的澄色光辉，眺望向稍远处灰雾里的科技园区大楼群，以及更远不变异的群山。我依旧困惑着究竟要如何告诉你，我这一直的看法。

我想讲的是建筑信仰应当何所从与何所在问题。日本前辈建筑师芦原义信在《隐藏的秩序》书里说：毋庸置疑地，东京在功能上成功成为一座有效率、勤劳、有秩序的都市……这种特质是一种生存竞争的能力、适应的能力，以及某种暧昧呆诡的特质，渺小与巨大的共存、隐藏与外路的共生等等，这些是在西方城市秩序中找不到的东西。也就是一种由内在自然发展的，与生存本能、生命本质息息相关的力量，或许这才是值得建筑人认真去眷顾的，也可能是未来建筑发展时，真正的力量与希望所在。

尊敬不显见的常民文化、鼓励生命本能的发舒，以及让城市拥有能自体做微调的机制与能力，并能摈弃对外在视觉的过度依赖，就是回归日常建筑的必要路径吧！

在遇见并依靠贝德丽采引领到达天界后，但丁最终还是失去了她。出现来替代贝德丽采的圣伯纳德老者对但丁说：现在你心中有疑惑，虽然在迷惘中保持静默，我必会替你解开困惑的。在这个广阔的国度里，没有事情是偶然发生的，你所看见的一切，都是依据永久定律建造，环环相扣。

但丁当初透过迷路得以锲而不舍寻求的，应是他自我心灵的完美故乡。这是人类本能的企求，也许，建筑也可以透过“凝视与聆听”日常现实，寻找到能在我们每次飘荡无定时，会前来抚慰的甜美建筑故乡。

祝福共勉！谢谢！

南都：在你的工作或关注的领域，有哪些与公民建筑相契合的地方？

阮庆岳：去年我在台湾策划了一个建筑展“朗读违章”，邀请到谢英俊、王澍来参与，在台北各自盖了一个真的违章建筑来进行展示。这个展览思考的就是建筑的公民权问题。违章是近代才出现的，在传统历史上人们按照人生阶段的不同需求，自己盖或修房子，让建筑物不断进行调整，只需要通过自己与相关附近环境的协调，而不是现在这样政府单一的权力。不是说违章建筑有多好，而是这里面透露出来本能的需求，自身的差异。

我一直在思考现代的建筑为什么局限在少数专业者手中，为什么不是释放给所有人来参与，其实也是在探讨公民建筑。我认为这种从底层的、自下而上发展的建筑，去按照使用者的本能、自发来操作和建设，应该得到更多关注，而不是被限制。建筑也不应该被少数专业者和开发者所限制，而是释放给参与者。公民建筑就是要调整这件事情，让建筑物的权力重新释放出来。

南都：这应当与现代城市发展有关？

阮庆岳：现代建筑不断推崇科技，而科技的迅速转换使得传统的、世世代代那种农民都会盖房子的传统远去了。这一百年来，建筑技术被垄断了，人们都不会盖房子，变得就像文盲，这是不对的。房子是庞大的系统，在现代社会中，人跟自己家的关系是不能参与，而只是购买，并且没有决定权。这必须要适度平衡，应适当由下往上来发展，而不能完全由上而下，现在的建筑太充斥着精英的个性。

南都：这也导致了城市之间差异性减少，以及建筑不再以人为本？

阮庆岳：我们可以清楚地看到，亚洲的城市在过去一百年似乎变成了一个模样，每个人的房子也变成一个模样，当你没有决定权时其实是很可怕的。人类的环境变成利益化、快速化、资本化，所讨论的是资本利益、商业利益，变得非常贪婪，而真正家和人的关系却几乎不被探讨。

家其实是一个人一辈子最重要的地方，是我们安定身心的场所。当它变成商业关系，变成只是冰冷的房子，变成一个无法记忆的东西，这是不对的。这也正是现代建筑错误的地方，无法承担起人与家的关系。

也就是说，目前家与住宅过度商业化的问题要被重视，建筑房子要思考价值本身。没有本体，过度商品化和资本化，建筑物就出现了严重的问题。建筑者不应该只去建设好看的房子，而是要去思考为何、为谁而做建筑。

南都：你曾经提到说城市发展太快，来不及去反思。

阮庆岳：一开始整个时代都会有这个趋势，很高兴看到今天现场已经有很多优秀建筑师在思考能做什么建筑。这是与时代转换有关系的，目前的台湾反思比较强，因为最好的经济繁荣时期已经过去，现在是稳定甚至是萧条了，反而能安静地、沉下心来思考事情，建筑师去做一些相信的事情，而不是被时代带着乱转。

但现在来看内地的建筑界机会太好了，也太多了，光是去做完这些建筑的时间都没有了，更没有时间出来反思，重新思考。但是反思阶段会出现，现在已经有提出来反思，比如《南方都市报》定“公民建筑”的主题是非常正确的，这也是现代建筑最需要的，要提醒建筑师，为何做建筑，为谁做建筑。

南都：为什么会从对建筑的实际操作而转向评论？

阮庆岳：1980年代中期我到美国念书、工作后，1990年代初回到台湾，开了事务所，也做了十年实际操作。一开始，和很多人一样都具有理想性，可是做多了商业的案子，越来越不喜欢自己所做的事。我很清楚意识到偏离了自己，这样做建筑并不是有意义，不知不觉被商业引导，所做的东西具有媚俗性、商业性，而不是真正有热情、真正去思考的建筑。

当作品与我越来越分离，这很可怕，我也不希望变成这样的人，我扭转不了整个环境，便只能断绝。于是转向教书，同时开始写评论，也写小说，越来越意识到我适合这样一个人自己写东西，去完成工作，而不是去牵扯到太多其他的东西。

南都：刚开始写建筑评论时对自己有没有一个设定？

阮庆岳：并没有，从美国回台湾，大概是1993年时，有媒体找到我说希望设置一个都市的专栏，认为我会写小说，应当也可以写建筑评论，于是就开始给报纸、给专业杂志写评论。一开始的前十年，我也不知道要写什么，往哪里写，通常是看到什么就写什么。

后来我逐渐整理脉络，希望清晰专注的范围。现在我很清楚了，观察范围就是两岸三地的华人建筑。比如前两三年我为了出《下一道天际线：当代华人建筑考》，两三年间跑了八九趟大陆，一个个城市和建筑物地去拜访，整理资料回台湾发表，希望台湾能够更了解目前大陆建筑的蓬勃发展。

评论的内容则是希望思考回到本源，我选择以《道德经》作为思考依据。前十年的评论工作中，由于此前是西方教育，思考、评论建筑的时候用西方的观点、理念。我后来问自己可不可以不引用西方理论，那我要依靠什么来评论，所以要建立非西方、自己的理念。正好我着迷于《道德经》，便尝试着以《道德经》来看华人建筑，现在已经持续了大约10年，成为我明确的方向。

南都：你觉得建筑评论应该怎么做？

阮庆岳：在大陆来看，建筑这个行业很蓬勃，有很多优秀的人投入，但很多是立即投入到建筑操作，在背后、第二线做评论、进行思考的人的比较少，建筑评论的活跃度不如操作部分，但是也已经越来越认识到建筑评论的重要性，这是对时代的方向的确认。建筑评论是很辛苦的工作，回馈报酬低一些，同时还需要长久的坚持。与别的评论不同，建筑评论一定要去到现场看，因此时间及其他成本会更高。

南都：你在建筑外，也创作文学，如何享受这种跨界的身份?

阮庆岳：最早偏文学和建筑，这两块分得很开，互相不来往。但是时间一长，两个领域是有对话性的，建筑或者任何一个专业，都不应该孤立起来。回溯到人类历史上，欧洲有文艺复兴人，当时提出的是一个完整的人必须有建筑能力或者其他的能力。我们历史上的世人、读书人，要求也是要全面。

近代社会要求分科和专业，使人相对破碎，这是时代对于人的残酷性。但人是主体，要完整，而不是把人的某一个方面训练得特别强大，其他方面都无用。跨界这是我的一种特质，当我做建筑做到非常失望的时候，整个环境的扭曲和不健康是我无法改变的，我只能通过将正确概念传达给社会上更多的人，来进行平衡。

南都：同时你还是老师，你认为要教育怎样的建筑人?

阮庆岳：建筑尤其有全面性的要求，包括人类的生活环境、地球的环境，不只是技术，需要有人文的视野，要尊重环境，要开阔视野。我所教授的艺术与设计的学生，在一二年级不分科，学习广泛，包括舞蹈、戏剧的训练等等，也有木工这些，一定要有机会先全面展开，再训练专业。但这也会使学生有些惶恐，怎么我还没选专业，学习这些对于我有什么帮助呢?

南都：在你看来，中国与西方的传统建筑有什么不同?

阮庆岳：中国传统的民间建筑很重视内在性，这与西方建筑强调外观的视觉性不同。中国强调的是庭院和居家的环境。小小的院子里，有天，有地，一棵树，太阳的起落，就像是脸是朝向里头，去面对家所围绕出来的小宇宙。人在庭院、园林之中，可以与自然、与内在轻松交流。

而西方则更强调外在的视觉性，双方差异很大。而中国现在的建筑是在延续西方的思维，是外在视觉性，而不是中国传统的内在性。中国传统建筑中外在变化其实并不大，只是在一个范围内进行自然的微调，并不是要去彰显什么，而是与心灵更接近。

南都：在中国传统文化中，你选择了《道德经》来思索建筑？

阮庆岳：《道德经》是中国传统中了不起的思想，虽然只有短短4000字，其实是一种哲学、一种思考方式。中国传统的思想是儒道，儒是明的、显性的，但很多人会自己修道，道其实是教授你如何面对这个世界，如何建立自己内在的哲学观。我着迷于《道德经》有两三年后，开始考虑为什么不用《道德经》的观念来思考建筑。我前十年建筑评论中的说法和依据都是西方的思想和哲学，是此前所受教育训练出来，但是东方思想并没有，我觉得这很有问题，西方的思想都是遥远的，那是别人的本体。说到华人建筑区域性，是用我们的文化本体来谈，而不是西方的思想。我选择了《道德经》，现在也还在蹒跚学步中，但我意识到这条路是可以走的，不一定能走完，但一定要有一个自己思考的本体。

南都：你可以举例来说明一下是如何衔接的吗？

阮庆岳：我出版的两本评论书《弱建筑》和《弱空间》，来自《道德经》强调的“弱而能强”的观念，弱才是真正的强。而这与西方现代性所说的“适者生存”、“物竞天择”是完全不同的概念，西方的竞争是与优胜者联系，使得整个人类环境都遭殃。

《道德经》中提到“上善若水”，像水一样不去争，都让。类似这样的哲学，因为让，因为退，因为弱，使得这个世界更美好。这也回到了人是本体，自然是本体，而建筑不是本体，建筑物要“让”出本体来，要“弱”。不要在环境中做一个强势的建筑物，而是要让人和自然彰显。

《道德经》里提到“物壮必老”的概念，当一个东西追求到壮大的时候，不论是身体也好，建筑也好，壮的本身已经接近衰老。过度地追求壮，是非常西方的思想。不要“壮”，而是柔软的力量，这与达尔文的进化论是截然不同的，以东方的“退”、“让”、非积极性、非占有性的思想来平衡西方的思想。对于建筑来说，技术性、物质性的东西要适可而止，要有更多的本我性。

南都：有没有教你的学生这些思维方式？

阮庆岳：我没有这样去教学生，作为老师，我并不喜欢太快去告诉学生，希望他们自己去挖掘，把世界打开后能看到更多的东西，最后去选择自己的信仰，不是跟随前人的步伐走。但是我自己很建议坚持自己的路，虽然我之前也没有受过类似的训练，前面也没有人这样在走，这是一条漫长的路，我还在很前面的一段上，我可能也完成不了，但我希望有更多的年轻人、评论人能这样来思考建筑，而不是以强者的心态来看待建筑。

金秋野

获奖理由

建筑评论，不仅需要有深厚的学养、扎实的文字功夫，而且需要敏锐的眼光和深入骨髓的批判力。但更为重要的是，作为评论家，需要的是一种担当、一种忍耐、一种良知、一种舍我其谁的信念。金秋野正是这样的践行者。近两年来，他在大众媒体上，在《读书》杂志上，在众多专业媒体上，不断发声，或以当头棒喝，或以循循善诱，或指摘事件。但不管何种文风，其评论都根植于当代中国城市规划和建筑实践的现状，融入其思考的广度和深度。

简历

金秋野，1975 年生，辽宁沈阳人。清华大学博士。现为北京建筑工程学院副教授、硕士生导师。主要学术方向：建筑评论、当代建筑理论、城市宗教空间。立足当代中国现实，为建筑评论注入深度的人文思考。五年来，在各类专业刊物发表学术论文百余篇，出版专著两部。常年为《读书》、《文艺研究》等杂志撰稿，在专业领域之外培养了一个关注建筑思想问题的读者群。为《domus 国际中文版》、《北京规划建设》等专业刊物主持建筑评论专栏。潜心从事建筑理论文献翻译，五年来完成《密斯评传》、《光辉城市》、《机器与隐喻的诗学》、《城镇空间》、《透明性》及《阿尔瓦·阿尔托作品全集》等 16 部专著的翻译工作。2011 年发起并主持“当代中国建筑思想评论”系列丛书的编撰，将在 2012 年年底推出第一辑。

近三年建筑评论主要关注的方向有：现代性反思和建筑诗学，如《我们的城市，和他们的》、《地上的乐园》、《光辉的城市和理想国》等；当代建造与文人传统，如《论王澍》、《何处望神州》、《小品建筑的独得之秘》等；当代建筑思想问题，如《库哈斯嘲弄了谁》、《不可迷信库哈斯》、《建筑批评的心智——中国与世界》、《无梦又十年》等；传统、父权和文化传承，如《第三条道路》、《艾未未的仇父情结》、《全民大师》等；当代建筑教育问题，如《来自火星的设计课》、《我的设计形式的来源》等。

作品简介

作品一 《论王澍——兼论当代文人建筑师现象、传统建筑语言的现代转化及其他问题》

本文关注全球视野和历史脉络中的当代中国建筑思想与实践的大趋势。

通过对建筑师王澍的思想和作品的讨论，指出王澍是从环境伦理、职业人格和设计语言三个方面应对中国现代化和城市化过程中的严重现实危机，重新理解传统与现代、中国与世界的关系，为当代中国建筑学注入新的内容。本文进而指出：王澍的建筑是在诗的层面起到醒世而不是救世的作用；王澍所秉持的“传统”主要与晚明心学有关，借以扩充当代营造者的文人情怀；王澍努力从事传统建筑语言的现代转化工作，但其作品仍然带有较浓厚的西方色彩，建造过程与他所批判的潦草城市化也有相似的地方。作为先行者，王澍思考传统和现实问题的方式深具现实感和批评性，将经济腾飞时代中国城市乡村的真实图景和人心的荒芜赤裸裸地呈现在人们面前，充满了慷慨沉郁的黍离之悲，他的建筑就是时代的镜像。

作品二 《地上的乐园》

本文以史为鉴，思考文化冲突时期建筑人的文化独立意识、建筑伦理与生活美学、诗人对物质文明的反抗，及莫里斯“反现代”人格的修炼与完成。

本文用大量笔墨刻画了维多利亚时代作为田园梦想的“红屋”与资本城市扩张之间的尖锐对立，这两个极端就是威廉·莫里斯（William Morris）所面对的严酷现实。为此，莫里斯一生醉心于在现实生活的各个层面去复制红屋建造过程中的共同工作的快乐经验，并将手工作坊视为一种信仰，将之视为“地上的乐园”。同时，带有本土传统精神的哥特复兴，也是莫里斯抵制外来文化的精神寄托。这一抵抗首先在日常生活领域的器物制造方面展开，莫里斯让大量民间工艺在作坊里复活。最后，通过冰岛之行的自我决裂，他将救世的愿望寄托于社会革命，并身体力行，对时代发起圣战，最终徒劳无功。

作品三 《光辉的城市和理想国》

本文以勒·柯布西耶的著作《光辉城市》为讨论对象，分析“光辉城市”所揭示的现代城市制度的根本问题。

《光辉城市》是勒·柯布西耶在现代城市规划方面最重要的理论著作之一。以机器时代之名，柯布怀慈悲之心，对现代城市化模式和居住制度发出全面的征讨：如城市无度扩张和郊区化，空间地理分层造成的社会分化和贫富不均，人口过度聚集造成的拥堵和浪费等。其根本原因在于资本主义经济制度的运行逻辑，即拉大城乡差异，哄抬土地价值；生产无用的消费品以刺激过度消费；以资源巨大浪费为代价满足人的贪欲，并将之视为社会发展的动力。为此，柯布提出了逆时代的社会发展理念，即呼吁人们满足于克己的、有尊严的“基本的快乐”，并从这个立论出发，提倡一种内聚式的、高密度与高效的新城市形态。从这个意义上讲，“光辉城市”的理念不仅是一种城市规划思想，也是一副解决社会问题和人类精神归宿问题的药方。

作品四 《短时效建筑，当短暂成为流行》

本文关注当代环境危机之下的建筑设计新趋势及其可能带来的严重问题。同时也对建筑的“物性”方面进行了深入讨论。

环境危机之下，“短时效建筑”成为一种新的建筑理想。作者指出好建筑应该向生命形态靠拢，使用简单朴素的有机材料，拥有精美完善的组织结构，却不再一味追逐永恒或纪念性，而是与人类的生命周期相伴，重新纳入自然物质循环的永恒过程。同时，笔者认为，短时效建筑立意虽好，但在实际推广过程中很可能成为新的流行趋势，造成巨大浪费，或被权力和资本僭用，沦为意识形态文化策略，与初衷背道而驰。尽管如此，短时效建筑还是代表着一种新的环境伦理，它让人看到自身的有限，以及与自然和谐共处的重要性。文章指出，无论何种建筑形式，如果人不能在物质方面自我约束，都无法阻止环境的恶化。

作品五 《库哈斯嘲弄了谁 / 不可迷信库哈斯》

两文以库哈斯设计的中央电视台新楼和与之相关的网络大讨论为契机，通过库氏的著作和设计理念，探讨他对当代中国设计观念的影响。

作者认为，库哈斯是以一种超然的、玩世不恭的态度来对待现实世界里的矛盾和困难。在玩世不恭中实际上带着一种冷酷的极端理智的功利主义态度。两文对知识界经常谈到的“现代性”、“西方中心主义”等文化概念，和中国当前的社会心理状况都有所涉及。作者认为，建筑界选择并接受库哈斯理念，是一种方向性的错误。这是一种心智水平很高但价值取向很坏的思维方式，它不仅无助于解决我们当前面对的复杂困难和政治经济文化局面，反而容易让人失去信念，沦为极端利己主义的信徒。

文章呼吁中国建筑人独立思考，避免盲从。

刘东洋

获奖理由

有极好的建筑理论造诣，并有人类学思想基础，长期从事建筑评论工作，在网络上以“城市笔记人”的身份积极写作，受到专业和大众的广泛关注。他一方面倡导回到经典，另一方面强调回到田野，进入人类日常生活的世界进行观察、思考。他的文章，常常从身边具体而细微的事物出发，进而深入到城市、建筑的一些基本但又经常被遗忘的问题。他的文章贴近现实，具有一种娓娓道来的亲切感，同时又不失思辨的犀利，能够极大地激发读者对城市与建筑的内在兴趣。

简历

同济大学城市规划专业毕业，教委公派加拿大，先后就读于不列颠哥伦比亚大学和曼尼托巴大学，获城市规划硕士和规划与人类学的交叉学科博士（1987—1994 年）。曾在加拿大著名建筑师谭秉荣先生（Bing Thom）的事务所工作。1994 年参与过大连新城中心区的规划设计项目。

近年，他还在“豆瓣网”以“城市笔记人”的 ID 写了很多文章。在豆瓣的写作大致涵盖三种类型的文字。一是书评，包括经典书籍书单推荐，新书、好书的介绍，以及对于某些思想性专著和话题的综述与辨析；二是直接翻译，虽然这有悖于版权法，但对于多数在国内的同学来说，尽快看到相关优秀文章和书籍的中译本，还是特别有助于提高他们的认识的。像杜斯伯格讨论的风格派对造型设计的教程，就是被中国建筑教育一直忽略却重要的现代建筑教育文本之一；三是案例介绍与点评。此外，他还在《建筑师》杂志开设了“城市笔记专栏”。这一专栏，截至 2012 年已经写了整三年。内容涵盖了城市地貌、地图、基地、生态，分析过当代建筑师的作品。2013 年会推出《从罗西到王澍》以及若干小建筑传记。

另一较为重要的工作是建筑历史与理论经典丛书翻译。已出版的译作有《城之理念》（约瑟夫·里科沃特，中国建筑工业出版社，2006 年版），已交稿的两部译作《罗宾·埃文斯文集：从绘图到建筑的翻译以及其他文章》（埃文斯，中国建筑工业出版社，2013 年版）、《人文主义时代的建筑原则》（维特科尔，中国建筑工业出版社，2013 年版）。

作品简介

作品一 《有关瑞霭、海云、季风、寒潮的记述，或一幅切过大连上空的节气剖面》

说到城市或是建筑的“基地”，人们常会想到坚实的土地，却把地面之上的天空以及白云之下流动的空气当作无睹或是无思之在。本文恰要把基地观察的焦点从土地转移开去，以大连为例，讲讲这座城市上空近乎透明的风的故事。这个故事的开始是一首明中期的咏景诗，其中却藏匿着对于旧日大连特有的地理气象的动人刻画。本文从一首小诗，追到了大连地区特有的时间和生命节奏，并从这里开始，描绘了地质史和自然史是如何与当地的社会生活交织在一起的。转而，本文开始讨论起当地的乡土建筑特征以及旧殖民地时代殖民者对于大连做规划时针对气象气候所采用的空间策略。这等于在倡导一种新的观察视角，力图改变城市规划只关注形象，对土地上旧有生活肌理和微地形漠不关心的做法。

作品二 《到方塔园去》

本文是怀念冯纪忠先生去世一周年时所撰写的文章。通过介绍作者本人时隔二十六年两次造访松江方塔园的个人感悟，以及不断询问方塔园细部设计的用意，力图勾勒出冯纪忠先生对现代性的特有理解。方塔园是一个有着特殊语境的作品。它的设计时间时值改革开放初期，也正是建筑界对于“中国建筑”是西化还是向传统重新学习的一个转折点。在此之前的“新而中”探索主要围绕着官式建筑传统进行讨论。贝聿铭先生的香山饭店把人们的视线引向民居、园林、用材、空间序列，而冯纪忠先生在上海城郊，能以旧方塔、宋桥等遗迹为起点，充分研究了原有的地形地貌，用“现代空间的语言”，组织起了这个既有古意又有现代气息的开放式现代公园。特别是何陋轩的建造，从构造、细部、情怀、地景等多个方面，打开了人们的视野。方塔园里所体现出来的“现代性”再也不是决裂式的单向时间意识，现代性成了一种与可借鉴历史的反复对话。

作品三 《观游大舍嘉定螺旋艺廊的建筑之梦》

作为一篇当代建筑评论，本文选取的是上海大舍建筑设计事务所在嘉定新城沿河地带设计的螺旋艺廊。这是一个事先没有明确指定性功能的开放式设计项目。建筑师因此在这样的小作品身上有着较为充分的话语权。大舍的建筑师的确想通过这个螺旋小房子较为纯粹地展示他们晚近对于空间和表皮、完形和非完形、迷宫流线和观游体验等主题的思考成果。同样，大舍的建筑师也希望通过相对抽象的方式，体现出他们所希望的建筑跟基地的另外一种关系，不即不离的态度，并让建筑能在看似封闭的状态下轻灵地具有悬浮感。本文作者通过几次对建成建筑的现场观察，以及跟建筑师的长谈，试图能将大舍建筑师对这些设计话题的思考比较完整地呈现给读者。

第三届中国建筑传媒奖回顾

2012年9月14日启动，12月9日举行颁奖典礼。经过近三个月的紧张筹备，第三届中国建筑传媒奖于2012年12月9日晚在华侨城创意文化园落下帷幕。相比前两届大奖，今年这一届又有了质的飞跃，本次大奖共收到提名作品101个，申报作品100个，今年申报作品的数量是2010年的两倍，是2008年的十倍。

申报及提名

2012年9月14日，大奖启动。10月20日，第三届中国建筑传媒奖提名截止，10月31日自由申报也截止。本届大奖共收到提名101个，有效提名88个；收到申报作品100个。也就是说将有188个作品（人）竞争5个大奖，其中最佳建筑奖竞争最为残酷，98个作品竞争一个获奖名额。

正如本次大奖提名及初评委员会主席黄居正所言，"自由申报是体现建筑师关注度和参与度的重要指标。自由申报数量的增加，一方面说明了奖项本身在建筑界的影响力已逐步扩大，建筑师的参与度愈来愈高；另一方面说明了大奖程序和规则的公正性、透明性以及结果的公信力得到了大众的认可。"

黄居正对申报的情况还有以下评价：

"申报的建筑类型呈现出多样性和丰富性，不仅有小型的文化设施，也有相当规模的公共建筑；不仅有桥梁等构筑物，也有景观和照明设计作品。建筑的品质，都体现了建筑师们良好的职业操守和素养。当然，最为关键的是，在许多作品中，均反映出了建筑师对人文关怀和社会责任的关注，这是值得欣慰的。例如有建筑师事务所跳出设计的范畴，主动担任项目统筹，成功组织了边远地区学校加建的工作，从选址到捐赠到最后施工，展现了建筑师能够做的不仅

第三届中国建筑传媒奖颁奖典礼于2012年12月9日在华侨城创意园B10举行，梁文道主持，现场涌进1600余人

仅是纸上谈兵，还有很多实际的操作可能。

“申报项目数量如此之多，质量如此之高，也反衬出提名人视野上的局限，我们往往把更多的关注给予在媒体上已经曝光的建筑师和建筑作品，缺少对一些不知名建筑和建筑师的挖掘，尤其是体制内设计机构中的建筑师。

“居住建筑奖的提名和申报项目同样体现出了多样性和丰富性，但在解决普遍意义上居住问题的探索作品仍稍显不足。”

在此前，2008年首届中国建筑传媒奖，申报最佳建筑奖的仅有10个，2010年第二届达到38个，而今年则达到67个。2010年申报作品总数为56个，今年则达到了100个，几乎翻番。

同时，和往届“60后”建筑师割据江山的情况不同的是，今年“70后”建筑师成为主力。这一批建筑师有的独立执业、执掌个人事务所，有的供职于体制内大型设计研究院。无论是从设计概念、形式语言还是作品施工质量来看，都能看出设计师日益宽广的眼界和不俗的方案把握能力。

初评会

2012年11月10日、11日，经过两天近15个小时的激烈争辩，第三届中国建筑传媒奖最佳建筑奖、居住建筑特别奖、青年建筑师奖、杰出成就奖和建筑评论奖五个奖项的17个入围作品（人）全部产生。此次参与第三届中国建筑传媒奖初评会的评委12人全部出席。11月10日评出了居住建筑特别奖、杰出成就奖和建筑评论奖的入围名单，11月11日评出了青年建筑师奖和最佳建筑奖的入围名单。

按照大奖章程，初评会依然按照提名人阐述、讨论、投票的顺序进行。每一个提名作品皆由提名人先阐述（申报作品由提名及初评委员会主席代为阐述），然后是询问和答疑。待该奖项所有提名作品阐述完毕后，再集中讨论，然后经过多轮投票，得出最后入围名单。投票严格遵循程序进行，并秉持“票数过半”的原则，所有入围作品（人）得票率必须过半。除了杰出成就奖初评委员意见相对统一之外，其他奖项都进行了多轮投票，最佳建筑奖甚至经过四轮投票，耗时70余分钟才得出最终结果。

在五个奖项的评选中，每个奖项入围名单诞生之前，评委的讨论都很有看点。如对居住建筑特别奖中入围作品——“四季：一所房子”的讨论中，王俊雄认为：“玻璃窗这种现代的元素藏于外墙的砖头窗花之内，令建筑与周边的环境相融合。用屋顶收集雨水、人畜分区等理念都很好。”而赵辰却认为：“这样的建筑，动用了传统的当地材料夯土，是值得肯定的，但搭建的技术是否成熟？并且，占地面积太大，不利于农村节约土地资源。”黄居正也认为：“从建筑材料和搭建理念来看，这种乡土建筑已很有突破，但是否能被农村建设广泛拷贝，还存在很大的疑问。”受如此多维度解读的项目还有很多，不少项目的讨论时间都在10分钟以上。

人物奖项（包括杰出成就奖、建筑评论奖、青年建筑师奖）的评审更为有趣。在讨论过程中，评委口中时出“爆点”。除了杰出成就奖入围人选相对统一之外，另外两个奖项的评选的辩论都十分激烈。

在建筑评论奖投票之前，史建直截了当地表达了自己的观点：“中国建筑评论家现在更多的在做和策展相关的活动。”他同时指出，因为作为评论人，应有最起码的责任感。对此，王路也表示支持：“评论人首先要有独立性，但也不能碰见人‘就咬’，这样的心态也不对。”在这一系列讨论后，刘东洋、金秋野、阮庆岳得以入围。

而对于青年建筑师入围名单讨论中，大家对黄印武、祝晓峰、董功、李虎和华黎等人占用较多时间。因为该奖不会单凭某一个建筑作品，而是综合来评，因此，对于每一个建筑师的作品大家都会进行讨论。如提及董功，王俊雄认为他的作品——“昆山有机农场系列——采摘亭”给他很大的震撼，但同时也对“该建筑透明外墙的意义在哪”提出质疑。

在青年建筑师奖这一奖项，虽然黄印武、李虎未能入围，评委亦对他们有较高评价。如对黄印武，评委们表示，黄印武扎根云南沙溪坝，为当地老建筑进行修复工程，他做建筑的态度和设计能力值得赞赏。同时评委还称在现在这种浮夸的年代，他七八年都在那干着这样的事情，肩负着强烈的社会责任感和人文关怀意识，精神可贵，值得提倡。

网络投票及实地考察

11月13日12:00—12月7日12:00是网络投票时间。在几近苛刻的投票限制下，第三届中国建筑传媒奖的公众票选环节创纪录地收到约50000次票，成为近年来参与度最高的建筑类奖项。

最受关注的最佳建筑奖投票率最高。排名居首的是位于安徽的休宁双龙小学，云南高黎贡手工造纸博物馆得票紧随其后。深圳南山婚姻登记中心和秦皇岛歌华营地体验中心分列第三、四位。

居住建筑特别奖网络票选中，宁波鄞州人才公寓高票领先，河北西柏坡华润希望小镇和陕西的“四季：一所房子”次之。

青年建筑师公众票选中，直向建筑合伙人董功拔得头筹，排名第二的华黎与之票数非常接近。在建筑评论奖票选中，豆瓣网上声誉极高的“城市笔记人”刘东洋领先。在极具分量的杰出成就奖的票选中，清华大学建筑学院陈志华教授、在业界有广泛影响的张良皋教授，以及奠定台湾现代建筑基础的著名建筑师王大闳分列前三位。

在接受公众投票的同时，大奖的考察也在进行中。河北、陕西、云南、浙江、台湾……今年的建筑传媒奖入围项目遍布两岸三地，在两周时间内，入围最佳建筑奖和居住建筑特别奖的

8个建筑作品已全部接受了实地考察。8位终审评委均亲身参与考察过程，每个项目都有两位以上评委到场。参与考察的评委都出具了书面报告。

考察无疑给大奖增加了很多工作量。要在这么短的时间内安排和协调全国各地的评委分赴各地，难度可想而知。但评委们对此表示了极大的支持，各自从繁忙的工作中专程抽出时间前往项目现场；黄居正、栗宪庭、王骏阳、夏铸九等评委都考察了3个项目。

此外，此次考察，大奖组委会还组织了全程拍摄记录。从建筑空间到材质细部，从使用者生活和活动的场景到建筑师访谈和评委讨论过程，拍摄脚本丰富细致，力求真实还原入围项目全景，同时记录考察过程中有意义的讨论。在大奖结束后，这将为更多关心建筑、关心中国建筑传媒奖的人们提供一系列有长久价值的资料。

终评会

12月9日终评会闭门会议中，终评评委就各奖项的评定开展长达6小时的激烈讨论。“这个奖叫做公民建筑奖，不仅是在建筑设计的层面上。使用者如何使用，这也是一个重要的层面。”终评评委黄居正认为，入围最佳建筑奖的5个作品在技术、结构上各有特点，但是在特点之上，如何展开使用空间，建筑的可能性有多少，是最佳建筑奖重要的评价标准。“可能性的面越广越好，越多人参与，这是我们评价最重要的。”终评会主席严迅奇表示。各奖项中，最佳建筑奖的评定尤为激烈，持续3个半小时，9名终评评委的意见一度在“台湾罗东文化工场”与“歌华营地体验中心”两个作品中僵持不下，最终，两个作品均以7票同时摘获最佳建筑奖。

正如严迅奇所言，获奖作品罗东文化工场是一个开放式建筑，“将来有无限的可能性”。这种可能性，一方面是由于该作品所历经的漫长14年，历经3任县长7任文化局长，诸多变量。另一方面则是其建筑本身“创造了公共空间，对小城市创造了更多的可能”（崔愷语），并且“是一个生长的建筑”（孟建民语）。该作品设计师黄声远将该建筑比作“丝瓜棚”，这个“丝瓜棚”是自由的，没有谁说了算，有着模糊的边界，频繁地把活动能量辐射到四周的大街小巷、学校、市场，根据民众需求的情况让不同的事情发生，让当地的多元文化“从土地里逐渐生成骨架”。而在另一获奖作品“歌华营地体验中心”上，这种建筑的可能性则体现在中国应试教育语境下，营地中心通过精致的空间设计对另一种教育方式的探索。

在居住建筑特别奖获奖作品“宁波鄞州区人才公寓”身上，这种建筑可能性落在了“空间公正”概念的实践上。在面积小、容积率高的前提下让每户都有通风、朝南的房间，每一户都有楼上楼下，并且将社区空间翻折，对外部社会开放，这种社会公正在空间环境领域内的投射获得评委青睐，最终以7票当选。

在青年建筑师奖评选中，华黎以8票获奖。

在前两届中国建筑传媒奖中，评委们就入围、获奖名单是否应囊括与居民日常起居相关的商业住宅项目展开多次讨论，最终“公民建筑不是公益建筑，更不是慈善建筑，它也一定不是代表偏远地区的小建筑。它与商业建筑一定不是对立、违背的，商业开发的居住建筑是当下中国最多的东西，我们十分希望商业建筑能够参与到奖项评选中来”的想法也成为评委们的共识。

第三届中国建筑传媒奖终于将前两届的缺失补上，居住建筑特别奖由宁波市鄞州区人才公寓获得。该项目由宁波鄞州政府开发，并由宁波鄞州区城投公司所购买，并纳入社会保障性住房范畴。

在场评委对宁波鄞州区人才公寓的建筑设计给予较高评价，认为其在面积小、容积率高的前提下，保证每户都通过有楼上楼下得以实现每户均有通风、朝南的房间，该设计有难得的“灵光”。

尽管不能说是纯粹的商业性住宅，但不同于普通的住宅房产，“人才公寓”具有较为典型的城市住宅公建化特征。在城市功能上，尝试实现城市生活最大化，实现住宅小区对城市的反哺。“总平面是尽量形成围合空间，整个小区是围合的，中间形成内院和公共空间。然而，不像一般的居住区是封闭的，整个内院对城市开放，因为中间有公共设施，希望将来能够吸引周边的人过来活动。”终评评委王俊阳如此评析，他认为住宅内院的景观和城市关系处理得很好，潜力很大。

颁奖典礼

12月9日晚，第三届中国建筑传媒奖颁奖典礼在深圳华侨城创意园举行。晚上8时，主持人梁文道宣布第三届中国建筑传媒奖颁奖典礼正式开始。屏幕上，一条入围建筑作品的展示短片，将在座观众的情绪引入两岸作品的实地考察中。此次与会人数为历届最高，800多张门票发送当日不到5小时全数预订完毕，典礼现场1200个座位座无虚席。走廊、舞台前也挤满前来观礼的市民。据了解，当晚参与颁奖典礼的人数达1600余人。

评审委员与获奖者

获奖者合影，从左至右：青年建筑师奖获得者华黎、最佳建筑奖获得者黄声远、最佳建筑奖获得者黄文菁、居住建筑特别奖获得者平刚、建筑评论奖获得者阮庆岳

杰出成就奖获得者陈志华通过视频发表“获奖感言”

附1：大奖历程

2012年9月14日，大奖启动。

2012年10月20日，提名工作结束。

2012年10月30日，自由申报截止。

2012年11月8日，提名特刊推出。

2012年11月10—11日，初评会举行，入围作品产生。

2012年11月13日，网络投票开始。

2012年11月19—20日，全国各地海报张贴。

2012年11月23日，颁奖典礼场刊推出。

2012年11月24日，王骏阳、夏铸九考察宁波鄞州区人才公寓。

2012年11月25日，王骏阳、夏铸九考察休宁双龙小学。

2012年11月25日，栗宪庭、黄居正考察华润西柏坡希望小镇。

2012年11月27日，严迅奇、孟建民考察南山婚姻登记中心。

2012年11月29日，夏铸九、吴光庭考察罗东文化工场。

2012年12月1日，大奖官方APP上线。

2012年12月2日，栗宪庭、王骏阳考察高黎贡手工造纸博物馆。

2012年12月2日，孟建民、黄居正考察“四季：一所房子”。

2012年12月4日，崔恺、黄居正考察歌华营地体验中心。

2012年12月9日，终评会举行。

2012年12月9日，颁奖典礼举行，结果揭晓。

附2：考察报告

项目名称：高丽贡手造纸博物馆
考察时间：2012年12月2日
考察评委：王骏阳、栗宪庭

高丽贡手造纸博物馆是一个位于云南腾冲远郊高丽贡山脚下的小型建筑，面积应不超过500平方米。项目始于一个振兴当地手造纸工艺的理想化构想，基本是自筹资金，由策划人、建筑师、当地工匠和村政府共同合作实施。项目包括书店、茶室、展室、会议室和工作室、客房（共4间）等。目前建筑和初步布展已经完成。造纸作坊和技术研究改进等工作仍在附近村子内进行。需要进一步扩大影响，吸引艺术家和其他相关产业的参与，为提升当地传统手造纸工艺和扩大其使用范围创造条件。

建筑设计富有特点。在项目的总体布局方面，建筑师将建筑化整为零，形成群落式组合，一方面在不同展室之间形成与室外环境的交融，另一方面也增加了建筑与村落环境的适宜性。考虑到当地较为温和的气候环境以及展室的墙面完整性，建筑师在地基和上部墙体之间留出缝隙。此外，在充分了解当地建造材料和工艺的基础上，建筑师选择了木构技术，并结合建筑体型，形成有别于传统木构形式的特定的木构框架。建筑师强调与当地工匠的合作，避免外来空降系统，并充分发挥模型在设计和与当地工匠沟通中的直观作用，结合驻场建筑师的工作，在远距离和缺乏现代通讯条件的情况下，较好地解决了与当地工匠的沟通和合作问题。项目注重学习当地工匠的经验，在使用当地材料方面也比较成功，尤其是在展室墙面上直接使用了手造纸，颇具匠心。

作为最佳青年建筑师奖入围人选，该项目主持建筑师华黎在自己的建筑实践中对非商业性项目和公益性项目倾注极大热情，积极探索建造诗学的新形式和新涵义，充分体现了一位青年建筑师不同凡响的专业素养和追求，令人钦佩。

项目名称：歌华营地体验中心
考察时间：2012年12月4日
考察评委：崔恺、黄居正

该项目为了最大限度地利用基地，建筑平面局部呈圆润的不规则形，与基地形成了一种适切的对应关系。由于周遭建筑环境较差，因此建筑师设计了一个长方形的内向庭院，为学生提供一个与外界隔绝的室外活动场所。与此庭院近邻，设置了一个 120 座的小剧场，当剧场的外层折叠移动门徐徐开启，内层白色的折叠移动门即可变为投影银幕，庭院则戏剧性地蜕化成一座露天影院；当内外两层折叠移动门全部打开，庭院的自然气息扑面而来，与室内剧院融为一体。在气候适宜的季节，因高差形成的缓坡瞬间可扩展为理想的室外观众席。

建筑内部除了剧院、3D 观影厅、三个 VIP 客房较为固定和封闭外，其他空间仅以部分混凝土结构片墙和台阶形成的高差来划分和限定，达到最大限度的灵活开放和自由流通。此空间可以看作是表达了对现代主义建筑大师经典作品的敬意。在夏季，大部分玻璃门都可以打开，与室外连通，带来不远处海的气息。建筑屋顶为绿化和活动场地，最大限度地为青少年提供一个亲近自然、开敞丰富的空间体验场所。这样的空间营造，尤其适合于学生营地项目游戏性、开放性、创造性、灵活性和自发性特点的展开。

在 2700 平方米不大的建筑面积内，建筑师有效地组织、容纳了各种复杂的功能，不仅给使用者提供了丰富的空间体验，而且在如此充满生气的空间内更可以激发出使用者的各种创造性行为（在我们参观过程中，恰好有几组学生在营地老师的带领下，于轻松的氛围中展开既富趣味性又具协作性的智力游戏活动）。

特别需要指出的是，建筑师选择了适宜的材料、结构体系和建造技术，让建筑表现得轻松、平和、自由、灵动，既没有用一堆似是而非的理念堆砌出的矫情，也没有常见的过度设计的拧巴，一切都恰如其分，一切都得其所哉。

虽然从设计到竣工，只花了短短六个月的时间，但最后呈现出来的设计精度和完成度，出乎意料，令人惊讶。这说明了建筑师积累了相当的工程经验，有较强的把控项目和预测、适应工期以及施工条件的能力。

青少年营地体验中心，作为当前学校应试教育的补充，是培养学生协作能力、创造能力和独立思考能力的特殊场所，从某种意义上而言，也是育成新型公民的孵化器，而容纳此等功能的新建筑类型，需要一种相应的空间形态，秦皇岛青少年营地体验中心作出了有益且十分成功的尝试。

倘要说该项目有那么一点点不尽如人意之处的话，与建筑相比，周围的景观设计却略显粗糙，可能还是由于施工时间促迫的原因吧。

项目名称：罗东文化工场
考察时间：2012年11月29日
考察评委：夏铸九、吴光庭

在台湾的建筑版图上，宜兰的建筑发展有其清楚而明确的地位。主要的原因在于宜兰县自1982年起，透过地方民选首长，在施政上成功以“环境治理”的策略，将政府预算应执行的“公共工程 / 建筑”视为形成社会共识的重要介面。二十余年来，宜兰的公共工程以相对较少的预算资源，将每一件工程建筑个案的边际效应发挥到极致，也将公共工程 / 建筑对社会的公共性意义在本地社群中清楚指认。

中小学校园环境改造（四十余所）、冬山河环境景观改善及亲水公园规划设计、宜兰罗东运动公园，宜兰县政中心规划设计等案例，引导公共工程 / 建筑以严谨的执行步骤，从规划、设计、发包施工至完成及使用管理，均依标准程序执行。不但提升工程 / 建筑之品质，亦重塑政府公共工程不偷工减料、不索取回扣的清廉执政形象，其规划设计构想及执行成效均开台湾首例或风气之先，形成台湾社会中所谓的“宜兰经验”，也鼓舞了民众对台湾在地环境的信心。尤其当全台各地已将“建筑”视为都市及社会发展的最佳温床之际，宜兰以“环境治理”为前提的建筑公共性作为，相对显得更符合对“公民社会”的期待。

罗东文化工场规划最初旨在平衡宜兰县以兰阳溪为界的溪南与溪北之政治、社会及地域发展之平衡，故原以“宜兰县第二文化中心”为名，以示区别宜兰文化中心（1978年）。然而，1978年代对“文化”的内涵、空间需求及想象与二十年后迄今的当下是否有差异？“文化中心”需要建筑实体吗？“文化”有“中心”吗？这一连串的疑问使得所谓“文化中心”的新建得重新思考并面对20+14（两个文化中心兴建相隔二十年及罗东文化中心从规划至完成使用共十四年）年来台湾社会变迁的定位。宜兰作为全台各县市人民生活幸福指数评比的绩优县，在“环境治理”的政策前提下，已经逐渐形成以环境为载体所衍生而成“生活”的日常文化，与大城市中产精英阶层必需借由（或在乎）品牌及形式的生活风格有极大的差异。一种以在地生活而衍生的活动正形成无法忽视的需求，这里需要的是活动“场所”且可以应付众多表演形态的弹性空间使用需求，而非设备齐全、座椅舒适的空间，18米的棚架高度也说明了罗东城镇人为建筑高度的极限，即便公共工程如本案也无意以公共之名形成标的建筑，建筑师对本建筑的公共性也在高度的掌握上有所自我节制。

从与宜兰县府文化局宋副局长（业主）访谈过程中我们了解到，在十四年的人事更迭及预算变化中，县府、建筑师和居民意外地有了相当充裕的时间，面对无论是政治或地方舆情或工程设计改变的种种调整，使得本案在各种有形及无形的公共性力量的交织下，形成目前的状态。而目前的使用仍处于一种与使用者、管理维护单位持续互动磨合的动态状态中，对于如何形成或推广“文化”亦仍在持续进行中，而建筑的“公共性”也意外且难得地被充分展现。

项目名称：南山婚姻登记中心
考察日期：2012年11月27日
考察评委：孟建民、严迅奇

南山婚姻登记中心，有以下几点值得嘉许。

对城市做出贡献：

登记中心是一座尺度很小的建筑，但通过巧妙地设置在两条马路的交界，以及与路旁一行老树的结合，很有效，但又很不经意地塑造出一个宁静可用的公共领域，改善了整区的城市质素。

对公民生活提升：

通过一系列完善的功能配备以及令人惊喜的空间氛围，登记中心不但为新婚男女提供了超越纯程序的人生体验，也为广大市民制造了一个可存记忆的场所。

对公共建筑质素的启发：

登记中心建筑设计简洁明快，造型与绿地空间有效地互相呼应结合，室内虽然以私密性的小空间为主，但通过流动活泼的公共空间串联，整个活动体验清晰明朗，令人精神畅快。无论哪个方面，都摆脱了官方建筑的呆滞刻板。

但登记中心也有一定缺点，建筑外形由一层没有太大变化的铝格栅整个包起，在白天光线下的“object quality”稍嫌太强，与环境融合不足。在技术层面上，格栅妨碍玻璃清洁的问题并未有正视，长远会较严重影响建筑观感。

另外，建筑未有提供残疾人士交通设备，亦令一座以服务公民为主的设施打了折扣。

项目名称：休宁双龙小学
考察时间：2012年11月25日
考察评委：王骏阳、夏铸九

休宁双龙小学是一个颇有创意的项目，历时数年。据建筑师介绍，项目的想法始于汶川地震之后的公益项目热潮，不过建筑师试图把同样的热情扩展至汶川以外。经过几次考察，最后选定休宁双龙小学。它有亟待修缮的校舍和有趣的场地关系。项目资金由维思平建筑设计有限公司和当地教育部门共同承担，故冠名休宁县维思平双龙小学。

考察时间为周末，学校没有学生。设计团队的建筑师和校长在场。

项目的总体布局凸显了建筑师处理场地关系的能力和技巧，以及在一个传统乡村聚落中插入新型建筑的专业追求。建筑师成功地保留和修缮了一部分原有校舍，使其成为办公室、计算机房、图书馆等公共用房，而将新建筑集中在教室部分。教室采用预制轻钢结构，以彩钢保温板做维护结构。教室具有良好的采光和通风。因为没有学生上课，教室之间的隔音效果无从体验。根据现场体验，教室的保温效果尚好。教室的北侧墙面和屋面采用阳光板与彩钢板维护结构之间形成空气层，有助于空气流通和隔热。实际效果如何有待夏季验证。教室内部桌椅实用别致，也是建筑师设计团队与当地生产商合作的结果。

整个建筑简洁实用，体现了一种在简易中寻求建筑品质的匠心。

建筑临河的一端有一个半开放的敞廊，墙上有可开启门扇，打开后可通向沿河的一条小路。从建筑总平面上看，这小条路也是整个设计的组成部分。建筑的另一端是有折纸效果的敞廊，敞廊里有一个乒乓球桌，仅此而已。看上去，似乎应该在此为学生提供更多的活动可能。折纸效果的屋面一端几乎接近地面，是建筑师可以追求的设计效果的一部分。曾经发生学生爬到屋顶的情况，但据校长讲，在老师教育之后，这样的情况没有再发生。

由于经费问题，场里设计基本没有实施。

预制轻钢结构从材料到施工都不是本土能够完成的。预制构件和现场组合施工的方法避免了大型施工设备的问题。施工人员没有当地工匠参加。今后维修是一个问题。

Vito Bertin 设计的亭子位于整个场地的一角。似乎处于一种可有可无的状态。

总体而言，整个项目完成度较好。建筑有相当的追求，又比较符合使用要求。

维思平这样的商业性事务所能够在这样的公益性项目中倾注如此热情和设计追求，难能可贵。

项目名称：宁波市鄞州区人才公寓
考察时间：2012年11月24日
考察评委：王骏阳、夏铸九

宁波人才公寓项目由宁波鄞州区城投公司开发，上海DC国际建筑设计事务所设计，是宁波市吸引人才计划的一部分。项目共有约1000套小型住宅，包括一室一厅、二室一厅等多种户型，配有活动中心、沿街商业用房、公共活动楼层、地下车库等设施。容积率为3。所建住房由政府通过摇号方式出售给企业，供相关企业在吸收人才时使用，并规定企业在五年内不得转让产权。

根据场地朝向条件以及宁波当地对住宅南北通风和均好性的要求，设计者从马赛公寓的空间结构获得启发，将所有住宅设计为中廊跃层式，以保证所有住户无论南入户还是北入户都能获得南向房间和南北穿堂风。另外，由于巧妙利用了疏散楼梯与中廊的高差关系，形成不同楼段部分的错层关系，丰富了建筑的组织结构和立面效果。

总平面规划尽量形成围合，中间的内院和公共活动中心对城市开放。

项目完成度比较好。由于在建设过程中被作为保障房项目上报，以及为增加保障房的上报数量，原设计中的公共活动楼层被改为平层一室住房，立面也受到一定影响。

从现状看，项目入住率比较低。除了已售住房之外，城投公司自己保留了约400套住房，这部分住房也处于空置状态。公共活动中心完全没有使用。沿街商铺也处于空置状态。总体感觉人气不足。

考察组只参观了一户已经入住的家庭，其成员为夫妻双方和两个小孩。对于这样的家庭结构，该户型显得不是很实用。没有单独的厨房，客厅和餐厅过小，飘窗无法作为阳台使用，衣服被晾晒在旁边的公共电梯间。

应该说，该项目的户型设计还是比较有创意的，但比较适合单身或没有孩子的小夫妻家庭。这部分人群常常是创意产业园区从业人员的主力，能够为这部分人群提供紧凑有趣的户型，对于吸引年轻和富有活力的人才不无意义。只是应该有一部分更为适合有小孩家庭的户型和居住条件。

公共活动中心和沿街商铺的闲置也是一个问题。在目前情况下，应加大招商优惠力度，尽早形成比较有特点的适合创意产业人员生活方式和情趣的环境。

作为本届居住建筑奖的入围项目，宁波人才公寓的设计方和建设方还是倾注了极大的热情和投入，虽然目前还存在人气和较大户型不足等问题，但其努力还是具有相当的社会意义，值得肯定。

项目名称：四季：一所房子
考察时间：2012年12月2日
考察评委：孟建民、黄居正

建筑孤零零地坐落在入村的道路旁，从远处看去，红色的砖墙被空旷田地里的一片麦青色所环绕，背景则是颇为杂乱的石家村农家住宅群落。

在该建筑中，四个内院是控制平面布局和构成空间变幻的关键要素，所有功能性房间均围绕着这四个庭院布置。厨房正对入口，左近与两个卧室相连，以保证灶火产生的热量能传递到卧室的炕下，抵抗冬季的严寒。客厅布置在盥洗庭院与种植庭院的中间，有着极为良好的采光。厕所与猪圈安排在种植庭院背后，所产生的不洁气味通过后院排出，洁污分离，不致侵入到前部的生活空间中。在建筑的两侧走道边还划分出了储物空间，满足农家喜储存粮食果蔬的习惯。

种植庭院内覆土的梯台上种植了蔬菜，据说可满足一家人的食用。攀爬上墙边的楼梯可达水泥砌就的屋顶。在收割季节，屋顶可用作晾晒麦子和玉米等农作物，同时两个带坡度的V字形屋顶在雨季可通过落水管将雨水收集到一层盥洗庭院的地下。经沉淀处理后，水质可以达到饮用和清洗食物标准，以便干热的夏季使用。重要的是，在这儿，屋顶不仅仅具有某种功能性的作用，而是实实在在地为该建筑增加了一个空间层次和维度。

后院设有沼气系统，猪圈中清扫出的粪便直接进入沼气池，经发酵后产生的沼气可满足炊事之用。

基地面积为10米×30米，完全挪用了当地所限定的农宅地块面积指标。建筑采用钢筋混凝土结构，内墙为黏土红砖，外墙为当地几十年前传统的土坯墙和夯土墙，并在最外面砌筑了一层镂空砖墙。一些功能性房间，门窗开口极大，较之北方传统农宅室内空间的封闭、幽暗，该建筑有着极好的通透性。当然这具有两面性，夏季可以带来舒适的通风，但冬季的保温则相对较差。

在考察过程中，我们踏访了几里地开外的两家农宅。三十年的经济发展，推动了农村物质需求、家庭结构、社会组织的急剧转变，农村的住宅空间也由此逐步发生了演变。四季项目正是建筑师在深入体察了这种变化的基础上，面对农村乡土文化失落后的复杂性，既不露声色地融合了当地的生活习惯，对演变中的住宅空间进行较富表现力的变形，但仍维持可读的特性，又赋予其一种新的现代特征。同时，生态、环保、微循环等富有将来性的理念也深深地嵌入到住户日常的生活方式之中。因此，可以说，建筑师在这里不只设计了一个农宅，更是设计了一种未来农村住宅的原型。

缺点：

1. 在建造过程中没有仔细考虑太阳能热水管和收集雨水水管的预埋，致使凌乱地暴露在视线之中。
2. 厨房没有考虑设置高处的排烟排气孔。
3. 大面积的玻璃门窗，有极好的通透性，夏季自然凉爽，但却带来了冬季保温性较差的缺点。

项目名称：西柏坡华润希望小镇（一期）
考察时间：2012年11月25日
考察评委：栗宪庭、黄居正

希望小镇是华润集团为了帮助贫困地区农民发展内生型经济而实施的公益帮扶项目，由华润集团主要投资建设（华润80%，当地政府10%，每户农民10%）。该项目把西柏坡周围三个散落的村庄加以集中，意在减少原村庄宅基地所占的土地（原每户占地一亩），腾出后的土地转变为家禽养殖和果林种植。数年后，土地上所产出的鸡鸭禽肉蛋以及水果进入华润超市售卖，以此增加当地农民收入，改善生活条件，提高生活水平。

小镇共分三期，目前已完成第一期150户的建设，可以容纳原来最大一个村落的整体搬迁。在规划中保存了基址中原有的泄洪沟，通过适度整修，改造为贯穿小镇的一条景观带，并与居于镇中心的村民广场及公共设施一起，构成村民的社会交往及公共活动空间。在小镇的整体形态上，建筑师试图运用传统乡土聚落的设计手法，以多样化、自然生长和增殖式的方式处理建筑组群、住宅院落、街巷广场，以及建筑的各个界面，形成较为丰富的行进路径、视觉景观、空间体验和恰当的建筑密度。同时，建筑师也为村民搬入后根据需求而留出了适当改造的余地。

在小镇的规划中，尽可能地保留了基地中原有的树木（据建筑师李兴钢介绍，本来保留有很多树木，但陆续已被村民挖了卖掉，只剩下不多的几棵），也保存了一户较老的农宅院落和一座古桥，为村民留存一丝场所的历史记忆。

户型参考了当地传统民居的院落式平面布局，各户基地面积统一为180平方米（三分地），但设计了160平方米、180平方米和230平方米三种户型，根据家庭人口、结构、经济条件，村民可选择适合自己的户型。在三种户型中，每户村民均可享有40平方米左右的庭院，以满足村民希望延续户外作业的习惯。户型底层布置了车库、厨房、餐厅和起居室，二楼则全部为卧室。

当我们进入小镇，看到搬入的住户都已陆续开始对建筑进行改造甚至加建，原设计较为透、露的围合型墙体均被改成了封闭式的。据陪同的村支书说，这是基于安全的考虑；建筑北立面的二层外阳台，大多数村民都加装了玻璃窗，改造成了内阳台，使得两个卧室的北墙不直接对外，有利于冬天墙体的保温。

目前，小镇已迁入五十余户人家。我们在村支书的引导下，走访了其中的两户。其中一户，家庭为三代同堂，有七口人，经济条件相对较好，选择了230平方米的户型。在对住户的采访中，女主人对户型设计尚为满意，认为房间面积适中，房间较多，可以容纳较多的人口，卫生和生活设施较为完备，较之原来的农村住房舒适方便。该住户在搬入后，在二层外楼梯口加装了一道门，使得空间利用更为有效。

另一户家庭有四口人，经济条件较差，对户型较为不满：如厨房采光不足，暗厕、起居室不够宽敞。同时，因为太阳能不足以支撑地采暖，冬天采暖用电所费不赀（每天需约花40元）。该户在内院加盖了两间狭窄的砖房，一间作储藏，一间作厨房，户主依旧习惯于生柴火做饭，且柴火不用花钱，小镇周围山上俯拾皆是。

缺点：

1. 在小镇北部，若建筑依原有的坡地而建，既可以减少建造时的土方量，又能造成高低错落的丰富形态。可惜的是，因村民们的反对，建筑师的设想没能完全实现。

2. 建筑外墙颜色和屋顶，建筑师调查、参考了当地民居，原初设计为土红色与略有弧度的平屋顶，但由于政府认为不够洋气和现代，最后，部分建筑外墙刷成了米白色，屋顶则全部改成内檐双坡顶。遗憾的是，由于屋顶部分施工的粗疏，建成后，大面积地出现雨天屋漏现象。

3. 虽然使用者是当地搬迁的农户，但在设计中较多地植入了城市因素。譬如，建筑空间组合方式颇类似于城市的单元楼，与院子的空间关系不够紧密，平面与空间布局较为生硬。

4. 单元户型在院落内设计了一个通向二层的外楼梯，致使一层的厨房、餐厅采光被挡，室内即使是白天也较暗。

结语：

据报道，每天有 80—100 个自然村落在消失。虽然村落消失了，村民的居住需求并没有也不可能完全转移到城市中去，那么如何解决、满足他们的住房需求？对政府而言，这将演变成一个深刻的社会问题，面临巨大和长期的挑战。作为一名建筑师，却正可以在这里扮演一个积极的角色，承担起社会的责任，参与到一个史无前例的庞杂但极有意义的社会实践中。

在该项目中建筑师虽然积极地介入了这一艰难的社会实践，因为有太多的上上下下的政治因素（各级政府以及村落政治）、经济因素、社会因素的干预，以及村民的习惯、生活方式、思维观念等等的制约和左右，完全超出了设计本身，致使结局还不尽如人意。但在一天的考察走访中，我与栗先生都感受到建筑师所投入的巨大热情，以一种不同于城市项目的工作方式，来探索此类特殊建筑类型——新农村聚落——的空间形态，及其成长和变化的可能性，并且努力地试图将村落的社会关系、群体意识、价值观念绵密地植入到小镇的形态及肌理结构中。毫无疑问，这类探索对于迅速城镇化过程中出现的大规模农村建设，具有很大的现实意义，值得鼓励。

2

中国建筑思想论坛

传统与我们

第三届中国建筑思想论坛（2011）

传统与我们

第三届中国建筑思想论坛

2011

第三届中国建筑思想论坛

总策划人	赵　磊	南方都市报城市杂志中心首席编辑
学术召集人	朱　涛	香港大学建筑系助教授
学术主持人	梁文道	香港文化评论家、主持人
演讲嘉宾	龙应台	台湾作家、香港大学孔梁巧玲杰出人文学者
	赖德霖	美国路易维尔大学美术系助教授
	赵　辰	南京大学建筑学院教授
	王维仁	香港大学建筑系副教授
	王　澍	中国美术学院建筑艺术学院教授
	刘家琨	家琨建筑设计事务所主持建筑师
	黄印武	建筑师、沙溪复兴工程瑞士方负责人
	刘东洋	学者、自由撰稿人

赵磊对话朱涛

走出建筑文化的无根漂浮状态 拒绝对传统的盲目皈依

"走向公民建筑"兼具社会性和文化性双重涵义

赵磊：我们合作过2009年的第二届中国建筑思想论坛，当时你定的主题为"社区营造与公民参与"，取得了成功。在今年讨论论坛选题时，一个能确保成功的办法是延续2009年的主题，继续在"社区建设"议题上深挖。但为何你坚持将论坛主题从"社会性"转向"文化性"，定为"传统与我们"？

朱涛：在我心中，"中国建筑传媒奖"及"中国建筑思想论坛"的口号——"走向公民建筑"，是20世纪初中国建筑发展过程中一个意义极为深远的项目，它兼具社会性和文化性双重涵义。《南方都市报》每两年举办的"中国建筑传媒奖"，也一直明确强调对建筑品质的双重追求："公民建筑"要有强烈的社会关怀，还要有高质量的文化表达。通俗点，我们不妨说："公民建筑"弘扬的是"善"和"美"高度合一的建筑。据我观察，这几年，"社会性"方面已经取得巨大进展。在《南方都市报》及各方努力下，建筑的社会性关怀已经成为中国建筑界和大众传媒中备受关注的话题。相形之下，我认为对建筑文化性的讨论应该及时跟上。不然人们会产生误解："公民建筑"仅倡导社会动员，如草根行动、社区参与，建筑师到偏远乡村做慈善义举等，而"中国建筑传媒奖"评选时仅在乎作品中的人道主义关怀，等等。通过这次论坛，我们要申明："公民建筑"除了倡导建筑的社会性关怀外，也同样重视对建筑文化的深入探索，包括对建筑历史、理论的感悟，以及对建筑产品形式质量的重视。

具体就"传统与我们"这个题目而言，我也想在今年这个特殊历史时刻，推广一种历史反思意识。今年是辛亥革命100周年，社会各界都在积极反思中国在过去一百多年来走过的现代化之路。对中国建筑界来说，今年又是一代宗师梁思成先生诞辰110周年。但我感到失望的是，中国建筑界，在整体上，仍和往年一样，呈现出一种未成年的心智状态，几乎丧失了理性反思历史的意识和能力。在这种背景下，我想借助第三届中国建筑思想论坛，邀请一批优秀的大陆、港台学者和建筑师，以宏观的历史视野反思中国建筑一百多年来走过的道路，并通过具体、生动的案例来探讨中国建筑传统与当代建筑文化间的关系。

“我们”指的是专业人士和普罗大众

赵磊：“传统与我们”中的“我们”，是指谁？
朱涛：《南方都市报》的“中国建筑思想论坛”是面向公众的论坛，所以“我们”至少指代两组人：建筑师和建筑用户，即专业人士和普罗大众。

赵磊：那“传统”和两组“我们”之间各有什么关系呢？
朱涛：首先，建筑师离不开传统。英美诗人、文论家T. S. 艾略特在1919年写过一篇著名诗论，叫《传统与个人才能》。艾略特在文中说：“对于任何想在二十五岁以上还要继续写诗的人来说，一种历史意识是不可缺少的。”他的意思是，诗人在青春期，尚可以靠个人激情和才华咏唱。但一个成熟的诗人，要创作出有持久生命力的作品，则必须在个人才能与诗歌传统之间，建立起一种深刻的互动关系。他还说，我们实际上根本无法孤立地衡量任何一位诗人和艺术家的价值。只有把他放在与以往诗人和艺术家之间的关系中，我们才能理解他的重要性。传承和创新相辅相成，缺少其中任何一维，另一维也不复存在。

赵磊：那回到建筑领域，是不是意味着，建筑师要想拥有创造力，创作出好作品，也不能忽视传统？
朱涛：是的，我们不妨先看一看，历史上有哪位建筑师，可以在二十五岁前，单靠个人激情和才华，创作出好建筑？建筑设计在相当程度上是老人的职业，因为它要求的综合性太高。技术、经济、社会等等因素无法忽视外，建筑师个人形式语言的锤炼本身也是一个缓慢、艰巨的过程。这就是为什么美国建筑史家希区柯克曾说，一个建筑师，在各方面都打好基础，开始做不错的设计时，往往已经是四十岁左右。因此他说“青年建筑师”的通常年龄定义应该是四十到五十岁。
我注意到，建筑传媒奖中对“青年建筑师奖”的年龄上限规定，从2008年的四十五岁下调到2010年的四十岁，理由是中国项目多，青年建筑师的实践机会多，因此年龄段普遍要比欧美建筑师低一些。但即使这样，我仍坚持认为人在二十五岁前，是绝难成为一名好建筑师的。那么我不妨套用艾略特的话说：“对于任何想在二十五岁以上，开始做好建筑设计的人来说，一种历史意识是不可缺少的。”

“传统”和“现代”根本不应是对立的

赵磊：按这样的说法，“传统”和“现代”根本不应该是对立的，而是一种演进和发展才对。
朱涛：确实如此，20世纪最伟大的建筑师勒·柯布西耶，在1923年，三十六岁时，出版了一本影响巨大的建筑理论书。中文版书名叫《走向新建筑》，是跟从英文版的*Towards a New Architecture*翻译来的。但你看勒·柯布西耶的法文原著，题目叫Vers une architecture，本意是Toward an Architecture——走向一个（或一种）建筑学，其中根本就没有“新”字。在他看来，建筑没有绝对的新旧之分。
他书中最著名的一页，把古希腊神庙和现代汽车照片并列在一起。他想说的根本不是现代技术已经“超越”和“淘汰”了古典神庙。而是说，现代人借助新技术，得以实现优良的功能、精准的制作和高品质的美学。这种文化高度，使得现代技术可与古希腊神庙相媲美。在这个层次上，现代汽车和古典神庙，实际上同属于“一个建筑学”。

赵磊：因此，从传统到现代，也不应是什么“弃旧迎新”的过程，自然也不存在现代建筑是绝对的“新”，传统建筑是彻底的“旧”这种观念。

朱涛：在现代化过程中，我们彻底抛弃旧的，创造全新的文明——这种误解和偏见持续了很久。我刚才说建筑师二十五岁前是学艺阶段，看看柯布“青春期”时是如何感知建筑的，也很有意思。他在1911年，二十四岁时，做过一次长达五个月的横跨中欧、东欧的旅行，他称为“东方之旅”。

在事后画的旅行图上，他把去过的地方分为三类：他称那些历史文化古都为“文化”，乡村民居和景观为“民间传说”，新兴的工业生产基地为“工业”。也就是说，勒·柯布西耶这个现代建筑师，在学艺阶段中，在同时吸取古典传统和民间传统，并受到现代技术进步的激励。当然，我们还知道他在后来还不断吸取其他养分，如欧洲前卫艺术和建筑运动，社会政治思潮和技术创新等等。总之，是多种传统与现代文化、文明资源的交织，促成了勒·柯布西耶这样伟大的现代主义建筑师。

过往对“传统”和“现代”的诠释都过于笼统抽象

赵磊：在中国现代建筑史上，有没有这样一种“现代”和“传统”互动的意识？

朱涛：在中国大陆20世纪现代建筑史中，大规模的关于“传统与现代”的讨论发生过三次：1930年代受五四新文化运动影响产生的“西式建筑vs.民族固有式”的讨论；1950年代新中国建国初期，建筑师们对“什么才是符合新社会主义政权的建筑风格”的讨论；1980年代改革开放伊始，中国建筑师们再次展开的关于“现代主义vs.民族形式”的讨论。

遗憾的是，因为中国长达一个世纪的频繁战乱、政权更替和政治动荡，一代又一代的中国建筑师的历史经验呈支离破碎的状态。他们后来的每一轮讨论都是在孤立的语境中从头开始，而不是在有效地吸取前辈经验的基础上，进一步超越。

今天看来，这三场争论以及争论中貌似对立的双方，都有一个共同缺陷，那就是对概念的诠释过于笼统抽象。争论者们普遍无法把议题纳入更精确的历史语境中，对两个概念各自的复杂性以及相互间的互动关系，进行深入分析。比如，对大多数拥护“现代”者而言，所谓“现代”就是指一种“国际式风格”——刷白的方盒子或玻璃幕墙。他们大大忽略了现代建筑自身从19—20世纪以来，在与各地、各种不同文化传统的相遇中，已经发展出一套丰富多样的历史经验。而同样，那些捍卫中国“传统”的人，往往忽略中国各历史阶段、地域、文化、族裔传统的多样性和异质性，而简单随从一个官方话语塑造出来的抽象、大一统、非历史性的“中华民族传统”概念。经常，在这类建筑师手里，源于北方传统官式建筑的“大屋顶”，就成了代表“中国民族形式”的标准符号。

赵磊：这种对“现代”和“传统”的双重简化的倾向，确实在中国现代建筑史上表现得很强烈。你在本次论坛的学术导向上，采用什么措施抵制这种倾向呢？

朱涛：在中国现代建筑走过了一个多世纪的今天，我们论坛再次直面“传统—现代”这一对历久弥新的话题。我尝试将各概念进一步具体化和细化，把容易流入空泛的“现代”概念置换为“我们”——一群生活在中国当下，在不同地域风土（西南、东南、台湾、香港等）、不同社会形态（大陆、台湾、香港）中的活生生的主体（作家、学者、建筑师和社会实践者）。这样，这批“我们”落实得很具体，就容易精确地界定与“传统”的关系了。

论坛的上午，将有三位学者对中国20世纪建筑发展进行历史回顾。首先，美国路易维尔大学的赖德霖将以“筑林七贤”为题，分析中国现代建筑史上七位著名建筑师（吕彦直、杨廷宝、林徽因、梁思成、童寯、刘敦桢、冯纪忠）的设计和写作，考察他们对传统和现代的不同态度。南京大学的赵辰从总体思想脉络上，回顾中国建筑的“百年认知辛路”。为什么百年来，中国探索现代建筑之路走得这么辛苦？他给出一个大胆解释：是因为长期以来中国建筑师对中国建筑的认知，陷入了观念误区。他们没有把民间丰厚的“土木/营造”传统看作中国建筑文化的本质，而是被民族主义、古典主义等各种“宏大叙事”，以及对各种风格的热衷误导了。

另外，在谈论“中国”问题时，我们大陆人很容易陷入“大陆中心论”的褊狭立场，以为唯自己才代表中国。为抵制这种趋势，我特意邀请原籍台湾、现在香港大学任教的王维仁，为我们介绍大陆之外的“中国现代建筑”——王略含反讽地称之为“边缘的现代性”。他要为我们论述20世纪下半叶的台湾和香港建筑师如何回应战后的社会经济变化，在大陆“正统”的空间传统和台湾、香港的地域传统之间，不停反省和斡旋，逐渐摸索出来的另类的现代建筑之路。王维仁尤其会介绍台湾近期发展的以“地点”、“小区”、“人文”和“地景”为主题的地域建筑论述，以及香港建筑师在“九七”前后产生文化和身份认同危机后，开始将传统或地方的空间形式策略性地引入建筑语言的探索。我个人很好奇的是，王维仁对“边缘”的观察与赵辰对“中心”的诊断，二者间能不能产生一种对话？

中国当代建筑处于无根漂浮的状态

赵磊：那中国当代建筑状况是怎样的？传统有没有与当代建筑发生积极的关系？对当下流行的一些仿古建筑，你又是怎么看的？这种仿古产品算是和传统有效的对接吗？

朱涛：在当下，中国建筑的主导倾向是干脆回避“传统与现代”的问题，进入一种无根漂浮状态：要么完全无视传统的存在，忙于各种没有文化立足点、任意性的工作，这体现在中国建筑界一波又一波的对国外流行理论话语和形式风格的盲从；要么将传统夸张装扮成令人目眩神迷的文化奇观，如张艺谋的奥运开幕式、世博中国馆等；或将传统贬值为廉价的商业文化符号，如流行全国的唐装、中国结、主题公园式的仿古建筑，甚至仿古城市等。这种种趋势都体现出对传统认识的蒙昧状态。尤其是商业化仿古，实际上是在以极粗鄙的手段扼杀传统。这里，艾略特的忠告同样对我们有意义，他说：如果人们只会盲目和怯懦地模仿传统，固守它过去的成功之处，那传统就真的会死掉。传统不是能简单地“继承”的，而是要靠我们通过深厚的历史意识、创造力，努力地进行传承和转化。

赵磊：在这次论坛上，我们会看到一些将传统创造性地转化，融入当代建筑的例子。

朱涛：论坛中王澍和刘家琨的作品，会形成一个有趣的当代中国建筑师探索“传统—现代”关系上的“对仗”格局。杭州的王澍，有“工匠—文人”的双重气质。他一再强调重视民间营造，在建筑创作中也确有相应的探索。但在另一方面，我发现他在谈论中国传统时，语气常有一种强烈的哲学化、诗化倾向。可以说，在思想表达上，他更呈现为一个意象高远的文人。我有时甚至感觉他所欣赏的中国传统山水、园林和建筑，其价值都不在于它们本身，而更在于它们深藏的“自然之道”。这“自然之道”，对王澍来说，蕴含着挑战和颠覆现代文明的巨大潜力。（图1）

赵磊：你的描述也非常诗意，能不能谈谈王澍的具体作品呢？

朱涛：我记得在1987年夏天，我还是大学二年级学生时，读到王澍在南京工学院学生刊物上发表的《破碎背后的逻辑》一文，极受震动。他那文章的大致意思是中国建筑传统已经彻底崩溃，呈碎片状，在20世纪经由几代中国建筑师的努力修复或转译，都无济于事。

十五年后，我参观他的中国美院象山校园，再次被他的建筑上的多层次的“碎片化”倾向所震撼：他竭力将大规模校舍建筑化整为零，以追求校园空间的空透感；他将建筑的剖面设计得极复杂，以营造出园林般曲折的空间关系；他在很多建筑的身体上嵌入“传统碎片”——从拆迁民居回收的几百万块旧砖和瓦片，使它们成为新建筑的外表皮材料，等等。

我在心中不停地问：经过这十几年不懈思考和探索，如今王澍这些“破碎背后的逻辑”是什么呢？我还没有完全理清楚思路，但隐约感到，他在两条方向相反的逻辑线索之间奋力抗争。一是将庞大的建筑体无限碎解化，使之融入景观的“如画风景”（picturesque）策略。在这条线索上，他得以容纳江南园林的曲折、空透和民间工匠的质朴、精巧。二是对独立建筑进行体块塑造的现代主义英雄史诗般的雕刻手法，我称为“独石塑造”。在这条线索上，我认为王澍实际上又是个地道的现代主义建筑师。我观察他的象山校园，其总体规划策略是“如画风景”的逻辑，但其中很多单个建筑呈现为“独石塑造”。而宁波博物馆则相反，建筑整体为“独石塑造”——一大块巨石。这巨石又在局部碎裂，营造出小尺度的“如画风景”。但归根结底，这些很具体的设计语言上的议题，又与王澍高远、抽象的文化哲学之间有什么关系呢？他本人很少直接阐述这些问题，我非常期待这次论坛能听到他的一些意见。

赵磊：你将王澍和刘家琨做对比，谈到过刘家琨的作品传承和转化了“社会主义”建筑传统，这怎么理解呢？

朱涛：我是指与王澍“高远的”文人气相对，刘家琨在近期一些作品中越来越有意识地处理两类更有“现实感”的建筑传统：一是1950—1970年代社会主义计划经济时代留给今天的一些“红色”空间记忆，比如那些运用“社会现实主义”语言的大型公共建筑（如人民大会堂），以及一些中性、均质，可被无限复制的厂房、仓库、宿舍等建筑物；二是在中国当下民间涌现的一些“普遍的”建筑元素和空间模式，比如各地常用的、非常廉价的建筑材料和做法，农民自发修建的“现代”农舍和聚落方式等。这两类近期传统，以非常具体的形式，存在于我们身边，对我们的空间环境有巨大影响。也许正因为它们离我们太近，相比古典传统来说，它们较难被概括为抽象的理

图1 宁波博物馆，王澍

图2 开放日，坡地人群，台北市文化局提供

念，较难被赋予浪漫、神话的色彩，因此往往被忽略。但刘家琨非常珍惜它们，试图通过它们来为自己的作品在中国的历史、文化语境中定位，来赋予他的作品某种历史关联性和当下现实性，以及语言的张力。

龙应台的演讲将是论坛一大亮点

赵磊：这届论坛一大亮点，是请到了台湾知名文人龙应台。也有人说，一个专业的论坛，请文人来做演讲，是不是在造噱头？

朱涛：人们会说法律问题，只能由法律界人士探讨吗？要是那样，我们恐怕永远都不会有《南方都市报》通过报道“孙志刚事件”，导致收容制度的废除了。建筑与社会的联系如此紧密，建筑的后果直接影响千千万万人的生活，建筑问题又怎么能只交给建筑圈里的人探讨呢？ 刚才我们说到，“传统与我们”中的“我们”还指代建筑用户和普罗大众。那么，除了从专业角度谈建筑师的创作外，在更广的社会、文化意义上谈空间传统、现代化与人的关系，意义更加重大。

要知道，我们中国人正置身于人类史上空前绝后的城市化进程中。我们大陆当前的城市化率正在接近50%——农村、城市人口各占一半的状态。我们要在2030年实现70%的城市化率，即要有十亿人口居住在城市。更近一点，我们要到2025年，将3.5亿的人口从农村转移到城市。这是什么概念，要知道美国全国人口只有3.1亿！这被卷入浩大空间转换工程中的亿万人，不是动物，不能被政治家和技术专家们看作一堆抽象的数据。在这些亿万人被连根拔起、打散、迁移和重组之前，有太多问题需要追问了。

因此，龙应台的主题演讲将会是非常有意义的。首先，她是个积极入世的知识分子，她的成就不仅表现在文人思想和写作上，也表现在政治作为上。她在任台北文化局长的几年中，为保护台北传统街区和城市肌理做出了巨大贡献。

赵磊：从龙应台传来的演讲内容可以看到，她的演讲确实会启发听众：“传统与我们”不是一个抽象的“学术”问题，而与我们的日常生活和社会文化实践息息相关。还有，2009年论坛主题“社区营造与公民参与”弘扬建筑的社会性，今年的主题“传统与我们”强调建筑的文化性，我相信龙的演讲能将这两者有力地连接起来。

朱涛：这也正是我所期待的！龙应台将以台北宝藏岩老兵村面临城市开发被拆迁的困境为例，发出一连串提问。她的问题既是社会、政治性的，也是文化性的，比如：“对于小区空间，穷人和富人是否有同等的权利去界定它？当私有财产权和社会公益两组价值相撞的时候，谁的算数？又是谁，有资格来界定社会公益？现代的都市应该长什么样子？传统，在都市现代化的形成过程中，占什么位置？所谓‘现代’，模范的标准是欧洲？是美国？界定‘现代’的权利，在谁的手里？应该在谁的手里？”

前面我说过，很多中国建筑师将“现代性”概念狭窄地理解为一种光鲜的“现代风格”，而龙应台这样的知识分子实际上在深入思考，今天的我们有没有可能在对人们的传统和当下状况深深同情的基础上，重新建设出一种更富人性的“现代性”？我深信，她的追问会同时激发专业人士和普罗大众的思考，比如这样的问题，实际上是把我们两届思想论坛主题连接在一起的核心问题：“有没有一种‘现代’，它不仅只是晶亮照人的高楼大厦，不仅只是修剪齐整的庭园花木、装腔作势穿着制服的警卫，它不仅只为一个阶级——中产阶级——服务？有没有一种‘现代’，它来自自己脚下的泥土、尊重自己即使是最卑微的记忆，而且用自己社会中最底层的人都听得懂的语言来解释它、定义它？”（图2）

赵磊：作为作家和公共知识分子的龙应台，其主题演讲集中在对人、阶级、社会政治关系和文化状况的追问上。那么下午的演讲者建筑师黄印武，大家都不太熟悉，作为学术召集人，邀请来他的目的是什么呢？

朱涛：黄印武可为我们在文化遗产保护和复兴方面，提供一个“传统与我们”的独特案例。他自2002年以来，一直驻扎在云南大理沙溪坝——一个茶马古道上的古村落，承担着它的复兴工程的设计建造任务。

这个项目试图以对当地村落文化遗产和生态景观的保护为基础，实现对当地村落经济的脱贫和文化的传承，推动经济和社会的整体发展。像王澍和刘家琨这样的建筑师，都很重视中国的传统乡村，但他们本质上修建的是新建筑和新城市，他们在设计中扮演着主体创作者的角色。因此他们与传统的关系，在很大程度上体现在如何从传统中提炼空间语言，创造性地运用到新建筑、新城市中。

而黄印武的“沙溪复兴工程”很不同。有着几百年历史，至今人们还在聚集、生息的沙溪坝，其社区本身才是真正的主体。对它的复兴，不单单是细心进行村落建筑的修复和改造，还要摸索出一个乡村基层在社会、经济等各项因素中可持续性发展的模式。在这个工程中，传统和现代都不仅仅是空间语言问题，更是一个社会综合性的保护和复兴项目。

对于“传统”和“现代”，论坛不提供一劳永逸的答案

赵磊：说起刘东洋，可能很多人并不熟悉，但是说起“城市笔记人”，大家都知道他是拥有众多粉丝的独立撰稿人和学者。他有城市规划与人类学的交叉学科博士学位，这样的一种身份来谈传统和现代，会有怎样的独特视角呢？

朱涛：如果说黄印武的云南边陲小镇，其经济发展长期受到阻碍，今天尚能有机会借助外界的经济援助和开明思考，细心地探索一种均衡的发展模式，那么在中国很多大城市中，短期经济效益至上的开发，正在无可阻挡地引发一系列文化传统、自然生态和社会关系的危机。刘东洋的演讲《大连三问》，正是直接切入这大城市开发危机中，展开思考。他要追问空间传统中一个至关重要的

因素——土地，与空间历史和百姓生计之间的关系。在他看来，中国从过去的计划经济时代到今天的市场经济时代，对土地的认识一直是工程技术性的，或经济指标性的。土地的历史、人文、生态、地形特征，以及世代居住其上的人的活生生经验很少被尊重。

他想追问的是：那些就生活在这片土地上的农民，他们和土地之间存有的关联，特别是农民对于土地的日常经验，在当下和未来的新城建设中到底该发挥怎样的作用？刘东洋在演讲中会介绍他自己参与的大连新城中心区规划案例，并向中国的执政者、规划师、建筑师和公民们呼吁：我们城市规划所要参照的历史并不只是书本上刻写下来的“大历史”，我们所要规划的土地也并不是一张可画最新最美图画的白纸。生计更不是看上去很美的现代化图像，而是百姓实实在在的日子。而这种认识，恰恰是如今城市规划教育和城市规划体系中基本缺失的东西。

赵磊：能不能这样概括，2009年的论坛主题“社区营造与公民参与”倡导社会性，呼吁公民们在积极参与的过程中，达到理性共识，共建美好的社区；而今年的“传统与我们”强调文化性，特别鼓励每个个体对建筑文化现象进行独立、批判性的思考？

朱涛：非常精辟！这也正是建设公民社会必不可少的两个维度：集体的理性共识和个人的独立思考。我这里特别想强调的是，我们谈论传统，如同我们谈论现代，以及谈论任何文化概念一样，一种理性的批判意识是不可缺少的。我们不光要意识到传统的可贵，也要同样清醒地抵制传统的诱惑。对“传统与现代”，“传统与我们”，本论坛绝不是要提供一个一劳永逸的答案，而是打开各种问题，将问题细化，为更有持续性、更深入的讨论打下基础。我设想我们在努力走向这样一种建筑学：它能持续地意识到传统的存在，但同时又能保持警醒，避免将传统抽象化、浪漫化，避免陷入对传统毫无批判性的皈依。它能不停地反思和重新构筑与传统的关系，我称这个建筑学为真正的“现代建筑学”。

朱涛

为什么谈传统？

朱涛，香港大学建筑系助教授，纽约哥伦比亚大学建筑历史与理论博士候选人，ZL 建筑设计公司创建人之一。于 1990 年在重庆建筑工程学院获得建筑学工学学士，2001 年获纽约哥伦比亚大学建筑学硕士，2007 年获哥伦比亚大学建筑历史与理论哲学硕士。除了在中国进行建筑实践外，他还通过写作广泛地探讨当代中国建筑和城市问题。

为什么每年春节前夕，上亿的农民工，甘愿忍受痛苦，挤入“春运”——这人类最大规模的周期性迁移？回答是：千百年延续下来的，在新年赶回家，吃顿团圆饭的传统在起作用。

为什么各级政府，会有这么高的热情和效率，搞拆迁，修建楼堂馆所，承办奥运、世博、亚运和大运会？回答是：近几十年来形成的，以高度集中的权力，调度所有人力和资源，不惜一切代价，实施超大项目的传统，与封建传统和全球化经济浪潮，奇特地混合在一起，在起作用。

从这些例子看，不管中国经历多少翻天覆地的变化，一些传统始终根深蒂固地存在着。它们一直在强有力地操纵着我们的个人和社会生活。

但另一些传统恐怕永远离我们远去了。或至少，它们作为理想化的概念，再也无法帮助我们有效地解释和处理现实。

比如，一个如此热衷于在哲学上谈论“天人合一”的国度，为什么会在今天制造出世界上污染最严重的生活环境？一个号称有着五千年悠久历史的民族，为什么会时常表现得如此缺乏历史意识？

为什么我们会轻易抹除有着千年历史的家园和记忆？为什么西安、大同等众多历史名城，在无情地毁掉自己的古代城市遗产很多年后，突然反悔，又再一次毁掉自己积累了几十年的近现代城市遗产和人居社区，重新用现代材料，修建仿古城市，打造出和今天老百姓生活八竿子打不着的唐朝、明朝的幻象？

为什么今天，我们聚在一起，谈论“传统与我们”？是因为，传统与我们当下的生活如此复杂地交织在一起，如果我们失去对传统的清醒认识，其实也意味着我们失去了对自己当下生活的清醒认识。

很多传统明明在持续对我们施加影响，但我们却缺少反思它们的能力。很多传统明明早已失效，但我们仍热衷于对它们高谈阔论。我们太轻易地将大量民间鲜活的传统弃之如敝履，太习惯于顺从官方和流行话语，将传统抽象化，夸张装扮成令人目眩神迷的文化奇观，或贬值为媚俗的商业符号。

这种种趋势都显示出对传统认识的蒙昧状态，它与我们对当下状况认识的蒙昧状态相辅相成，是一枚硬币的两面。问题是，一群对传统和当下认识都处于蒙昧状态的人，又如何能清醒地为自己开辟一个光明的未来？

我相信，正是一种危机感，一种希望通过互相交流，努力走出蒙昧状态的愿望，促使我们今天聚在一起，共同探讨，并尝试重新构筑“传统与我们”之间的关系。

龙应台

我的现代，谁来解释？——以台北宝藏岩为例

龙应台，生长于台湾，美国堪萨斯大学英美文学博士。1986 年初出版《野火集》，是上世纪 80 年代对台湾民主发展极具影响的一本书。1986 年至 1999 年，龙应台旅居瑞士及德国，除在海德堡大学任教之外，也在欧洲报纸，如《法兰克福汇报》撰写专栏。1999 年夏，应台北市长马英九邀请，出任首任台北市文化局长。2003 年 2 月，龙应台辞官，回归写作。当年 8 月，赴香港，第一年在香港城市大学,其后任香港大学访问教授。2005 年 7 月,与一群主张社会参与的文化人及企业家共同创设"龙应台文化基金会"。2008 年 10 月, 香港大学礼聘龙应台出任首届"孔梁巧玲杰出人文学者"，并于港大柏立基学院创立"龙应台写作室"。2009 年 8 月《大江大海一九四九》出版，在华文世界引起巨大回响。

演讲精华

今天在这里有很多建筑专家，一个写文章的人怎么"敢"来谈建筑呢?

库哈斯先生的中央电视台构图刚出现的时候，曾经在西方建筑界引起了不小的争论跟批评。跟他同样来自荷兰的知名评论家伊恩 · 布鲁玛（Ian Buruma）曾经针对库哈斯到北京这样一个具有千百年建筑传统的城市去放下一个那么惊人的、与周边环境看起来完全不协调的建筑提出批评。

他的评论基本上是这样的：如此庞大、突兀的建筑体，库哈斯自己一定非常清楚，是西方任何一个成熟的城市不可能容许建设的。之所以能在北京这么做，只有一个理由：库哈斯利用了北京政府"集权"又"集钱"的交集时刻，只有在这个特殊条件之下他才敢这么"胆大妄为"地做。

另外一个例子也非常有意思。世界各国最优秀的建筑事务所争取的北京大剧院，最后被选中的是一个像外星球掉下来的东西。当时竞争失败的意大利建筑师非常失望，他说：我花了很多的时间思考怎样的一个设计图才能够让这个建筑体跟整个北京环境、跟它的人文传统协调，可是没有想到最后中标的是一个从天空下来的飞行物。如果早知道中国人现在的情绪是想跟他的传统一刀两断的话，那太容易了，比怪的话谁都会。

这两个例子解释的是什么呢？建筑师其实是建构城市面貌的最后一个环节，在建筑师要做设计之前有很多先决条件。一是当时的社会氛围，一是当时人民的集体情绪——人民的情绪跟历史有关；譬如说，他们可能刚好正在反叛所有前面存在的东西，或是刚好处在一个热烈寻找、疯狂拥抱他失去的东西的时刻。这些氛围和情绪决定了建筑师有多大的挥洒空间，决定了他最后拿出什么样的成品来。除此之外，还有可能更关键的一环，就是政府，政府的决策者有很大的运作空间去决定建筑的风貌。运作空间有多大，还要看那个政府是民主或极权体制而有差别。譬如说，他可以决定哪些历史要被大大地张扬，哪些历史要用橡

皮擦彻底擦掉；他可以运作，让某些集体记忆变得伟大辉煌，某些集体记忆则隐藏灭音。譬如说，在一场大灾难之后要建纪念碑，纪念碑究竟是要哀恸死难的人民，还是要表扬救难的士兵，是一个重要的价值抉择，抉择的权力往往在掌权者手里，他怎么决定，那个纪念碑就长成什么样子。

有前面种种的条件之后，建筑师才用个人的才气跟想象力进行发挥，建筑师本身才气的发挥是在那些网状的限制之下进行的。今天来到这里，是因为我曾经“混”进政府里头做过三年半的“实习生”，粗浅地知道一点点政府的实际操作。

1949年，内战促使大批中国人流亡海外，大概有120万至150万流到了台湾，大概有100多万人一夜之间涌入了香港。在那么短的时间内突然像洪水一样涌入这么多人，可以想象城市的负担；只要有空地，就可以搭起个棚子，遮风避雨暂时安身。乱时，人人视它为生存之理所当然；治时，这就叫“违章建筑”。

香港有个人烟不至、没有通外道路的荒山，叫吊颈岭。1950年6月，香港政府将难民和残军败将大概6000多人全部运到这里。“吊颈”的名字令人恐慌，所以改名“调景岭”。难民开始胼手胝足挖地建棚，逐渐成村，有点像大陆的“城中村”，但是“贫民窟”的外表里头却是卧虎藏龙，小老百姓之外，有抗日将军、国大代表、县长、作家、大学者。难民村，因为历史的“含金量”高，所以就产生了好几部小说以调景岭为背景。（图1）

1996年，也就是回归前一年，香港政府全面拆除调景岭。重建后的调景岭，摇身一变，换上香港最典型的密集高楼面貌。（图2）

这个面貌的转换，中间是经过思索的，就是说，什么样的氛围、什么样的人民的情绪、什么样的政府思维以及他对未来的想象，就决定了它今天变成什么样的面貌。

1949年流落到台北的人，有些就来到了台北郊外这个叫做“宝藏岩”的山头，开始就地建棚。除了乡村进城市的城乡移民之外，很多是“老兵”。别忘了，我们惯称为“老兵”的人，在兵荒马乱的当年，可是年华正茂的少年。时代混乱，他们的人生也被错置了。胡正怀先生是宝藏岩住户的一个典型。他的身世是这样的：

1925年出生在江苏淮阴。12岁那年抗日战争爆发，失学了，之后加入军队，1949年离乡背井跟着军队辗转到了台湾，最后到了宝藏岩落脚，在这里住了一辈子。1968年退伍后，他做过铁工，拾过荒，到医院里做过清洁工，这就是他的一生。

宝藏岩这个“化外之地”，也是很多部电影的场景，包括侯孝贤的《再见南国，南国》。（图3）

1979年，台北市政府将宝藏岩指定为公园用地，所有的违章必须拆除。这样一个在主流文化之外形成自己的次文化的社会边陲，面临现代化迫近的大轮时，应该怎么做？若是依照法律和都市规划的单一规则来看，它别无选择，但是，有没有什么价值，是我们在单一的所谓现代规划之外，也需要一并思考的呢？居民不断地陈情，得不到响应，于是学界开始主动介入。台湾大学城乡所的教授们带领着学生，开始深入地关心这个议题，逐渐形成一种社会运动。

在宝藏岩是拆还是留的辩论前，发生了一件事。1997年，在台北市中心，有一个预定公园用地，亦即14、15号公园，陈水扁市长用了强势手段进行了拆除，一万多人被搬迁，其中一位老兵以上吊自杀抗议，这件事情对于社会造成非常大的震撼。

图1 调景岭

图2 调景岭现貌

1998年，台北市市长又要竞选了，候选人之一是马英九。学界中的积极分子，如台北市城乡研究所的夏铸九和刘可强教授，他们聚集了学界跟媒体界的力量，让市长候选人签署都市改革支票，承诺要“先安置后拆除”，先补偿、安置，再进行拆除。

1999年马英九上任台北市长，立即成立了专案小组，以副市长为召集人专案处理宝藏岩事情。1999年11月，我受马英九的邀请从德国回到台北进入公务体系。上任没多久，夏铸九就带着他的学生找上门来。

夏铸九是这样回忆那次会面的：

就在那段时间，马英九决定由欧洲找回龙应台任命为文化局长……我们约她在紫藤庐见面，我们的研究生还对我说，可能要准备两三个钟头来好好说服龙应台。第一个就是宝藏岩，要让久居国外的她知道有这么一回事……等我们报告完了，龙应台当下就说没问题，让我非常震惊，这不是官僚作为。原本要准备两三个钟头，打算说服的话，居然都不需要再啰唆了。简报结束，她就说好，我们就可以散场了。在台湾，面对“国家”，这种经验不多……选举的时候，我们可以逼着马英九签字，我们很清楚那是选举的特殊氛围，可是龙应台却觉得理所当然。她做这个判断，证明她对文化是有看法的。(《走过宝藏岩——口述历史》，2011)

夏铸九说的没错，我对文化是“有看法”的。在他们为宝藏岩来“说服”我的时候，我已经在美国生活了近九年，在欧洲十三年。去欧洲之前，心里对西欧的想象是一个尖端科技发达、高度现代化的地方，但到了德国跟瑞士之后，我非常震撼：奇怪，他们的“现代”怎么会离泥土如此接近？容我借用我《在紫藤庐与星巴克之间》这篇文章的片段来解释这里所谓对文化的“看法”：

在欧洲的长期定居，我只是不断地见证传统的生生不息，生老病死的种种人间的礼仪，比如说什么时辰唱什么歌，用什么颜色送什么花，对什么人用什么词句，井井有条。春夏秋冬的生活阅历，不管是冬天的化装游行以驱鬼的传统传下来的节日，初春的彩绘鸡蛋（复活节），夏至的广场用歌舞来休息，圣诞节的庄严静思与起伏，千年礼乐并不曾因为现代化而消失或怎么样。

无论是罗马、巴黎还是柏林，为了一堵旧时的城墙，为了一条破败的老街或者是教堂，都可能花非常大的成本用高科技不计得失地保留修复，为了保留传统的气质跟氛围。

传统的气质氛围并不是一种肤浅的怀旧情绪，当人的成就像氢气球一样向不可知的无限的高空飞展，传统就是绑着氢气球的那根绳子紧连着土地，它使你仍旧朴实地面对生老病死，它使你仍旧与春花秋月冬雪共同呼吸，它使你的脚仍旧踩得到泥土，你的手摸得到树干，你的眼睛仍旧可以为一首古诗流泪，你的心灵可以和两千年的作者对话。

传统不是怀旧的情绪，传统是生存的必要。

带着这样的理念，夏铸九自然不需要太困难的“说服”工程。接下来才是真正艰难的，就是理念的执行与落实。所有高尚的理想，如果得不到落实，都是空的。我在公务员任内总共三年半，三年半的时间宝藏岩的案子无日无夜不在跟我们相处，每天都在“磨”这个案子，为什么呢？

政府必须合法行事，宝藏岩的保存，牵涉到十多个市府内部的各种问题，譬如：

1. 违建聚落如何合法化？（都市计划如何变更？）

图3 宝藏岩

2. 地上建筑物如何取得使用许可？

3. 地质探勘、消防鉴定、建物结构鉴定、挡土墙的稳固、坡地排水的处理、临水区防汛的设施、落石危险的防备……

4. 居民安置。

5. 社会公平的问题——排富条款如何订定？

6. 再利用计划——成立艺术村的可能做法？

公文是要旅行的，每一步都花时间和精力。一个公文除了横向的每个相关单位要知会、走完之外，还有从下而上的一层层负责、核准，一层层认定。文化局做了足足两年半的努力，全部到位以后，终于到了最后阶段——要跟市长做简报了，市长拍板，就进入执行阶段。我记得那个市长主持的会议，所有相关一级首长全部到齐，然而原本花了两年半时间协调好的各类问题，现场却又全部变了卦：安全怎么办？消防怎么办？地质结构怎么办？简直就是一个前功尽弃的会。基本上，我这个小局长是跟督导工程的副市长“闹翻”了。我说，如果两年半的功夫都是白费的话，那么全案退回，本局不再办理。

当然，后来峰回路转，再次重新开会，市长最后拍板定案，照我们原来所推动的做，因而有了现在的宝藏岩。回想起来，当时反对的副市长，并不算错，而且他的反对也值得尊敬。他从安全和公平的立场切入，我从突破窠臼和文化弹性的角度争取，这两者本来就是最尖锐的矛盾，不经过碰撞，很可能走偏。

这么详细地说这个例子，是希望让大家知道，决策以及执行的过程有这样大的困难。宝藏岩现在完整保留下来，成为艺术村，而且原来居住在内的老人家们也得以在村内安详终老，这样的结果，是怎么来的？它有居民本身的奔走，有学界和文化界的长期介入，还有总共四任文化局长的接棒。最后，如果没有一个市长的定见，这一切都不可能。宝藏岩是一个非常小的村子，可是它是一个革命性的案例。

2010年10月2日宝藏岩变成艺术村，居民在整个山坡结构全部修缮、稳固、翻新之后再回头住进去，同时年轻的艺术家进驻其中一部分空的房子。这样算来，这一个破村保存的努力做了足足20年。（图4）

在宝藏岩开村后，我收到一封信，来自当年文化局负责宝藏岩的部属。他说：

老师：

在文化局十年多的日子里，宝藏岩是与我生活最久的伙伴。开村当天，怀着紧张的心情一早到了宝藏岩，忙到晚上近九点。在河堤看着星空，微风徐徐拂面而过时，心中闪过的是您在卸任时，写给我的临别赠言："把市民放在心中。"

这是在辛苦付出，克服多重困难后的瞬间感受，谢谢您多年前安下的思想种子。下次回来时，让我们相约再去看看宝藏岩，它又变了。（图5）

宝藏岩是一个边陲挑战主流成功的例子，也是文化思维突破法规与工程思维的例子，但是，一切问题都解决了吗？它圆满吗？一点也不。问题还非常多，比如说，政府作为一个资源分配者，现在还为这个村子编列预算，维持艺术村的运作，也照顾村里的居民，但是这么大的成本投入，是不是还符合社会的公平原则？它要投入到什么程度？此外，宝藏岩是艺术展演区，但到底是谁在看？谁在被看？到此一游的人觉得有所收获，但是住在里头的人是何感受？（图6）

传统跟现代怎么接轨？如果我们对传统有一个共同的认知，面对变局来了我们要选择往左、往右、往前面的时候，这个决定是怎么形成的？香港的调景岭是一种选择，一种决定。台北宝藏岩做的是另外一种选择，一种决定。如果说，这两种选择都叫做"现代"，那么其中最细微的分野是什么？

我想说的是，能够称为"现代"的，可能不在于建筑或城市的外在面貌，而在于做决定、做选择的那个过程。调景岭的转化和宝藏岩的转化，起点一样，结局两样，核心差别在于，后者是公民的共同决定。这一张照片，特别能说明这个过程：在宝藏岩拍的，最左边是台大刘可强教授，代表学界的社会参与；他后面是侯孝贤，代表文化的渗透；刘可强旁边是当时任公务员的龙应台，代表政府的决策和作为，而我这个官员旁边紧贴着的，是宝藏岩的当地居民——底层的、在地的、庶民的力量。（图7）

今天希望和大家共同思索的是：所谓现代，是否并不在于它最后表露出的形态，而在于社会里各个阶层、各个领域深度的碰撞、探索、抗争、辩论，最后形成一个共识。那个过程出来的东西，才有可能真正地涵盖这个社会的深层情感和最真实的集体记忆。在"公民有权解释自己"这个基础上"长"出来的建筑，对我而言，才是有真实意义的"现代"。

思想对话

传统与我们如同土壤对一株树的价值

南都：我们今天与传统的割裂、疏离已经是无可否认的事实，您能谈谈传统对于我们的价值所

图4 宝藏岩2011

图5 宝藏岩艺术村

图6 被看

图7 公民解释自己

在吗？

龙应台：这个问题，其实有点像在问：土壤对一株树的价值所在。

有什么“现代”不是来自传统的呢？即便是我们直接从异国文化摘取来的东西，也经过我们的挑选，那个挑选的基准，就是传统所决定的。从五四运动以来，一直走到后来的“文革”，其实割裂或拥抱都植根于我们跟传统的关系。只不过，在急切的割裂与拥抱过程里，我们很缺沉思。

一个民族、一个社会想要健康、长远地发展，要厘清自己究竟从哪里来、要往哪里去，是需要沉静下来好好地思索、讨论、辩论的，可是这个过程在大陆并没有真正发生。

南都：这二十年国内的经济在急速发展，从高新技术开发区到经济开发区，到现在各个城市的新区，都要建一个CBD，每个城市都建起大同小异的现代化的高楼，却看不到自己的特色，也缺乏沉静思考的过程。

龙应台：都在追求“现代化”，可是我们对“现代化”可能有一种错置的认知。以建筑为例，中国主导的就是“拿来主义”，把先进国家的成果，拿到自己的院子里展示，当做自己的成果。问题是，别人的“现代化”是从他的传统土壤里“长”出来的，是一个有机的过程。“长”出鲜艳的果子，人家是经过土壤的施肥、种子的培育、空气阳光的调节，一步步走过来的。如果以欧陆的建筑来说，会有这样的现代建筑，和“二战”后的历史发展是有因果关系的，譬如人口的暴增，需要马上提供大量的民居，它的美学适应社会的需要慢慢走出自己的现代面貌。它的现代是从它的传统里“长”出来的。

“长”是一个动词，像苗，从自己的泥土里钻出来。反观我们在一个不经过思索、不经过深层讨论，人民真实的情感不得到充分表达，政府跟民间没有双向、上下互动的情况之下，把人家长出来的东西直接摘过来放在自己的泥土上，这一种没根的嫁接，你到哪一天才会从自己传统的土壤里长出真正能表达自己的“现代”呢？

美学“土壤”特别重要

南都：没有根的嫁接，也就代表着根本无法成长，无法真正形成自己的东西。

龙应台：我觉得美学“土壤”特别重要。举个例子，前两天我跟一个二十二岁的欧洲青年一起去台北“国家”戏剧院看演出，他是第一次去，进去之后就看戏剧院的内部风格，然后说，为什么这像是19世纪维也纳剧院的模仿？我反问他，你这个批评是什么意思？他说，台北要建一个重要的文化地标性的“国家戏剧院”时，势必经过思索，你的面前有太多种选择了——从弗兰克·盖里（Frank Gehry）的现代到欧洲的古典，要找出一个最合乎台湾人自己的感觉的现代建筑，或者代表台湾文化气质的风格，为什么偏偏就要挑一个19世纪的欧陆仿制品来代表自己呢？

对他的问题，我没有答案，但是让我注意到的是，这个年轻人其实对建筑没有任何特别的研究，但是为什么他走进这个建筑的第一秒钟，就提出一个核心而且尖锐无比的问题：你的现代为什么不来自你的传统？你选择的现代和你自己的关联在哪里？你有没有一个思索的过程？

他在欧洲长大，从小就去剧院、音乐厅，从小就会在欧洲的乡村和城市看到有千年历史的建筑，也会看到欧洲的现代建筑，会在报纸上读到传统跟现代之间的对话以及辩论，所以他是在那样一个整体的、生活中随时有美学讨论的环境中长大；他从居住的乡村到城市会看到不同时代、不同风格的建筑，他生命的过程就是一个大的美学教育。在这样的环境里，一些特别聪慧、有才气的人，就有可能变成后来的建筑大师。急功近利“拿来主义”大概是无法培养自己的大师的，因为没有土壤。

南都：那您对于现在出现的“汉服热”、“中医热”、“私塾热”这样的社会现象怎么看，这是人们开始重拾传统的信号吗?

龙应台：我想这是一个过程，就如同在五四运动之前，中国人生活在牢固的传统“网络”中，所以会出现一批人急切地、热烈地拥抱西方的一切，1905年的时候废除科举，这样一个历经两千年的制度说废就废了，并没有仔细地去思考以及想好整个的配套措施。

那个时候要拥抱西方，现在经过六十年走到今天，又变成要拥抱传统。我们是否变得有智慧一点了，是不是又要一刀两断地进行另一种拥抱？这确实值得思索。譬如说，现在的“国学”热里，有多大的成分是官方统治术中的一部分呢?

南都：那我们要怎样去健康地寻回我们的传统呢?

龙应台：自发性地拥抱“国学”，像是钟摆一样，也是个过程吧，这个过程没有什么坏处。只是我会觉得在拥抱“国学”的过程中，如果有国际观进来的话，那可能会是一个比较健康的找回传统的做法。很多我们习惯说成“传统”的东西，其实是普世的价值。多了解一下同样的价值在其他文化圈里被怎么辩论、怎么对待，会让我们更宽阔地看待自己的问题。

现代是公民有权解释自己

南都：您演讲中提到的宝藏岩的案例，让我们看到一个居民的表达、学界的支援、社会的抗争外，官员的努力综合作用力下的过程和结果。这就是您所理解的现代吧。

龙应台：这是我认为的传统跟现代化的衔接，衔接在哪里呢？生活在泥土上的人民，他的情感一定是连着传统的。宝藏岩的居民是有权利说出自己的情感、自己要选择的记忆是什么，而不是说永远是政府的决策者在做决定。

政府官员是那个搭舞台的人，他在后面费尽心思去考虑，如果用竹竿搭，一根竹竿跟一根竹竿要怎么样绑在一起不会垮的问题。政府官员只是搭舞台的匠人，台上演出的主角是公民。

南都：现代是城市里面居住的人情感的选择和呈现?

龙应台：确实如此，“现代”城市的面貌必须是充分地表达了在里头生活的人的最深的情感跟他对于自己的认定：我是谁？我希望过什么样的日子？我希望别人怎么看我？政府官员最重要的是要了解这里的人民对于自己的认识，对于自己的记忆、怎么表达自己的情感，以及对于自己未来的想象，你设法透过所有的困难把它做出来，最后那个样子叫做我们的“现代”。

赖德霖

筑林七贤——现代中国建筑师与传统的对话七例

赖德霖，1992、2007年分别获清华大学建筑历史与理论专业和芝加哥大学中国美术史专业博士学位，现任美国路易维尔大学美术系助教授。主要研究重点为中国近代建筑史，兼治西方建筑史与中国古代和现当代建筑史。在研究方法上强调将建筑史与社会史、文化史、思想史、视觉文化史结合，尤其关注中国建筑的现代转型和中外交流方面的问题。

演讲精华

"传统"与"现代"的关系是一个文明古国在建筑的现代化过程中所不能回避的重要问题。我将以中国近现代建筑史上七位著名代表性建筑家的实践与写作为例，考察中国建筑师们对这一问题的探索。这七位建筑家是吕彦直（1894—1929）、杨廷宝（1901—1982）、林徽因（1904—1955）、梁思成（1901—1972）、童寯（1900—1983）、刘敦桢（1897—1968），以及冯纪忠（1915—2009）。

吕彦直在其三十五岁短暂的生命里设计的南京中山陵和广州中山纪念堂在中国已是家喻户晓。在此我将介绍的是他在这两件作品中将西方学院派建筑传统与中国建筑语汇结合的策略，具体而言，就是用西方建筑的比例原则对中国原型的"整容"和用中国语汇对于西方原型的"翻译"。

有关中山陵的论述可谓汗牛充栋，我在这里特别说明的是，它的祭堂和墓道广场前四柱牌坊的立面比例所体现的西方学院派建筑美学的一个传统，这就是比例原则。如祭堂正立面为重檐，矗立于低平的方形基座之上。在水平方向，祭堂立面为古典主义的"三段式"构图，左右对称，两边各有一个突出的墩台，中轴线的四柱廊庑之后为三扇拱形门，与巴黎大凯旋门一样，适成一几何上的正方形。祭堂的中间部分——三扇拱门和重檐顶——构成一个矩形，宽高比例为3 ：5，两边部分各占五分之一的比例。他设计的四柱牌坊高宽比例为2 ：3，与佛罗伦萨的巴齐礼拜堂这一文艺复兴时期的经典作品一样。"2 ：3"和"3 ：5"这两种比例，都在斐波纳契数列（Fibonacci sequence，即1 ：2 ：3 ：5 ：8 ：13 ：21 ：34……的序列，后一位数字与前一位的比值渐趋于黄金分割比例1.618:1）之中，它们与正方形一样，都是西方古典式建筑所偏爱的理想比例。因此，这两座建筑显示了建筑师的努力，即在中国风格的建筑设计中融入学院派建筑学理论所体现的构图原则，或者说是用西方建筑的比例对中国原型进行"整容"。

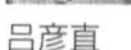
吕彦直

杨廷宝

林徽因

梁思成

童寯

刘敦桢

冯纪忠

吕彦直设计的中山纪念堂就采用了这种“希腊十字”的平面，它的中心部分为八角形的会场，四翼分别为入口和舞台。除了学校的教育之外，他对希腊十字建筑的了解还很可能受到两栋建筑的启发，一是纽约哥伦比亚大学的娄氏图书馆（A.A.Low Memorial Library），这座美国建筑史上著名的新古典风格的作品与吕彦直在纽约茂飞事务所工作期间的寓所相距只有五个街区。另一个是他的母校北京清华大学的大礼堂。前者建于1897年，是美国古典复兴时期的名作；后者建于1917—1921年，建筑师是茂飞。但吕彦直再次做了“西学为体，中学为用”的“翻译”——即将西方古典建筑语汇用中国构件替代，仍旧按照西方的“语法”体系组合。

杨廷宝是近代中国建筑留学生中成绩最优秀的一位，也是近代中国建筑师中最为多产的一位。他的中国风格现代建筑设计同样体现了用西方建筑的比例原则对中国原型的改造。而他的现代风格作品也具有中国建筑的细腻和典雅。杨廷宝在1930年设计的北京交通银行在他的作品中最具“折中”特点。首先它是西方古典主义风格与近代装饰艺术（Art Deco）风格和摩登古典式的折中。这栋建筑的外观对体积感的表现是摩登古典式的，它的两端檐部山墙做装饰的方式又是装饰艺术式的，但它的立面总体构图采用的是古典主义的三段式。如果再进一步分析，我们还可以发现，它的楣梁高度是柱高的1/5，柱径与柱间距和柱轴线间距之比分别为1 ：2 和1 ：2.85，其中中央壁柱宽高之比是1 ：8，壁柱宽与间距之比是1 ：2，轴线间距与柱高之比是1 ：2.85，这些比例关系都与帕拉第奥的经典名作圆厅别墅门廊所采用的古典爱奥尼柱式的比例完全相同。这栋建筑又是西方造型与中国造型的折中。除了上述的摩登古典和装饰艺术风格的特点之外，它的东侧山墙入口上部用凸窗加以强调的做法是都铎哥特式的。但杨廷宝对所有这些外来风格都进行了中国化的处理，如入口两侧的石狮改西式的写实样式为中国的传统样式，入口上部做垂花门，楣梁部分改做斗和琉璃瓦，装饰艺术风格常见的折线母题被中国建筑望柱上的云纹取代，凸窗也用中式栏杆的纹样做了装饰。这些处理使得建筑在整体上具有显著的中国特色。这栋建筑立面的整体比例是3∶5。

由杨廷宝设计，在1933年建成的南京中央体育场国术场大门和田径场主入口等建筑也都采用了3∶5的比例。国术场大门造型是中国风格的四柱牌坊，但根据照片分析，它的两棵边柱的柱高与面宽的比例与北京交通银行等建筑相同，也是3∶5。它底边的三段划分方式与中央大学南校门一样，即中央开间净空为面宽的1/3。所不同的是，侧间下枋的下皮不像中大校门檐口那样位于通高的3/4处，而是在2/3处，而上枋下皮则在通高的5/6处。按照牌坊的造型，中央双柱高于边柱，凸出部分恰是边柱柱高的1/3。换言之，这栋建筑的立面可以划分为以底边三分、竖向四分的方格网，其中每个方格的比例都与边柱高和底边长之比相同。而建筑的主要构件的位置设计都与这一格网有关。中央体育场田径场入口立面的基本构图也是左右三段式。其中中央部分的设计借鉴了中国传统建筑中的冲天牌楼。该立面造型看似与上述所有建筑均不相同，但其构图方式依然十分简明，可以看成是三组国术场入口牌坊横三竖四构图格网的并列。其中每一个方格的比例依然是3∶5。

南京国民党中央党史史料陈列馆是杨廷宝最优秀的作品之一。它造型挺拔而又舒展，在采用中国传统造型的同时又力求满足现代功能。这栋建筑从地面到屋脊的高度与歇山顶两垂脊之间的宽度几近相同，即它们在立面上构成了一个正方形，下檐横脊的位置接近正方形的1/2中线。建筑两侧平台到建筑中线的距离与地平线正中到正方形上角的连线长度相同，在立面图上，平台下沿和屋脊的正交点都在一个正半圆形之上。这就是说，这栋建筑高度与正脊到相隔平台边线的距离之比是1∶1.618的黄金分割。不仅如此，这栋建筑平面柱网和平台矩形平面的比例也都是3∶5。我们因此有理由认为，南京国民党中央党史史料陈列馆的设计是杨廷宝对当时中国传统风格新建筑创作进行"经典化"（codification），也即借用西方古典建筑的比例去规范中国风格新建筑的造型这一努力的一个集中体现。

发生在1910年代后期的五四运动，亦即"新文化运动"，带来了中国社会和文化的重大变革。这一运动所关心的最重要的问题就是传统与现代的关系问题，即其主将之一的胡适所称的"中国的文艺复兴"。胡适本人提出，要研究当前和实际的问题，并从海外输入新理论、新观念和新学说，和对中国的固有文明"作有系统的严肃批判和改造"的"整理国故"，以达到"再造文明"的目的。他曾在1923年草拟了一份《整理国故的计划》，对整理古书提出具体方法，即校勘、注释、标点和分段，再加考证或评判性的引论。他希望经过这样整理，使得原来不可读、不易解的古书，能够变得可读、可解。

以梁思成、林徽因和刘敦桢为代表的中国建筑史研究体现了中国新文化运动知识分子的理想，即是在整理国故的基础上实现中国文化的复兴。1932年林徽因发表了《论中国建筑之几个特征》一文。这篇文章所包含的三个重要思想：第一，中国建筑的基本特征在于它的框架结构，这一点与西方的哥特式建筑和现代建筑非常相似；第二，中国建筑之美在于它对于结构的忠实表现，即使外人看来最奇特的外观造型部分也都可以用这一原则进行解释；第三，结构表现的忠实与否是一个标准，据此可以看出中国建筑从初始到成熟，继而衰落的发展演变。这些思想后来贯穿于她和梁思成的中国建筑史研究和大量有关中国建筑的论述中。这篇论文是中国建筑史研究的一座里程碑。在此，作为一名建筑家的林徽因借助于西方近现代建筑中的结构理性主义思想，为评价中国建筑找到了一个美学基础，从而全面地论证了它在世界建筑中的地位，它的历史演变脉络，它与现代建筑的关联，以及它在现代复兴的可能性。法国后殖民主义批评家弗朗茨·法侬（Frantz Fanon）认为被殖民地的本土知识分子在外来强权侵略之下发展民族文化有个三阶段。如果说1910年代中国最初的留洋建筑师对于西方建筑体系的全盘接受和由此导致的对本土建筑的彻底否定代表了“吸收消化占领者强势文化”的第一阶段，那么1920年代中期的中山陵则标志着中国建筑师进入了第二阶段，即“他的童年往昔从记忆深处唤回”，他的自我意识开始觉醒，“他要记住我是谁”。《论中国建筑之几个特征》一文表明，现代中国建筑师们正努力迈向另一个新阶段。在这个被称作“战斗”的阶段里，他们感到有必要“对他们的民族说话，要为表达人民的心声造句，要成为一个行动中的新现实的代言人。”

与吕彦直和杨廷宝借助西方的构图法则设计中国造型的方式不同，20世纪中国最杰出的建筑家梁思成的工作是深入中国古代建筑自身去发现它固有的构图规律。他对宋《营造法式》和清《工部工程做法》的研究和注释无疑是“整理国故”和新文化运动在中国建筑历史研究领域里的体现，而这一工作的结果便是找到了梁思成所称的中国建筑的“语法”。结合他和学生刘致平编辑的《建筑设计参考图集》所代表的“语汇”，梁思成“复兴”了中国建筑的古典语言。

梁思成参与设计的南京中央博物院最全面地反映了他的中国建筑史研究与其理想中国风格现代建筑探索之间的关系，这是将辽宋建筑所代表的豪劲风格与西方建筑的古典审美、功能理性与结构理性相结合。梁思成和建筑师的设计方法是，从既有的古建筑实物和法式中分别提取所需要的构图要素，对个别的进行修改，然后再将它们重新整合。对照梁思成的中国建筑史写作中对各时期中国建筑的评判可以看出，这栋建筑的语言源于中国的豪劲时代，但所有造型要素又都经过西方建筑美学标准的提炼和修正；它采用现代材料建造，适合建筑的功能需要，在造型上具有西方古典建筑之美而且尽可能地符合现代建筑的结构理性标准。如大殿平面中央的四柱被省略，这是梁思成在讨论辽代建筑的风格特征时所指出的“减柱之法”，这一方法在梁思成看来符合“实用”原则。大殿阑额断面1/2的比例与宝坻广济寺三大士殿和大同下华严寺海会殿相同，并与蓟县独乐寺山门和下华严寺薄伽教藏殿相近。这一比例在他看来符合近代结构力学的科学原理。大殿斗拱与柱高之比是1 ∶ 3，与希腊建筑柱式中最具阳刚特点的多立克柱式（Doric Order）檐部与柱高的比例一样。另外，博物院大殿的屋顶举折较大，屋面显得更为弯曲，而在林徽因的写作中，曲面屋顶是为了“吐水疾而霤远”。所以中央博物院大殿体现了中国新文化运动的理想，这就是在“整理”中国建筑之“故”的基础上，通过运用新的学理进行批判与改造，“再造”出理想的中国风格的现代建筑。这栋建筑又是梁思成作为一名民族主义的知识精英对于现代中国文化复兴所持理想的一种体现：它以中国最强健时代的文化为再生的起点，参照了西方的古典和现代的标准。它是中国的，同时又是世界的和现代的。

童寯的个性非常复杂。作为一名现代建筑家，他与传统的对话也与其他几位留美同行不同。一方面他是中国同辈建筑家中最积极的现代建筑的引介者，并毫不留情地批判“穿西装戴红顶花翎”式的大屋顶设计，另一方面他又对中国文学、绘画与园林情有独钟，是现代中国第一位古典园林的研究者。

在我看来，这种复杂性反映出作为一位满人，童寯在中国近现代社会转型的复杂背景下对于职业和人生的双重追求。一方面，他对中国传统文人画的追摹和对江南文人园林的研究又反映出他个人内心的“遗民”情结。如他在1937年春为《江南园林志》所写的序言中写道：“吾国旧式园林，有减无增。著者每入名园，低回嘘唏，忘饥永日，不胜众芳芜秽，美人迟暮之感。”而同年，他又在另一篇文章《满洲园[按：即拙政园]》的开头说：“避开大城市喧闹的一种美妙方式是游赏苏州——一座以女性媚人和园林众多而享盛名的城市……‘拙政园’特别使我着迷，提及这名字对我就像一种神灵的召唤，在其宁谧的怀抱中悠闲地待上几个时辰，便是我的完美度假方式。”两种表述情绪不同，语调也不同，但它们都流露出一种“遗世独立”和“不随时流”的态度。

另一方面，童寯经历了满清王朝的倒台，作为一名满人，他对于达尔文主义的“优胜劣汰”思想当比其他同道有着更切身的体会。这或许就是他以“西装戴红顶花翎”讽刺大屋顶设计，在创作上坚持时代精神，在写作中宣传现代建筑科技的原因。如他在1941年发表的《中国建筑的特点》一文中批评了当时以大屋顶为特征的“中国式”现代建筑。他说：“以宫殿的瓦顶，罩一座几层钢筋水泥铁窗的墙壁，无异穿西装戴红顶花翎，后垂发辫，其不伦不类，殊可发噱。”他在1979年完成了专著《近百年西方建筑史》并在1982至1983年间发表了长文《建筑科技沿革》。在《近百年西方建筑史》的结尾他继续以科技的发展作为衡量建筑进步的标准展望“现代建筑发展方向”。在他看来，这些方向就是“大跨度大空间”、“薄壳”、“球体网架”、“拖车住宅”、“抽斗式住宅”、“张网结构”和“充气结构”。而在《建筑科技沿革》一文的前言里他还强调说，西方对于建筑三要素中的“坚固”问题有着久远的探求，至今已达高度的科学水平。建筑设计、结构和设备三个专业应该互相重视并合作，而新的结构技术还有助于节约资源。这些思想既包括了他从科学观的角度对于学科发展的展望，也体现了他对于正处于工业化初期的中国建筑现代化程度的判断以及它所要面对的现实问题的深切关注。

相对于其他六位建筑家，刘敦桢对于现实创作问题的介入或许最少。但他是中国现代建筑教育最早的奠基人之一，而作为一名中国建筑史家，他的现代性集中表现在他对现代史学方法和史学思想的运用。与梁思成和林徽因一样，他的历史研究也体现了新文化运动“整理国故”的主张和中国现代史学革命性人物王国维创立的“二重证法”——即文献与实物的相互印证。由他主编的《中国古代建筑史》还体现了他运用马克思主义社会发展史理论解释中国建筑发展的尝试。这一点在由他主编的《中国古代建筑史》一书各章的“概况”一节就能突出表现。例如该书对宋、辽、金时期和明清时期建筑概况这样介绍：

“宋朝的手工业分工细密，科学技术和生产工具比以前进步，有些作坊的规模也扩大，并且多集中于城镇中，促进了城市的繁荣……在这些社会条件下，市民生活也多样化起来，促进了民间建筑的多方面发展，同时在宫殿、寺庙等高级建筑的创作中成为主要的根源……由于社会经济的发展及生产技术和工具的进步，推动了整个社会的前进。在建筑方面反映出来的‘首先是都城布局打破了汉、唐以来的里坊制度……工商业发展使得市民生活、城市面貌和政府机构都发生变化，从而城市的规划结构出现了若干新的措施……由于手工业的发展，促进了建筑材料的多样化，提高了建筑技术的细致精巧的水平。这时建筑构件的标准化在唐代的基础上不断进展，各工种的操作方法和工料的估算都有了较严密的规定，并且出现了总结这些经验的《木经》和《营造法式》两部具有历史价值的建筑文献……由于经济繁荣，中小地主、商人、手工业作坊主的数量不断增加’，因而明清时期地方建筑有了较大的发展。在经济发展的同时，大城市增多了，还出现了许多新的城镇。在城镇和乡村中，增加了很多书院、会馆、宗祠、祠庙、戏院、旅店、餐馆等公共性的建筑……”

由此可见，这一节是对于各时期中国建筑发展因果关系的探讨，其中的“因”便是马克思主义社会发展史所强调的生产力和经济基础。

吕彦直、杨廷宝和梁思成对于中国建筑风格现代建筑的探索尽管在具体方式上并不相同，但他们都延续着西方学院派的“构图—要素”设计思想，而且他们的“中国风格”都是源自中国官式的建筑语言。而冯纪忠在20世纪70年代末设计的上海松江方塔园则从不同的角度体现出他从中国建筑文化的角度对于现代建筑“空间—时间”概念的理解。但不同于现代主义理论家空间概念的抽象性和普适性，方塔园的“空间”通过树、石、砖、木、花、草等元素带给人各种感官上的体验，反映了中国传统文化所强调的交感性空间认知，也接近于当代现象学的“场所”概念。而方塔园的“时间”体现了中国传统绘画、书法甚至文学中对于“古意”的追求。通过引入古迹和以历史典故命名建筑，冯纪忠为现代主义建筑所强调的时间体验增加了历史维度，所以方塔园的“时间”不是早期现代主义的现在时态，不是仿古的过去时态，也不是所谓“50年不落后”的将来时态，而是体现着新旧对话的、具有历史维度的现在完成时态。这种时空概念对于今天处于全球化过程之中的中国城市和建筑具有非常重要的现实意义。

总之，吕彦直、杨廷宝、林徽因、梁思成、童寯、刘敦桢和冯纪忠这“筑林七贤”所代表的现代中国建筑家通过自己的创作实践、学术研究，甚至人生态度对“传统与现代的关系”这一问题作出自己的回答。这些回答是中国近现代史中一笔十分重要的遗产，它们也将继续启发后人对这一问题的进一步思考。

思想对话

建筑要分不同等级对待

南都：今天你在演讲中列举了很多传统与现代结合的公共建筑，像南京中山陵这种中国传统建筑元素和西方美学融合的方法，能否应用于住宅领域？

赖德霖：建筑是要分不同等级的，就像《营造法式》里把所有的建筑材料分成不同等级一样。一些大型的公共建筑，我们会强调它的标志性，所以关注它对传统文化的体现。但对于一般的住宅，大家更为关注的还是它的功能。没有必要都强调这种文化的象征性。比如一些建筑业主比较有钱，就会不惜投入地去增加一些传统的东西，而往往这种就会演绎成一种社会上的攀比，这样的话对社会财富其实是一种比较大的浪费。

南都：现在国内开发商喜欢复制欧美一些建筑，甚至把人家的名字都搬过来用。你怎么看这个现象?

赖德霖：我个人是很讨厌这种事情的。我觉得我们国内的开发商和建筑师如果有精力多研究一些本土的文化和传统的东西，这是我更乐于见到的。

南都：你是否认为这是中国人对本土文化的不自信?

赖德霖：中国发展到这个阶段，是要表现出一种对世界文化的迎合。我觉得这从另外一个侧面来看，也是一种包容。我只是觉得当下这种复制并没有深入地对国外的一些东西进行研究，还只是表面化的一种学习。如果我们能够到国外去走一走，尤其是官员如果能多出去考察一下国外的一些做法和经验，是很好的。比如说学习一下人家对历史的尊重，对文化的保护，对人文的关怀。如果我们的官员和开发商能够去深入了解这些，了解真正的西方的风格，那么有很多事情可以做，而不是简单地去模仿和炫耀某种东西。就像大家都去买LV包、爱马仕包一样的，只是赶个时髦。

现在应少谈些主义 多研究一些问题

南都：你提到了政府，这次论坛很多嘉宾也谈到了对传统的保护和演绎离不开政府的推动。这方面可否给我们的政府些建议?

赖德霖：实际历史上在这方面有很多启示，比如宋朝的《营造方式》的编制。政府通过这样做把有限的财政力量用于最需要的地方。应该把建筑按照不同的层次建立不同的标准，而不是所有建筑都遵循统一的标准。这样对国家和社会资源都是一种节约。现在有一种现象就是公共建筑有一种毫无节制的奢华，这种观念实际上是错误的。

南都：有评论说中国当下已经成了全球建筑师的一个实验室，你怎么看?

赖德霖：坦率地说我个人对国内的很多建筑已经是很失望了，所以这个问题我有点不忍心去谈。有些东西已经是非常的荒唐了，但我这种长期在国外的学者也非常无能为力。所以我现在更愿意通过我自己的研究，去多宣传一些好的东西，希望给大家一些好的启示。就像一个无能为力的医生，他面对一个特殊的病人时，唯一能做的就是对他说“你想吃什么就吃点什么吧”。当一个人失望至极的时候就会这样。

南都：这种现象只能靠政府去改变吗?

赖德霖：我觉得政府、学界和媒体都要去做。我觉得作为学者就像当年胡适说的，就应该少谈些主义，多研究一些问题。如果我们每一个人都能把自己分内的工作做好，对国家就是一种真正的好。我不认为我应该去抗议去批评什么，才是对国家好。因为这个大问题已经超出了我个人本职所能做到的。我不愿意去做超乎我能力的事情。

对于普通住宅可优先考虑效率问题

南都：现在的城市似乎都是楼越建越高、居住越来越密。人类的城市建筑未来只有这一种选择吗?

赖德霖：我觉得这是一个对的方向。中国说起来土地面积很大，实际上利用得并不集约。从土地集约利用的角度而言，的确是需要这样的。最近我一个师弟跟我提到一组数字，就是日本的土地面积是中国的二十六分之一，但日本现在国内有70%的土地是森林。也就是说这个国家用很少的土地面积安置了很多人口。有时候，该密的地方一定要密，要留更多的地方给自然环境。中国目前更多的城市选择的是摊大饼式的发展，开发的效率很低。

南都：对不同层次、不同等级的建筑，能否作更详细的阐释?

赖德霖：其实就是对一些大型的公共建筑，我们可以鼓励去创新。但对于大批量的普通住宅，我们可以优先考虑效率的问题，尽可能多解决一点问题。

全球化会把个性消除

南都：不可否认中国已经出现了“千城一面”的现象，城市的现代化被简单地建成了欧美化。根本原因是什么?

赖德霖：全球化的趋势有一种就是要把个性消除，因此我们能做的，就是把那些我们自己文化里面真正精华的东西有意识地去保护起来。一方面我们要接受这种趋势，另外一个方面也要鼓励学者和专家去研究、去发现那些我们至今还不知道的价值。负有这些责任的人，应该去研究，尤其是一些历史学家。

南都：为什么这样说?

赖德霖：原因就是他们没有具备那种批判的精神，都是别人这么说，我也这么说，就这样。有时候我们的专家，并没有这种意识。相反我们看到跟历史学家、文化专家相比，像王澍这样的建筑师反而更敏锐，去发现一些潜在的价值，我觉得这是令很多人汗颜的。

南都：你十年前有篇论文主张建筑学史以“纪事本末”的方式去写，近几年国内建筑领域内有没有让你印象深刻的事件?

赖德霖：我现在再看中国的城市，有的时候大家会说现在的城市很令人失望的，比如说街道空间和城市的商业化对建筑设计带来很多负面影响，但其实我在想这对中国的城市来说可能也是一种机会，如果我们的建筑师能够从中找到一些积极的东西，也许是中国现世代能够给世界建筑做出贡献的一个很好的机会。比如说我们看到现在有些建筑不断地被使用者重新改造，包括不断地去重新做外立面、重新包装做广告等等。这些建筑跟建筑师原来的设计对比一下就会发现，他们的设计已经面目全非了。所以通常大家就会痛心疾首，说使用者改变了建筑师原来的精心创作和设计。可是换个角度来看，如果我们承认业主和使用者有权利为这个建筑换身衣裳，有权利去进行一些改造，那么我们在做建筑设计之初，就该有一种意识——为业主后期进行不断的更新提供最大的可能性，而不是说在设计之初，就去追求一种终极的完美效果。

赵辰

“土木 / 营造”之“现代性”——中国建筑的百年认知辛路

赵辰，南京大学建筑学院副院长、教授、知名建筑师。主要从事当代国际建筑理论背景下的中国建筑研究，如中国的建构文化、居住文化和城市文化，著有《适应性住宅》、《立面的误会》等，2005 年因“浙江庆元县后坑木拱廊修复工程”获联合国教科文组织亚太地区文化遗产保护卓越奖。

演讲精华

我先作一个前言的铺垫。中国的建筑发展到今天算百年还是几十年？其实怎么算都行，总之是具有非常剧烈的变化，其间我们打造出来的建筑已经可以说是举世瞩目。从中就可以看到，其实我们的文化并不拒绝具有科学意义的现代性，甚至于说是非常乐于拥抱这种现代性。这让我想到当年大哲学家罗素说的“中国问题”，他说中国的文化和西方相比什么都不缺，就缺科学，但同时中国的文化里并不敌视科学，反而西方文化中其实是具有敌视科学的因素的。因此，他对中国的文化发展非常乐观。

我长久以来在思考这个问题：我们的文化当中到底有什么东西跟这种现代性是有关联的？我相信这是很多中国建筑师都在苦苦索求的。中国近现代史上有另一个有意思的人——辜鸿铭，他说“真正的中国人是具有成人的头脑和孩子的心灵”，后来梁漱溟把它解释成中国的文化就是具有孩子的天真纯朴和成年人的成熟老练，比如我们用筷子、我们的单音节语言、我们的象形文字，都代表了文化的初始阶段，但高度成熟并延续至今。这点我深有同感。

再解释一下我题目的另一个关键词：“土木/营造”。中国文化里谈到建筑最本质的词语就是“土木”或“营造”，尤其“土木”是标准的、原始的中国词汇，而“建筑”一词其实是翻译过来的，而且是通过日本过来的，这之前有一个复杂的过程。所谓“土木”，本质上讲的是建造所用的最基本的两种材料，并且是自然的材料。当年在德国的青年建筑展览上，张永和老师用了“土木”一词，我认为很好，重新让世界了解中国的建筑。梁思成先生曾说：“中国建筑就是土木之功。”另一位建筑历史学家——虽然我经常批判他——弗莱切尔在他早期的研究当中也说：“发现所有的建筑造型的最根本的材料，其实都和土、木这两个东西有关。”

我要用“土木/营造”替代大家所熟知的“民居”一词。我不太愿意太多地用“民居”一词，即便它在西方的现代主义中也多次被提到。有一个重要人物叫赛维（Bruno Zevi），他是著名的建筑理论家，他给《大英百科全书》写现代主义条目时开宗明义，说："现代历史是以无名氏建筑为中心的。"这个无名氏就是我们大家，无名氏建筑就是"民居"意之所在。其实在西方的建筑学一直有这样的问题，建筑（Architecture）总体来说是"有名的设计"，所以，"没有建筑师的建筑"（Architecture Without Architects）是很玩味的命题。我们的传统之中原本是没有这种"有名的建筑师之设计"，就是民间的建造传统。但是，我们接受的"建筑"，作为一个学术体系，它是西方的。关于这点我谈过很多次了，但很遗憾，从很多反应上来看大家并没有很好地理解。

我认为中国建筑最本质的这种"土木/营造"，就是"民居"中反映最明显的东西。以梁思成为代表的"营造学社"有一个比较民族主义的建筑思想，建筑学术的目的很明确，即必须建立与西方的建筑历史能抗衡的中国建筑史。清华大学建筑学院里面的两个雕像在我看来是一个非常形象的象征，就是要抗衡。问题是，我们早期的这些学者用的方法却是不折不扣的西方古典主义的建筑学理论，这是一个很大的矛盾。

在这样的前提之下，对于中国建筑的认知，就是需要去找符合西方古典主义美学标准的中国古代建筑。很明显，建筑的类型方面首选宫殿、寺庙，因为它必须壮观。按照西方古典主义的标准大概有三大要义，即永久性、纪念性、壮观艺术。以此来看，最好还是唐代的宫殿、寺庙，它在这三点上更加符合。我认为梁思成先生很幸运，因为他找到了佛光寺大殿这个房子。我当年到这个地方的时候，在殿里下跪了。我不是一个佛教徒，这辈子还只有那么一次在庙宇里下跪，我后来回想我是在为梁先生他们下跪。这种东西成了我们的偶像。我们中国建筑的传统必须是这样才能镇服或者是让其他文化认可，这一点我体会很深。早在研究生时期，我就发现我们的前辈们一旦对外宣传就会用这个。

但是我后来的思想改变了，认为在这样的前提之下，所谓"民居"为代表的"土木/营造"必然被轻视。梁思成先生其实对此已深有体会，他非常清楚地知道中国的建筑到底是什么方式，跟西方古典建筑的传统并不是一致的，但是他的美学标准已经是西方理念了，所以他为此有一种很强烈的自责心态。

对这一意识的认知，经历了很长一段曲折的过程，首先是关于早期这些学者们如何开始对此有研究兴趣的，是抗战时期。费慰梅曾在她的书里说，他们开始逃难，从北京一直逃难到昆明，这个过程里看到大量的民间建筑，并且忽然发现这是非常有意思的。我看到这里的时候觉得非常悲凉，我们的建筑文化真谛是在逃难当中才体会到的。刘敦桢先生，后来成了中国民居研究的一个重要成就者，在他的《中国住宅概论》里就有这个民居的案例，他调研的第一个民居其实就是他的家，当时他逃难先回到自己的老家。另一个民居研究的重要人物，刘致平先生，是在四川的时候开始做了大量的民居研究，他还做了整个县的民居研究，几乎是文化人类学的研究。其实，林徽因对此很早就有见解，我在写林徽因的文章里面专门有一个章节谈到，在今天就不展开了。

另外一种是创作实践中对此发生兴趣并研究的。建筑学永远有个问题是，你的创作怎么办？其实在对于民居问题的认识上，创作上的认识比纯粹的学术研究要超前。比较明显的还是林徽因在1938年到昆明之后，当时她应邀做了云南大学的映秋院。我费了很多周折拿到当时的老照片，由照片可见，林徽因很明显地用了一些民间的建筑手段，说明当时她对此已经有很明显的兴趣和思想。

上世纪50年代后期陈植先生在上海做的鲁迅纪念馆，用了纯粹的绍兴民居形态。这个作品影响很大，在当时的中国建筑界引发了很多讨论。其实，当时大陆的建筑界已经有很多这样的探索，比如冯纪忠先生较年轻的时候，在杭州做的一个花港观鱼的茶室就用了很多民居的手段，其中的一些做法在当时以同济大学为中心的上海建筑界非常盛行。一直到“文革”后期逐渐被提出来，将民居作为建筑创作的源泉，这里面有很复杂的一些历史事件与过程。如当时对于梁思成的批判，认为以他为代表的中国古典建筑形式是铺张浪费，并且是为剥削阶级服务的；要结合历史唯物主义研究劳动人民的建筑，等等，关系比较复杂。不管怎么说我们看到里面有一种积极的因素，确实把建筑师和理论工作者导向对民间建筑的关注。这在建筑设计界是有相当大影响的，一直到“文化大革命”以后都是盛行的。

我们不能只看大陆，台湾也有极具积极意义的贡献。比如汉宝德先生从美国回来之后，他做的一些工作，如《明清建筑二论》，就很明确地质疑梁思成先生等将唐代作为中国建筑最辉煌的时期，以至于把后来的年代作为衰败的过程。他提出中国的建筑不应该按西方的标准，以单栋建筑的辉煌程度去讨论；他提出民居跟园林其实应该是中国建筑更重要的成就，因此明清并不是衰败的时期。他的这些理念在实践中都有体现，在台湾的影响是非常大的。

同时期像台湾的东海大学，比如贝聿铭、陈其宽、张肇康已经充分运用民居空间的现代化，当时非常先进的中国建筑师接受了最先进的国际建筑思想，直接接受的就是格罗皮乌斯、密斯·凡·德·罗这些人的思想，这个东海大学的校园建筑，在台湾建筑界影响是很大的。

还有一个领域我本人是非常感兴趣的，但是还没有很多的研究，最近有些进展，就是一些境外的建筑师当初在中国时产生的影响。并不是都像墨菲那样做中国皇家的东西，因为那些东西得到了梁思成还有一些官方人士的认可，所以很多人以为当时境外建筑师做的都是这些。其实不然。就如同境外的传教士到中国来，他开始学不到中国的官话，他们学到的首先是广东话、福建话，所以在建筑上，他们首先接触的也是民间建造。有一个人我特别感兴趣，他叫艾术华，是位并不出名的境外建筑师，但他做了一个很深入的《中原佛寺图考》。有意思的是，他的主要研究对象是南京郊区的宝华寺，这完全是民间的建造。而后据此做了一个特殊的实践，在香港沙田的道风山上，基督教的传教地，做了一个跟中国民居形态非常类似的山体建筑。外籍建筑师艾术华将道风山基督教丛林设计成朴实真诚的中国风格，可见在他心目当中的“朴实真诚”到底是指什么。

将“土木/营造”放到国际背景里去看其实非常有意思。西方的现代主义，是对古典主义经过长时期重大突破逐渐得以实现的，其中以民居为代表的这种非经典艺术怎么被认可，是非常重要的。建筑大师勒·柯布西耶，很多人都知道，但同时很多人并不知道，这位仁兄对民居有多热爱。他做的作品给大家的感觉是非常经典，在他早年的东方之旅中，他的速写本上画了很多土耳其民居，注明是“真正的建筑”(a piece

映秋院，林徽因，1938年

鲁迅纪念馆，陈植，1956年

of architecture)。有人说过林肯纪念堂才是古典主义美学标准的“真正的建筑”（a piece of architecture），在他这儿则是可以被放弃的，他还将西班牙的加泰罗尼亚民居中的传统，演变成他做的现代建筑。他自己非常主动做这些的意识，放到今天我们叫做宏大的文化观。

欧洲中心论怎么突破？人们公认的是，李约瑟对中国科学技术历史的研究是最有效的，这在文化论和比较学等都有提到。我的体会是，这种突破跟我们建筑学之现代主义对古典主义的突破其实是殊途同归的，都走向了对人类本质、文化本质的关注，这恰恰是中国传统最优秀的东西，就是我所说的“土木/营造”的现代性。

最后，我想做一个比较，跟日本的比较。日本也有一个过程，比如早期的伊东忠太到后来的丹下健三。曾有一个法国学者提出这个问题，桂离宫这么个建筑，为什么当年的伊东忠太在他上下两卷的书中只写了两行字，而丹下健三写了一本书。这其实是很有意思的问题，早期日本学者也不重视桂离宫。但后来包豪斯背景的现代建筑师陶特，避难至日本并写了关于日本的建筑，陶特的书我当年看的时候觉得非常有意思，他对日本的建筑理论和文化有非常细致的描述，以至于他对桂离宫有很好的认识。还有另外一个人是吉田铁郎，他跟国际交流很多，后来跟欧洲很多的著名建筑师都有交往，在他们的鼓励之下他写了一本德文版的关于居住建筑的书，这些东西里面都对桂离宫有所介绍。在此之后出现了一些大的建筑师如格罗皮乌斯等，纷纷参观桂离宫并论述，尤其是格罗皮乌斯，他在1958、1959年看了桂离宫之后，认为可以说明他所有的理论，正是在他的鼓励之下，当时也在美国的丹下健三一起做了很著名的书，请了著名的摄影师，将桂离宫变成了一个现代建筑的宣言。

那么再看看伊东忠太，为此，我专门去查了当年伊东忠太对这个桂离宫的描述，确实只有两行。伊东忠太的任务其实跟当年梁思成先生的任务差不多，就是要建立日本的自信，要先建立能与西方建筑学抗衡的日本建筑自己的东西。所以我当时回答那位法国学者，我说对于他来说两行够了，可能还嫌多，因为在他心目当中这个东西不重要。于是，从日本来看，从伊东忠太到丹下建三，这个问题基本通过与国际先进理论体系的接轨而得到解决。

但是，中国的情况就不太一样。关于梁思成先生就不用再说了，他们那时对“土木/营造”不重视。而今天，还有一位先生是我们都很尊重的，就是陈志华。他在上世纪80年代末90年代初，在学术研究上有了突变，我将此形容成“一个华丽的转身”，从西方古典建筑研究的专家转身到中国民居的捍卫者与研究者。可问题是，他这样的有影响的大学者并未向我们说明他的思想突变。我们的理论界对此问题的认知至今还是不够，所以我认为中国建筑的认知辛路还没结束。

思想对话

需正视建筑学术理论落后的现状

南都：你在回顾了中国建筑的百年认知辛路之后，看看现在，就“传统与我们”这个主题，建筑界是否还存在某些误区？

赵辰：比如梁文道先生今天做主持时开场讲到的就是很好的例子。南洋吉隆坡华人思念家乡，想弄点具有中国传统的建筑，但北京来的专家就把民居改成了像北京故宫那样皇家风貌的。这个说明认知上不清楚，好像一说传统就必须是某样东西、某个样子。我的观点与他一致，其实应该是在什么地方保留下来的什么样子就是什么样子，而不是一定要经典皇家的才是中国传统。这是当年梁思成他们为了与西方文化抗争，必须要把这个东西做成传统，变成唯一化、单一化，就像我们说普通话一样。其实中国的文化是很丰富多彩的，你们在广东应该很清楚。

南都：这点现在建筑学术界是否达成共识?

赵辰：还是很混淆。一讲中国传统就是这个东西，所以学生们学会的也都是这个东西，一做点号称体现中国传统特色的建筑就是皇家风情的。这个现象还很普遍。

南都：我们还留意到你提到一个观点“以民居为代表的土木营造被轻视”?

赵辰：虽然我们现在做很多民居的研究，但并没有从理论上把这个问题讲清楚，比如我论坛发言结尾处提到的最典型的像陈志华先生。一边是在做这个事情，但一边没有把为什么要做、怎么做讲清楚。所以我认为我们认知的辛路还没有结束，这是我们学术理论上的欠缺。

南都：在你广受推崇的学术论文合集《立面的误会》里，也曾提到学术理论落后的问题。

赵辰：我是在2000年左右认识到这一点的，体会很深。发达国家一些项目虽然值得羡慕，但有些是不能去学的。像国家大剧院这样的项目，在欧洲是要预先研究十几年甚至几十年，最后可能还是没建。他们在研究、设计、规划等方面的工作做得很扎实，在社会需求之前，学术研究已先行。

中国的情况则完全不同，社会面临的大部分问题都是大学没研究过的，目前大学建筑系教学用的基本上是西方理论，而我们面临的很多问题是西方国家从未遇到过的，比如高速城市化进程。“二战”以后，西方国家城市人口就保持在一个相对恒定的状态，且没有出现千万级人口城市，更没有像京津唐、上海及长三角、广州及珠三角等这样规模巨大的城市群。而我们是一边高速地城市化，一边有大量的农村闲置人口要进城；一边大片地开发和新建，一边又启动旧城改造。这种情势下，建筑领域的发展前所未有，但缺乏研究和理论。

南都：这个问题有没有解决方法?

赵辰：我觉得认识到这种状况后，重要的针对性方法是所有的学者必须放下架子，投入到社会发展的进程中。要结合我们自身发展进程中的现实问题来做学术研究，这反而有可能达到国际先进水平。我虽然是大学教授，但更关注社会个案，我认为这是正确的方向。目前，我们的一些领军企业为开发实践所做的研究甚至比大学做得更领先和有用，比如万科设有研究部，做了大量先行性的住宅研究，大学的建筑系也做了住宅研究，但用的却是与中国实际问题脱节的“国际先进理论”。

对传统的保护关键是要让它还活着

南都：我们留意到，2006—2009年，你频繁成为知名古建项目的调查负责人或项目设计师，这些应该是最能体现各方对待传统的态度的，说说你的亲身感受？

赵辰：大部分都是历史文化城市，给我最大的体会就是，大家都知道要保护，但其实光保护是不够的，还要想办法复新、运转，让它们继续活着。这其中，就涉及到有些功能不一定现在还能运用，有些形式可能要随着周边环境的变化而变化，有些内容可能要随着现代生活的需要而增加……其中会有各种不同的利益主体，包括政府、开发商、规划者、建筑师、原住民乃至社会舆论等，而建筑规划者要做的很重要的就是协调工作，最优化地兼顾各方需求，而不是简单地坚持某一种理念，比如一味地保护传统。

南都：比如这次论坛中，龙应台就用她时任台北市文化局局长经历的台北宝藏岩案例，尤其说明了政府意识的重要性。

赵辰：决策者的观念确实很重要，但要是拿这个例子来看的话，还有个问题是，我们不能简单地认为这就是对的、就是范本，不同的社会现状有不同的诉求，当然我们很清楚目前所处的社会发展水平，有些做法就不能太超前。台湾的例子，搬到大陆，不一定适用；或者说深圳的做法，放到中西部一些城市，也未必能实现。

南都：那么，以你主持设计过诸多的重建工程为例，在这过程中各方意识如何？是如何平衡的？

赵辰：感受最深的一点，面对重建工程，提高公民性尤为重要。每个重建项目都有很多业主，他们是个体的房产拥有者，有自己的物权；但建筑作为城市的一部分，站在“公民建筑”的立场上来看，建筑的历史文化价值并不是完全由业主拥有的，这就涉及到公民意识——作为一个公民，应该对城市发展负有一定的责任，而不能只考虑个体物权。举个例子，受过一定教养的公民都会注意讲究服装礼仪，其实穿什么衣服、怎么穿对于个人来说实用性并不大，但这已成为社会礼仪的一种规范。房子也一样，只看单个的建筑，个体怎么建都没关系，但它涉及整个城市的面貌。

南都：公民的观点和意识各有不同，以怎样的方式参与？

赵辰：比如要做一个重要建筑，从立项到决策、规划、设计等，国外很多发达城市都有一个较长的搜集民意和公开展示的过程。我们现在也在改进，也有公示，但问题是，咱们的老百姓真正关心了吗？比如涉及到旧城改造和新建建筑的项目，我看很多相关的业主平时只顾打麻将，只有到房子即将被拆迁了才说这里不好那里不对，跳出来跟政府闹。这说明我们的大众还很缺乏参与建筑的公共意识。

事实上，内地有些发达城市已具备自下而上推进公民建筑的土壤了——这些城市的人均居住面积早已超过10平方米，居住水平已从满足到了改善的阶段，老百姓应该自然地开始关注建筑、公共空间等。所以说，很需要媒体的力量来唤醒和倡导。

王维仁

“边缘”的现代性：空间、地景与织理

王维仁，香港大学建筑系副教授，王维仁建筑研究室主持人，美国建筑师学会会员。加州大学伯克利分校建筑硕士，台湾大学土木工程研究所硕士及台湾大学地质系学士。曾任2007年香港建筑双年展策展人，2008年美国麻省理工学院客座副教授，南京大学、新竹交通大学及同济大学客座副教授，美国TAC建筑师事务所协同主持人。其研究领域为合院建筑形态演变、中国建筑与城市。1999、2001、2002年曾获美国建筑师学会设计奖；2001、2002、2003年获得远东建筑奖；2008年获香港绿色建筑奖；2009年获香港建筑师学会奖。

演讲精华

我今天讲“边缘的现代性”，“边缘”有很多的意思，其中一个最直接的就是地区的边缘。这里面我们也可以再讨论“边缘”跟“中心”有什么样的关系。刚才赖德霖教授讲了在中国整个对于现代建筑、现代跟传统关系的思考，而我想谈的是在这样一个架构下——1949年以后在台湾和香港，这两个地方的建筑师，对传统或者是对现代中国建筑问题的思考，特别是转变。

1949年以后，国民党政权到了台湾，很多建筑师用复制的方式盖建筑，圆山饭店代表一个最典型的例子。但在政府支持的背后，也有少数的精英建筑师在思索另外一种现代性，我主要想讲两个人，一个是王大闳，一个是张肇康。

王大闳自宅的厕所的周围围绕着流动的空间，中间用墙围起来，做的是一种中国式的空间。这里面还可以注意到的是在材料的选择上，清水红砖是台湾非常常用的民居的材料，王大闳很明显地感觉到这一点，并在他的创作里有所体现。

差不多同样时间，贝聿铭到台湾来设计东海校园，他带来两个助手，一个是陈其宽，一个是张肇康。一开始这个团队就有很清楚的想法，想要做中国的建筑，想要做中国的院落，甚至想要做唐式这样的，比较早期的中国空间关系。

张肇康想要用一种新的系统关系去创造一种流动的院落关系，这跟传统的院落有一点不一样。在东海校园这个设计里，我想要特别强调的是，现代建筑怎么样加上了中国元素建筑，怎么样带入了地方的材料和特色。项目配合地形，并用地形的高低做一个入口的山墙，这是在空间形式上对中国传统建筑的追求。另外就是在建构和材料上特别考虑到地方的材料，比如地上的鹅卵石。他们对地方材料有敏感性，同时还受到外来的影响——张肇康和贝聿铭就受到唐式建筑或者说日本建筑的影响，这些在项目中也有体现。还有是外来跟本土的关系在这个项目也有体现，张肇康除了本地的用瓦之外，屋顶还用了日本瓦，各种

圆山饭店

台中福民小学

东海大学人文学院

中银大厦

中正纪念堂

都市合院——香港岭南大学社区学院

不同的元素经过他的整合，变成他们认为的那个时候最能够表现现代中国建筑的一种构造。

张肇康在这之后就留在台湾，也在香港实践。他另外做的一个房子是台大的农业陈列馆。张肇康的材料选择非常精确，还考虑到台湾的湿热的气候，项目把西晒的面控制住，并把渐进的光线带到室内来。这里面有现代的建筑空间关系，也有传统的。

1949年以后同样有一批建筑师到了香港，比如说杨廷宝他们当初的公司的另外两个合作者，就同时在台湾和香港执业，他们在香港叫做移民建筑师。这一时期有个重要的人是陆谦受，他是上海中国银行的立面建筑师，同时也设计了香港中国银行的立面。陆谦受到香港之后，大量的实践是商业建筑或工厂建筑，随着上海的工业家给他们工作的机会，他们开始在不同的项目里探索传统与现代的关系。在这样的时间里面另外一个比较有名的例子是香港中文大学的校园，他做了一个院落的空间，也是表现中国的廊柱、水池和中国园林。

第二个阶段为上世纪80年代后，包括台湾、香港都出现一些大的运动。台湾出现一个比较大的文化运动的改变，让台湾的现代中国建筑从民族主义变到地域主义的认同。差不多同一时期的中正纪念堂，完全代表了复古式现代中国建筑。这个传统从1949年延续到1976年才算是结束，并在1990年，在李祖原宏国大厦这个项目，宣告了一个台湾现代中国议题的结束。李祖原非常成功地得到宏国建设这样大的建设公司的资源，这个时候美国流行后现代主义，麦克维尔当道，这是表现了一点点美国现代主义和西藏的藏传佛教的结合，这个很成功的。这个大概在台湾是最重要的一个现代中国的建筑，后来在台湾，类似李祖原的建筑非常大量地出现，推动中国建筑的发展。

回看上世纪70年代末，台湾出现了乡土文学论战，不管是白先勇现代主义写上海来台北的台北人，或者是余光中，或者是很多人写他们一些移民人在台湾的经验和他们对大陆的怀念。在上世纪70年代末出现了新文学家，他们开始写台湾真实发生在渔村、农村，反映社会现实的文学作品，在某个程度上他们思想上是认为文化要根植在台湾的土地上，有台湾的做派。上世纪80年代以后，随着文化的转型，人们开始对冷战结构下的统治有很多的意见，开始对很多不同的社会问题，包括公平问题提出质疑，比如那时候有一个“无壳蜗牛”运动，就是说房子太贵了，很多人买不起房子，跟现在是一样的，掀起了很大的影响。在政治上到上世纪90年代，台湾有一系列的政治运动，这跟蒋经国后期开始开放民主政治有关系，“野百合运动”造成在台湾“总统府”前面的广场挤满了参与民主运动的学生，这个运动间接地导致了李登辉宣布台湾进入一个民主时代。

这个大的背景下，建筑师们也在反映。汉宝德的建筑反映出澎湖民居的材料，他在早期美国路易斯·康的形式里面加入民居的特色，他做了很多的民居的测绘，到鹿港测绘很多的传统的民居。接着是当时民进党执政的宜兰县长，请了日本的一个集团来做了几个公共建筑和公园的设计，他们对地形、对传统、对当时流行的民俗比如马赛克的瓷砖，作了重新的解释。此外，还有黄声远从美国带回来当年加州的建筑语汇。黄声远在此后的时间中也有一个特别的地方就是建构，在尝试怎么样用当代的乡村建构语汇，比如当代地方的铁工厂可以用很便宜的方式做钢架，这种钢架怎么样做一个社区中心，他做过这样的尝试。同时在营造的方面有一些另外的建筑，谢英俊在

“9 · 21”以后想怎么样开发一种新的方式，利用农村的剩余劳动力做大量的民居建筑。另外，也有像廖伟立“台中救恩堂”这样的作品，在一个城市环境里面和周边并不太一样。大陆的建筑师说这个房子希望跟周遭的环境不一样，台湾的建筑师看起来好像想把自己的房子跟周边混在一起不想分出来什么是新的建筑什么是旧的建筑，建筑师有意识地想把自己的建筑混合在一起变成一个融合的建筑。另一个例子是我在“9 · 21”地震后设计的福民小学，保留校园里原有大大小小的树，重新利用它们作为新校园建筑的空间联系，将传统以树木和学校的日常生活作为场所精神的联系。

回过来讲香港，1997年回归之前，香港在十年前就很努力地宣传要回去，英国人很努力地盖了汇丰银行，请当时最好的设计师，使用比较先进的方法完成。中国怎么办呢？中国银行跟汇丰银行一直是竞争的，中国找谁呢？上世纪80年代中国有哪些建筑师呢？找谁来做呢？只能找贝聿铭了，我觉得每一次有重大的变革就把贝先生请来解释中国现代建筑师，他理解中国人的想法，首先要高，再下来是造价不能太贵，再下来就要有一点象征，所以中银大厦就被做成“竹节节节上升”，象征性就出来了，往这边一放，非常气势凌人，像一把尖刀对着港督府，马上就比过了汇丰银行。香港人哪懂得汇丰银行这么精致的西方建筑，但他们看得懂贝聿铭的东西。我1997年到香港去，灯光一照，就像一把寒剑插在上面。回归之前香港人对于“什么是中国”、“我是什么人”、“我要回归什么东西”，都有很多的想法，但是正面来看，贝聿铭对中国的重新思考也带来了精英建筑师正面的建构。

香港的整个大的文化是在另外一个状态下，我用王家卫的电影《重庆森林》做一个例子，是简单来说这是香港当代文化中的庶民文化，是对高密度庶民文化的反映。在电影里面，在我们对香港过去的记忆，包括1997年前必须拆掉九龙城跟它所形成的一种高密度的居住状态，跟里面的均值的流动空间的检讨；包括什么是香港的高层建筑，跟高层建筑高密度的居住情况下，我们到底有什么样的居住空间；包括学者们对于当代的民俗做一些研究，希望能够做一个设计的思路。但是我很遗憾地说，我觉得目前这些思路并没有形成真正的建筑的创作，这是一个遗憾。当然也有少数社会性比较高的设计，比如我现在在做的菜园生态村，帮反抗高铁动迁的居民设计新村，保持原有的社会关系，以及建立有机耕种的生态环境。

我觉得在台湾或者香港的实践里对传统的延续有几个关键，一个是地点，空间跟地点关系，再下来是地景跟地点对土地的一种反映，再下来就是这种东西要形成一种肌理或者是一种系统，才能够比较大规模、有系统，不是一个单独的个案，是成为一种城市的状态。

举一个例子是“9 · 21”以后我做了一个学校，是灾后的房子，房子全部倒了，剩下四棵树，校长刚好去江南旅游回来想做江南传统建筑花园。我跟他说用这四棵树做可观可居的东西，做成经过教室都可以看到这个树，围住这个树。这个树打开可以跟居民有很多的关系，我们利用这四棵树做一个建筑，希望能够把这个场所留下来。

光隆小学是一个新学校，我希望这个学校五十几间教室每一个教室走出去就有一个院子，每一个教室走出去有一个树。二楼的教室是南北向，比较独立，一楼的教室东西向的，二楼教室给一楼的教室一个阴影，一个平台下面有一个树。我们对传统的合院的空间作一个解释，传统的空间一个院落一个院落看一片蓝天，相对静态的景象变成一个串联的系统。连续的合院以至于整个学校变成一个系统，从院子到小广场、到大广场，这是整个学校盖好的情况。

合院是对传统延续的一种很好诠释，我于是尝试以交错的“叠加”方式来突破合院低密度的限制，成为多层高密度的公共空间关系。用这样的观点，在香港我又跟另外一家公司合作，在岭南大学也是同样的操作方式，就是叠加，把四合院变成高层的情况。这个房子有七层楼，我们想办法变成两层楼、两层楼的模具，所以你觉得这个尺度是两层楼的，因为它是坡地，我们希望在上面有平台。我们希望可以把原来的原生树种留下来，这个房子都是两层两层叠起来，它的高层跟旁边的高层配合在一起，跟香港的地形是有关系的。这里面传统的院子，是一个流动的院子，是一个14米的模具，我们从这边经过，最重要的是创造了一种微气候。这种重叠的关系我们可以在平面上看到，它形成的遮阳和通风的情况是非常难的，很难建成一个很好的围合，实际上房子完了以后这个学校在里面开始放桌椅，变成一个很好的生活空间。过去是一个草坡和龙眼树，我们把树和坡地留下来，在里面创造一个生活性的空间。

再接下来就是垂直的合院，香港理工大学社区学院。这个案子里面，我想把合院再建设成高层，希望在香港的学校不只坐电梯按18楼就到18楼去，而是变成4层楼4层楼的系统。我解释下合院，传统的合院是四面一个空间，有六个面，五个面围起来往上看到天，就是合院。合院的关系立面也可以是四个面连起来，看到另外两面是通风采光的，这是我认为的合院。我跟那边的学校说这是“步步高升”，学校一听，说“好啊”，就改了。另外台南艺术大学音乐系，这是地景的合院。我现在一直在用合院，这是一个传统的观念，但是我希望作重新的解释。宿舍的院落面对山，前面的院落面对南台湾的地景，在走廊道里面可以看到周围的景观，这是一个新的地景的合院，是外向型的，跟周边的环境能够连在一起，能够框景，能够串联的。以上种种就是回答了空间、场所、地景，同时是日常生活的一种延续，这也是我对“什么是传统”、“传统与我们到底是什么关系”的回应。

思想对话

“边缘”的现代性常常比“中心”更丰富

南都：对于你谈到的“边缘的现代性”这点，可否更深入解读一下？

王维仁：我认为文化是可以被创造的，也可以被改进的。那什么是边缘的现代性呢？比如说中国黄土高原出来的文化，从文武周公开始，历代君王都要说自己是正统，这是“中心”，但其实中国是个广大的多民族多元化区域，每个地方都有地区的特色、群种、文化，很多地方长久下来就会形成自己的风格，体现在建筑上也是一样，具有很强大的影响力。我想说的就是不要以为我们的历史都只是由“中心”写出来的，很多也是由“边缘”在改变着历史，比如郑和下西洋，他带出去的和带回来的种种都很大程度上影响了历史。也就是说，看中国的历史，一些新的东西、新的观念、新的技术、新的思考方式、新的建筑模式等，很多都不是由核心人物传递的。再比如唐朝的很多文化是被胡人带进来的，原来人们都是坐炕上，后来才有了椅子出现。说到建筑也就是，黄土高原的建构系统并没有被改变，还是在那里，但也常常被边缘的文明所转化。回顾历史就可以看到，太多“边缘”的人带出了新的现代性，甚至颠覆了所谓的“核心”，因为很多边缘的现代性往往比“中心”更加地丰富。

南都：那么你指的这种边缘的现代性，在建筑方面的具体体现是什么？

王维仁：我今天演讲的主旨就是说，在边缘的地方包括台湾、香港，早期那批从“中心”跑出来的建筑师，带着“中心”大屋顶的形式到新的地方重新思考，面对当地的气候、条件、材料，做出了改变，因为他们有比较多的外来刺激，不管是出去到欧洲看到更先进的东西，还是重新看日本等等，他们接触得比较广，也做了很深入的思考。在“中心”的建筑师们，必须传承中国伟大的传统，或者说在延续梁思成建构下来的那种宫殿式建筑传统的时候，周边的很多建筑师们开始思考比较多的生活、比较多的空间，在这些边缘群体的创造中，空间、构建跟地景已经成为一些很关键的元素，这是第一层的转化。第二层的不同就是，这些地方因为历史的不同而面临社会力量的转变，包括台湾的民主化、社区化，包括香港产生的各种社会运动，于是这些东西又产生出了一种新的对传统的认识方式，体现出了很多新的构建模式。

深切认识传统是个好的“转化”过程

南都：在论坛快结束的时候朱竞翔提到，希望让所有演讲嘉宾用一个动词来诠释本期论坛主题——我们与传统之间的关系，你当时用的是“转化”，为什么？

王维仁：我本身是学地质学的，研究的就是地球转化的过程，生态是怎么被侵蚀以后变成沉积岩，怎么构建地球的历史，然后造山以后再怎么变化等等，这是在我的学习或者说知识构建过程中的一种认知方式。我在学建筑时不是一开始就去学创造的，是半路出家跟着老师做学徒，在测绘传统建筑中学习。这是一种学习建筑的方式，当然最后我们都是要创造的，但这个时候创造就要有一种转化的基础，创造不可能是一种凭空的想象，体现在建筑上更是如此，应该说好的转化过程是深切地认识问题，我们对传统就要有这样的深切认识。

南都：有关建筑师在建筑链条中扮演的角色，你怎么看？是否认同龙应台说的可能是“最后一个环节”的观点，有什么具体感受吗？

王维仁：这点其实我的感受是比较深的，从一开始跟台大老师学习的时候，我就学会了建筑的社会面相，建筑的社会经济跟政治的问题，很早也就意识到首先有一个好的空间环境是非常重要的。再者真正说来好的老房子不只是有好的设计，还要有好的匠人，应该是一种完美的组合，也就是说好的建筑不只是要有好的意识形态、正确的公民建筑意识形态，也不只是要有好的社会态度，他还必须要“眼高”、“手高”。回到传统来说，老房子留下来有一百种留法，有的东西留下来可以变成更深刻的历史记忆，变成更深刻的传统，让更多的人感动，影响更多的人。

南都：这是否就是对传统与我们的一种诠释？

王维仁：是，对传统的延续也一定要有一个新的灵魂，可以说是核心的一种美，同时也要有核心的实践方法。一个好建筑师做设计的时候必须要有工具，有一套好的设计方法，可以是用计算机画图，可以是做模型，也可以是用地形和地景来做设计，或用混凝土，或者本土化就地取材，或者运用透视效果图等等。不同的工具是不同的思考方式，可能造成不同的设计结果。不同的设计方法是建筑师使用不同的空间思维的方式，形成不同的空间模式。所以说不只是好的态度，还要有好的工具以及对空间设计的方式，工具包括技术、材料、建构方法等等。在我看来建筑不仅仅是工程，也是个工艺，所以我到现在一直还在学习。

探索合院模式在高密度环境下的可行性

南都：就我的了解，你的好工具是否比较集中地体现在地景和合院方面?

王维仁：我一直对四合院的建筑感兴趣，早在大学刚毕业时看到这样的空间就很想用现代的、当代的方式表现出来。期望有一天有个甲方，帮他做个完全合院的居住建筑，不过现在还没等到(笑)。对合院最大的体会是在台湾一个小岛，渔村的院子只有四五米高，小院子明显感觉是家的中心，有一种空间场所的精神。有阴影，有通风，在小院子里往上一看永远的蓝天白云，阳光从东边跑到西边，阴影在改变，季节在改变，春夏秋冬都能在安全的家里体会自然，室内空间很好地与大自然融合。我想这些条件不管是现代、当代、古代，都是一种人们向往的最基本的美好的生活环境。地景也是我热爱的，地景、织理更可转化为建筑的整体，成为地点传承和小区共识凝聚的空间容器。我每到一个新的地方去，面对周围的文化地景，不管是农田还是沙漠，当这些地景因生产生活而与土地发生关系、与地形或者气候条件发生关系时，我认为它们都可称为最美丽的建筑。

南都：这种合院的建筑模式在你的很多作品中都有体现，似乎还在尝试叠加?

王维仁：四合院原来是私密空间，是家里人的聚集，而在学校运用中成为半私密。不同教室之间是共享或者连通的，一个一个小四合院的连通，有公共空间的概念，其实在社区里面也可以是公共空间或者半公共空间。几个单元进到一家，在实践和摸索中，空间的本质也在做转变，传统家庭安全的空间变成社区连通的空间。过去的四合院住宅，是在胡同里面走过巷子，走过院子跨进家门；现在的住宅是走过门口的警卫，再走过花园，走到你居住那栋的电梯门，再刷卡进去电梯、楼梯，开门进到自己的家，这一连串过程其实都是我们设计的机会，能够创造空间经验的机会。

从现在居住环境看，密度增高了，怎么样在同样密度条件下，通过不同的空间经验和空间关系来诠释都市合院主义的可能性，怎么让合院的形式在高密度的环境中产生可能，那就是把四合院的概念叠加上去，我们还在不停探索实践中。

替人民服务还是替人民币服务——建筑师有两个选择

南都：回归到本次论坛的主题，想知道你怎么看传统建筑与现代建筑？

王维仁：现代建筑狭义地说就是19世纪末20世纪初开始因为有了新的建筑技术，包括钢筋混凝土、钢材、玻璃等等，使得我们从传统的承重墙系统变成框架梁柱系统，因此解放了承重墙。我们可以开大面积的窗，让更多的阳光进来，看到比较多的景观，技术改变了我们跟自然的关系，改变了我们的美学，也改变了我们的空间关系。同时，现代主义的技术使得当时前卫的建筑师理解到，现代建筑是可以用来作为社会的工具，新的技术可以造大量的房子。以前建筑师只能替有钱人、替贵族盖房子，现在可以开始替大量的贫民盖房子，解决当时欧洲都市化造成的大量人口的问题。现代性中有种社会的与公民的特点，这种社会性使得公共空间变得很重要，也就是大家共享的空间。而中国古代建筑中也是没有公共广场的。现代建筑在全球架构中代表的是新的权力与空间的关系，让建筑师在他的空间里不只是为少数权力人服务，还有一种替大家服务的社会责任，这就是所谓的公共性，包括公共空间，包括大部分的中产阶级的居住问题。

南都：我很认同你说的这种建筑的公共性，我们论坛大的主题也一直是“走向公民建筑”，不过就现在实情来看，现在的建筑是否更多还是体现在市场交易中，比如说最普遍的商品房？

王维仁：你说得非常的对，其实随着发展，建筑很快转变成为资本家服务了，因为建筑或者说空间在资本社会中也是生存工具，楼建好就要卖了，它体现的交易价值开始大过了实用价值。所以建筑师在这里面有两条路，一条是替公众服务，替人民服务；另一条就是替市场服务，替人民币服务。

王澍

一种差异性世界的建造——对城市内生活场所的重建

王澍，中国美术学院建筑艺术学院院长、教授、博导，现生活在杭州。他与妻子陆文宇于 1997 年成立业余建筑工作室。他致力于重新构筑中国当代建筑的研究和工作，并体现在他的作品瓷屋、垂直院宅、宁波美术馆、宁波博物馆、中国美术学院象山中心校区、上海世博会宁波滕头馆等一系列作品中。他们独特的设计风格，将当地的、传统的、可回收材料利用的技术与现代建造技术融合。这种设计理念反映了他们对建筑可持续发展的关注。他们的作品在世界范围内的各种杂志和书籍上发表。同时，他们的作品也在世界各地的博物馆、艺术和建筑中心以及建筑机构中展示。2009 年，他的个展“作为一种抵抗的建筑学”在布鲁塞尔 BOZAR 艺术中心展出。曾获得 2010 年“威尼斯建筑双年展”特别荣誉奖。2010 年“德国谢林建筑实践大奖”。2011 年度法国建筑学院金奖。并受邀为哈佛大学研究生院 2011 学年丹下健三荣誉教授。2012 年，荣获建筑学最高奖项普利兹克奖，成为第一位获此殊荣的中国籍人士。

演讲精华

这一次的主题是“传统与我们”，我并不太清楚“我们”的具体指向，我就来说说“传统与我”吧！

传统与我的关系其实是一直很密切的。我自小时候起就喜欢读古文、写书法，上大学时每天午休时都会拿起毛笔写书法，傍晚时与人一起品评，很多传统已成为我的生活习惯。在我的案头上就有这么一幅图，北宋王希孟的《千里江山图》，我经常会一遍一遍地看它。在我后期做很多建筑设计时，它会自然地跳进我的脑海里。

中国曾经是在城市和乡村都遍布诗意的国家，经历一百年的巨变之后，这种诗意还存在么？在我看来，如果建筑能穿过百年、千年持续地存在，这就是挺让人感动的事情。在我某天走过一个街的拐角时，我看到这样一幅画面：一堵墙看起来像是断壁残垣，但当它剥落的时候，你会看到里面的东西非常有条理，黄土、抹灰、砖头这三种东西很有序地结合在一起。我不会想到这是一堵破墙坏掉了，可以重新去翻新它，这是一种时间的过程自然产生的东西。

所以有的时候我就是这样的一个建筑师，我喜欢和时间打交道，因为时间其实是最了不得的摄影师。我们经常看到一个现代建筑，最好看的时候是刚建成的时候，随着时间推移它会逐渐变脏；而好的建筑，会随着时间的变长而更有味道，你会发现它的另外一面。我同时还是一个老师，我喜欢在这一类建筑的废墟当中来给学生上课，因为这是最直接的，你可以看到传统的建筑在崩溃时显露出的一些特别的意思。它不是完美的，它瓦解崩溃的时候就是最好的呈现。

是不是有可能，以一种什么样的方式，在我们这样的一个乡土建筑的传统里找到更有智能的模式？这两年我们在浙江一带做了大概超过200个乡村的调查，每年除了设计之外我带着学生用大量的时间去调研。在调研的时候就会发现，他们使用了类自然的一种建造体系，用细碎、自然的、我称为能呼吸的材料，然后以一种我们教科书上经常没有描绘的方式来建造，而且它有那么多丰富的变化！这样的东西对我个人影响就很大，从某种意义上来说，当我们讨论中国的年龄的时候也是类似的东西，包括中国的古建筑。这类建筑你可能做一千遍的测绘都不能理解，因为它不是可以用西方建筑学的那种以地形为基础的方式去进行分析的。我觉得这是一种完全不同的世界观、价值观的建筑。

那么中国建筑的传统到底应该怎么对待呢？我觉得一定要做些什么，反复说是没有用的，只有在做的过程当中才能体会。我做的事情很简单，当我意识到这个问题的时候，我就会试图对自己进行改造。我发现我想建筑的方式包括我画图的方式、施工的方式等等，这些都和中国的传统是分不开的。怎么样去理解它？首先要亲自体会它。2006年在“威尼斯建筑双年展”中国国家馆展出的我们的作品“瓦园”。这是一个巨量的工程，5000根竹子6万片瓦片，6个建筑师和3个工匠，13天完成，人要亲自走上去，用手触摸每一根竹子、每一块瓦片。你会体会到这样出来的建筑不同，它是一个有生命力的活的东西。

这两年，我做得比较多的是回收建造。其实我做的工作很朴素，我做不了复杂的东西，因此想重新开始另外一条建筑学的道路。五散房就是我们在周边拆除回来的旧砖瓦的碎片，用极精致的方式堆砌起来。同时我们还做了一个尝试，把它和现代的混凝土技术做在一起，其实让工匠学会有相当大的难度，这需要长时间的磨合。

宁波博物馆是更大一些的作品。建造之初的想法很简单，不管怎么建造，我们要用传统的材料恢复它的肌理，不要当垃圾一样地扔掉。但是要恢复它们的肌理，设计师要给掌握传统技艺的工匠们足够的机会。因为我们说的传统，并不是博物馆里头藏了什么好看的东西，而是掌握在这些工匠手里活的能力和记忆。如果这些工匠没活干了，这些记忆消失了，我们的传统就死了，而现在基本上是这样的一个程度。这个时候我觉得建筑师需要主动一些。大型的施工，对工匠队伍要求更高。我合作的工匠队伍跟着我大概都有七八年的时间，长期地在一起工作会令我们更默契。

当然，实际操作中要实现它难度是很大的。很多人会问：你怎么能做到？其实真的很不容易。我们刚开始做博物馆这个项目的时候，一个甲方向我咆哮怒吼：“这个周边是一个新的市中心，旁边被‘小曼哈顿’包围着，在这么现代化的新的中心，你用这么脏、这么旧的材料来做一个博物馆，你什么意思？”我就跟他说，我说我们有一个约定要做一件新东西，那么新东西是不是意味着评价标准还没有形成？既然评价标准没有形成，那么谁了解和把握这个标准，是不是我呢？他说是的。我说那你是不是就得听我的呢？他愤怒地摔门而去。当然建筑建成之后，他向我做了非常诚恳的、正式的道歉。

事实上，后来反响很不错。在我们接受做这个博物馆的时候，为了造那个小曼哈顿，周边30个美丽的村庄已经拆掉了29个，这里已经变成了一个完全丧失回忆的地方。后来我们通过回收的建造，以这个博物馆为载体把它重新建起来。这个建筑到底好不好，其实甲方心里一点儿也没底。但是他没有想到，开馆第一天原定每天3000人的访问量，直接突破10000人，连续三个月，这里统计有超过100万人的访问量，还有很多人来了很多次。我问我旁边一位老太太来了几次，她说来了4次。我问她："为什么来？看展览吗？"她回答说："那个展览我看不懂，我是来看建筑的。我原来的家已经没有了，但是在这个房子里到处能够发现我原来家里的痕迹，这个我特别喜欢，所以我就一次一次地反复来。"所以这个博物馆，它变成一个搜集回忆的博物馆。

在过去的八年，从五散房到宁波博物馆，这是一次用回收材料建造新建筑的完整试验。

如果真要讲传统，我对传统体现出来的差异性很有兴趣。因为传统这个东西，跟我们的距离已经拉得很远了，但是我们可以以今天的方式，直接具体地讨论它，而不是抽象地去看，这个仍然是可以做的。

很多同学都知道我喜欢传统的东西，但是如果任何一个我的学生胆敢直接模仿做出一个传统的东西来，一定不及格，这是绝对不能出现的。传统是死的，如果你没有办法整合它，它就死了，要整活了才是新的。那么我们这个时代有什么能力来做呢？今天的这个时代更像是一种乌托邦，还是单纯的乌托邦。现在给大家展示一个更大群体的乌托邦。

这是我们的作品，中国美术学院象山校园。我们做这个的时候心中当然会有参照的对象，这是浙江杭州附近的典型的江南的乡村，我们可以看到这个建筑群骨子里清晰、自然延续变化的状态，它不是通过几何排布放在那里。这样一个村子里头园林、书院、茶亭有多少个！它根本不是我们说的一般的农村，而更像一个小乌托邦的感觉，或者是一个美妙的小城。最终象山校园的图我想了3个月，画图用了4个小时一气呵成。那个时候我经常自称是17世纪的人，不小心到了现在，但是我也回不去了。

在建造项目时我们也在思考，如何根据气候条件，寻找低造价的节能建筑方式？在象山校园，我们回收的旧砖瓦超过700万片。除了这种拼接的意思、大的景观哲学、技术性的考虑之外，它还是一种保温隔热的实现方式。另外，我希望做一种建筑，它能够超越个人。这种建筑它是被无数双工匠的手触摸过的，它已经超越了我们今天说的某个建筑师做的一个作品，而是在记录一段历史。当然，需要融入更多时间，同时做这样的建筑可能会很孤独。当然我觉得其实我也不孤独，我还有我的学生。

重返自然之道，这条道路走起来相当艰难，如果只是作为一个个人建筑师这样玩玩还是可以，但是我显然还有点儿野心。这个世界上有两种建筑：一种就是包含了某种已经存在的东西，令你一看就喜欢；还有一种则是完全不包含，两者的气氛完全不同。在我们的城市里头，几乎没有包含已经存在的东西，基本上都是新建的。在我看来，"回收建造"回收的不仅是材料，而是匠意、时间和回忆。

如何在当代中国现实中，重塑乡土的文化身份？城市化是否为唯一的发展出路？下面我以杭州市中山中路综合保护与有机更新工程为例，谈谈我的观点及尝试。

在杭州的中山路，号称南宋的皇帝曾走过，总共6公里长。这是一个全城万人瞩目的历史文化区域，又破败不堪，最后不知道怎么落到我手里来做。做这个事情非常麻烦，我当时跟市长、市委书记提了六个条件：一是设计之前，先做半年的深入调研；二是坚决不能做强制拆迁，要保持足

宁波博物馆外墙

宁波博物馆屋顶平台

中国美术学院设计艺术学院

中国美术学院建筑艺术学院

杭州南宋御街博物馆内景

够数量的原住居民；三是不做假古董；四是不做街面的一层皮，要做有纵深的街区；五是用地方性的新的小建筑系统将街道缩窄到原来12米的宽度；六是不做6公里，我们只做1公里的示范。这1公里就是我们融合了很多的人一起做的，包括我们的整个设计团队。

当时提出来，第一个就是保护老房子。后来有一个处长跟我讲：这个东西怎么做？在我眼里它就是一堆破烂！实际上在这个地方如果有钱的话，当地的居民大部分都不想住在里面。文保专家提出来，这里的房子太旧了，宁可自己造假古董，但是建筑师坚持要恢复。只是我们不太有经验，最终新房子与老房子之间的间距以开发困难为理由拆迁了一大片，因为不能强制拆迁，很多人住在里面就开始施工了，施工和生活是在一起的，各种各样的事情引起无数的投诉。当然，也有一些事情不可避免。比如改造中有一个房子，两个劳改犯兄弟住在里面，他们坚决不肯整改，没办法，甲方找我问怎么办。我的回答很简单："不整改就不整改，完全可以允许别人不整改。"

但最终的结果是好的。道路改造2009年10月建成，最后的这个结果我觉得很有意思。我记得在开街前那一天，我在街上碰到市委书记，他说："你和我是一条绳上的蚂蚱，这个事情成不成功不知道，明天我们来看结果。"大家也没有想到，国庆一个礼拜，1公里的一条街有超过100万的市民来访问，而且国内各大媒体不请自来全部做了正面报道。

除了看热闹之外，给大家最后看一个讲这个技术的小活，以我做的一个600平方米的24小时开放的博物馆——御街陈列馆为例。主要的意思是说不管你有再好的想法，这些工作最后还是需要手段高超的建筑师才能完成，否则的话再好的策划和规划都没有用。

希望同学们有正确的价值观同时手段高超。谢谢大家！

思想对话

以错误的方法保护传统是以另一种方式杀死它

南都：在建筑界西化、现代化如此肆虐的今天谈传统这个话题，是不是有点不合时宜？

王澍：不，就我而言，传统是一直存在的，我对它的坚持也一直都在。我记得刚进大学的时候，老师会说我们学生是建筑白痴，不懂建筑。这一点我完全不能认同：我们在建筑里生活了18年，怎么能说我们不懂建筑？学校里教的是西方现代建筑，这个影响是直接的、立竿见影的，很少有人能逃得出这种影响。我是很幸运地靠着自己的力量逃出来的。

南都：市场是不是建筑西化的最主要原因？譬如说当N个方案拿到甲方面前时，西方化、时髦的设计总是更容易被采纳。

王澍：这个完全有可能啊！大势也是这样的，这是很奇怪的方向。现在的建筑大体有两个方向：要么是赶时髦的现代建筑，要么是传统的，但它是跟生活没有关系的、形式主义的"传统"建筑。这是重新解释过的东西，这类建筑把中国原有的丰富的建筑细节抹去，最后形成非常国家主义的建筑。

南都：你所说的"传统"建筑，类似于某些城市拆掉古建筑，然后从头再来做仿古建筑？

王澍：是。我在西安生活了十多年，现在西安把西大街最古老的部分拆掉，重新改为仿唐朝的建筑，这让我无法接受。这个时代的变化非常剧烈，导致传统的生活根基很不稳固。我们现在讨论的传统，已经完全处于弱势地位，需要被保护。但是如果以错误的方法保护传统，那是在用另一种方式杀死传统。现在的传统建筑已与生活没有关系，是被围观的建筑，这种保护也意义不大。

南都：但对传统的坚持是必须的，只是如何坚持的问题。

王澍：当然。传统有比现代更优越的地方，这是需要我们以反省的姿态去挖掘的。但当下在比较真实的状态下去讨论传统的人是很少的。因为被破坏到这个程度，现在中国真正对传统有认识的人已经非常非常少，并非如我们所设想的，传统已经掌握在我们手中，只是要不要继续坚持的问题。这个传统其实我们已经基本不了解了。

深圳如果推倒一切，城市更新将无可值得尊敬之处

南都：现在全国各地的商品房小区，都在标榜地中海园林、泰式、法式、西班牙式园林，而我们过去引以为傲的中式园林基本消失不见了。这是因为审美、价值观发生了变化?

王澍：肯定有这方面的原因。但反过来看也会存在另一个问题，如果以现在的小区建筑形式，就不适合中式园林。我们把园林和建筑分开看，这是不应该的。中式园林与中式建筑必须匹配，否则更怪异。

南都：我们需要向传统学习的地方，你认为在哪里?

王澍：传统的基本导向是，人需要向自然去学习。人的生活要有适当的放任，在有一定规律的前提下，能够像花草树木一样自由生长。你若走过乡镇，你会发现房子有多样性，一个地区有一个地区的方言和建筑特色，建筑在变化，很丰富很有差异性。这是真正的文化。在我看来，传统完全能够与现代同时存在，并不是传统是之前的东西，现代是之后的，后者要取前者而代之，不是这样的。它至少要与现代同时存在，而且孰优孰劣还有待判断。如果依我来看，现代的文化已经基本上完蛋了。

南都：现在全国各大城市包括深圳在内，多在进行大规模的城市更新，原有的城中村和老旧小区越来越少。对这一现象你怎么看?

王澍：那我可以说这么一句话：当深圳把这些都一一推平之后，深圳就没有任何值得我们尊敬的东西了，它已经没有了属于自己骨子里的文化。事实上我们讨论的传统，它和未来直接相关。保护传统的目的，是要保有我们的未来。我们在逐渐失去自己几千年积累的文化的同时，还在抄袭世界的价值观。如果我们连自己的文化都不爱惜，又如何要求别人尊重你?

南都：所以我们在进行改造时必须慎重考虑，如何保持我们城市本土骨子里的东西?

王澍：当然。深圳城市文化里头屈指可数的剩下的东西，对深圳而言其实是国宝，这是深圳的重要文化遗产，大家要注意到这一点。真正的传统并非是大一统，而是每个地区如何从自己原来的脉络中去确认自己文化中特有的脉络和身份。文化的自尊和自信的建造，这本身与工业化的强势

价值观是有对抗性的。如何去平衡，这很重要。

南都：但现在看来，这种对抗是悬殊的，也是难以解决的问题。

王澍：现在的中国传统被破坏得十分严重，但也还没有被破坏殆尽。至少我们还有机会，现在大家都在讨论可持续发展、地方文化与生态、如何使各地的地方文化生机被保持，这是一个好现象。

过去二十几年我们消灭了90%以上的建筑

南都：传统、本土的建筑在城市中逐渐消失，更多气派的建筑取而代之，似乎已经是当下不可回避的现实。在你看来，是否有哪个城市的生活气质还能与建筑契合?

王澍：只能说某个城市的某一小块儿，比较契合，比如说苏州、杭州西湖边上有一点点。我做过一个统计，本土建筑在传统文化城市中的比例已经不到10%。我们在过去二十几年，消灭了自己过往的建筑90%以上。城市保有的剩下的一点点传统建筑，只在5%-10%之间。这还是指历史文化传统城市，其他更不用谈。从某种程度上来说，中国城市里头的传统和文化基本上完蛋了。

南都：那些传统建筑承载的记忆，也将随着城市的这一变化而逐渐消逝了?

王澍：是的。我们常看到电视剧中说某个人失忆了，这很可怕，但现在我们在文化上已经进入集体失忆状态了。你不觉得这很恐怖吗?这时候特别需要目光长远的考虑，现在就要这么做了。

南都：但城市化一直在进行中，要保有本土特色越来越难了。

王澍：现在中国的城市化水平已经达到50%，很多人说要我们像欧洲一样朝前发展，达到70%。我们的人口基数这么大，50%已经十分可怕，我们还要70%吗?现在就应该结束，该停止了，该回头反思了。我们应该回头来看看乡村建设的问题，而不是继续城市化，在我看来这是一条不归路，是没有前途的。

南都：回到建筑这个话题，保护本土的传统建筑，需要怎么做?

王澍：自上而下、自下而上的声音都需要有。但自上而下的改变力量，在当下中国更重要。当然，学界也需要改变。现在学界说的现代即是西方的摩登的建筑，所谓的传统只是当作作料来用，这是商业、市场的现实。而学生在这个时代本身已通过各种渠道看到充斥在社会上的西方的、流行的东西，如果你的大学教育还不去警觉，不去做另外一种导向，自然而然也会朝这个方向去了。

南都：建筑对社会的影响、对文化的传承，你认为体现在哪些地方?

王澍：建筑是艺术，它有很强烈的影响人的作用，它是可以促进也可以破坏社会和谐的。举个简单的例子，以现在的建筑模式，基本不能形成有亲密文化的社区，这样社区文化就会慢慢消失，人的心态也会随之发生变化，城市的气质也会变化。当我们把记录了城市记忆的建筑摧毁之后会发现，我们在文化上没有了参照，重新来守护自己仅剩的文化会变得很难。

刘家琨

记忆与传承

刘家琨，家琨建筑设计事务所主持建筑师。主持设计的作品被选送参加德中文化年、法中文化年、荷兰 NAI 中国当代建筑展、俄中文化年及威尼斯建筑双年展等多个国际展览及国内展览。主要建筑作品有：艺术家工作室系列、鹿野苑石刻博物馆、四川美术学院雕塑系、上海青浦区新城建设展示中心、四川安仁建川博物馆聚落、四川美术学院新校区设计系、中国当代美术馆群、胡慧姗纪念馆、成都东区音乐公园总体设计、成都当代美术馆等。

演讲精华

我跟王澍刚才讲的那段不一样，离现代更近一些，王澍讲的有点像“孙子”讲“爷爷”，我就讲“我爹”吧。

我做了一张还没有彻底完工的建筑比较图，通过纵横两个坐标，大家可以看到中国封建时期、民国时期、计划经济时期、市场经济时期宫殿、府衙、私邸和村舍所呈现出的不同形态。以中国封建时期为例，会发现当时无论是宫殿、府衙、私邸还是村舍，建筑形态比较统一；进入民国时期后，西学东渐，略微活跃一点；进入计划经济时期，又要统一一点；在当下的市场经济周期中，会发现此前三个阶段一直都很少发生变化的村舍开始改变。做这么张图我自己也不太明白我要干什么，有时候我觉得“理论”很有意思，但有时候我觉得“理论前”更有意思。

有一位以色列网友“我不是中国通——谢大刚”，表达他所感受到的中国传统，“张艺谋所炮制的审美世界把我带到中国了，而我到了中国见到的却是贾樟柯的世界”。我们来到了这个时代，这样的现实不是哪一个人能够扭转的，它是不是件坏事要看你怎么看待。传统状态肯定不是那样的，但我们是不是可以回到传统呢？另外一位中国网友“何桂彦”，表达了他所感受到的传统：“今天，传统更像是一种文化上的乡愁，因为我们是无法真正回到传统的。同时，在我的理解中，传统是四位一体的，它体现在物理形态的器物层面，体现在实践与交往的身体层面，体现在伦理与规范的制度层面，体现在审美与气质的精神层面。当代艺术要从传统中寻找养料，还有很长的路……”

传统，不光是一个样子的事情，正如那位网友所言，传统是“四位一体”的。如果光从样子上讨论这个事情，相当于只是器物层面的，但如果不从身体、伦理、规范、制度层面来讨论的话，传统就是残缺的，是无法回去的。

四川安仁建川博物馆“文革之钟”是一件较早期的作品，业主樊建川是一个房地产开发商，同时又是一个收藏家。他又想开发房地产，又想做博物馆，当时遇到的最大问题是，商业和文化如何合作？

在一般情况下人们总认为它是矛盾的，但是如果没有钱，是干不成事情的，商业和文化可不可以合作呢？这是我思考的一条。第二条，在传统的民间街道模式中，常常会看到街道上的庙宇，这个庙是精神空间，也是生活信仰，但是庙宇的旁边又会有很多店铺，向信奉者售出一些香火供奉等，它们之间是相互依存的。人们要去上香，庙里去很多人，当然就需要服务，所以旁边的店铺就活起来了，它们混合在一起共生。这种模式，其实很像信仰在中国人生活中的状态。

在这点上，我认为民间街道传统，要比古典官式的宫殿或私家园林，更能帮助今天的我们建立起日常世俗生活和历史瞻仰、文化反思之间的积极关系。

我们以传统街道的形态规划了整个博物馆聚落，而在做“文革之钟”博物馆的时候，正视现实。我就想把世俗与精神两件事情结合起来，把商业的成功视为博物馆的生存基础。设计时在商业弃用的地块核心插入博物馆，其中的博物馆吸引人流，商店有助于博物馆的生存运行，其形态类似于中国传统城市中庙宇与其周边商住的依存关系。利用地块外围商业的纷杂与地块核心博物馆空间的静谧，使“世俗空间”和“神圣空间”形成鲜明对比，从而进一步强化商业现实和历史遗存各自的感染力，创造出独特的场所感。

设计细节上，如果街道比较宽敞，我就把商业的门面做得比较大；如果是小巷子，我就把商业的门面做得比较小，其实就是让商业得到最大满足。在此之后，把对于商业来说是废弃空间的地块中心部分做成了博物馆。而且还有一点就是，很多建筑师做了房子赶紧去拍照，怕别人入住以后把房子的立面弄乱了。我觉得这种心态是不对的，难道设计师要成为生活的敌人吗？我基本上就放弃了对于商铺外围立面的设计，商业部分我只是做出了框架，让它去变吧。

我甚至想过，如果街的两边都是一样的样子，这条街的整体性会更强，甚至跟一些做相邻建筑设计的建筑师说，你们做成什么样子我就抄你们的立面好了，但遭到了反对。大家觉得理论上有意思，但还是不愿意让我抄，于是就没抄成。

第二个项目是四川美术学院新校区设计艺术系。当时我想到了一个词叫“回溯到时尚”。重庆是一个山地城市，同时又是一个重工业城市，这两个特点在一块儿构成了重庆的文脉。重工业是重庆的文脉，但是工业厂房现在又是艺术家特别喜欢的，“LOFT”概念已经非常时尚了，所以我想能不能把重工业的文脉和当今的时尚缝合在一块儿？因为它是一个艺术学院，他们特别喜欢工业空间。

我以重庆特有的山城聚落形态和近现代重工业建筑历史文脉作为形态依据，采用“类工业厂房”形态，顺应山势，化整为零，以错变的外挂室外楼梯形成立体的景观路径，使设计学院建筑群既延续了重庆的地方特色，同时又具有工业建筑空间的当代艺术时尚性。

设计图中的这些房子并不是我原创的形象，而是找到的各种工业厂房的类型。其中你可以看到多层厂房中常用的拱顶、坡顶、M顶，还有一般厂房中常有两个楼梯，一个在内部，一个外挂，便于疏散又不占用内部空间，这些元素在设计中也有呈现和发挥。由于重庆山地地形，经常爬坡上坎，于是这些外挂楼梯经过张扬的拉扯之后，形成一个立体的路径，人们在走楼梯的过程中可以东看看西看看。

在建筑中，我使用一些当地常用的、廉价的材料，形成各个单体建筑的个性特征。比如，农民搭房

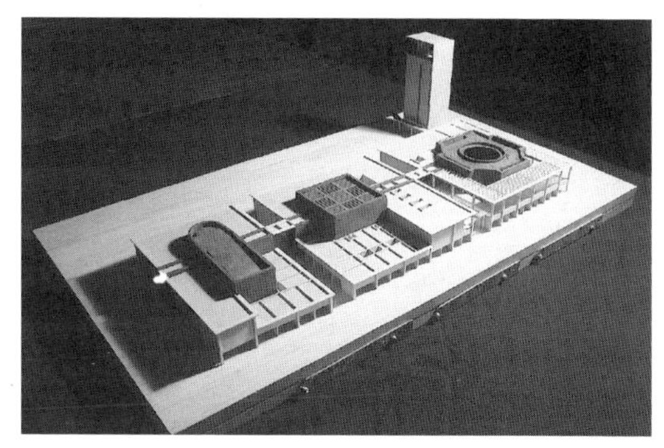

四川安仁建川博物馆（聚落）文革之钟博物馆

四川美术学院新校区设计艺术馆

上海相东佛像艺术馆

顶用的水泥波纹板和多孔砖，现在被用在墙面上，还有这些当地厂房常用的红砖，和一般铺地板用的陶砖，都被我镶嵌到墙体上去。通过对这些小元素的运营，让每幢楼都有了自己总体控制下的小个性。

我原来想给这堆房子起名叫七个小矮人，建出来发现并不小，像是七个胖子。这一堆房子里没有一个是特别独立的、英雄主义的形象，更多的是通过场地的相互联系，形成一个气场，构建一个关系。

上海相东佛像艺术馆，算是一个厂房改造项目。

大家通过原始场景照片可以看到，这是一排略显狭长的空荡荡的80年代的老厂房，周边荒芜一片。当时有一个人在收藏木佛，两件事联结到了一起，我们就是在这样一个厂房里，来干关于佛教博物馆的事情。

最终我们决定，保留原厂房中的屋顶桁架体系和重要墙面肌理，内部局部加建，形成层层递升的展览平台。在借鉴佛教文化遗址的造型语言的同时，又试图用当代材料加以颠覆，制造出一种当代语境与历史意韵之间的张力。

我给这个项目取了个名字“内心丛林”。进入佛像艺术馆，要爬坡上坝，穿越竹林，不是一般在博物馆里走路的感觉，而是要沿着台阶慢慢爬过去，再走下来，有一点像爬一座小山去看一个寺庙的历程。

展台和要上的台阶是混在一块儿的，建筑高差部分来设置展台，有道路在里面走，还通过竹子等植物，在室内创造了一个丛林。你会看到虽然是佛教场所，但是栏杆是螺纹钢的，也是想表达强硬丛林的感觉，有些地方看似没有出路，但是确有小的口子可以出去。包括前段是爬山的过程，后面有一点像曼陀罗迷宫。这些设计语言和印度的佛寺遗迹有关，钻进去，一层一层，颇有曼陀罗式的感觉，现在居然开始有和尚在里面晃来晃去。

不过，最初每一个地方要放什么样的展品都是考虑过的，老厂房的牛腿上也设置了展台，并且利用原先的天光专门布置过。但是造好之后，收藏家特别急于把所有东西都展示出来，所以摆得有一点过多，我对收藏家说，你这是菩萨开会。

可能最戏剧性地表达我的理念的案例是张晓刚美术馆。我做过类似的工作已并非少数，并且不少作品接近落成。为什么独独选取了张晓刚美术馆呢？因为在这个作品中，传统与当下，记忆、现实与想象，它们之间不再有明显界限，而且它们各自都实现了一种超越。

如何在日常性里表达精神性，是我最初思考的问题。

我和张晓刚是多年的朋友，他的绘画以一种超现实主义梦魇般的语言，处理计划经济时代留给我们的一些记忆片段，如集体肖像合影等。从这些合影提炼成美术语言，有历史纵深、集体记忆、近代史和血缘关系，展示的却又都是日常场景。在建筑设计中，我尝试采用相应的建筑语言，用一些社会主义时代、当下民间的典型建筑手法和材料做法，与张晓刚的绘画语言呼应。

在设计前我收集了一些普通民间村落的素材，水泥抹灰的楼体、瓷砖贴片的外墙，电线穿梭，正是大家日常生活中最最常见的居民楼，也是当下最没看头的东西，我把它作为一个原型。我觉得，要是仔细琢磨，它仍然有某种民间的精神气质在里面，这些东西也不是很古，有一点不入流，在建筑学方面好像都不能拿到台面上说，不特别也不奇巧，它就是最普通的那一部分，但它是广泛存在的。我就以这类民间建筑作为原型。

在这个张晓刚美术馆设计中，你会发现一些诸如变异空间、迷蒙光线、素砂浆抹面、清水砖墙片段、绿色墙裙等，所用的每一种都是如此具体的建筑元素，反而在美术馆的整体空间环境中都达到“陌生化”，共同制造出一种超现实主义梦魇般的气氛。在这种境界中，充满了强烈对比。就像房顶上这棵树，也有人问过我为什么不用装置树呢？装置该在那里，真树不该在那里，这种错位能够把一些超现实的东西体现出来。就像二楼的这个桌面，掀开来，天光便进入一楼展厅。正是通过这些在房间中迷离变幻的光源、变形挤压的不正常透视空间，让我们感受到超现实主义的对比。

这次论坛的主题是“传统和我们”，那么传统就是他者？我看到你们的海报设计，中间有一根线隔开，还把“传统”切掉了一些，我觉得传统未必是这样，我想改一个字，“传统是我们”。如果积极一点看这个事情，我们是谁？这个终极探讨是可以来讨论一下的，我们是谁？我们在哪儿？在中国，文化的融合度和人种的融合度都超乎我们的想象。中国的原初文字有可能受到中亚楔形文字的影响，而艺术有可能跟草原文化有关系，就连我们最引以为傲的青铜器其实跟西伯利亚的青铜艺术是有关系的，唐朝开国皇帝的人种据说也不是汉族。中国这么长一个朝代史，包括五胡乱华，元、清，其实都是我们国家的历史，所谓中国，其实是一个大融合的地方。我们不要那么气馁，在今天西方文化进来的时候，不一定会把我们给灭了。传统应该是一种吸收、同化、再创造的能力。这个世界往前进，它是会留下很多残迹，但未必能把人内在的东西毁灭掉。民间有很多创造力，中国人也从来不缺少智慧。我们举一些例子，就说负面的吧，比如造假，是多么有想象力啊，这些因为生存逐利而诞生的智慧，如果制度设计能做好，那么所有这些匪夷所思的创造力就可能转化为积极的力量。

最后和大家一起欣赏一些网络上热传的图：站在推土机上结婚的新人，脚捆塑料板凳趟过积水的人，躺在水泥管构建的“床榻”上休息的工人……这些来自民间的想象力，给我极大的触动。

中国人从来不缺少智慧。高手在民间。

思想对话

传统帮助我的作品在特定文化语境中定位

南都：你如何理解传统？传统对于你的设计而言，又意味着什么？

刘家琨：近年来，除通常理解的中国古典建筑传统外，我的工作越来越有意识地处理两类更具现实感的建筑传统：一个是20世纪50-70年代社会主义计划经济时代留给今天的一些空间记忆，比如那些运用“社会现实主义”语言的大型公共建筑(如人民大会堂)，以及一些中性、均质、可被无限复制的厂房、宿舍等建筑物；二是在中国当下民间涌现的一些“普遍的”建筑元素和空间模式，比如各地常用的、非常廉价的建筑材料和做法，农村中农民自发修建的现代农舍和聚落方式等。

这两类近代传统，以非常具体的形式，存在于我们身边，对我们的空间环境有巨大影响。也许正因为它们离我们太近，它们相比古典传统来说，较难被概括为抽象的理念，较难被赋予浪漫色彩，因此它们往往被忽略。但我很珍惜它们。它们可帮助我的作品在中国特定的历史、文化语境中定位，赋予我的作品某种历史关联性和当下现实性，以及语言的张力。

青城山中国当代美术馆群之张晓刚美术馆

青城山中国当代美术馆群之张晓刚美术馆

青城山中国当代美术馆群之张晓刚美术馆

从民间寻找强大的创造力

南都：你常说高手在民间，作品中也常常选用当地的建材，为什么？

刘家琨：如果换个角度来谈这个问题，给大家推荐一本书《与古为徒和娟娟发屋》，作者是白谦慎先生。这本书是讲书法的，一般学习书法的人有两种，一种是临帖，一种是临碑，临帖是主流，但后来有人说临帖弄得比较软或者唯美，他们更喜欢碑刻的强硬和丑拙。

作者说，其实刻碑的人很多都是无名工匠，不识字，虽然字是书法家写的，但他们在刻的时候有很多自己随意的部分，这些随意的部分就是被后来书法家奉为有丑拙、民间精神的部分，特别推崇，奉为经典，这就是"与古为徒"的部分。

作者认为，当今的民间书写，那些写"娟娟发屋"发廊招牌的人，其实和以前的工匠是同等的，只是在不同时代，为什么就不屑一顾呢？

解放以后修了很多房子，改革开放这么多年，很多传统的房屋被破坏掉了，又有很多新的修起来，我觉得如果按这个观点看，当今的民间建筑书写，这些"娟娟发屋"，有什么不好的吗？还是看个人的角度，你也可以在里面找到很强大的创造力量。比如大家随处可见的水塔，也不知道是谁做的，就一直在那里，它就没有精神气质吗？是有的，就看你怎么看它。

我不是那么悲观地来看中国的传统文化的，因为觉得我们从当下的现实中，当下的满目破败里面，仍然可以找到东西。

南都：作为旁观者，我觉得你对待传统文化的态度达观而包容，为什么？你曾经写过四部长篇小说，写作与建筑两种职业，对于传统的态度又有怎样的不同？

刘家琨：（笑）我写过不止四部小说。传统的东西我是很爱的，在我的工作室里也收藏了不少东西。过去二十年中已经拆掉了太多的传统建筑，悲观也没有用，回天无力。我只能承认不可改变的，改变可以改变的，关键在于认清这两种东西。对于传统，我认为生活在这个时代，只是骂这个时代是一种失职；不面对和回避，也是一种失职。尤其是建筑师这个行业，是一个必须往前看的职业。

不管我内心如何，也许一个大的方向我可能是悲观的，但是小的方面，我必须是积极和乐观的，比如在大家忽略掉的看不上眼的"破烂"中，能不能有发现的眼睛，看到新的东西？

如果我是作家，也许可以反着写，来表达对时代的不满，但是作为建筑师，我只能以自己的积极的方式推动时代向前，建筑师这个职业提供了建设的可能。

南都：在你看来，中国人和西方人在传统上有哪些不同？

刘家琨：有个哲学家说过，俄罗斯是大路，埃及是沟渠堤坝，西方是理性的叠加，中国是道。在这四个当中，只有中国的东西是无形的，其他几个都是可以想象形体的。

中国传统建筑中，都是一些差不多的房子组合在一起，其实对单一形体的操作不是传统中国特别关注的东西。中国传统里有一个特别重要的，又看不见的东西，是关系。关系渗透在中国的一切事物中，西方人觉得不可理解。自行车在街上骑着一大股一大股的，公共汽车也开着很顺，像是一群小鱼在一条大鲸旁边游，其实也是关系，中国人就特别能处理好这个关系。我认为关系这个虚的、无形的、道的事情，大于形体。

对待历史不能太过挑挑拣拣

南都：2004年你曾和龙应台先生就成都老房子的拆迁有过一场讨论，你如何看待老房子在城市未来扮演的角色？

刘家琨：在商业社会，单纯追求利益，可能把这些传统的文化遗产完全忽略掉，但是也有可能找到一种办法两者兼顾。比如成都市中心，我们也保留了一片老工厂，改造成中心音乐公园，如果将来能够运作得好，既保留了文化遗产，又能在城市的未来焕发活力。

看待老房子，不能光从历史和美学的角度来看，也不能以单纯的游客或是知识分子的心态来看，还要看住在里面的人，他们基本生存条件怎样，他们到底想不想继续住在那里。不能拿游客看亚马逊部落的心态来对待原住民。如果原住民愿意继续住，他们当然有优先权；如果他们不愿意，新住民愿意进来，当然也可以。我的意见是能留就留，不能留当然可以走。而且，即便留下来也有很多事情，如何让他们继续更好地生存？这事挺难做的，政府责任很大。

南都：如你所说，人是传统的主要载体，可现在面临的问题是，即便老房子被保留下来，但是原住民却不断置换出去，那么传统不也同样面临消亡了吗？

刘家琨：老房子是一个传统器物，是物质文化部分，如果原住民原生活能够一体化保留当然最好，但其实说起来容易，做起来太难。经济在起决定作用，从来如此。

保留下来的老房子可以改变新群体的意识，也许新群体就是因为有这种传统意识才搬进来的。而搬出去的人搬到什么样的环境里？因此我觉得新环境如何塑造是当今至关重要的。甚至传统生活随着新群体的入住而更新，也不是不可以理解的，那也可能形成新的传统。比如青花瓷的原料“回回青”来自波斯，中国的国球乒乓球是英国人发明的，四川人爱吃的辣椒也是四百年前从墨西哥过来的。世界的事情就是这样，一帮人迁徙到哪儿，安顿下来，做自己的事情，把它做好，就有可能形成新的传统。

南都：深圳三十岁，又即将面临大规模的城市更新，能不能给这座城市一些建议，我们该以怎样的态度面对历史？

刘家琨：中国人看历史常有古董意识，要看哪一段更有商业价值。对深圳而言，三十年当然算不上古董，所以这一页更容易被轻而易举地掀过去。但是我们也要认真判断，在这个过程中，有哪些对于城市价值观的形成有特殊的意义。对待历史断面要珍惜，对你这个城市有意义的就应该尽量保留，不能太过挑挑拣拣。

南都：不得不提，在刚刚结束的建筑双年展上，我看到你的再生砖，在你看来它的价值体现在哪里？

刘家琨：再生砖当年是在汶川地震灾区启动，现在已经工厂化，也从曾经的地震概念中脱离出来，成为一种环保产品。每个时代，每个城市都有拆拆建建，再生砖就是把以前的房子嚼碎了，再融合成新的建材，建成新的房子而已。现在再生砖在生产技术上和产品质量稳定性上都已经测试通过。它的价格取决于原料，因为都江堰地震后废墟特别多，所以现在第一个工厂出现在那里，而其他城市都有拆旧，都可以建厂。

黄印武

传统的真实性——沙溪乡土建筑实践

黄印武，1996年毕业于东南大学建筑系，任职于东南大学建筑研究所，2001年应邀任南京大学建筑研究所《建筑与设计》（A+D）编辑，后留学瑞士联邦理工大学、香港大学，获建筑文物保护硕士。2003年起担任沙溪复兴工程瑞士方负责人，2011年起担任中瑞合作项目——沙溪低碳社区中心项目负责人。

演讲精华

我所工作的这个地方——沙溪，是一个很偏远的乡村，在我看来，这里可以说保存了很多原始的和传统的东西。沙溪的区位优势和丰富物产，让这里成为了历史上茶马古道上一个非常重要的驿站。沙溪也正因为商业的发展曾经一度兴盛，一度繁华，并留下了大量精美的传统建筑。

有句老话说"成也萧何，败也萧何"，随着现代公路网络的兴起，马帮的交通功能逐渐被现代公路取代，沙溪也因为失去了交通优势，逐渐退出了历史舞台。沙溪因马帮而兴起，也因为马帮而衰落。但还有一句老话"塞翁失马，安知非福"，在我们看来，沙溪正是因为交通不便利，隔绝了发展的动力。因此，几千年传承下来的传统得到了很好的保护。在当地可以看到，这里的居民90%是白族，至今仍然保留了很多传统，穿着当地的服饰，过着属于自己民族的节日，演奏着属于自己的音乐，生活在美丽的田园景色之中，一片宁静祥和。值得一提的是在沙溪还传承着很多传统的工艺，比如说木工、烧瓦等。

这个复兴项目是与当地政府合作，由国际性慈善基金支持。沙溪复兴工程是一项以文化遗产保护为基础的，旨在推动经济、社会整体可持续发展的项目。目的是希望把当地的文化遗产和当地的文化传统保护作为发展的基础和动力，因地制宜地寻找和确定发展的潜力，重新构建适宜的经济体系，来实现当地的可持续发展。

在这个项目构架中，我们整体规划包括三个层次。第一个层次，也是最核心的层次，是对中心公共建筑遗产的保护，这是将来整个地区发展的原动力。第二个层次，是这些公共性建筑所在的村落，保持这个村落的生命力和活力，村落的保护、更新是保存这里文化遗产的重要依托。第三个层次，是承载整个村落的，即整个沙溪的环境。沙溪经济要发展，并不能仅仅依靠保护实现，而是要通过各种经济成分的协调和提升。这些子项目以沙溪当地生活和文化遗产、自然环境为中心，不仅仅是关注于这些遗产的保护，更关注于当地人民生活的发展和需求。

我首先要提出两个概念，“建筑传统”和“传统建筑”，这并不是文字游戏，而是传统的两种状态。在沙溪复兴工程中我们有着很好的机会能够直接面对传统，重新认识传统与现代的关系，对传统多样性和复杂性有了进一步的了解。沙溪复兴工程最核心的区域，是中心的四方街，我今天谈到的案例都是围绕这个四方街的。

四方街北面的建筑是一组民居，立面是由木板窗和木板门构成的，非常朴实。在建筑修复完成后被租给一家台湾的客商经营客栈，租客对立面进行了改造，使用了传统的构件，仍然可以称作是传统建筑，但是它符不符合建筑传统呢?

在谈到这里的建筑传统时，需要先了解一下四方街的历史文化背景。在四方街形成时，正是沙溪儒家文化最鼎盛的时期，所以，儒家文化决定了这里的建筑构成，只有公共建筑才有比较特殊的形象，其他民居一般是比较朴实的，全部都是木板窗和木板门，这正是儒家长幼尊卑秩序的反映。所以这个经过改造的建筑虽然看上去像传统建筑，但并不符合当时的建筑传统。

第二个例子是一个寨门。寨门屋面的一个角被旁边的民居盖住了。我们要思考的是同样一个问题，它是不是符合当时儒家传统的秩序呢?

一个私人民居的屋顶盖过了公共建筑，这在逻辑上是不对的。于是我们形成一个假设，这可能是由于后期的改变。由于这个民居的山墙已经空鼓，需要重砌山墙，所以我们有充足的理由再现寨门的完整性。很巧合的是，把山墙拆掉之后，在清理地基时居然发现了民居原来的建筑基础，证实了我们的推断。

另外一个例子是关于四方街魁阁屋顶的立面，是一张很漂亮的、传统建筑的立面图，不过图纸虽然精致，但仔细与实物比较一下，我们会发现屋面正中其实是瓦垄，而不是瓦沟，这是当地的建造传统。所以传统不只是形象，还需要了解和理解。不难看出，上面这几个例子都使用了传统材料，虽然传统材料是传统建筑的重要特征，但是传统材料建造出来的建筑能不能都符合建筑传统，这还要看具体文化背景才能确定。

我们在沙溪复兴工程中，直接面对、修复这些传统建筑时，可以关注到很多细节，这些细节直接反映出传统的特征。比如说当时从修复的一个建筑上拆下来的瓦片大小不一，在一个建筑上会有如此之多规格的瓦片，从文化遗产保护的角度来讲，可以说这是因为建筑本身经历了多次维修，每一次维修使用了当时规格的瓦片，所以造成了这种情况。事实上这个瓦片的变化也说明传统本身是在不断变化和发展的。

再比如，我们看到当地人在用素混凝土浇灌基础，用了这样一种支模的方式。如果比较一下当地做夯土墙时的支模方式，我们不难发现之间的联系。虽然是应对不同的建筑材料，但是使用的建筑工具有很大一致性，这也是传统技术在发展过程中被借用的实例。

还有当地传统楼梯的构造，拉结插销是榫卯结构。随着现代材料的出现，拉结材料开始使用金属材料代替，这说明传统在发展过程中也会吸收新事物。还有一个比较特殊的例子，大门上设计一个传统的门头。从建筑技术上说，这其实是画蛇添足了，但是从这里可以看到传统力量对人的影响是巨大的。

沙溪当地小学的一个房子，在维修之前屋面已经完全破损了。后来我们分析了屋面破损的原因，其实很简单，只是因为上面檩条之间的距离过大，

沙溪四方街

椽径过细，超过了材料的支撑能力，所以我们只是简单增加了一些檩条就解决了问题。不过，这个例子里暴露出以经验为基础的传统在发展过程中是以不断失误为代价的。

从这几个例子我们可以体会到，传统一直是在变化发展，而这种变化发展多数是自发的、偶然的，甚至是盲目的，是基于经验的实践积累，是在不断试错的过程中前进的。

真实性本是文化遗产保护中的一个重要原则。借用真实性的原则来讨论传统是因为这里面有许多相通的地方。在文化遗产保护中，早期我们用“修旧如旧”来指导文物修复，从“旧”到“旧”其实始终没有摆脱现象的层面，并没有触及背后的原因，容易引起误解和混淆，失去它应有的指导意义。“真实性”的提出直接给我们提供了更好的判断依据，“真实性”直接与“价值”关联。

我想以“忒修斯之船”这个著名的思想实验来举例说明真实性的概念。有一条船始终在海上行驶，每当船上有木板破损的时候，就用一条新的木板替换，在几百年后，当这艘船上所有的木板都替换过之后，这艘船还是不是原来的船？这个问题正是真实性的一种注释。

戏台在修复以前有一个藻井，但是这个藻井是后加的，风格与戏台格格不入。我们重新制作了藻井，使它的风格相近。如果从“修旧如旧”的角度来看，以前这个藻井原来是不存在的，那么现在就应该拆除。但是如果从真实性的角度来看，这是一种合理的功能诉求，应该在修复过程中得到回应。新的藻井虽然改变了最初的面貌，但是并没有损害戏台原有的价值，反而让戏台更加完整，强化了戏台的价值。

我们曾修复一个寺庙的大门，由于这个庙长期被政府占用作其他用途，所以在修复前已经失去了原来的面貌，从外观看起来你不会相信进去里面会是一个寺庙。在最开始我们做了两套方案，当时瑞士方面做的方案是简单地改造立面，增加两个塑像。而当地人希望能够按当地的常见式样恢复大门。对于这样的大门我们应该怎样修复呢？对此我们团队发生过非常激烈的争论，究竟什么才是传统的东西，才能够反映寺庙的特点？我们首先考虑的是，这个大门是属于整个环境的，属于四方街的；其次它才是寺庙的大门。所以从四方街整体性来说，我们不能过多去改变这个大门的体量、形式。最后的解决方案就是要保持大门的体量不变，在既定的体量之内做有限的改变。

另外还有一个小例子是沙溪当地民居里一个传统的楼梯。历史上传统民居里二楼只是用来储存，居民不会经常使用二层空间，所以以前楼梯建造得非常陡。但随着生活的发展，对二楼有了更多的使用需求，需要经常上去，这种楼梯越来越不能满足现在的需要了。面对新的功能需求，我们进行了新的设计，在设计中同样使用传统的材料、传统的技术，以相同的构造原理保持同样的坡度，但可以获得更舒适的上楼体验。

回到传统的“真实性”，其实是要讨论传统的“价值”，而对传统价值的判断又直接关系到我们的价值观。种瓜得瓜，种豆得豆，传统并不是一相情愿的事情，需要有相应的土壤来培育，需要把传统放在整个社会经济环境中来考察。

事实上所有的传统都是为了有利于人类社会的发展而出现的，一旦这个传统成为发展的障碍时，我们就没有必要再继续坚持它、遵循它。我们的前辈对社会、对文化的贡献，在今天看来它是传统，我们今天对社会、对文化的贡献，在我们的后代看来也会成为传统。

也正是基于这样一个目标，沙溪复兴工程是对传统“真实性”的探索，希望以发展的方式和保护结合起来。今年我们还启动了一个新项目——沙溪低碳社区中心，这里面有一个重要的子项目是绿色建筑，就是想延续类似于上面提到的楼梯设计的思路，使用当地材料和技术，创造出一个新的乡土建筑。对当地所熟悉的传统材料和传统技术的依赖势必延续传统沙溪乡土建筑的本体，而新材料、新技术的加入则为新沙溪乡土建筑提供了更多的可能性，低碳的概念则明确了可持续的发展方向。

在这个项目中，我们没有必要刻意去制造或维护“传统”和“现代”这一对矛盾的概念。实事求是地面对现状，因地制宜地解决矛盾，这才是我们的目标。在沙溪低碳社区中心这个项目里，传统和现代已经没有了界限，不断地把传统推向前进，不断把可以利用的现代成果融入传统之中。

现在还有很多人在探索“传统”和“现代”到底是什么样的关系。在我看来这两者是在两个维度上发展的。至于将往哪个方向去，可以用很简单的一次方程来表示，Y=K · X，现代=K · 传统，这个K就是“我们”，是“我们”决定了传统与现代的关系。

社会的向前发展，决定了我们无时无刻不在打破旧的传统，建立新的传统；今天的传统已经不同于过去的传统，传统的内容在不断演化。但传统本身具有“真实性”，“真实性”与传统的“价值”密切相关，而传统的“价值”是由我们的价值观决定的。“现代”能否与“传统”一脉相承，取决于“我们”对传统的了解和态度，我们今天在这里讨论传统，其实是在讨论我们自己。

乘之愈往，识之愈真，如将不尽，与古为新。

魁阁带戏台

魁阁带戏台结构加固

魁阁带戏台两翼陈列室入口

魁阁带戏台两翼陈列室室内

魁阁带戏台新建藻井

现代和传统之间重要的是人的因素

南都：你最初是怎样参与到沙溪复兴工程的?

黄印武：沙溪复兴工程是瑞士联邦理工大学发起的，2000年就开始筹划了，2001年入选了世界濒危建筑遗产，然后进行了项目规划。到2003年初开始实施时，我刚好从瑞士联邦理工大学毕业，而这个项目正在寻找一个人到沙溪当地去负责具体实施，希望找一个中国人能长期驻扎在当地，于是……

南都：你谈到现代和传统的中间，是“我们”这个因素在起作用。

黄印武：是的，传统根本不用经常挂在嘴边。关键是“我们”，心里有传统，传统就在那里。传统应该成为一种素质，一种修养，而不是拿来口头上说说。如果心里没有传统的位置，说得再多也没有用。

而且我认为，在这个问题背后还涉及信心问题。像梁文道在论坛开始时举到的一个例子，把那个庙宇的屋面都换成琉璃瓦，这就是对传统没有信心的表现。难道只有琉璃瓦才能够反映出传统来吗？其实是不对的，要是有信心的话，传统就在我们生活当中，并不需要担心，也不一定要用一些特定的元素来进行表达。

南都：你的观点是，在保护中要有我们自己的创新?

黄印武：保护不是原封不动，不是刻舟求剑，而是要与时俱进，可以结合新的东西进去。通常大家对保护的第一个反应是保守、不变。但实际上保护不等于保守，至少在我看来，保护是为了保存，让它更好地存在，保护它价值的延续。这就回到了“真实性”的“价值”，我们需要对合理的发展诉求进行回应。

与一般人所认为的观念不同，我们保护传统不是简单地维持外在形象，这个可以有，是一种结果，不是我要追求的过程。按照“真实性”的原则，过程中的思路对了，最后形象、表现会是什么样的，影响并不大。就像解数学题一样，方法对了，步骤对了，结果肯定是对的，最终表现出来的形象不是我们所追求的东西。

对传统的保护是“真实性”在现代的新变迁

南都：你在沙溪复兴工程中对中国农村发展模式的探索，与目前正在推进的城市化进程有没有关系?

黄印武：当然是有关系。目前中国广大农村都面临很大的发展压力，一方面需要加快城市化进程，另一方面没有好的发展范例，所以农村只能抄袭城市发展的路径。但是实际上，城市发展的道路并不适合农村，这样的发展模式可能导致投入大，产出少。

农村的发展，并不意味着只能走城市的发展道路。走城市的发展道路可能只会增加投入，并不能从中得到很多的好处。因为农村的情况和城市不一样，两者在空间、资源、人口密度等方面都是不一样的。

南都：你演讲时举了很多工作中运用“真实性”的原则，在城市的环境中怎么面对这个问题呢?

黄印武：“真实性”是一个原则，放在哪里都是可

兴教寺大门修复前

老马店修复前

兴教寺大门修复后

老马店修复后

用的。这个原则就是指引我们去判断价值。传统在发展的过程中，有些东西可以保留，有些东西可以抛弃，加入新的东西，这是一个不断更新、不断扬弃的过程。

传统在有的时候看起来已经过时了，和现实格格不入，是因为其中有一部分东西不适应现实生活了，失去了原有的价值。那么这一部分的东西就应该拿掉，加入新的东西，这样使得这个传统还能具有强大的生命力。

就像我在论坛上谈到的，传统取决于我们人怎么对待它，它就在那里，不会变化，人对待它的态度也没有标准答案，有各种可能性。比如在文化遗产保护工作中，历史上这些建筑都有自己的状态，但在现在的社会环境中这个体系可能出现了某种不平衡，进行保护就是要重新建立平衡的体系。

南都：按照你的思路，农村也好，城市也好，保护传统其实也是在创造一个新的生活?

黄印武：事实上是这样的。比如我们现在在做的一个绿色低碳项目，并不是说以前的生活就不绿色，而是已经满足不了现代人的生活需求，滞后于现在的生活，所以我们有必要去创造新的东西。

建设沙溪低碳社区中心，与保护传统的思路是一样的，都是依循真实性的原则。唯一的差别就是，沙溪复兴工程整个项目是自上而下跟政府进行合作，低碳绿色中心是从社区建设、从与老百姓合作入手，自下而上。但是从理论层面是一样的，只是结果表现形式不太一样。

在这个项目里，我们去研究当地传统建筑的模型，分析传统建筑中哪些东西是跟现代生活不协调、不满足的，那就去改变，利用传统的材料、技术去实现这个改变。我也并不是说必须要保持传统的材料和技术，而是因为在沙溪这个边远乡村，利用外来的材料、技术会增加成本，在城市一般就不会有这个限制。

南都：现在城市中，比如深圳会推行很多城市更新项目，你怎么评价?

黄印武：将城市中传统老建筑拆掉或保留，哪种模式更好呢? 在我看来两种模式都是可能的，关键是我们怎么做。看起来，能保留下来是最好的，但可能也会遇到问题，比如当地老百姓生活如何改善。最关键的是，保留下来的东西是否能真正体现或强化其价值。

不管是拆掉还是保留，我们都应该体现或强化其价值，如果说单纯为了保而保，拆而拆，这些都是没有意义的。比如说城市更新中，最后拆掉了一些东西，但是新的设计中仍然能够感受到原来的传统，原来的历史信息，那也未尝不可。关键看怎么分析，怎样因地制宜进行具体操作。但是，这是理论上的可能性，并不是拆除传统建筑的借口，实际操作中应当严肃认真地慎重考虑。

南都：请具体来谈谈怎么因地制宜?

黄印武：看设计理念是怎样的，比如一个传统建筑很精美，整体保存得很完好，与周围的环境关系也很完整，那么可以保留下原貌。再比如一个建筑本身不错，但是放到大的环境和背景中，已经孤立了，就要重新考虑和权衡。

要注意价值不是只有一个层次，而是存在于各个层次，需要我们进行判断，高层次的价值总是优先于低层次的价值，所以并不是说有价值就不能动，两害相权取其轻，两利相权取其重，这是一个权衡的过程，不断的平衡状态。

刘东洋

大连三问：在城市的尺度上询问历史、土地与生计的意义

刘东洋，同济大学城市规划专业毕业，教委公派加拿大，先后就读于不列颠哥伦比亚大学和曼尼托巴大学，获城市规划硕士和规划与人类学的交叉学科博士（1987—1994 年）。曾在加拿大著名建筑师谭秉荣先生（Bing Thom）的事务所工作。1994 年参与过大连新城中心区的规划设计项目。
十年前，他的专业实践活动开始减速，与此同时，开始有意识花时间去重新梳理自己过去的理论知识、实践经验和社会调查的线索。这些反思逐渐地化成了其在各大学里的讲座以及杂志等媒体上的文字。

演讲精华

让我从此地地名的丰富含义说起吧。大连地区的“金州”是本地区最具文明标志性的一座古城。它在汉代曾被称为沓县；辽代，被叫做“苏州”；到了金人统治时期，改名为化成县、金县；明代被称为金州卫。在这座城池的故道上，往来过汉人、高句丽人、鲜卑、女真、蒙古人等；“旅顺”是明初才建立的兵营。旅顺这么具有祈福色彩的名字来自明初马云、叶旺率军从山东登莱横渡渤海的军事事件。旅途顺利，亦道出了过去海途多数不顺的艰难；“大连”的叫法叠加着多层意思。旧日山东商客觉得那些面向黄海的大小海湾貌似“褡裢”（钱袋），很口语化地叫这半岛为大连湾。当地渔民也把大连湾叫做“大蛎湾”。还有一说是指“大连”就是满语里的“海”。日后，“大连”被沙俄音译成为“达尔尼”（Dalny），叠加上了俄语里的“遥远之地”之意。所以，像任何地方的称谓一样，光是大连名字的由来与演化就折射着这里相当复杂的边疆开拓史和移民史。

大连现在市中心的这块土地过去叫“青泥洼”，指的是从绿山下来到火车站后身（旧称“西河套”）一带的表土都是卤地、盐滩。若不是因为沙俄工程师将离此不远的东青泥洼选作东方不冻港，这片土地也许今天还是渔村、盐场或马场，因为从地力上讲，从淡水资源的保有量来讲，大连市中心的这片土地都不适合发展农业或是大型城镇。金人设哈思罕关（南关岭）时就直接把这片土地挡在了“关外”。

是地缘政治的角力，以及海港位置的迁移，一直牵动着该区域的经济重心转移和城市化格局的变化。当1980年代中期，大连港从市内迁到金县大窑湾之后，大连新区的建设就越过了南关岭，在大连湾以东更为开阔的腹地上去发展了。1992

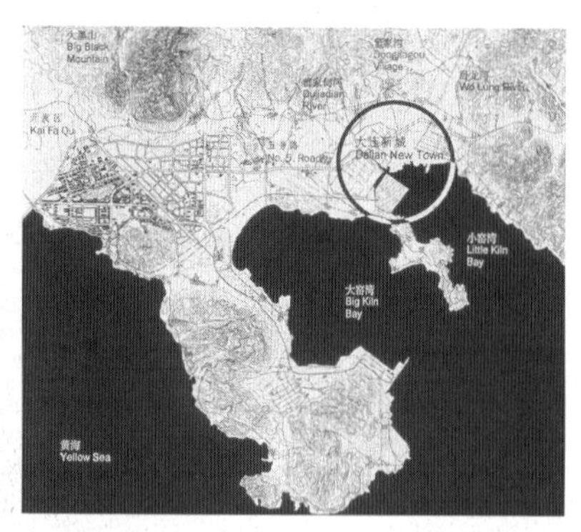

图1 小平南方讲话之后大连新区所规划的中心区位置图；图片来源：谭秉荣建筑师事务所

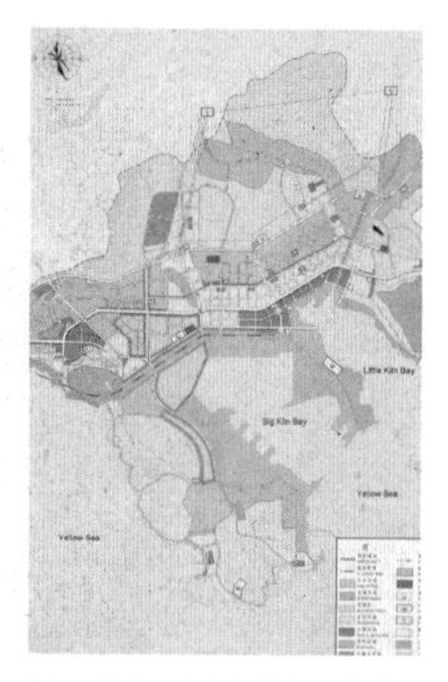

图2 最早一稿大连新市区中心区规划上的坝式填方；图片来源：谭秉荣建筑师事务所

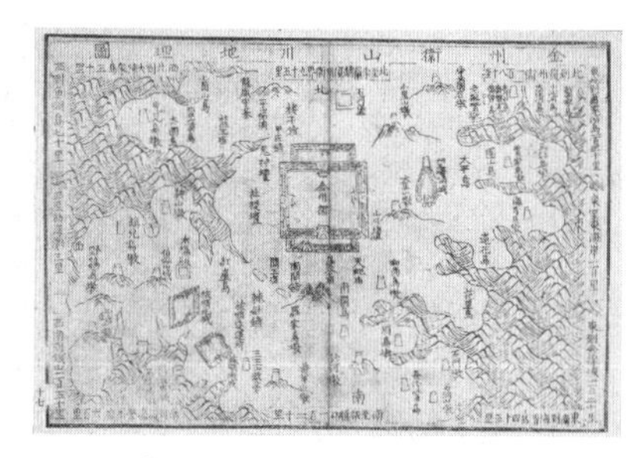

图3 明代《辽东志》里的《金州卫境域图》；图片来源：《辽东志》

年小平南方讲话之后，位于金县马桥子乡的开发区、大孤山的保税区和大窑湾的大连新港被整合成为“大连新区”（如今通称为“金州新区”）。面对这片曾经以转口贸易和来料加工为主的新区，大连市政府二十年前开始筹划着在港区边上的另一个湾——小窑湾——去打造一个新城的中心区。那时，大连正梦想着变成“北方香港”，新城中心区仿佛全靠这一个“CBD”（商务中心区）了。决策者们觉得新区的商务中心区应该向香港看齐，换成规划数据，未来中心区里将有450万平方米的高档办公楼，沿着5号路的南侧一字排开。它们的脚下，则是在现有的海滩上，人工填出来的一条7米高、约1公里宽、9公里长的土地。基于这样的设想，也借鉴了当时深圳福田中心区和浦东陆家嘴的招商经验，有关部门也希望针对该区的定位与空间规划展开一次国际性的咨询活动。我所在的加拿大谭秉荣建筑师事务所（Bing Thom Architects）就在当时被邀标的三家事务所之列。

加入这个团队，于我个人而言，是在阔别中国七年之后再次学习面对中国现实的机会。我在这些年里的人生经历像是按着遥控器的快进键演完的一部电影，总跟时代的节奏发生着各种各样的空跳和错位。像“后现代主义建筑”吧，我走的时候国内还没有兴起来，到了北美，它已经处在了被质疑的关口。同样，“城市观”（Urbanism）这样的东西国内外也存在着巨大的反差。1980年代的中国城市还是以“巨大”为现代化的核心标准的。而北美的城市空间规划已经很少提“巨大”，也没谁觉得应该把土地当成一张白纸，好在上面画上最新最美的图画。这种价值观的反差，当我们初遇地方领导时，就凸现了出来。我记得，领导当时用亲切和鼓励的口吻说，要把这片土地当成一张白纸，为大连描绘最具国际水准的现代化的宏伟蓝图。末了，领导还略带自谦地说了一句，我们这座城市历史不长，没什么历史，不像北京上海那么有文化，你们就大胆地做吧！

我和我的同事们其实能明白领导的所指。在北方语境中，北方人常说的“有没有文化”，指的是自己是否受过“正规的学校教育”，特别是“高等教育”。“没文化”常指的是教育程度不高，这和人类学意义上的“是否有文化”基本上扯不到一起去。同样，“有没有历史”也是一个颇狭窄的概念。多数人的印象中，北方不出文人墨客，乾隆也曾在编撰《盛京通志》时抱怨过辽东地区连像样点的艺文都太少。可见，皇帝眼里的“没历史”指的主要是缺少书写史，特别是官方认可的正史。从这个角度看，记载着大连城市史的志书的确不多。不外乎就是明代嘉靖年间毕恭本的《辽东志》、李辅本的《全辽志》、清代乾隆年间的《盛京通志》、晚清末年的《南金乡土志》、日本人在1936年出版的《大连市志》。就这么几本。我们的调查工作也正是从这些有限的志书和现场踏勘开始的。为历史而历史，对于我们生活在今天的规划师来说，已经不再具有职业的现实意义（尽管我们同样非常需要优秀的人才严格治史）。可是，当我们能够将历史和当下、将文本和地望、将事件和空间串联起来，我们从史书里获得的东西就有了些生气。像明嘉靖年间辽东巡按御史温景葵在金州留下过一首七律《金州观海》：“青山碧水傍城隈，驿使登临望眼开。柳拂鹅黄风习习，江流鸭绿气暟暟。浮槎仿佛随人去，飞鹜分明自岛来。极目南天纷瑞霭，乡人指点是蓬莱。”如果我们了解大连的节气变化特点，我们基本上可以从这首即兴写景诗里判断出“柳拂鹅黄”正是清明之后的景色。“风

图4 俄罗斯人的达尔尼规划图；图片来源：越泽明，1986年

图5 大连地区主要市镇的空间分布图；图片来源：谭秉荣建筑师事务所

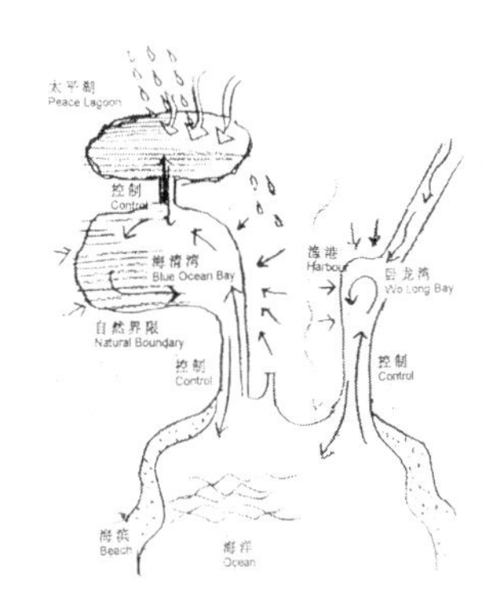

图6 理解各种水的形式、变化、动力、生态，成了这一规划过程的关键；图片来源：谭秉荣建筑师事务所

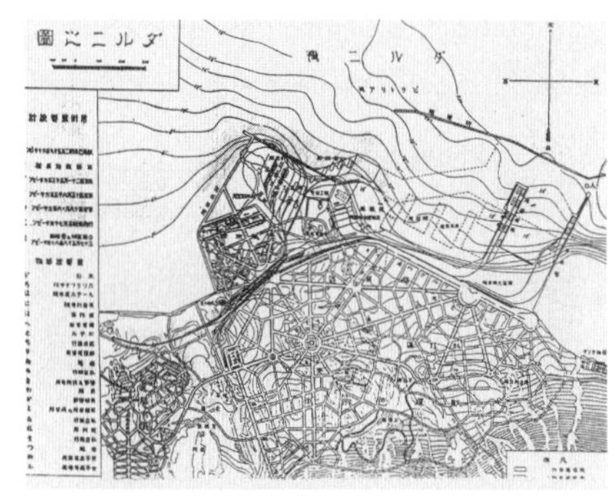

图7 基地附近浅岗下常见的农村居民点；图片来源：谭秉荣建筑师事务所

图8 我们所给出的规划方案；图片来源：谭秉荣建筑师事务所

习习”、“气暟暟”典型地描绘了那段日子里一日之内风向之不齐的特征。飞起的野鸭、出海的浮槎，也是旧日谷雨前后渔民开始下海的景象。

这个时节，对北方农民来说最为重要。此地的农民基本上把大田作物（玉米、高粱、豆子）的生长过程交给了老天爷。如果我们沿着这里的土地画一张剖面图的话，我们就会直观地看到，作物种类的分布沿着地表的标高发生着变化。高处和难以持水的地带种的都是豆子之类的抗旱作物。湿地或是河道边，这类土地从清代开始都被开发成了生产上等大米的粳田。春播之后，农民就在观察天气，等着雨水的到来。农民要在种子刚刚发芽时偃苗。而这个偃苗的时机（timing），必须掌握在谷雨前第一场春雨之前。雨一来，苗根长到一起去，拔弱苗就伤到好苗。太早，又分不清良莠。这样，农民的劳作跟土地、跟季节的具体状态，有着某种非常精妙的动态关系。

再比如，我们会在所有的方志里很快就发现，此地过去的庙宇无论大庙小庙都跟水有关。天后宫、海神娘娘庙跟渔民和出海的商船、官兵有关，那是无需多说的。就连胜水寺、观音阁里的观音、唐王殿里的道士也都管降雨。《南金乡土志》里记载过一位乾隆年间的道士鞠朝桢会作法求雨。大旱之年，邑宰邀令祈雨。二三日后，就显了灵。邑宰大喜，“赐以治城北泡子荒田。力辞不受。仅受本村西岸沙碛地，以备修风神庙之需”。从此类记述中，我们不仅能了解到过去农耕时代里人们在大旱之年里要进行祈雨的具体仪式过程，还可以了解到昔日金州地区的土壤状况。我们在乡下调查时经常看到农民住宅选址与布局的逻辑非常朴素。它们绝对不会站在高岗顶上去迎着风口，也不会盖到湿地边。在土地相对宽余以及气候温和的北方乡下，很少会出现厢房，尽可能一字横向延展。

这种民居与劳作、与地貌、与气候的关系，虽不直观地反映在大连殖民地时期的城市特征上，我们通过阅读日本学者越泽明的研究成果还是明白了，沙俄为大连做的那个貌似“巴洛克”的城市总体规划其实还是对原始地貌有所考虑的。在那个花布一般的规划图上，所有的广场都处在较高的高岗上；而广场与广场之间所连接起来的林荫道，原本都是对着某座山峦或是天空的。居住区的网格都是小于100米的那种小尺度的单体住宅区尺度。我们可以说，殖民地时期的沙俄与日本人的规划抹掉了土地上中国原住民的文化与历史记忆，但不能说他们的规划不尊重土地。反而是大连今天的城市建设，走着走着，把沙俄时代的宝贵遗产给折腾光了。

从上面简略的回顾中我们看到，即使大连地区没有文人骚客留下的大量书写文本，我们仍不能把土地当成白板一片。未来若不是建立在对过去经验和教训的反思之上的话，那过去的成功肯定无法重复，失败却可以不断地上演。

回到1994年我们所要规划的那片土地去。当时新区给出的中心区土地是片临海的滩涂。这片滩涂坡度奇缓。大潮退去，岸线也退出几公里远。这片土地的北部是个董家沟镇，那里有大片的农田和果园。靠近小窑湾的半岛叫“大地半岛”。沿岸有许多虾池和盐田。基地上的都家甸河与卧龙河都是季节性河流。不要看它们旱时可以裸露河床，一到雨季，相当于一年降雨量1/3的雨水可能会在3天里下完。那时，如果赶上台风，赶上夏季的天文大潮，就会产生山洪从北部群山涌向滩涂、海浪从南部涌向河道的现象。这就是所谓的“涌浪”。此地的最大潮位差在4.9米左右。这就意味着任何直接抵抗夏季天文大潮加涌浪的沿海堤坝都得筑到起码高出海平面7米左右的高度。简单的坝式岸线并不是抗拒台风的好做法。我们在1994年基地探勘时，就见到了一场台风过后，堤坝被海浪拍碎的情形，也看到台风过后渔民自己在大地半岛尖岬处建起的海神娘娘庙。

显然，土地的地脉和局部环境是有着它自身的秉性和倾向性的。原本规划的中心区沿着快速路一字展开，基本上没有考虑到未来的城市中心该怎样顺应河流的走向，以及生态上城市该怎样有层次地与河流、与海洋相遇。在建筑设计中，建筑师把建筑覆层一层层面向风雨的“表达”叫做“构造性设计”。事实上，在城市尺度上，规划也面临着相似的问题：城市的土地使用，它的空间格局以及道路系统、绿化系统，该怎样有层次地一步步面向周围的自然要素？这里，我还要指出的就是，未来城市该怎样向过去的乡村学习，拥有过去那种畅通的山海关联？

我们事务所在经历了多轮的方案调整之后，特别是在海洋工程师的帮助下，最终制定了一个调转中心区填海方向形成多层次水系以及城市公共空间的计划。我们把这个方案称为“一岛两湾”。“一岛”指的是市中心区南北向填出来的半岛，“两湾”指的是人为放大的“卧龙湾”（上接卧龙河）和“海青湾”（上接都家甸河）。海青、卧龙两湾各设两条狭长船道直通大海。海洋工程师在进行了计算机数学模拟之后，告诉我们可以通过控制二湾入海口的长、宽、深，能把湾内水位差的变化长年调节在稳定的低潮水位，即2米左右，并同时保持着海水的自净能力。于是，二湾以内的岸高可以大大减低。因为不受巨浪的直接冲袭，既减少了填方量，也减少了海堤的设置。我们还放大了5号路以北的河道，使之成为一个潟湖。

这样，从山到海，我们把一条河改造成为一套有层次的水系和带动城市发展的公共空间。

诸位可以看到，经过调整：

1. 自然水系从北到南就通畅了许多；

2. 新城中心明显紧凑了，填方少了；而曲折的岸线增加了3倍。这些都意味着日后地产开发的经济效益和更为绵长的城市公共空间。

3. 城市在山海之间的个性也突出了出来，它的城市景观不是挡着山海的。

4. 更紧凑的市中心也有利于人的步行和公交。

5. 我们没有在市中心搞分区规划，而是搞了10个特色街区。

6. 我们当年大幅度地削减了商务中心区的办公楼，增加了居住密度，削减了原来规划的道路路幅，同时增加了路网密度。

这次规划的工作经历，让我和我的同事们深深地产生了诸多担忧。土地在中国归国家所有。但在当下，谁又是土地的代言人呢？百姓如今遭受强拆还会去告状。但土地自己是不会打官司的。它只能通过报复居民的后代，来完成对冷漠规划的谴责。公众参与或许可以解决某种规划上的社会诉求，但怎样才能让设计师和规划者主动回到土地本身，用敏感和耐心去体悟土地本身的声音呢？

还有，我们该如何理解中国城市的“现代化”（不用说现代性）？ 100米宽的大马路、车流滚滚的高架桥、蔓延的停车场硬地、巨构建筑，它们是现代化的标志，还是潜在的生态灾难呢？

说到道路，大连开发区初始建设时，主路的剖面就做到了60米宽，外加要求建筑从红线退后，主街两侧的建筑相距80米左右。那时，主路断面上还为未来的轻轨高架预留了位置。在1980年代中期，规划师和道路工程师们因为没有进入小汽车时代，没有对于高速路和高架桥的切身体验，大家对于未来交通模式的憧憬中更多带着美好和期盼。而大连新区走到21世纪真的开始建设轻轨时，人们发现，原来轻轨还有噪音和震动问题。真正建设的轻轨线没有按当年的规划放线。当年主路断面上给轻轨预留的空间都改成了露天停车场。仅仅过去二十年，人行道反而成了小汽车和行人争抢通行权的地方。主路断面如此宽阔，路网密度却不够，次级道路在大地块之间彼此无法对接。所以，主路现在已经堵得不行。这样的尴尬后果，在某种程度上可以算作是1980年代留给21世纪的规划遗产。

再说说办公楼。因为要建北方香港，所以，当时新区的办公楼面积是参照了香港的办公楼水平的。如今想想，这二者之间几乎没有可比性。大连新区不可能一跃就成为服务于世界和东北亚的商务中心；即使成为了东北亚的商务中心，也根本不需要那么多的AAA级办公楼。而在当时，即使像美国和加拿大这样土地资源充足的国家，其城市中心区已经开始向混合用途、限制高档办公楼扩散的方向发展了（不然，一到夜晚，市内就是人去楼空的场景）。

上述诸例，有些是技术问题，而更为棘手的问题主要是关乎城市该怎样发展、规划为谁为啥的价值观分歧。我们当年在规划讨论中要花大量的口舌去解释，现代化未必就是分区规划，现代化未必就是汽车、高架桥、宽马路、高楼。舒适宜人的生活条件才是人们真正现代的标志。

有些问题我们就根本不讨论了，直接当作潜台词悄悄地埋在规划里。比如，我们强调城乡在未来的共存。于是，我们保留了城市中心区北部的董家沟镇以及镇上的果园。我们甚至把中心区最最核心的那条轴线，结合地形，塑造成为蜿蜒的果树林荫道，从商务中心区一直连向海边。不过，只经过一轮方案综合，规划部门就拉直了这条蜿蜒的林荫道。而后，随着地产的转向，无论是开发商和政府，心思都不在办公楼身上了，而是转向了作为投资和投机的住宅楼。在这样的前提下，这个规划又被修改了一次，容积率大幅度攀升。水系在总体用地中的比重大幅度萎缩。日后的规划调整和实施操作已经与原初的设计没有了内在的关联。

转眼，快二十年过去了。于我而言，提及这段往事，并无意要对某人某事做什么事后的批评。我们自己身处洪流之中亦无法看清世事的机缘。像我们根本就没有想到1997年的金融危机会来得这么快，也没有想到日后中国卖地财政中主要投机项目是住宅，更没有预料到，沿着大连的所有海岸线，这种人工造地的浪潮会以惊人的速度在二十年间就彻底改变了这座城市与海洋的交接方式。我们在当时所做的，不过是反思了西方城市发展建设中的种种失败，以求给大连新区建设某种参考罢了。而我们的那点声音，与时代之沸腾相比，显得非常微弱。倒是在我个人的世界里，这些声音如此震撼。它们改变了我对规划这个学科的一些基本看法，让我在那之后一直寻找着城市向日常生活、向历史、向乡村学习的种种可能。

参考文献

1. Bing Thom,*Between Mountains and the Sea:Dalian New Town*,Hemlock Printers Ltd.,c.1995.
2. 阿桂编纂，乾隆本《盛京通志：上下》，辽海出版社，1997 年版。
3. 大连市金州区地方志编纂委员会，《金县志》，大连出版社，1989 年版。
4. 大连市地方志编纂委员会，《大连市志：自然环境志 \ 水利志》，大连出版社，1993 年版。
5. 李德华主编，《城市规划原理》（第二版），中国建筑工业出版社，1991 年版。
6. 李辅编撰，嘉靖本《全辽志》，1566 年。
7. 李元奇编辑，《大连旧影》，人民美术出版社，2000 年版。
8. 李振远，《大连文化解读》，大连出版社，2009 年版。
9. 浅野虎三郎编撰，《大连市史》，小林又七支店印刷社，1936 年版。
10. 乔德秀编撰，《南金乡土志》（成书于 1911 年），新亚印务出版社，1932 年版。
11. 任洛编纂，嘉靖本《辽东志》，1537 年。
12. 孙宝田编著，《旅大文献征存》，大连出版社，2008 年版。
13. 王国栋编著，《马桥子 1984》，大连出版社，2009 年版。
14. 越泽明著，黄世孟译，《中国东北都市计划史》，大佳出版社，1986 年版。
15. 越泽明，《大连的都市计划史：1898—1945》，《日中经济协会会报》，No.134/135/136 合刊，1984 年。
16. 中国海湾志编纂委员会，《中国海湾志：第一分册，辽东半岛东部海湾》，海洋出版社，1991 年版。

思想对话

为什么推倒重来的城市开发模式在我们这个时代成为了可能？那是因为没人真正为土地说话。

南都：你认为本次论坛主题“传统与我们”中传统对于现实生活的重要性，体现在哪里？

刘东洋：英语里传统“tradition”这个词，它的拉丁文词根同时有“套路”和“传递”这两层意思。因此，传统必须具备某些相对稳定的模式以及一种传承的过程。如果没有一次一次、一代一代的传递，那就没有什么传统而言。就拿中国建筑思想论坛来说，只办一期是没有传统可言的，必须一期一期地坚持做下去，才有所谓的小传统。汉语里“传统”一词也是既有传递之“传”，也有体统之“统”。如果提“传统”之于我们当下的关系，就像我刚才演讲中所提到的那样，也许在对于传统的回望中，我们会看到今天的许多问题。所以，传统不仅仅是麻烦，还是经验。我演讲里特别提到的是农民过去的土地经验对于今天城市发展的意义和价值。

南都：之前你的演讲中也提到，当时政府认为，要把大连当成一张白纸，交给规划师去运作，你是怎样的反应？

刘东洋：我并不是很同意这样的观点。现在，执政者脑中都有一个乌托邦理想，就是把之前的存在都当作不存在（的白纸），好画一幅最新最美的图画。马克思主义者的宣言是砸碎旧世界，创造新世界。而城市发展不能这么干，这么干的代价太大。即使我们需要革命，也是温良的渐进，而不是推倒重来的革命。

那么，为什么推倒重来的城市开发模式在我们这个时代成为了可能呢？那是因为没人真正能为土地说话。政府现在拆迁老百姓的房子常会产生纠纷，老百姓还会抗议。可你去填海时，海岸是不会出声抗议的，海岸是没有代言人的，这是件十分可怕的事。

要从科学、人文的角度去理解生态环境，然后指导当下的规划工作

南都：在你之前提供的资料里我发现，在计划经济时期国内规划类教材里，规划只看是否符合社会主义制度下城市市民的一般被服务水准。而在市场经济时期，就有了市场所产生的波动了。这会带来什么新的问题吗？

刘东洋：没错，我觉得市场经济开始进入到规划教科书了，比如说土地能生钱，90年代的规划书都说到了，而且对房地产的涉及面开始加大。今天你去看房，地产商肯定有土地意识，比如拿什么地好，建什么类型的产品好等等。但是有谁会注意，它下面的地基情况是怎么样的？下面有没有一条暗河？是不是把房子盖到了鸟类栖息的湿地里去了？

南都：对生态、民生的破坏威胁似乎关注得确实比较少。

刘东洋：我们来自经济学、法律学、土地营销学、房地产方面的知识越来越多，但是土地的自然属性知识和人文属性知识愈发地不被人提及。土地的自然属性主要指土地的地质属性，包括工程意义的属性，比如在什么土壤里打什么桩它会下沉。土地的人文属性则应该包括类似农民过去是怎么耕地的，他们跟土地有着怎样的生产、生存和文化关联。这些知识可能连农民们自己都不曾有太多的自觉意识，比如怎么看风向，怎么选宅基地的知识。但是如今的规划师和建筑师是可以从这类知识那里学到太多的东西的。

现在连规划专家们都没有这方面的意识了。他去看地的机会可能就一次两次，去的时候还赶巧看到河里没有水，是条干河，于是就在图纸上把河道推平了。等明年来大雨或洪水时，你可以想象一下土地受淹的情形。中国新城的每一个规划里，几乎都有乱填河的例子，城市土地硬化得如此迅速、厉害。

南都：这种情况在中国是否是件十分普遍的事情?

刘东洋：你数数看，这个夏天中国都淹了哪些地方?长沙被淹了，武汉被淹了，上海被淹了，北京都被淹了，这说明了什么呢?土地的硬底化是种慢性病，就是填一小块地不构成任何问题，但如果一块接着一块去填，整个城市像马赛克一样，天上的雨下下来怎么去排呢?只能往马路上跑。所以我这次演讲的根本就是要去注意观察生态的习性，比如土地的地脉。土地是活的，它在不断地延伸。但是现在的人在造城的时候，他们才不管土地的属性，不管你种什么庄稼，房子、高楼统一地推建过去。

我一直在想，我们有没有可能再回到乡村时代，从科学、人文的角度去理解生态，然后再去指导当下的规划工作。比如有条河，你去填它干啥，把它留成一个公园不就行了吗?

南都：所以就是不尊重传统的表现。

刘东洋：也不尊重科学。

“生计”不是看上去很美的现代化图像，而是百姓实实在在的日子

南都：如果总结一下当初的大连新城规划，你又有怎样的感想?

刘东洋：在规划之初，相比刚刚起步期的中国，西方国家已经开始重视快轨交通、对小汽车实施增长管理的时候，大连新区却正在发展自己的高速公路体系，拥抱小汽车交通，迎接大物流时代的到来。当“环境影响评价”已经成为西方国家城市规划的必备条件时，大连新区刚刚步入拿廉价土地去换得发展机会的道路。也就是通过这次规划项目的实地调查，把我和我们事务所的同仁们带向一种深深的疑惑和担忧。面对大片即将被人工再造的海岸与滩涂，我们将给子孙后代留下什么?

我所言的既不是单纯的挫败感，也不是单纯的批判。我希望，通过在一种城市尺度上对于历史、土地、生计的研讨，向诸位说明，我们城市规划所要参照的历史并不只是书本上刻写下来的“大历史”，我们所要规划的土地也并不是一张可画最新最美图画的白纸，生计更不是看上去很美的现代化图像，而是百姓实实在在的日子。而这种认识，恰恰是如今城市规划教育和城市规划体系中基本缺失的东西。

南都：就拿深圳来说，深圳的有些地方也保存着很鲜明的历史文化烙印，比如古代的一些碉楼建筑、近代的版画艺术等等，当地政府就将其打造成文化艺术产业园，利用它来招商引资。既满足了文化传承，又带来了经济效益，你认为这是否是当下现实与传统相结合的一种比较好的方式?

刘东洋：我觉得作为一种模式，不能完全否认它。但一定不是最好的方式。如果一个社会完全需要文化产业作为旅游业去生存的话，那将是件挺悲哀的事情。旅游业好比卖血，你依靠的是别人的施舍，一旦你的造血机能丧失掉了，你旅游业就坍塌掉了，另外卖血也是没有太多尊严感可言的。

传统没有问题，是“我们”出了问题

现场讨论

主持人

梁文道　文化评论家、主持人

参与嘉宾

朱　涛　香港大学建筑系助教授

赖德霖　美国路易维尔大学美术系助教授

赵　辰　南京大学建筑学院教授

王维仁　香港大学建筑系副教授

王　澍　中国美术学院建筑艺术学院教授

刘家琨　家琨建筑设计事务所主持建筑师

黄印武　建筑师、沙溪复兴工程瑞士方负责人

刘东洋　学者、自由撰稿人

我们为何和传统中断了?

梁文道：听完这些演讲，对于什么叫做“传统”，什么叫做“我们”，我们会有更多的反省。现在有请几位嘉宾上台来跟我们一起讨论。刚才几位都提到“传统跟我们”的关系，传统已经“顺其自然”地继承在我们手中。可是我仍然想说，不只是建筑，从各方面来讲，今天的中国人跟传统的关系并不是那么的简单和自然。用一个很简单的指标来看，最近中国开始讨论要穿回中国人传统的服装，是唐装是汉服还是其他？我认为一个国家、一个文化、一个民族，在讨论什么才是传统服装时，就表示传统跟我们是真的断开了。或者就算不是断掉，至少也已经构成问题。各位有什么感想？

朱涛：这就是我们的特点，背后至少有两个原因：一个是我们的历史经验本身就支离破碎，或者说我们的传统在历史传承过程中，充满了复杂的变化、融合和中断；二是历代史学家的工作做得太糟糕，每一批历史学家是为了当时的政权塑造话语，而不是作为独立的思想家来整合纵向的历史经验，综合解释历史复杂性。于是我们到了今天这地步，连一些具体问题，如穿什么传统服装，都没法有清晰答案，因为我们向来就缺乏历史深度的认识。

在另一方面，我也愿意积极地想，是不是正因为

我们的历史经验充满了片断性，也就注定我们走上了一条不归路——我们永远不可能回归到一个纯粹、统一、绝对的传统了。这是不是意味着我们多少获得了一种潜能，可以更加依靠创造力、想象力和强大的整合能力来面对这些片断，重筑一些东西？

王澍：传统的中断我想大概有几部曲。传统首先是靠活着的人去承载，以生活方式相袭。中国的传统，除了皇家在紫禁城里，还有文人、农民、小商贩。第一步是消灭了文人，思想的传承基本中断；二是灭物件，在“破四旧”的过程当中，上世纪70年代通过香港大量出口没收的文物，为国家换取紧缺的外汇；三是拆房子，在近二十年拆了90%。首先人没了，接下来东西没了，最后剩下一个空房子也拆了，这就是为什么我们哪怕看到城里头住着一堆破烂式的东西，我们都觉得要保留，因为就剩下这么点东西，如果没有的话，一个地方文化根源性的东西就彻底不见了。

王维仁：今天的讨论挺好，一开始赖德霖讲知识分子要构建大传统，但显然有问题。后来赵辰、王澍谈到民居，到刘家琨谈及红色传统保存，或者刘东洋的城市规划，其实大家都还是从比较小的方面、可掌握的物质状态去保存传统，走了半天，总算是有一个进步。

我同意王澍所说，现在中国的城市建筑能留就留。已经没什么了，为什么还不留呢？留下来后怎么极大化它的效用，作为我们未来城市跟过去城市仅有的中介或联系。这是我们现在能做的，不管是墙、老房子、一棵树还是一口井。

汤因比写过一本小说《世界和西方》，讲不同的古老文明国家怎样反映这个事情，日本经验跟我们的差别在哪里？日本传统建筑形式或者是美学，在现代化明治维新的过程中转移到中产阶级文化里去，但中国这个东西好像没有转移成新的中产阶级文化，这个新问题不是建筑师能够解决的，我们只能从物质、小传统来谈，从物质上把传统能留就留，不管是哪一个年代的传统。

我们需要能发现传统的眼睛

黄印武：我想补充一下，传统在我看来更多是信心问题。本来传统不应该拿出来讨论。如果传统在我们的心里，自然会反映出来；如果没有在心里，那说再多也不会变成你自己的传统。

朱涛：黄印武说的可能过于理想化。你所面对的是在云南边陲小镇里，对传统尚没有产生危机感的居民。那样的村镇，尚没有外来力量破坏。居民最有机的状态是根本不用反思传统，因为他们就在它里面有机、融洽地生活，从来不会有文化身份的焦灼。

但是可能中国更广大区域的现实是充满片断、错愕和矛盾的，人们面对的传统呈无数碎片状，很难轻易地融合在一起。这个时候不能老是谈抽象的、理想化的文化概念，我们必须得直面混乱的现实。我们需要发展出有力度、有批判性的思考，来重新反思和整合各种文化碎片，否则我们既没办法理解传统，也不能理解当下的生存状况。

黄印武：我并不是说传统不重要，而是说我们要谈传统、保护传统，首先需要把环境培育好，传统不是谈出来的，而是生长出来的，要有环境。将所有的历史建筑都保存下来，这能解决我们的传统问题吗？只能说是看见了传统原来是什么样，但这并不是一个活的传统。

梁文道：那你怎么看朱涛提到的那一点，也许在沙溪对传统很有信心，不需要太多培养，但在深圳这样的地方，不只看不见传统，甚至可能不知道什么叫传统。

黄印武：在沙溪其实传统也有压力，比如现在我们的新项目去研究怎样创建新的乡土建筑。

赖德霖：黄先生认为要有传统，首先要有能够生长的土壤，把对传统的希望寄托于客观。我不同意，我觉得传统不在于外界有没有，而在于我们能不能认识到。我们演讲中谈到了梁思成都是反思的态度，梁思成在当时处理了以官式建筑为代表的中国建筑传统，现在到了反思的阶段。我认为他当时已经做了所能做的事，我们现在要做的是我们应该做的事。他认识到了传统，留下了空间让我们发展，我们要用发展的眼睛，去重新发现他没有看到的东西。

今天论坛给我很大的启发，王澍、刘家琨都提到传统是有眼睛能从废墟中看到传统，从垃圾里面发现好的东西，这就是我所强调的，我们需要有一双能够发现传统的眼睛。但是教育是否能提供给学生发现传统的能力？我们不妨反思一个问题，在中国建筑史教学中，这么多学校，这么多老师，所用的教材都是刘敦桢的《中国古代建筑史》，70年代末东南大学又编了一本教材，这两本书使得我们更多的时间花在记忆、背诵、考试上。

刚才朱涛说我们要充分调动自己的能力，用我们的眼睛重新评判、认识传统，如果在座的每个人都能从你们身边发现一点点有价值的东西，可能我们所能贡献的传统认识就会很大。

是什么造成我们今天的城市现状？

赵辰：我同意赖德霖的观点，对于传统我们依然有很大的认知问题，我们也清楚传统是什么，在建筑上这种错误犯得很多。比如梁文道提到的在吉隆坡把广东人的民居改成现在皇家的琉璃瓦形式，因为有人认为这就是传统，好像是固定的模式，这是错的。其实对中国的文化传统、建筑传统，我们的认识是非常有限的，如果日本的传统是一条小船，我们的是一条很大的船，日本的船可以航行，我们才刚刚开始想该往哪里走，甚至有时候我想这不是一条船而是很多条船，还不知道谁发命令，到底哪边是方向。

我们的传统是不是都是好的呢？对此我表示怀疑，据我所知大拆大建也是我们的传统，中国古代的帝王从来不指责这个问题，今天我们很多领导、开发商已经继承了部分传统，中国的建筑也提供了他们大拆大建技术上的可能性。刘家琨谈的我也赞成，我们是杂种，我们的文明从来就在不断融合，也不断分化，这与日本又不一样，不管是穿衣还是建筑。

梁文道：赵先生是内行人，但说中了很多外行人的心事，读历史有时候也要怀疑，也许拆、烧还真是中国的传统，一代一代不停地拆，我们今天的拆迁只不过是中国文化传统美德的一部分。刘东洋有一句话说到当时做规划时，薄熙来提到“大连是一张白纸，你们该怎么做就怎么做”，曾几何时，大家批判现代主义，批判的就是这一点，现代主义的规划师、建筑师太傲慢自大，以为一个城市可以以一张白纸来做规划，这到底是在中国语境下受到现代主义的荼毒呢，还是说这真的是传统的一部分？回忆过去几十年都是在拆传统的东西，但事实上也有自己的传统，刘东洋可不可以就红色记忆发挥一下。

刘东洋：大拆大建这个传统是不是古已有之，我不知道，但是在我在大连生活的十几年时间里，行道树被拔了五次，意味着每换一任领导就换一次树种，从小叶杨变成大叶梧桐，现在已经换成很昂贵的银杏了。重要的是我们作为设计师和规划师，千万不能把滩涂当成白纸，即使没有人类史它也不是白纸，哪有没有人类介入的自然史，哪有没有自然介入的人类史？

刘家琨：中国的很多东西是从外面传进来的，但已经变成中国的特点。马克思是德国人，乒乓球是英国人发明的，四川以吃辣椒著名，但辣椒也是外来的。世界的事情就是一帮人迁徙到哪儿，住定下来，然后做自己的事情，把它做好，这样就有可能形成新的传统。我认为重点不在于红色记忆，因为红色记忆已经被社会所认识，它就跟传统的古镇一样，传统的古镇现在没有人拆了，都变成了旅游场所了，红色记忆也将会变成一个旅游产品。忽略掉的是大家看不上眼的破烂，而这个破烂变成中国机体上的一个景观，我们有没有眼睛看到新的东西，能够在上面重申。

朱涛：我想补充的是，建筑师可以以更有机、松散、灵活的角度来想和做，但对学者来说，深入的历史分析是非常重要的。刚才所说的大拆大建的传统是不是封建传统？我想说我们谈传统并不是要急着判断该传统是好还是坏，最重要是要能分析，这传统是怎么形成的，如何在起作用。比如当年一把火把阿房宫烧三个月，为什么？是为了接下来再修一座更大、更宏伟的宫殿。从这点看，大拆大建的确是从古代就开始，到现在都在产生影响的传统。

但这没完，毛泽东有一句话“一张白纸，可以画最新最美的图画”。我们从这里又可看到近代激进主义思想，那种恨不得摧毁一切旧传统，在废墟上重新打造乌托邦的思维习惯。

但这仍不是全部，今天又有扎哈·哈迪德说“中国是一张令人难以置信的，可以用来创新的白纸”。总之，至少有三种传统——古代的朝代更替导致大拆大建的传统，近代的激进革命的“不破不立”的传统，再加上全球化浪潮推动下的明星建筑师，可以随意向世界各地空降完全脱离当地文化语境的建筑物的做法——这三种传统重叠在我们的国土上，共同将它当做一张白纸，这才造成我们今天的状况。

听众提问精选

现场观众：刚才各位老师谈的都是有关“传统”的问题，我想请问到底什么是“我们”？如何理解作为个性的“我”和“我们”之间的关系？是不是“传统没有问题，是我们出了问题”？

朱涛：为什么把主题“传统与现代”改成“传统与我们”？是因为“传统与现代”一听起来就感觉很枯燥、很空，很容易导致两个概念都流于空洞的讨论。我把“现代”替换成“我们”，想强调的是一群不同的人，来自不同的地方、社会形态和历史经验的人，通过不同角度，来达到对传统讨论的具体化和多样化。

你提醒了我一个问题，就是“我”和“我们”的关系，这是一个非常大的问题，我不相信现代建筑运动完好地回答了这个问题，但我仍挺想提出来给王澍。梁文道和我都发现你有很强的英雄主义的个人情怀。你面对整个崩溃的传统文化，立志要重造一些东西，把碎片重组起来。但另一方面，你所珍视的传统，如乡村景观和民居等，恰恰是大量无名群众，经过漫长岁月，缓慢地演化来的。而到某一刻，为什么形势突然转化了，需要你这样一个个人艺术家，自告奋勇地站出来，拯救集体的传统？对这个矛盾你怎么看？

王澍：其实我内心经常都是非常矛盾的，比如“我”和“我们”的关系。在很早的时候我就在不自觉地琢磨着“我们”的概念。我觉得关于类型或原型的讨论，恐怕两个词在建筑学的语境并不完全一致，如果以西方的方法来讨论是一条路子，如果以我们自己在做逐渐生发出类型，那是另外一条路。

不管怎样，当我认识到这个问题的时候，“我”就出现了，“我”就和“我们”暂时拉开了，我找到了一个自己站队的地方，这一点特别重要，就是历史的自觉。谈传统的时候，自觉性特别重要，否则你没有办法正常地面对传统。

至于重塑传统的可能性有没有，我一直在体会这件事，从生活中的例子我领悟到传统还有，是一些具体的事件重新开始一点一点汇聚、积累。“传统”不是抽象的概念，当你真正参与这些事情才会有意识，才会有打动你内心的感觉，但不打动的时候，传统不痛不痒的。

我们对现如今传统崩溃有一点没心没肺没感觉的时候，作为一个地区文化所从属的人们，有一个基本的认定，那就是自尊自爱。你爱不爱自己？你不爱自己，全拿别人的东西往自己身上套，这是不自尊、不自爱。我对所谓的现代中国人持强烈批判的态度，非常不自尊、不自爱。

说我有英雄主义色彩，与其说是现代主义的英雄主义，实际上我是试图用乡村的力量来反向教化或影响中国的城市，是用乡村来挑战城市的行动，而且是持续地、大规模挑战，我试图反向来做，这是我这两年工作的核心。

王维仁：我回应一下这位观众说的“传统没有问题，是我们出了问题”。刚刚相关的几个问题，一个是我们有大拆大建的传统，在过去的历史上因为技术没有这么了不起，但是今天技术非常了不起，所以我们大拆大建是空前的。

刚刚刘东洋老师说的我们怎么教建筑史，说到建筑史是不是要把设计融进来，我觉得建筑史万万不可以把设计融进来，建筑史是一个文化教育，是我们作为一个好的建筑师心中应该有的基本的水平，我们怎么样去看建筑史，怎么样有一个批判的态度去看建筑史，如果建筑史的课发给大家一张图纸，你们来设计中国建筑吧，那就完蛋了。

最后再讲一下传统的问题，我觉得还是回到我们能做的日常生活周边的物质世界，举个例子，我们每年盖大量住宅，我们的住宅为什么就是三房两厅、四房两厅的方式呢？以前是港台，现在全中国都是这样，进家门把鞋脱掉，鞋通通放在门口玄关，哪一位建筑师好好想一想鞋放哪里？中国传统园林，我们进到院子，进到家里，而今天我们是进到电梯门，进到玄关，我们有没有想到从电梯出来，经过阳台再进家里？这样的话，空间形态就改变了。日本人的榻榻米把木板架高了，我们的木板是平的，这中间完全没有转换。今天我们的建筑师在做住宅时，想的还是太多形式，不只是立面形式，今天我们也想空间形式，但是我们对生活实践相关的空间形式想得比较少，我们的火车站广场一塌糊涂，没有人知道火车站广场该怎么做。

传统没有问题，是“我们”出了问题，规划师出了问题，知识分子出了问题，建筑师出了问题。

刘家琨：回答什么是“我们”，“我们”就是很多个“我”。中国传统建筑中都是一些差不多的房子组合在一起，中国传统中一个特别重要的、看不见的是关系。这个关系渗透在中国一切事物，外国人觉得不可理解，自行车在街上骑着，公共汽车也开着很顺，有一个比喻是一大群小鱼在一条大鲸旁边游，其实也是关系，特别能处理这个关系。只有中国人人理解汽车的身体语言，关系这个事情，是看不见的无形的事情，道这个事情，是大于形体的东西。

第三届中国建筑思想论坛现场讨论，从左至右：刘家琨、刘东洋、赵辰、赖德霖、黄印武、王澍、王维仁、朱涛

演讲现场

论坛演讲者龙应台

传统与现代，传统与我们

——第三届中国建筑思想论坛回顾

当下处在一个日趋片段化的社会中。人们说话越来越前言不搭后语，干事越来越追求当下效应，缺少清晰、长远的目标和连贯性。今天的中国建筑界，并不缺少活动，而是缺少有思想的活动。在很多论坛、峰会中，人们发言，不是在进行真诚、深刻的思想交流，而是在卖弄时髦术语，炫耀明星效应，或做商业推销。中国建筑思想论坛，如果说有一个最低底线的话，那就是：坚决不做这样的胡扯淡论坛。

2011年12月18日九点整，深圳音乐厅，“南方都市报”联合国内主要建筑杂志主办的、主题为“传统与我们”的第三届建筑思想论坛开幕，五百多人的场地挤进七百余人，走道、地板全部挤满人。吸引大家的，不是库哈斯、安藤忠雄这样的大牌明星，而是一批有思想的学者、建筑师。

为何能“创造两个纪录”？

早在九个月前，也就是2011年3月，第三届中国建筑思想论坛组委会面向两岸三地启动论坛主题征集。5月，论坛正式确定学术召集人为香港大学建筑系助教授朱涛，主题暂定为——传统与我们。

为了维护论坛的专业性、严肃性，2011年7月，组委会在深圳召开学术汇报会。朱涛向王骏阳、朱竞翔、饶小军、史建四位学术委员会成员，汇报了论坛的学术思路，以及演讲人选、演讲方向等。四位学术委员现场决定论坛的主题是否通过，并对学术思路、演讲人员进行补充和修订。2011年11月，组委会又连续举行多次学术召集人和论坛总策划人的交流会。2011年8月，最终确定了八位演讲者：龙应台、赖德霖、赵辰、王维仁、王澍、刘家琨、黄印武、刘东洋。

现时各个行业的“论坛”多如牛毛，绝大部分论坛都是为做而做，没有一个明确、严肃、有价值的主题，往往是在极短的时间内召集一批所谓的业内人士，大家各自发挥，各讲各的，内容毫不相干，没有逻辑性也没有相互的联系和交锋。而像中国建筑思想论坛这样，肯花时间确定主题，不断斟酌调整，用心确定演讲嘉宾的“用心”的论坛，几乎是凤毛麟角。也许，正是给予了足够的重视，确定了好的主题，加之前两届树立的好口碑，演讲嘉宾几乎都是欣然接受了邀请。

在拟定演讲嘉宾名单里，我们觉得邀请难度最大的是台湾的文化学者龙应台先生。因为她的原则是，一年只接受一次演讲的邀请，而且对于演讲的主题方向、主办方的资质都进行很严格的挑选。

之前的两届中国建筑思想论坛，我们亦都有邀请过龙先生参加，第一次她在德国过圣诞，第二次她因为刚刚写完《大江大海一九四九》，需要休息。本次论坛再度邀请她，终于得到了她的首肯。事后，我们问龙先生，为何这次她愿意来？她说：“这次的主题很好，我对这块亦有心得；其二你们连续的邀请，让我很感动，你们非常有诚意，所以我来了。”

知名建筑师刘家琨也在此次受邀的演讲嘉宾行列。他的出席着实经历了一些波折。因迫不得已的原因，刘家琨在12月中旬必须飞赴瑞士，他曾经和论坛组委会沟通，一再表示不知道当天是否能赶得及回来，若实在不行，就请助手代为进行演讲。2011年12月18日，刘家琨在中午终于风尘仆仆地抵达现场，几乎没有观众知道他这时已经连续飞行了近20个小时，如此奔波只是为了参加一个论坛。他在和观众互动时，还自嘲说，刚刚演讲时状态有些不好，因为实在是乘了太久的飞机。

请到了足够分量的嘉宾也只是论坛成功的一半。虽然这些演讲嘉宾在各自的领域内都相当权威，但是论坛组委会亦是“毫不客气”地通知每位嘉宾，为了保证演讲的质量，请大家在11月向组委会提交演讲提纲。这是个硬性要求，在我们看是非常必要和有效的，既可以督促演讲嘉宾用心准备自己的内容，也可以留下充裕的时间和大家沟通、调整。正是有了如此的诚意、有了这样不厌其烦的沟通、有了自己所坚持的原则，才能真正保证论坛的质量。

现在再来说论坛创造的两个纪录，大家就不会觉得奇怪。我们创造了建筑论坛门票发放最快的纪录——两小时内500张门票被抢光，还创造了专业论坛出现黄牛党的纪录——论坛开始前，原本是免费的门票被哄抬至400多元。

为何由“社会性”转向“文化性”？

如果说，第二届论坛主题“社区营造与公民参与”呈现出明显的“社会化”倾向，那么2011年的第三届论坛主题有明显的文化性特征。

这是因为，《南方都市报》提出的“走向公民建筑”的理念，对建筑的双重追求：社会性和文化性。它不单提倡“公民建筑”要有强烈的社会关怀，还鼓励建筑设计有高质量的文化表达。第三届中国建筑思想论坛强调建筑的文化性，体现出我们不仅仅关注社会动员和社区建设，还关心建筑的创作质量和文化思考。

在这样的背景下，将2009年论坛的社会性和2011年论坛的文化性合在一起，就形成一个对称之势，可算是确定“公民建筑”的总体价值取向，这也为以后各届“中国建筑传媒奖”提供更明确的指导思想，为以后有序地展开各届中国建筑思想论坛奠定基本格局。

俗话说，好的开始是成功的一半。事实证明，“传统与我们”的主题，也迎合了当下人们对于传统不断的追溯、回归的心理。

朱涛的开场演讲相当有力度：

“我们为什么要来谈这个传统？那么，我们不妨思考一些最浅显的社会现象，为什么每年春节前夕，上亿的民工，甘愿忍受痛苦，付出高昂的代价，挤入‘春运’这人类历史上最大规模的周期性迁移？回答是：千百年延续下来的，在新年回家，吃顿团圆饭的传统在起作用。

“为什么各级政府，会有这么高的热情和效率，搞拆迁，修建楼堂馆所，承办奥运、世博、东亚运动会和大运会？回答是：近几十年来形成的，以高度集中的权力，调度所有人力和资源，不惜一切代价，实施超大项目的共产主义传统，与封建传统和全球化经济浪潮，奇特地混合在一起，在起作用。

“为什么今天，我们聚在一起，谈论‘传统与我们’？是因为，传统与我们当下的生活如此复杂地交织在一起，如果我们失去对传统的清醒认识，其实也意味着我们失去了对自己当下生活的清醒认识。”

这些“为什么”真的是有些振聋发聩的作用。让我们清醒地意识到，传统和自身有着千丝万缕的关系，它牢牢地控制着我们。对于建筑界亦是如此，厘清传统，才能认清自我、当下，才可能有一个丰富、圆满的现代。

正如龙应台先生所说，无论是从美学层面还是建筑层面来讲，我们要有自己的美学大师、建筑大师的出现，就必须有一个养成的过程，大师是从传统中“长”出来的。今天，我们如果只是急功近利地“拿来主义”，放一个库哈斯的中央电视台大楼，或者放一个外星陨石般的歌剧院，那我们自己的土壤里什么时候才会长出自己的美学大师跟建筑大师？

为何如此“排兵布阵”？

整个论坛从早上九点正式开始，马不停蹄地一直进行到下午六点半。整个环节十分简洁、明了。在简单的主办方发言、赞助商发言后，便是论坛学术召集人朱涛“我们为什么谈传统”的演讲。

之后便是众所期待的龙应台先生的开场演讲。接下来是赖德霖、赵辰、王维仁先生的演讲。

下午的论坛两点开始，分别是王澍、刘家琨、黄印武、刘东洋四位的主题演讲。最后有一个圆桌讨论，以及观众提问的环节。

论坛的主持人是香港著名的文化人梁文道先生，他已经连续三届担任论坛的主持人。他的妙语连珠串起了全场的内容，更与演讲者、学者、观众达到了良好的互动。他的举重若轻、他对于建筑文化的了解，也是现场的绝对亮点之一。

对于演讲者的顺序排列，我们也是煞费了心机。这种排序其实包含了很强的用意。建筑师孟岩在后来接受采访时一语道破。建筑师孟岩认为学术召集人朱涛在最开始抛出问题，把传统与现代这个话题，放在一个大背景下，接着像赖德霖这样的历史学家登台，告诉我们这其实不是一个新话题，给我们回顾历史上前辈的努力；之后赵辰上台，提出更具批判性的观点，是对赖德霖的一个回应。下午，论坛从宏观、历史的大角度转向了微观，王澍、刘家琨、黄印武作为实践者，阐述他们的案例和观点，毫不枯燥。最后的对话的环节也是焦点明确。孟岩认为，本次论坛每个演讲者都弥补了互相之间的一些不足，论坛关注到宏观、微观、历史、实践，结构完整，质量很高。

对此，学术召集人也有自己“排兵布局”的想法。朱涛认为，只要观众留心，就会发现论坛中实际暗藏着各种对称、对仗，主办方正是希望通过这种对称，营造出思想话语之间的密集张力。

比如龙应台开头演讲所体现的社会—政治关怀，与随后赖德霖、赵辰、王维仁、王澍、刘家琨的专业、文化关注相对照，而论坛最后的黄印武和刘东洋，又立足于建筑遗产保护和新城规划两大专业领域，将话题向人居社会和可持续性发展等社会性问题打开，与龙应台巧妙呼应。再比如在建筑史回顾中，赖德霖对建筑先驱的个人点评与赵辰对建筑史的整体思想脉络的梳理相对照，王维仁对港台“边缘”建筑发展的回顾与赖德霖、赵辰对大陆“中心”的建筑考察相对照。

在谈建筑创作上，王澍对古典和非历史性传统的眷恋与刘家琨对近期社会主义“红色记忆”和当下民间资源的观照相对应。在谈人居社区上，黄印武对云南边陲古镇沙溪的保护复兴与刘东洋的沿海城市大连的规划开发相对照，等等。这些多重思想线索，各自沿着不同方向发展，但相互呼应，最终交织出一个质地丰富并极有深度的思想矩阵。

为何能够“全天爆满”？

全天的爆满，还要归功于论坛的紧凑、深入、条理。现在想来也许正是这个关于传统、现代的题目，让学者、建筑师、建筑爱好者都不陌生，因此才有了逐渐深入探讨的可能。

建筑师刘珩也听满了整场论坛，她说听完演讲觉得受益匪浅，论坛从开场到结束，节奏明快、不拖沓，前后还能有很好的呼应，结构非常完整，这在论坛泛滥化的当下，是很不容易做到的，这与主办方的精心准备分不开。

深圳大学建筑系教授饶小军表示，这次论坛吸引了如此多的观众入场，说明主题有足够的吸引力，虽然关于我们到底要怎样对待传统、找回传统还是没有给出一个明确的答案，但已经足够引起人们的深层思考了。

因为论坛八点半要进场，香港中文大学建筑系的学生万丽和一群同学提前一天就从香港赶到深圳。听完整个论坛，万丽觉得深受触动，她认为这次论坛真的是做到了以普罗大众能明白的语言，探讨与公民社会息息相关的建筑话题。在诠释建筑理论、厘清建筑现状的同时，更对市民的思想有所启蒙，激发大家关注建筑、关注传统、关注公民社会的热情，这正是当今的学院教育和媒体宣传所缺乏的。

总结下来，学术召集人朱涛认为至少有两大收获：

第一，传统不是一个抽象的学术问题，不是一堆博物馆里陈列的古董，而是承托我们思想的重要基础，与我们的日常生活和社会文化实践息息相关。

所有的演讲者都从不同角度，雄辩地证明了这一点。龙应台的主题演讲特别让我高兴，因为她不光透彻地说出了“传统是生存的必要”，“现代就是公民有权解释自己”等道理，我还相信她的演讲会拨动很多在场政府官员的心弦，促使他们扪心自问：我在手握权力时，有没有可能也有类似龙应台做文化局长时的追求和作为？

第二，“传统”和“我们”可以是相互解释、支持的。来自多样化传统，有着多样化经验的个人，反过来可以发展出对传统的多样化思考，并催发出多样化的“转化传统，走向现代”的策略。

中国建筑传媒奖、中国建筑思想论坛总策划人 赵磊

3

访谈 · 文选

第三届中国建筑传媒奖访谈

第三届中国建筑传媒奖评论奖文选

黄居正

公民建筑的精神应融入城市

商业项目也可以是公民建筑

南都：自第一届中国建筑传媒奖至今已有五年，你先后参与了第一届、第二届提名及初评委员会，目前，又接手第三届提名及初评委员会主席。这几年，你对中国建筑传媒奖主旨的认识有哪些变化？

黄居正：记得2008年第一届中国建筑传媒奖时，包括我在内的很多提名人都不清楚这个以“公民建筑”为题的奖项公布出来大众会有怎样的评价。到了第二届，大家已意识到它和专业奖项不一样，不仅要考量建筑的功能，还要超越单纯的建筑美学评价，体察建筑是否蕴涵足够的人文关怀，也就是建筑的社会伦理功能，譬如材料是否因地取材，是否环保，能否唤起公众的交往意识和情感反应等。

五年来，中国建筑传媒奖的影响力逐渐扩大，“公民建筑”的内涵与外延、目标与意义也在逐渐明晰。第一届终身成就奖获得者冯纪忠先生的获奖感言，对我震动极大，他说：每一个建筑都应该是公民建筑。不管是什么类型，由谁出资，最终使用者为何人，只要本着人文关怀的理念，都有可能成为一个真正的“公民建筑”，因此，大可不必对商业项目抱排斥的态度。

南都：刚才你主要谈的是这个奖的价值取向，在评选机制上，你认为中国建筑传媒奖和别的奖项有何不同？

黄居正：我参加过很多奖项的评选，这个奖项与其他奖项的最大不同就是它的公正性、透明性。我们评委经常会对某一作品各持己见，甚至很多时候还会争论到面红耳赤。我们没有所谓的“最权威人士”，评委是平等的，谁都不会因为有某位权威发言而变得“沉默”。而这种情况在很多专业奖项的评选过程中很少见。更为重要的，对于进入评奖最后阶段的项目，评委会成员会进行实地考察，并写出包括建筑完成度、使用情况、体验感受等的评价报告，提供给全体评委作为最后评判的参考，避免了仅依赖看图和照片可能带来的偏颇。

粗暴的造城运动切断城市文脉

南都：能否谈谈这几年来，你印象最深的一个参评的项目？

黄居正：印象深刻的项目有很多，例如首届获得最佳建筑奖的项目“毛寺生态小学”。这个项目获奖之前引发了评委间激烈“PK”，因为从专业角度来看，它未必是在设计上有多大突破的建筑，或者说是多么吸引“眼球”的一个建筑。但是把它推上这个奖项，是因为它代表了一种“公民建筑”的人文精神。它富有生态可持续性，依据了当地气候以及建房传统，就地取材，由村里居民来修建，可以说实现了人与建筑、自然的和谐共生。

南都：这种建筑在我国多吗？你怎么看我们当下的“建筑”？

黄居正：我们现在的城市管理者更偏好于建设标志性建筑，竖立地标。最近热炒的“大秋裤”就是典型。很多建筑为了追求“标志性”而标新立异，经不起推敲。我以为，标志性建筑至少需要满足两个条件，一个是“图底关系”，即纪念性、地标性建筑与大量的“匿名性”建筑所形成的城市肌理之间应有一种合理的、有机的关联；另一个是建筑的形式造型，它能否表达该城市的性格，能否与该城市的历史文化达成某种或共生或回应的关系，同时也考量着城市管理者和建筑师的格局和审美眼光，切勿把审美变成审丑。

南都：那么大量非标志性建筑的情况又如何呢？在快速城市化进程中，你认为普通人的居住、公共空间质量有提升吗？

黄居正：从居住的物质性角度而言，我们应该承认居住质量有了长足的进步。从几十年前只求一个住地，到逐渐开始关注居住的环境景观、居住的舒适度。但是，不能忽视的是，随着快速城市化，遍地开花的上楼工程和造城运动，也粗暴地切断了我们与土地的神圣联系，割裂了绵延千年的文脉，摧毁了城市与乡村的历史记忆，让生活在当下的我们难以找到自身的认同感和归属感，这也是一个不容回避的问题。

有坚守的建筑师也可有作为

南都：这种现状是否和行业体制的发展有关？

黄居正：从体制上看，中国在1996年前都是国有设计院，建筑师都是集体创作。1996年体制改革后，出现了大量建筑师私人事务所，建筑师也获得了相对自由的个人表达空间。之后，国内各个城市开始了大规模的拆迁，这为建筑师提供了很多实践创作的机会；但也因为快，很多项目的诞生都很匆促，建筑师没有太多的时间周全考虑，国外一般项目设计至少需要半年、一年，而在中国两三个星期就可以完成。加之甲方大多强势，建筑师时常不幸沦为画图匠，成为贯彻甲方偏好、意志的机器而已。

南都：在这样的状况下，建筑师怎样更好地创作？

黄居正：如果建筑师不把中国当下的情形看成是自己一种不可逃避的命运，而是选择有操守、有坚持、有责任地生存，还是可以有所作为的。事实上我们也看到了不少优秀建筑师和建筑作品的出现。今年普利兹克建筑奖得主王澍就是一个案例。

南都：我们的城市正在经历大量的拆迁旧改，如何将“公民建筑”这个理念融入进去，使城市更有精神？

黄居正：我一直不能忘怀瑞士南部的蒙特卡罗索小镇。在上世纪70年代，当地镇政府邀请了斯诺兹来参与小镇的改造更新规划，并在镇中心建造一个小学校。而基地上原有已濒临坍塌的15世纪的女修道院，政府希望彻底清除，好让建筑师在一张白纸上画最美最好的图画。但斯诺兹并不领情，坚持要求保留修道院建筑。几成废墟的老修道院最终得到了新生，其侧翼部分成了小镇的咖啡馆。同时斯诺兹收集了一些残留的建筑构件，把它们嵌入到新的学校建筑中去。最后，老教堂、新学校、咖啡馆一起围合成一个向市民开放的广场。

去年我到这个小镇逗留了几个小时，当我坐在廊下的咖啡馆，看着夕阳渐渐西沉，市民陆续来到广场，就着啤酒或咖啡交谈，孩子们在广场骑车玩耍……我猛地感觉好像并不是来自遥远的地球的另一边，而是生于斯，长于斯，有一种难以言说的熟识感。这种熟识感来自哪儿呢？斯诺兹给出了答案，他说：“我保护的不仅是建筑，更是家乡。”在这儿，建筑的形式已经不再重要，你感受到的是一种氛围，一种场所精神。

而我们当下很多建筑，过于注重标志性的外在形式，而且更不堪的是，一些不入流的、糟糕的形式经常污染我们的视觉。因此，提倡将公民建筑的精神融入城市，为公民提供舒适的环境、可交往的空间，甚至激发出一些有益的活动和组织，更加重要。

“公民建筑”让建筑师创作有了新坐标

南都：你觉得“公民建筑”这个概念和方向提出来，是否能成为建筑师们在形式、结构等话题外的另一个关注点？

黄居正：是的。建筑师关注形式造型、结构构件等无可非议，但除了这些专业技巧，“公民建筑”提出了一个新的视域，让建筑师在设计创作时有了一个新的坐标，促使建筑师更多地去反思建筑的伦理价值。

南都：南都来做这样一个跨界奖项，你作为专业的建筑传媒人，能否给些建议？

黄居正：虽然《南方都市报》是一份大众化报纸，但它来做这个奖项，可以在建筑、建筑师及市民之间，架起一座真正的桥梁，形成公众对建筑的广泛兴趣和一个能理解、能批判的公众舆论，这是专业媒体难以企及的。其实“外行”媒体介入专业领域在国外很普遍，譬如《纽约时报》，经常会有一些关于建筑作品的批评和评论。当然，要想把这个跨界奖项做得更有影响力，必须把握好“专业”与公众接受度之间的平衡，还可针对一些公众关注度高的建筑事件、人物做一些研讨会。隔年举办的“中国建筑思想论坛”就很好，既贴近公众，又有专业深度。

（原载《南方都市报》2012年9月21日）

王骏阳

在中国，决策层仍对建筑的象征性乐此不疲

“标志性”建筑层出不穷因其受各级官员青睐

南都：作为研究译介西方建筑史的资深学者，你能否点评一下过去两届建筑传媒奖中几位对建筑史和理论研究做出过积极贡献的获奖人？

王骏阳：我对汉宝德先生的评价很高。虽然他的设计作品我不敢苟同，但是作为一位历史理论学者，他在普及建筑文化方面的工作无人能及。当然，这得益于台湾公民社会的成长本身。或者说，它既是台湾公民社会成长的组成部分，也是它的产物之一，二者相辅相成。

南都：说到普及建筑文化，近年来很多媒体都越来越重视文化批评，但其中少见建筑话题的身影；多数时候建筑只是作为资讯出现，且只有地标性建筑才能得到关注。你怎么看当下国内缺少建筑评论，特别是面向公众的建筑评论的现状？

王骏阳：与西方建筑相比，中国传统建筑一直比较缺少现代意义上的文化价值。一方面，建筑是人们日常生活的载体；另一方面，建筑则是当权者控制社会的工具。中国历史上不乏画论、诗论，但是没有“建筑论”，因为建筑从来不是一个独立的文化范畴。

弗兰姆普顿在《建构文化研究》中文版序言中曾经指出，中国传统建筑从来没有成为西方意义上的“造型艺术”，这反而有助于保持建筑作为一种“建造诗学”的原有涵义。但是他忽视了中国传统建筑的政治和象征意义在中国社会中的重要性。正是这种政治和象征意义，使得中国传统建筑虽然没有成为西方意义上的“造型艺术”，但却沦为一种象征工具而丧失了建造的自主性，当然也难以成为独立的文化范畴。

近年来中国“标志性”建筑层出不穷，特别为业主，尤其是各级政府官员所青睐，就是因为大家都特别看重建筑的象征性。现代主义是反象征性的，社会对象征性如此热衷，我只能理解为一种缺少现代性的表现。虽然我们的社会正在“四个现代化”上迈进，但是吴晓波在评述盛宣怀时说的那句“现代化有余，而现代性不足”似乎仍然是今天的写照。

正是因为缺少现代性，中国社会各级官员仍然对建筑的象征性乐此不疲；也正是因为缺少现代性，

一旦建筑成为政治象征的工具，文化批评便难以企及。当媒体要对国家大剧院进行讨论时，中宣部可以发红头文件要求“与党中央保持一致”。想对世博会中国馆进行评论吗？对不起，它的政治意义太重要了，任何讨论都可能因为“政治不正确”而遭到封杀。就此而言，我特别看重中国建筑传媒奖，“标志性”建筑不会成为表彰对象，反而有助于在当前中国社会的条件下展开建筑的文化批评。

提升建筑审美要发挥大众媒体的作用

南都：很多国家的建筑和规划评论是社会文化生活不可缺少的一部分，你觉得他们有什么经验值得我们的作者和建筑师们借鉴吗？

王骏阳：如果说有什么经验值得我们借鉴的话，就是充分发挥大众媒体的作用。专业杂志往往都限于专业的小圈子，大众媒体则不同，它原本就是大众的。但是要真正发挥文化批评的作用，就一定要加强大众媒体的专业性。国外大众媒体的文化专栏作家往往非常专业，从而可以真正成为大众和专业之间的桥梁和纽带。他们的批评非常专业，但又是面向大众的。

南都：媒体特别是大众又有哪些可以做的呢？

王骏阳：更多参与，但是要在理性的基础上参与，而不是网络上常见的谩骂和声讨。

南都：建筑评论和公众关注的缺失是否也会反过来影响当下建筑的质量，使得“公民建筑”难以得到推广？

王骏阳：没有“公民社会”就没有“公民建筑”。你不能指望在没有“公民社会”的情况下已经有一种“公民建筑”存在并对之进行所谓“推广”。中国建筑传媒奖的主题是“走向公民建筑”，意义在于通过“走向公民建筑”的讨论促进“公民社会”在中国的形成。它是一项自下而上的“从基层做起”的工作。

南都：那么中国建筑传媒奖作为一个大众媒体发起的奖项，你觉得对于建筑实践和公众参与有否产生积极的影响？

王骏阳：中国建筑传媒奖的意义是毋庸置疑的。我更看重的是它的“非官方”色彩以及将大众媒体与专业人士相结合的努力。当然，最重要的我前面已经说过，它是推动中国公民社会建设的一个力量。

更看重“独立建筑事务所”这个群体

南都：能否给我们介绍一下这两年国内你比较关注的建筑师？

王骏阳：国内“引人瞩目”的建筑师可以数得过来，我就不再重复了。我更看重“独立建筑事务所”这个群体。这些独立建筑事务所的作品参差不齐，鱼龙混杂，但是它们却是冲破固有体制的活力所在，而且整体水平在持续提高。他们代表了不同的设计思路和追求，对中国建筑多元化发展发挥着积极作用。

南都：从这些作品中能不能看到当下建筑设计理念和体制上的一些趋势？

王骏阳：已经说了独立建筑事务所对固有体制的突破作用，有点像举国体育体制中的李娜。需要加强的是它们在体制中的合法地位，以及建筑师协会对它们的服务和帮助。但是这最后一点本身就涉及体制改革的问题。

南都：你本身也是一位实践建筑师，而且不少项目集中在一地。你觉得这样的实践方式和时下多见的集群设计项目相比，对建筑师和大众来说各有何优劣？

王骏阳：我在学校里教书，也被学界视为“搞理论”的，做设计只是我的业余之事。不是王澍说的那种“业余”，而是真正不务正业的“业余”。不过，做设计一方面确实源自我自己对设计的兴趣，另一方面也是加深自己对建筑学认识的一种方法。它使我思考，理论与实践会有怎样的关系，或者对一个设计者理论究竟能够发挥什么作用等等诸如此类的问题。因此，除了具体项目不可否认的商业性质之外，设计本身的意义更多是专业性的，而非社会性的。与所谓“集群设计”相比，它们的意义更多的是个人性的。

期待今年有优秀的保障房和廉租房作品出现

南都：过去两届建筑传媒奖中涌现了许多不同类型和尺度的作品，能否讲讲其中让你印象最深的一个获奖作品？

王骏阳：都市实践的土楼公舍。

南都：这是一个在很多方面都有所创新的廉租房项目。但与此同时国内仍在大批量地快速生产住宅项目，对此类项目你觉得建筑师应该从哪些方向去努力，在有限的时间里去寻找提升居住品质和文化的可能?

王骏阳：在经过住宅由政府包揽再到将住宅建设全部推向市场的转变之后，我们的政府终于认识到政府在保障房和廉租房方面应该发挥的作用。在国外这叫social housing（社会住宅），通常也是建筑师创造性的用武之地。可惜的是，我们中国的保障房和廉租房还沿用着商业住宅的许多做法，尤其是规范方面，这使建筑师很难有所突破。试想，如果套用商业住宅的规范标准，都市实践的土楼公舍能够设计出来吗?

南都：对于住宅开发商，你有没有一些建议?

王骏阳：开发商有自己的利益。在一个市场经济中，不能指望开发商成为慈善家。需要发挥的是政府在保障房和廉租房方面的作用。但是如果不改变思路和规范的话，结果大概只能是廉价的商业住房而已。

南都：对于已经启动申报的第三届中国建筑传媒奖，你有哪些方面的期待和建议?

王骏阳：期待有优秀的保障房和廉租房作品出现，尽管在当前制度之下，我对此并不乐观。

南都：你是否也还留有遗憾呢? 有与奖项失之交臂的好项目或者建筑师吗?

王骏阳：中国建筑传媒奖的真正意义不在于为某个建筑或者建筑师树碑立传，就像普里兹克奖给国人的印象那样，或者成为商业炒作的由头。重要的是过程，以及由此带来的相关讨论。

南都：对于关心建筑、想要更好地理解建筑的读者，能否推荐一些书籍给他们?

王骏阳：这方面的书确实不多，但是汉宝德先生的《中国建筑文化讲座》和赵辰教授的《“立面”的误会》也许值得推荐。更加专业一些的是朱剑飞博士主编的《中国建筑60年（1949-2009）：历史理论研究》。与此同时，希望有更多人去读些与“现代性”有关的书籍。对于大众来说，建立“现代性”的观念也许比增加建筑本身的知识更重要。总希望自己住的房子看起来像皇宫，这样的观念实在与现代性相去甚远，也背道而驰。

（原载《南方都市报》2012年9月24日）

叶长安

公共空间更重于建筑物

香港发展商与建筑师已变成主仆关系

南都：我想先谈一下香港。香港的建筑市场商业化程度一直很高。在市场开发导向下，建筑师应该从哪些方面去寻求更好的创作机会，同时争取传达更多对公众的关怀？

叶长安：在香港，发展商与建筑师已变成简单的主仆关系。香港建筑师在基础社会责任和专业道德守则上，做得很好，但其在上世界70、80年代做到国际专业水平后，就没有再向前走多一步，这是一个遗憾。建筑师应该更加像中国建筑传媒奖的主旨——“走向公民建筑”一样，向公民社会负责。

至于公费支持的公共建筑，政府固然是最大的雇主，但它的想法及制度有时僵化，墨守成规。建筑作为创作的过程，这是作茧自缚。我希望新一代建筑师能更多理解社会议题，更多关心社会的热点和矛盾。要做到这一点，第一要走出内向的专业思维，与社会学、人类学领域的知识分子交流，甚至走到前线理解社会现实问题；第二是与其他创作形式、设计类别有更多合作，寻找新形式、新渠道、新方法与公众沟通；第三，不应向大发展商倾斜，多加思考向小企业、社会企业以及创业者服务。

南都：这样看来，两地建筑师还要更多交流和探讨。

叶长安：是。“公民和公共空间”是一个非常好的课题。香港是全中国高密度的城市中，在概念上和技术上走得最前、做得最紧凑，设计也比较周详的一个。在如此高密度、有效的城市之中，公共空间会被何种因素和压力影响呢？官、商、民营之间如何合作？业权、管理权、使用权、监察权属谁？往后又以怎样的设计和形态应对呢？香港经验可以作为借鉴。当然，中国有大量城市实验进行中，然而香港本身过往二三十年间，实验的精神和想象力都在减弱，香港在这方面可以向内地不同城市学习，全盘思考中国社会公共空间有何可能性；实质上，两地政府在法规上、专业守则上和发牌上交流之外，如果在文化和科技层面能继续提升，将相得益彰。

南都：在香港，公众和媒体对于建筑的关注又主要集中在哪些方面?

叶长安：在香港，建筑师一直没有让市民大众觉得建筑是一个文化领域和知识领域，到今天已经完全倾斜，大家只谈经济面、建筑物的资产价值。近几年稍有转变，开始向好的方向走，对于历史建筑、城际和城乡关系、公共与私人空间的关系与合作，开始衍生出更多的讨论。

南都：香港许多历史建筑保育项目都受到了公众关注，你认为其中有没有在设计和功能定位上都有新意的作品?

叶长安：未来香港有几个颇有趣的历史建筑保育项目落成，包括中区警署建筑群原荷里活道警察宿舍，都在中环。是否纯粹是在某一时段、在某一状态之下封存就是保育建筑正确的做法呢?前者中环警署建筑群是一个不停演化的基地，有二十多个建筑物，不同时期不停改，不停加建，不停拆，将会变成一个艺术文化中心。而原荷里活道警察宿舍将会变成一个设计师做原创品牌的地方。这些项目会给保育带来新的意念，同时可以为创意文化服务，我相信这是很有趣的事。另一点是，刚才提及两个建筑物基于功能，本来是关闭的，闲人免进。保育后变成公共空间，打开门来，让一般大众去到，这非常重要。当社会两极化时，历史建筑物和保育项目是一个好机会，让社会大众有机会可以参与讨论和决定城市不同部分，并重新投入公共领域。否则，一个城市经过长时间，会被不同单位慢慢地私有化，我们必须通过一些途径进行社会重新分配。

评审不应忽略“细小”的建筑

南都：您从2010年起担任中国建筑传媒奖香港的提名人。这两年来你对中国建筑传媒奖的主旨——“走向公民建筑”的认识有哪些变化?

叶长安：香港和内地的社会不断变化，因此大家对公民建筑的理解也同时在深化和演变中。两地对公民建筑的定义的认识稍有差异，中国内地对建筑的标志性、硬件和外观比较看重，香港比较在意所谓城市里公共空间和日常生活空间的营造。但总体来说，两地的建筑都在走向更为人性化，是好的方向。

南都：中国建筑传媒奖作为一个大众媒体发起的奖项，你觉得对于建筑实践和公众参与两方面是否都能带来积极的引导？

叶长安：中国建筑传媒奖绝对是一个有存在价值及可持续发展的公众参与项目，所以大家非常支持。我的愿景是有朝一日，不用专家出面主导评审，普通社会大众都能留意公民建筑、公共空间，而且有足够知识去评价建筑空间的好与不好。其实，中国建筑传媒奖不是由专业学会或学术机构举办，而是由媒体主办，打破以往专业范畴的距离和障碍，已经是非常好的第一步，符合“令公众更广泛认识公共建筑”及“公共空间为公民社会服务”的目标。

南都：在2010年那一届大奖，你最认同或是遗憾的项目是哪个？

叶长安：对我个人而言，特别遗憾或认同的项目都还不存在，所以我十分期待未来会有这样的项目出现。公共建筑和公共建筑物是两个不同的概念。建筑(Architecture)是思考方法和知识领域，而建筑物(Building)是一个产品或一个容器。在上一次的评选中，好多时候我们忽略了细小的建筑，忽略了短暂、临时的建筑。我们讲公民建筑时，对建筑物过于具象，忽略了建筑本身的社会性、时间性和空间性。

南都：作为活跃在两岸的建筑策展人，能否点评一下过去两年中让你印象深刻的建筑作品或是建筑师？

叶长安：承接刚才的问题，令我印象最深刻的都是一些轻巧的、细小的项目，而不是不可移动的庞然大物。上一次令我印象较深刻的两个建筑作品是台湾津梅栈道(建筑师黄声远)以及香港的竹桥——Route D (建筑师林伟而)，这两个都是意念和空间经验比硬件强的作品。这两个作品比一些大型博物馆或大型开发项目更人性化，可以强烈地感受到其为公民而做建筑的主旨。

期待开设“公共空间奖”

南都：近年你策划过不少公共空间的活化运动，是否觉得建筑和城市空间的后续经营也同样重要？建筑师应当参与到这个过程中去吗？

叶长安：这是正确的想法，建筑师的责任不是完成项目交还给业主便了事。不少好设计都是因为营运不善，发挥不到应有的功能和可能性。即使最好的设计，落入差劲的管理单位，也会变成不理想的空间，因此后续经营是相当相当重要的。

我知道一些建筑奖项在落成二十五年后才颁发，看长时间它是否达到本身的建筑理念。因此对只颁奖给初落成的建筑，我个人还是有所保留。

南都：你本身也是建筑教育从业者，如何看待当下建筑教育的得失？有必要把专业教育推广至大众吗？

叶长安：我不觉得专业化是长远途径，而是一个阶段。可能中国有些地方确实急需专业守则和监管，保证工程项目水平达到安全和环保的标准。但对于相对发达的地方，包括香港和台湾，专业化和专业教育更多时候变成了一个障碍，令大家从一个技术的角度来认识建筑，而不是以人文的角度，因此我反对把专业教育推到大众。

建筑学院存在很大的问题，太多时候，在意识形态上让学生觉得建筑是个人表达，允许建筑学生假扮自己是艺术家，并把自己的艺术能量投放到建筑物上。其实这只是设计过程其中一个步骤。我认为建筑学生更加需要理解建筑是社会创新的途径，亦是公民社会发展的一部分和平台。因此我们的建筑教育是需要更大的改革，脱离18、19世纪纯艺术导向，脱离20世纪工业化、包豪斯的导向。像中国建筑传媒奖的主旨“走向公民建筑”，是建筑学院重新思考很好的出发点。

南都：你已经着手准备本届提名工作了吗？如何决定一个项目应否得到提名呢？

叶长安：自从加入了中国建筑传媒奖做提名委员后，都一直留意有哪些项目可以达到我们要求公民建筑的水平和方向。我负责香港和澳门地区，地方并不算大，资讯又相对流通，对于有质量的新项目，比较容易及时了解和实地参观。所以对于我来讲，提名相当容易，而且大部分情况下都能在非常充分了解的基础上完成我要做的调查研究。当然，一个项目可以被提名，需要根据大会给评审委员的指示，做到为公民而设计，以公民为优先考虑的建筑和空间，要跟着这方向去选。

南都：对于今年的建筑传媒奖，你有什么新期待？

叶长安：两岸三地在公民社会的快速发展和演变中，会出现更多公共建筑作品。我特别期待开设一个公共或公民空间的奖项。之前评委讨论中有就此提议讨论，但我觉得尚且不够，原因一是没能达成共识，二是还有更多角度可以探讨。我们不应该由于“空间”难以界定就放弃探讨，这是一种懒惰和舍难取易的做法。我仍然觉得“公共空间奖”可能会带来更多有趣的作品，令评委和媒体发现更多建筑和空间服务公民社会的可能性。

（原载《南方都市报》2012年10月16日）

栗宪庭

急功近利让我们的建筑鲜有创造性和特色

我对大奖的每一个作品都印象深刻

南都：作为中国建筑传媒奖评委、著名的艺术策展人，能否点评一下过去两届中国建筑传媒奖，让你印象深刻的建筑作品或是建筑师?

栗宪庭：我对每一件获奖乃至提名作品都印象深刻。但我特别想说的是，新疆“喀什老城区阿霍街坊改造”项目，印象尤其深刻。原因不是说这个项目有多好，而是这个项目由于改造的对象是少数民族区域，而改造是不能无视当地的文化传统和习俗的。这个不得不在意的限制因素，恰恰是中国所有城市化过程中被肆意践踏的东西——一个城市原有建筑和街区的文化脉络。中国大规模的城市化进程从1990年代初开始，短短二十年，所有的城市建筑和街区原有的文化脉络，几乎被破坏殆尽！尤其是县城，雷同到令人不敢相信的程度。

南都：就你对中国城市和建筑的观察，近两年有没有让你觉得比较糟糕的案例?

栗宪庭：我没有研究过具体的城市个案，只能笼统谈一些中国城市化进程的普遍问题。我觉得大规模城市化进程开始的时候，我们没有在文化上准备，我们对什么是现代城市文化基本无认知。我们的城市化是在功利主义，甚至是私人利益的基础上开始的。此外，我们的城市规划没有整体性，更没有长远考虑。问题在每一届地方政府只在乎自己的政绩，每一个单位只在乎自己利益，甚至是此一任的规划会推翻前一任的建设，因为要彰显此一任的政绩，各自为政，就无法做到城市发展在空间和时间上的整体性和长远性。

南都：你在北京老城住过几十年，你觉得传统民居有哪些优点是可以供我们今天的住宅开发和设计借鉴的?

栗宪庭：每一个地方民居的特色和创造性，都是长时间文化、习俗与该地域自然环境磨合的产物。今天开发的住宅，一张图纸可以走遍全国，急功近利让我们的房地产项目鲜有创造性和特色。北京四合院最重要的空间因素，是房屋与院落。院落与院落之间所形成的多层和丰富的空间关系，是适应小家与小家，小家与家族之间交往、团聚而产生的。当然它与儒家宗族大家庭多重、丰富的生活观念有关。而现代的楼房建筑把一个个小家庭封闭和隔离在一个个水泥盒子里，人与人之间交往以及生活的丰富性因此而消失。由于格子笼式的现代楼房设计，人在家庭生活中，更加变成像被隔离的动物。在楼房里复制四合院、做园林当然愚蠢，但对空间丰富性的注意是重要的。日本的不少现代建筑师，已经注意到现代楼房居住模式的弊端，在转换东方传统建筑的空间关系上，做出成功的案例，是值得中国住宅设计学习的。

今天已经没有什么“旧城改造”

南都：北京和许多城市一样正在经历大规模的旧城改建，拆迁之余也有很多保护的案例出现，你怎么看这些案例？有哪些成功和不足？

栗宪庭：北京最早的旧城改造项目是琉璃厂，上世纪80年代中期，我当时在《中国美术报》做编辑，约过陈志华先生的稿子，他提出了“假古董”这个词。我至今觉得这个词，很准确地反映出琉璃厂项目以及此后许多城市在旧城改造项目上的问题，它反映出的是我们在诸如“宋代一条街”“明代一条街”之类的旧城改造项目上，看重的是商业利益乃至政绩，而不是尊重文化。旧城改造，重点是如何在突出旧城肌理的基础上，同时也能适应今天的使用。

北京平安大街的改造也是一个值得反省的项目，原来街区外观，是由一个个不同院落所形成各具特色的大门和外墙景观，由于平安大街扩宽，就把原来临街景观一律切齐，每一个院落临街的大门和外墙，都统一做成几乎一模一样的门楼，就使得这些门楼成为一张与原来院落具体性和独特性无关的表皮，今天的平安大街给人感觉就是一个类似临时搭建起来的影视街景。

事实上，今天已经没有什么“旧城改造”。现在几乎所有的城市，自上世纪50年代至今慢慢变得面目全非了。我在北京后海住过二十多年，见证了旧城逐渐被破坏的过程。北京四合院原来多是一家人居住，按儒家尊卑长幼的观念和风水方位居住。后来四合院变成大杂院，若干家共用一个院子，至此，从传统建筑保护的意义上，作为与儒家文化相关的北京四合院已经埋下彻底破坏的种子。院子充公以及住户增多、变杂，是造成四合院在不断被改建中遭到破坏的原因。后来因人口的增加，居住需求加大，加之传统文化被否定，四合院被改成面目全非的大杂院。大规模的城市化以来，就连大杂院都被拆除了，现在的北京旧城除了宫苑建筑，民居已经所剩无几。北京大面积的灰色民居和金碧辉煌、高大宫苑对比，相衬的完整肌理关系，已经消失了。今天你站在天安门广场看故宫，巍峨的宫苑建筑在现代楼房的衬托下，感觉变成了像盆景和工艺品似的感觉了。

南都：时下不少地方政府热衷于开发的艺术创意区项目，有的成功了，可以让民众、艺术家和开发商都受益；有的项目却与城市脱离，有的甚至举步维艰。你怎么看待这个现象？

栗宪庭：关于宋庄艺术园区，2008年《三联生活周刊》做了一期集中报道后，国内的几个市长来找我。所以这几年我陆续看了几个地方的文化园区的建设，发现这里面的问题有些严重，即它实际成了变相的房地产。

“文化创意产业”这个词在中国现在用得很乱，有叫“文化创意产业”的，有叫“文化产业”的。我考察中国的“文化产业”，大多数实际上是地产，都是将文化作为炒作地产的噱头，是广告作用，与真正的文化创意本身或文化产品本身形成产业的经济模式风马牛不相及，只是借用文化作为一个由头去做商业开发。包括近年来美术馆的建设成为热点，实际上也是一种变相的地产。据我了解，中国的美术馆非常多，县以上的城市都有美术馆，但现在所有美术馆的经营都很差，它没有被当作一个真正的非盈利和社会艺术教育的机构，而是成为出租场地的盈利场所，甚至有美术馆还搞商品展示。既然这样，我们为什么还要建那么多美术馆？所以目的不在美术馆本身，在美术馆作为地产升值的由头。

在这样一种形势下，宋庄当然不能够幸免，宋庄艺术园区初衷是为解决流落在社会上的自由艺术家的创作生态问题做起来的，它的形成是艺术家的聚集而来，符合艺术创意这个核心。但宋庄红火之后，它就迅速变成了变相的“私地产”（即以艺术空间的名义和个人投资的方式租地盖艺术家工作室，并用于工作室出租的商业行为）。宋庄现在有几千亩地，美术馆就有一二十个，但除了艺术节期间热闹那么几天，其他时候都冷冷清清，百分之七八十的艺术家生活得都很艰难。同时，宋庄火了以后，卖石头的、画行画的都涌到那个地方，房价也越来越高，这让那些有艺术理想，尤其是没有成功的年轻艺术家已经住不起了。这样下去的话，就违背了为解决每年不断上升的、毕业即失去工作的年轻艺术家这个社会问题的初衷。也违背了以艺术创意为核心的基本趋向。

大奖应该不局限于两年一次的评选

南都：自第一届中国建筑传媒奖至今已有五年，您一直担任大奖的终评评委。几年来你对中国建筑传媒奖主旨“走向公民建筑”的认识有哪些变化?

栗宪庭：这促使我逐渐去理解和思考“走向公民建筑”的含义和意义。我理解的公民建筑，就是为民意和民需的建筑，是基于今天公民基本功能需求和精神需求这个立场上，而不是为意识形态和商业利益的建筑，公民需求首先是一个多元结构，包括不同地域的自然和地理环境，不同民族、地域的文化习俗，不同地域民居所包含的空间传统等等。

南都：目前在国内实践的建筑师你比较关注哪些人或者说哪一类？为什么?

栗宪庭：张永和、王澍、刘家琨、柳亦春、彭乐乐等。张永和对不同材料研究和实验，刘家琨在把握建筑时的当代艺术意识，这些都非常值得注意。但是，他们共同的特点是试图通过当代建筑的语言规则，去转换中国传统建筑的空间、材料和建构的因素，以及所做的各种实验。

南都：国内艺术界曾经经历过如“85思潮”等重要时期，你觉得当下的建筑界是否正在经历或即将面临一个转折期?

栗宪庭：如果说建筑将要出现一个转折期的话，那应该是上面说的这些独立的小众的建筑师所做出各种实验，并且在建筑界产生影响，让这种有创造性的建筑实验，真正融入城市化的进程中，并对建立中国建筑独特的价值体系有所影响。

南都：建筑设计较之艺术一直更为封闭，这固然与它的专业性有关，但是否也与普及性的建筑教育缺失有关?

栗宪庭：按说建筑是与人的生活有着最密切的关系，但是中国大众谁知道几个建筑师？而且，缺乏普及教育的何止是建筑，中国除了娱乐——影视明星、歌星、电视主持人、小品演员外，哪个领域的艺术家能被大众熟知？当然还有科学家、学者等等。我们的电视媒体每天充斥着廉价的娱乐节目，在今天电视几乎覆盖了绝大多数家庭的情况下，知名度与电视露面率成正比。

南都：中国建筑传媒奖作为一个大众媒体发起的奖项，对建筑实践和公众参与两方面是否都能带来积极的引导?

栗宪庭：当然能对公众关注建筑带来积极的影响。我觉得中国建筑传媒奖不应局限于每两年的评奖活动中，还应该把每次的评奖扩展到平时的活动中，诸如通过展览、讲座、电视专题等形式，把这些优秀的建筑介绍给公众，这也是一种建筑的审美教育和文化建设。

（原载《南方都市报》2012年10月28日）

论姚仁喜1990年代后的建筑演化

阮庆岳

一、1990年代的台湾政经背景

1990年代起，以台北为中心发展出来的一波新建筑美学运动，与1980年代做出分水岭般的断切。这是台湾近代建筑史上一个重要的转折点，其主要特色在于由商业导向过浓的后现代主义，回转重返入现代主义的大方向，其中姚仁喜建筑师是这波新美学运动的主力舵手，当时其他重要参与建筑师还包括有简学义、张枢等人。

1990年代前后，台湾政经环境有着巨大的变动，其中包括1988年元旦解除报禁、7月解除台湾地区戒严、1989年开放政治团体及政党的组设、1991年“财政部”核准15家新银行设立等，对这波台湾建筑史上有着划时代意义，为新美学风潮发生的时代背景奠立基础。

事实上当时也正好逢上台湾房地产在1980年代末期的景气高峰，新台币币值处在历史高点，1990年代台湾的GNP（国民生产总值）已与先进国家差距大幅缩短（1995年台湾GNP世界排名第18位），而美国反而正处在1980年代后期的景气低点，建筑业极端萧条，于是有一股建筑专业人员大量由美国为主的西方社会“反移民”回台湾，并迅速主导了台北设计风潮的方向。

时代政经条件的理想配合性，加上回来人员的专业强度与数量都是前所未见，带回来所谓“横的移植”的新美学、材料、理论观，随后在1990年代期间激荡涌现出设计新浪潮，新人耳目的结果自然不令人有太多惊讶。这股有如分水岭般的新浪潮，不只在设计风格上改写了历史的面貌，更配合都市新兴中产阶级品位需求，酝酿了一种都会的、中产精致的、人文的空间美学运动。

这波建筑美学运动，其实也是衔接上双元革命（法国大革命、工业革命）以降，全球都努力希望进入的现代性价值观系统，其中理性主导的模具化、标准化与精准化，是建筑现代性中重要的基本精神。

二、与后现代主义的衔接与辩证

台湾1980年代一度蔚为风潮的“后现代主义”建筑美学风格，所以不能尽其全功，固然与全球趋势走向有关，加以自身迅速投靠向商业机制所导致，然而另一个原因，也在于台湾建筑的现代性发展历程，从来没有清晰完整地发展完成。也就是说，台湾建筑的现代性历程，虽然有着王大闳、汉宝德、吴增荣等人先后的努力，但其实并未完整达成进程任务，因此台湾在1980年代所揭橥、以批判现代性为出发点的后现代主义，除了视觉美学风格的提出外，立论上显得相对缺乏，与现代性间的辩证，因此无从建立。原因就在于台湾建筑的现代性其实尚未完整建立，前现代与后现代之间的辩证关系，也因此从来没能清楚确认，几乎有些“不知为何而战”的茫然迷途感。

因此姚仁喜等人，自1990年代起所引领的重返现代主义路线，其实可视作为台湾当代建筑所欠缺“现代性”进程的补充期，自有其必要性与历史位置性。若以这阶段代表建筑师的姚仁喜为例作观察，事实上还可由他前阶段与后阶段作品的差异，来探讨并眺望现代性对于台湾建筑未来发展与去向的影响。

姚仁喜的前期作品，譬如“大陆工程总部大楼”（1994年设计）、“富邦人寿总部大楼”（1994年设计）、“实践大学东闵大楼”（1999年设计）等，对甚嚣尘上的全球化议题，抱持着善意与乐观的积极对话姿态，风格语言弃绝与在地文化符码联结，延伸与国际脉流互联的意图，以及坚守现代主义初衷的态度清楚可辨；也因为这样绝对坚持的理念态度，使姚仁喜的作品，一直对于代表现代性的新材料与工法有着认真的学习与尝试。这部分的努力同时提升了台湾现代建筑在技术面上本来匮乏的国际化及现代化成绩，加上严谨的自我要求，让他的作品在普遍粗糙化的台湾营建环境里，呈现出难得整齐、细致也优美的品质来。

姚仁喜这时期作品的主体个性清楚，有着不霸气与环境（及人）争锋的特质。气质温和（也有一些不甘寂寞与不肯曲折个性）、友善也异常冷静，外在形体虽成功降低自身姿态（朴素质感与和谐量体）、表露出不以邻为壑的友好姿态，但还是透出某种自持的静默距离感，有种对洁净细节极高的要求尺度，因而稍微拉开其与现实环境想建立的友善联系。

三、现代主义的转折与演绎

尽管许多论者对全球化与在地化的争议与批判一直不能停，以及后起的中生代台湾建筑人，也明显有对全球化抱持疑虑与反省态度的趋势。姚仁喜这种相对显得十分坚定也不动摇的个人建筑信念，不仅为他前阶段的作品，铺出坚实持衡的稳定风格与水平，也在台湾可能沦为某种民粹假本土的危险中，适时扮演着诚实的平衡杆关键位置。

我以为姚仁喜作品在此阶段的似乎赞同全球化态度，并不与台湾建筑正在兴起的在地思考趋向相违逆。关键辩证处可能还是在于所谓的“在地”究竟所指为何？关于这部分，也许可由姚仁喜后阶段的作品来作窥看，譬如具有前后期转换指针性意义与位置的“高铁新竹车站”（1999年设计），除了自体现代性的位置鲜明外，开始积极与在地特质、同时具有抽象符号意味的“新竹风”，做出造型语言风格与物理环境上的对话；其后的“兰阳博物馆”（2000年设计），选择以在地海岸的“斜向单面山”，作为造型语汇上思考启发处，都明显见出姚仁喜后阶段的转向迹象。基本上，此时的他有着意欲与在地物理及地理环境（气候、地貌、地形或大地景观）对话的意图，建筑的主体开始让位，客体角色逐渐凸显与强调。

这方向在其后的几个竞图作品中，有着更为清晰的脉络可读。北京的“中国美术馆二期扩建工程竞图案”（2005年设计），具象地以敦煌莫高窟作整体设计意象的源处；同样在南京的“江苏省美术馆竞图案”（2006年设计），以“云”与“石”分别代表中国艺术的“写意”与“写实”传统，意图在具象与抽象间作转换；台湾嘉义的“故宫博物院南部分院竞图案”（2004年设计），以半隐于沙尘中的环形玉石，用来阐述形而上“刹那”思维的表征；或是延伸这样的隐／现关系，以笔墨书法作为设计诠释原型的“高雄国家艺文中心竞图案”（2007年设计），可以见到以文化的实／虚体性，作为建筑对话体与思考源处的做法。

也就是说，这其中所暗示的可阅读特质，开始是有着文化性符号的大量介入，以人文/历史为核心的文化符码，开始被广泛运用。另外值得注意的，是在这样引入客体作发展的同时间，姚仁喜对现代性的基本操作手法与信仰，基本上依旧坚定不移，并没有因此松弛与动摇。或者说，姚仁喜此刻在建筑信念上的某种调整，可视作对现代主义的内在辩证，目前方向仍未确定，可能尚待后续观察。但是，姚仁喜这样大约自1999年做出分野的建筑思考方向，反映了台湾当代建筑的某种此刻位置性，我们或可将之解读为台湾的现代建筑，在现代性某种阶段性任务完成后，必须开始与在地性作辩证思索的新阶段。

关于阶段性的看法，我曾在论文《单向与迂回：台湾战后建筑的发展简述》里，对此提出个人观点：

> **台湾的现代建筑发展，伴随着时代背景，显现一种在单向与迂回间，不断更替的演进过程。单向指的是台湾当代建筑意图现代化的学习模仿，迂回指的是对建筑自体位置何在的思索与反省，两股力量交替演绎，建构出台湾当代建筑既是单向直行又迂回的时代身影。**
>
> **对整个台湾战后当代建筑的发展，我大约以五个波段来作分野叙述，其中的三个是迂回波段，主要是对自体位置的反思与确认，包括战后到 1960 年代末期、1980 年代的后现代主义**

风格时期，与“9·21”地震后的社会意识觉醒期；另外两个是单向直行的波段，则是在于寻求与世界走向（与现代性进程同步）的联结，包括有1970年代台湾自己训练出来第一代建筑师的出发，与政治解严后文化上的多元发展，以及寻求与世界积极对话的1990年代。这两股力量在台湾战后建筑史上，交错轮置地反复定义出台湾当代建筑的此刻面貌。

虽然单向与迂回是生物在寻求生存、与人类文明演进中都容易见到的模式，但是在文明历程（例如建筑演化）中，事实上这二者的界面分野，并非可以清楚切割的，许多的单向里有着迂回，许多迂回里也同样有着单向性，单向与迂回在本质上就有着互为表里的不可分割性。

这样的角度下看，这五波演化的时期，不管是迂回的自我再定位，或是单向的寻求与世界联结，其实都各有其必然性与必要性。且从历史宏观角度看，这样波段性反复出现的现象，在未来势必仍会持续发生，共生互补地导引当代台湾建筑的走向。[1]

四、现代性与人文主义的辩证

目前姚仁喜试探的手法与方向依旧多元多向，若从近期的几件竞图案作观察，大体可以现代建筑如何与“文化/人文”作对话，来作后续演化的观看处。或就先以“现代性”与“人文性”的辩证关系，与其后所衍生的“现代主义”及“人文主义”对话，来作为姚仁喜近期作品以及此刻台湾当代建筑发展可能的解读与观察位置点。

什么是人文主义呢？基本上是相信借由教育培养出来的个人涵养和见识，使人得以在各种超自然与自然力量之外，凸显出人本身的地位与价值，是以人为中心并相信个人自由的思想系统。这种以“全人”发展为中心的模式，一直要到19世纪中叶（法国大革命、工业革命）后，因人口大量增长并涌向都市、工商业取代农业、资本主义及贸易通讯兴起，才逐渐退位消逝。

Bullock认为：“觉得自己是在重新铸造世界的19世纪企业家们，还从科学的进步中增强了自己的信心，这种科学的进步提供了榜样，供经济学提供铁的规律效法。科学已经代替了哲学和受到挑战的宗教，不仅提供精神上的保障，也提供了对大自然的掌握，而这也是技术进步的关键……宗教和哲学成了多余，实证的科学产生了统一的普遍规律，任何偏离都是不可能的。”[2]于是开始产生出科学与人文分家的现象，也带出之后西方文明长时期的动荡与迷失。

人文与科学的分家，对科技的绝对信仰，在1914年大战前的四十年间达到高峰，此时期经济异乎寻常地发展、自由主义盛行、都市化普及、西方帝国主义造成白人优越自信，以及对科学可掌控自然与未来命运的乐观态度，然而这趋势却遭到随之而来的世界大战、1930年代经济大萧条与法西斯主义兴起的沉重打击。

当时已有以尼采为代表的不少文化人，对这样过度理性的科技信仰产生怀疑，“尼采所以有异乎寻常的震撼力，是由于他能够把19世纪末许多知识分子和作家心中要与那个过分有组织和过分理性化的文明决裂的冲动，要让本能和感性超越理智的冲动，用言辞表达出来。”[3]

西方现代建筑自19世纪后期起的发展，自然也没能脱出这样理性、科技与实证的影响，如今要面对的困境，与尼采百年前所认知知识分子内在的矛盾与冲击差异不大；另外因资本主义的全面性发展，亦对人文主义的传统产生冲击，布洛克又说：“拉斯金（John Ruskin）在谴责19世纪文明的丑恶及其忽视美的方面……认为这不是教育有缺陷的结果，而是资本主义社会据以组织的原则造成的，资本主义社会片面注意财富的生产，而不注意人的生产。他宣称，所谓分工这个名词用词不当，‘说分工，这么说是不严格的，分的是人；人分成了碎块，分成了生活的小碎片和小碎屑。’”[4]

人的价值何在被严厉地反质疑，理性与感性孰是孰非引发争议，而这些因科技与资本主义介入，造成对人文主义传统的冲击与纷乱现象，在如今的西方文明仍是历历可见，尚未能解套。这样西方文明在近代发展时所显现的诸般问题现象，事实上像病毒一样，随着东方对西方养分吸食的过程，也传染到我们的当代文明中不能幸免，我们依赖西方甚深的现代建筑艺术，必然是首当其冲。

五、单一主体的破解与多元共生的可能

姚仁喜后阶段的作品，或是对此议题的触碰，也可视为从台湾建筑当代的位置，对大时代的一种反思，有其必然的重要价值。也就是说，姚仁喜后阶段作品中各样对话客体的逐渐出现，暗示了单一主体的破解与多元价值可以并存的可能，这是极为有趣的态度转移。因为如果承认多元的存在，就会牵涉到各元间主客体的关系（宇宙究竟是由一个恒星与无数行星组成的，还是由多元星球平行共存所构成的？是单一主体，还是多元的互为主体？），这同时也牵涉到人类角色究竟为何的问题，以及是否经由弱化自体性（也就是放弃中心性），才是感知其他客体真实存在的必要路径呢？

巴赫金（Bakhtin）谈陀思妥耶夫斯基时，以其“复调小说”的特质，作其作品艺术价值所在的说明：“（他的小说）有着众多各自独立而不相融合的声音和意识，由具有充分价值的不同声音组成真正的复调——这确实是陀思妥耶夫斯基长篇小说的基本特点。在他的作品里，不是众多性格和命运构成一个统一的客观世界，在作者统一的意识下层层开展；这里恰是众多的地位平等的意识，连同它们各自的世界，结合在某个统一的事件之中，而互相间不发生融合。”[5]

似乎说着成就复调（多元）的基本原则，是创作者想统一作品内在意涵的主观意识，必须先适度的松解，允许“众多的地位平等的意识，连同它们各自的世界”，以不需融合的方式共同存在创作作品内。这里也似乎说到，艺术是可以借由降低自己主体的发声音量，来达成对不可知的召唤可能；陀思妥耶夫斯基作品所显现惊人的思想与视野广阔度，就是对形上世界成功召唤的极佳例子，他让我们知道了真正信息的能否涌现，是缘于信息自身意识的自决，而非创

作者对其躯体的全力捕捉所能掌控。陀思妥耶夫斯基就曾在他自己的信函里写过："虚幻与真实必须相符到你几乎对它毫不质疑的程度才行……我是一个更高意义上的现实主义者，也就是说我描写了所有人类灵魂的奥秘。"[6]

也就是因为陀思妥耶夫斯基作品里，这种全知与包容的态度与个性，使他反而能够对当下的现实，有着异于常人的敏锐察觉度，对此巴赫金继续说着："一切看起来平常的东西，在他的世界里变得复杂了，有了多种成分。在每一种声音里，他能听出两个相互争论的声音；在每一个表情里，他能看出消沉的神情，并立刻准备变为另一种相反的表情。在每一个手势里，他同时能觉察到十足的信心与疑虑不决；在每一个现象上，他能感知存在着深刻的双重性和多种含义。"[7]

双重性与多义性，成就了陀思妥耶夫斯基的"复调小说"。

然而这样的多元歧义特质，也暗藏着单一完整系统的必然碎片化，也就是说作品可能因此将处于一种永远的不完整状态。因为允许他者的显身，创作者便须退让出自体的中心位置，因此会无力也不能控制作品的全部，恰恰有如同书所说："陀思妥耶夫斯基对他所唤出的灵魂，实际上只掌握着有限的权利……"[8]

这样对拥有全般权利的放弃，正是创作者陀思妥耶夫斯基有意识的清楚抉择，也是成就其丰富"复调"性格的主因。

巴赫金还说："这样的思想，不追求圆满完整，不追求成为独自体系的整体。它与他人思想、他人意识处于短兵相接之中。它具有自己独特的情节性，不能脱离开人。"[9]

不求完整，是相信宇宙的无边际性；单一的完整性，或较能满足人的现实期待，但是也同时局限了其他的可能。

华人当代建筑的发展，百年来几乎是笼罩在西方建筑思想主流之趋势下，自觉与不自觉地做着同步与后阶的模仿与演绎，因此也不免承袭了这同样会与天地宇宙失联兼失语的现象，不管在对一己近乎迷恋的过度萦绕上，或对他者（尤其不可知与形而上的他者）近乎不屑的轻忽，都可见到与西方亦步亦趋的印照。

对于设计创作者的角色位置，也有着在讯息传递者（messenger）与讯息制造者（provider）间，惚恍迷离的现象出现；关于建筑究竟是作为单一主体，或是与他者共生的对话体，目前也依旧有混淆难辨的未明性。

六、结语

姚仁喜整体系列的建筑作品，事实上隐约和我们作着这同样的时代历程对语。他由理性的"现代性"进入，扎实地证明台湾当代建筑可以在现代性的基础上发声，接续并做出绵密细致的内在思考与辩证，触碰"现代性"所须面对的各项议题，正确反映了台湾当代建筑的时代位置。姚仁喜的这条路途或才正开启，但我们已经可以嗅闻出来，他从理性的世界，出发进入“他者”世界的转型意图，对话者或是可实证的物理环境、地形、地貌，或者是属于形而上的文化意涵、超验的宗教神秘领域，无论最终究竟为何，都在在值得我们的后续期待与观察。

程正民在论及巴赫金对于“语言的混合”的观点时，这样说道：“什么是语言的混合呢？巴赫金说：‘这是两种社会性语言在一个表述范围内的结合，是为时代或时代差别（或兼而有之）所分割的两种不同语言意识，在这一表述舞台上的会合。’这种语言的混合，在表面上看来是两种语言的混合，而其背后则是两种意识，两种声音，两种语调，甚至是对世界的不同观点……”[10]

姚仁喜的作品或也同样显现了某种“语言的混合”，这究竟暗示了什么？是一种折中与妥协的过程？或是寻求一种新开放性的可能？可能都是可作为观察当代台湾建筑发展与走向时，极可作参考与佐证的实例。

现代性或者本是当代建筑所必经的一条路径，然而更重要的是能如何接续与之对话及辩证，也就是如何在语言与思维上，延续其主脉络，同时也继续发展出“复调”与“混合”的丰富可能。这也是姚仁喜正在前行的路径与阶段，我相信他往后在建筑艺术上的发现与思索，将不只是他个人作品的风格演绎，必也可同时是台湾现代建筑进阶历程的重要佐证，甚至是全球现代建筑在地辩证的精彩实例。

现代性与在地人文，绝对没有必然的不可互容性。因为但丁在他迷人的《神曲》里，既委婉又神秘地告诉我们：天使，可以同时身在两地！

1 阮庆岳，《单向与迂回：台湾战后建筑的发展简述》，《时代建筑》2008 年第 5 期。

2、3、4　阿伦·布洛克著，董乐山译，《西方人文主义传统》，台北究竟出版社，2000 年版，第 166—167，223，205 页。

5 巴赫金著，白春仁、顾亚铃等译，《诗学与访谈》，河北教育出版社，1998 年版，第 4—5 页。

6 马尔科姆·琼斯著，赵亚莉等译，《巴赫金之后的陀思妥耶夫斯基：陀思妥耶夫斯基幻想现实主义解读》，吉林人民出版社，2004 年版，第 3 页。

7、8、9　巴赫金著，白春仁、顾亚铃等译，《诗学与访谈》，河北教育出版社，1998 年版，第 40—41，47，43 页。

10 程正民著，《巴赫金的文化诗学》，北京师范大学出版社，2001 年版，第 209 页。

我的乌托邦？你的游乐场？

阮庆岳

深圳城市\建筑双年展（以下称“深圳双年展”）堂堂迈入第四届，马步与桩脚似乎逐渐稳固，企图与用心也斑斑可见，大约是可以拿来评头论足，兼作回首与瞻望的时间点了。

就试着从头梳理起吧！深圳双年展的轮廓与形貌，应是由第一届的组委会（深圳市政府、主办方）与策展人（张永和、执行方）所共同底定。透过可得到的数据，仿佛阅读得出二者的合纵关系。譬如在官方网页的“深圳举办城市\建筑双年展的意义”标题下，分述了对于主办方的六个重点意义：1. 确立“先锋城市”形象；2. 建构国际化的学术交流平台；3. 总结深圳城市建设成就；4. 形成关注深圳的焦点；5. 吸引大众参与关注；6. 打造国际化的城市品牌。

一翻两瞪眼（以及想一战功成）的企图与目的，确实昭昭然到有些令人不安。然而，张永和（展览的实质掌舵者？）在接受访谈时，委婉也漂亮地作了化解：“……我们决定用‘开放’，形象地表述为‘城市，开门’。‘开放’其实是一个立体的概念，不仅仅是经济上的开放，更是思想和文化上的开放……当然，在这次展览中，深圳不是作为榜样，而是作为典型进行研究，有经验、有教训、有各种问题值得探讨。从这个意义上来说，我们希望这次双年展不是展览一些项目，更能研究一些社会问题。”

轻描淡写间，勾勒出作为开放/交流与检验/反省平台的初步形貌，适度降低双年展惯有的炫耀与声张气息，同时意图深化其意义与社会性，算是相当真实也恳切的铺陈。因此，第一届的深圳双年展，或就是把张永和对展览的整体与长远想象，做出实证与定义，也算是为这展览正式的“命名”吧！因之，后来者在这“名字”的笼罩下（祝福兼诅咒），要违逆或翻转皆属不易，而与这大命题如何同调或反调，也可作为阅读深圳双年展后续者作为的一种方法。

整体而言，张永和主导的第一届深圳双年展，在展示制度、展览方式和导视模式等方面，都作了漂亮适切的定调与铺底。同时也借此展现了张永和的特质，譬如以良好的人脉关系与人际形象，拉大整个展览的向度，邀请矶崎新、艾未未、贾樟柯等多元艺术面向的参与；另外，则是他柔软的好奇和探索态度，以及相对宽松的视野与胃口，让展览内容的涵盖面，相对丰富也多元，其中对珠江三角洲城中村现象及其对策的研究，以及对台湾建筑师（谢英俊与黄声远）社会关怀与实践的关注，皆属亮点。

相对于张永和的儒雅与婉约，接手第二届深圳双年展的马清运策展团队，就显示出火力旺盛与对前瞻的激进。马清运从策展主题“城市再生”拉出了十个问题，像手榴弹一样地全球抛掷，意图让遍地皆烽火，然后联机到香港的“双城双展”，开始双城间的同步共舞，加上北京、上海、西安、重庆的外围论坛等活动的呼应，暗示着这是一场以媒体及讯息为思维主轴的展览和战争。

展览模式也有着事件化的趋向，譬如通过Forum、Fun、Fashion、Fund、Food及Future的“6F”活动，展现对游击与爆破的迷恋，也表达游击战与爆破战本就是最吸睛的展览战术。然而这样（项庄舞剑）的展览战略思考，其实是回归到对此刻现代城市的批判与意图颠覆，对语的对象也由前届以“中国城市”作为主体，转进到对全球城市现象的纵览。

这样对人类文明和城市发展的未来瞻顾，确实是让马清运的热血可以沸腾的主因。若推演其思考的脉络与源处，比较接近原本第一届就受邀却因故缺席的Archigram、Peter Cook思维传统，也就是对于未来的建筑和城市，必然将讯息化、事件化、临时化和功能化，这样路径所提出的预言与省思。

在马清运与梁井宇2008年1月间的短信对话中，对所谓的规划这样作表述：“规划的功效在资本主义体制、市场经济的大系统中的确是在消亡。这也是我们都能在中国体会到的（设计师仍在规划的严峻面孔之下），城市空间资源其实一直在社会的发展中不断做着组合和重新组合。从表面上看，失去对未来的认识和控制的能力是规划的悲剧，但这孕育着规划的真正意义：为改变了的社会需求进行有时效的组织！在这个原则下，必须认识规划的‘错误本体’‘过时本体’、规划是用‘错误决定’为将来的正确提供修改版本的。这就不是‘蓝图’般的理想，而是‘草图’的理想，永远为修改提供可能。”

对“永恒与固定的答案”提出尖锐挞伐，也确切表明“可‘擦改’的规划，才是真正规划”的原则观点。在这样看似（类同Archigram）带着乐观与欢庆的思维引导下，“城市再生”却同时隐隐透露着些许让人觉得虚无与悲观的气息。因为这样不断“擦改”的现实，或许可以提供日日嘉年华般的兴奋感，却也可能形成长远去处与归途何在的空洞化，反而造成文明的自我迷惑，甚至不觉晕染出“今朝有酒今朝醉”的末世气氛。

“城市再生”似乎在传达着：媒体正是此刻的解药与爆破品，却不是长远的答案。对此刻文明仿佛仍然有着忧虑与不安，与权力间则维持着一种“必要之恶”的互动关系。那么，救赎与再生究竟何在呢？对此，马清运在同段对话里，针对梁井宇的问话："土地公有，过期收回，确实含义深远。这种政策，加先天的规划时效性，再加你提出的'农业都市'，是否可以理解为你的'草图'规划观点？"这样回答："是的！农业的秩序是理性生活的最高境界！农业理想是建立在未来对现在的删除上。"

相当猛烈也决断的答语。甚至在两人对话的结语时，马清运还追加地写着："对！媒体将使一切按自己的方式组织，它是感知的发起和组织者。媒体将使一切经济化，只要经济仍然是组织我们生活的方式，这种结果就无法避免。有一天农业文明再来了，情况又变了。"

这样将"农业文明"作为再生的救赎答案，以及毅然决然的肯定姿态，自有其逻辑所在，但与此刻现实间巨大的摆荡与距离，似乎让马清运同时有"乐观者的虚无"与"虚无者的乐观"的双重特质了。而从其中所散发出来的乌托邦气息，浓烈也扑鼻。

这种质疑与扣问的底蕴和态度，事实上有趣地延续到第三届的"城市动员"。只是，策展人欧宁一反马清运以城乡及权力结构作为对应的主轴，直接转换到以人为主体的思考。也就是说，欧宁相信人类文明此刻面对的一切问题与困境，仍必须由人类所有个体的亲自参与来解决，不可全然期待由上而下的权力和精英解救。在这样思考的本体里，透露了欧宁在他策展的"城市动员"，某种本质里反圣性、反精英和反权力的讯息与姿态。

在为双年展所写的文章《一个叫深圳的城市》里，欧宁感性也动人地叙述着于二十年前移居深圳时，自身如何生活和成长其间的往事，并慢慢引出他对深圳时空地位（关于身份自明）很重要的再定义：

"这里地处国境南端，它接壤的是一个源远流长的资本主义大都会，它们共同被一条大江养育，通行同一种不同于普通话的地方语言，也生成了一种与内陆地区不同的地方性格。这一相连地区很早就对外通商，它对自由贸易、产权保障这些现代观念有很早的认知，它的视野接向一个更广阔的世界。同时它还是历史上多次革命的策源地，它长于审时度势并崇尚实干，所以它比其他地区更容易接受历史的改变，并主动促成这种改变。"

基本上，反对深圳经常被视为无主体、无历史，只是纯然被资本主义殖民与强奸的一个"半下流"城市的论点，重新建构以自身为中心的视点，有趣也可敬。欧宁继续点出1979年与1992年两个重要的深圳历史节点，如何塑造了改革开放的新契机，以及同样重要1996年库哈斯对深圳的兴趣与研究：

"那时的深圳正是各种断章取义式的欧陆建筑风格盛行的时候。他目睹这种拙劣的模仿，但也发现它们在分层和密度上出现与欧洲不同的处理方法，并深信这种大量存在的现实的合理性。他在这里找到了一种新的感觉，并通过展览和出版物向全世界分享了他的新发现。"

清楚指出，不管爱之恨之，"大量存在的现实的合理性"应是思考与作为的依据。因此欧宁以他对城中村研究的经验为出发点，提出"重返街头"作为展览的第一个策略："不管在哪一个城市，真正活跃的街头生活总由底层民众缔造……对他们来说，街头既是拼搏求生的竞争空间，也是寻找集体温暖和精神慰藉的庇护所，更是表达意见和参与政治的议事厅。”

第二个策略是“游乐场”。这是始自与香港交流的渊源，“早期因为大量的香港人在此设厂营商，它拷贝了香港一整套的娱乐模式，到处都是歌舞厅、夜总会以及规模庞大的食街。大量年轻貌美的内陆女子在此聚集，满足人们的吃喝玩乐”。而且“中国人在很长的时间里都不知快乐为何物。我们有过很沉重的历史，习惯于奉献，成为集体的工具，所以在迈入一个新时代的时候，娱乐成了我们表达醒觉的方式”。

看似揶揄轻慢的说法，其实有着沉痛的自我鞭打，当然还有着“边做游戏边革命”的潜藏意图。欧宁的策展策略，可以说是“打着红旗反红旗”的操作，虽然接手了已具有被期待模式的深圳双年展，却又反对既有双年展的机制，因为“它越来越僵化成某种职业圈子的权力游戏，成为不断重复的生产和营销机器。”欧宁也同时反对双年展的专业和精英姿态，因为“在双年展与普通公众的关系上，它一直以专业、神圣、殿堂自居，总是把公众设置为应接受教育的人群，它与观众的关系模式是自上而下的、要求仰视的，而忽略一种平视的、互动的、参与式的观看关系的培育”。

论述话语虽然显得沉重，然而展览气息却有着轻盈与欢乐的气息。欧宁浓厚特殊的跨领域个性与背景，为展览注入了某种活泼（有时近乎难以收拾）的力道；而对日常、平凡事物的重视，以及在游戏与认真间扑朔难辨的个性，也双双挑战专业、精英与权力者，注视世界的角度与行事的模式。

基本上，我认为这三届的展览内容与策展人，都有认真与相当不错的表现。张永和的稳健、务实与全面关照，自然是良好的开场戏；马清运的意图破解现状与期待再生，欧宁的颠覆空间权力系统，一个尖锐激进，一个轻快诗意，虽然都“革命尚未成功”，因而有着些许的乌托邦色彩。但这样的困境，或正就是此刻的时代现貌，非战之罪也无功无过。

从第一届端庄与慎重的开场铺陈，接下来的两届虽然信仰有异，但也都各自展示了“乌托邦＋游乐场”的特质。也就是说，皆透露着一种对未临世界的想象（与憧憬），一个托身农村、一个允诺街头，因之有着对现状的隐性批判，同时表达必须在现实里游戏兼革命的态度。或许，乌托邦＋游乐场的拼贴组合，也反映了形而上乐园与形而下乐园的必然共置，矛盾也罢，荒谬也罢，或许正就是我们此刻所共同需要的时代答案?

三轮掌声先后也轻重地拍响过，不表示深圳城市\建筑双年展就没有问题呈现。因为，有些归属于本质的问题，不是策展团队能撼动或改变，譬如展览与权力的关系，是自第一届就有的隐隐呼唤，其中包括建立资金稳定来源（必须可运作于商业与政治干扰外），拥有固定的场地与独立的执行机构等问题。因为，这样独立意识与自主系统的完整建构，是关乎深圳城市\建筑双年展能否真正有长远发展，以及具有被尊敬与可信任的批判发言位置的关键，而这也是双年展如何摆脱嘉年华形貌，开始确实产生意义的核心所在。

此外，与香港城市\建筑双年展间，目前有些貌合神离的合作宣示，也需要被更认真地辩论及摊示，因为目前所有内隐的矛盾与症结，都还是会在时间河流的淘洗里，缓缓浮露出来。至于其他关于展览自身的议题与挑战，还有许多面向待解，譬如如何维持展览的鲜度、力度与吸引力，以吸引参展人及观赏者，如何定位本体与客体的位置、关系及比重等等，但这些应该不是根本的大问题，因为策展人、参展人自会个别地选择挑战点，不断作切入与辩证。

而且，正就是借由不同策展人与参展人的介入与观点提出，深圳城市\建筑双年展才能有机与永续地生长下去，并因此令人继续期待。

注：本文引用的文章，皆来自深圳城市\建筑双年展的官方网页。

（原载《城市 空间 设计》2011年第6期）

五个议题与五个事件：阅读台湾现代建筑的两种方法

阮庆岳

一、五个议题：空间、美、永续、社会性与宗教性

这本书有两个轴线：一是以1990年代（1987年解严）为阅读起始点，梳理这段约二十年间的建筑设计者及其作品的发展现象，这部分是延续个人之前的长期观察与记录，此次则针对近世代（本书中以“后‘9·21’世代”作称呼）的作为，以接续先前的解读与评论。

同时结合《道德经》观点，作为思考台湾当代建筑价值何在的尝试。我在与本书互为衔接的《弱建筑》（田园城市出版社2006年版）里，曾试图从老子的价值系统，论述我对当代建筑的看法，并分为五个建筑的基本议题，包括空间、美、永续、社会性与宗教性来作阐述。本书延续这思考轴线，先是以五个关键事件，作为阅读台湾百余年建筑历史的断代划分，然后聚焦当代十五人/组建筑师的发展现象，来与上述五个基本价值相互作映照，以个案与设计者为中心做记录与评论，也同时试探台湾建筑的未来走向可能。

以下先简述我如何从《道德经》解读这五个议题：

议题1. 空间：源自何处?

《老子》和《圣经》两大经典都在书页一起始，就宣告了“空无”的先我们存在。《老子》说：“无名，天地之始；有名，万物之母。”《圣经》说：“起初神创造天地。地是空虚混沌，渊面黑暗；神的灵运行在水面上。”

《老子》清楚说着：天地本以无名状态长久存有，人类则以自我意识想赋予万物名称，也建立起与其相对存在的

意义性。这里面挑战了人类因为尚未见到（意识到），因此无法命名，也以为不存在的许多事物与空间的存有问题。因为我们对空间的体认，的确完全依赖极度局限的意识能力与触角来着床，以为空间就只是我们能意识的空间；但是，在以为已知的空间之内，必有我们仍未探知的空间，意识所已知的空间之外，也必有意识仍未知的空间。

《老子》还说："故常无，欲以观其妙；常有，欲以观其徼。"是说因此要从"无"中去观察奥妙之所在，以及从"有"中去观察运行的方式。那么，我们真的有办法掌握空间的真实存在吗？人与空间的关系究竟是什么？是明确或不明确的？空间必须赖形体以存在，如同光必须借阴影来衡量感知吗？

老子对此似乎有回答，写下一段迷人也重要的文字："视之不见，名曰夷，听之不闻，名曰希，搏之不得，名曰微。此三者，不可致诘，故混而为一。其上不皦，其下不昧，绳绳不可名，复归于无物。是谓无状之状，无物之象，是为惚恍。迎之不见其首，随之不见其后。"

清楚说明空间远比我们想象与认知的更奥大无际，但也无意断绝空间与人的关系，或疏远二者的现实联结性。在说明空间的"惚恍"本质时，就只是说："凿户牖以为室，当其无，有室之用。故有之以为利，无之以为用。"

简洁也直接地点出空间的形而下本分，也说明有无之间的微妙与必要联结。

议题 2. 美：美是什么？

美究竟是绝对还是相对的呢？《道德经》几乎一起始，就谈到了这个："天下皆知美之为美，斯恶矣；皆知善之为善，斯不善矣。故有无相生，难易相成……"说明因为有美的观念产生，才有丑出现，因为善的标准制定出来，才有恶诞生，美丑与善恶是相互有无生成的，并非以客观的绝对价值存在人间。

对老子来说，美是非定性的存在，会因时因地因人而变异，也就是所谓的："无状之状，无物之象，是谓恍惚。迎之不见其首，随之不见其后。"因为承认美为一种无可名状、持衡变易的状态，所以定义与捕捉都是徒然的举动。

老子在《道德经》里两度用到"袭"这个字，可用来说明他对美的态度。一是说"袭明"，一是说"袭常"，他说："圣人常善救人，故无弃人；常善救物，故无弃物，是谓袭明。用其光，复归其明，无遗身殃，是为袭常。""袭"就是承袭、学习与接受的意思。对于凡间一切平淡事物，不但不轻视之，反而抱持着向之学习的态度，相信平凡物中蕴含着明耀的价值（美学具有无限可能），这就是袭明。而"袭常"则是更进一步，借由平凡物的明耀价值，来启亮自己内在的心性，指引方向以避免掉不幸的灾害。二者都承认所有平凡的外在事物，其实饱藏大于个体的智慧能量，因此要能懂得去尊敬发觉与学习承袭。

另外，也说到弃的必要："绝圣弃智；绝仁弃义；绝巧弃利。"希望懂得如何弃绝聪明智慧、仁义道德及虚假名利。并非这些事情有多坏，而是对于已被明确定义并借之来行事的所有漂亮说法都有疑惧："信言不美，美言不信。"基本上不相信众人挂在嘴里的仁义，反而怀疑这些是假仁义，所以老子才会严峻地说："绝仁弃义，民复孝慈。"

议题 3. 永续："常"的观点

地球净土本当是什么模样呢？老子描述天地万物的基本运作："谷神不死，是谓玄牝。玄牝之门，是谓天地根。绵绵若存，用之不勤。"是说天地宇宙本来生生不息，自有其生命母体源处，像江流滋润大地、永不止息。另外也以："复命曰常，知常曰明"，清楚谈到万事万物自有其秩序伦理，尽管宇宙世界变化纷纭，回归本源还是最为重要，说出常与回归本源的一体两面性。

这样的态度里，有顺应自然、不要妄自尊大想控制自然法则的意涵。自启蒙运动后，以人为宇宙中心，并想借由科技知识来主导一切，使得人类与自然间，面临前所未有的紧张关系。老子说："不知常，妄作，凶。知常荣，容乃公，公乃王，王乃天，天乃道，道乃久，殁身不殆。"老子相信天地自然运行的法则，认为人类只要"知常，不妄作"，就可以"不殆"了。因为人与生态的关系，也不能单由人类的退出来达成，而是要寻求一种永续的共生，建立不消费对方的公义态度。

这样共存共生的方法，《道德经》说："万物作焉而不辞，生而不有，为而不恃，功成而弗居。夫惟弗居，是以不去。"提到尊重与不干涉自然运作法则，不据为己有也不居功两件事。老子并不天真地认为人可以无私无欲，反之，他是在说明唯有能无私，才是成就一己之私的最佳方法："天长地久，天地所以能长且久者，以其不自生，故能长生。是以圣人后其身而身先，外其身而身存。非以其无私邪？故能成其私。"

对于人类自以为是宇宙之主的骄傲态度，老子也批评这样逞强好胜的心态，并称赞柔顺和谐才可克刚强："天下之至柔，驰骋天下之至坚。"《道德经》认为人与自然不是对立的，相信二者应该可以合一共生、和光同尘与自然宇宙共存，以能："知足不辱，知止不殆，可以长久。"

议题 4. 社会性：无有入无间

所谓的社会性，指的是社会伦理的公义与道德，以及这里面所牵涉到公正、信实和仁爱的问题。老子说："天之道，其犹张弓欤？高者抑之，下者举之，有余者损之，不足者补之。天之道，损有余而补不足。"以拉弓射箭过高就压低、过低就拉高，来比喻天道是以减有余来补不足的，里面也蕴含着浓厚人类必须互助以求公平的观念。

老子说："是以圣人常善救人，故无弃人。常善救物，故无弃物。"说明作为人，是绝不能见到亟待拯救的人与物，会不闻不问的，对社会的不公不义，也不可能视之如不见，因为道德有其内在绝对性，在认知上绝不可含糊混淆作对待。

这其中牵涉到的，很大部分是内里对待外在世界的态度，老子这样劝诫说："居善地，心善渊，与善仁，言善信，正善治，事善能，动善时。夫唯不争，故无尤。"凡事皆当以善为思考核心，并且更重要的是要能"不争"，也就是没有私心，能不与人争利，也就是能够有着"大公无私"的态度与修养；明白一己的存在，就是大爱大仁的最大阻碍："吾所以有大患者，是吾有身，及吾无身，吾有何患？"对小我与大我的矛盾关系，也有巧妙的诠释。

里面还有提到的"动善时"，也有趣地提醒作为与时机的关系，暗示不要勉强在不合宜的时间去强迫作为，宁可退后与等候，所以可以"无为而无不为"，或者如："知其白，守其黑，为天下势"（虽然知道明亮是什么，却甘心守处于昧暗处，扮演供人使用的工具），有着韬晦的修为。

议题 5. 宗教性：形而上的境界

建筑真的具有宗教性吗？如果有，这样的宗教性又是什么呢？

神学家巴文克（Bavinck）说神对人启示的方式有两种，一是外在的客观方式："显现"，另一是内在的主观方式："默感"。若以建筑的语言来说，一是外在可见的"造型"，一是内在不可见、必须感知而得的"空间"，一种是依赖视觉直接的揭示，另一种则是凭靠个人内在灵性的感知。

老子对人与不可知宇宙间沟通模式的解释，比较倾向于后者的"默感"方式。他鼓励人不要过度依赖外在物质的传达性，而要进入内感非物质的直接性。所以说："塞其兑，闭其门，终身不勤。开其兑，济其事，终身不救。"（塞住通达的感官，关闭认识的门户，你就终身不会有劳苦愁困；敞开你的通达感官，极尽你的聪明能事，你便终身不能得救了）。

建筑所依赖的短暂现实物质性，与想追求的永恒价值性，似乎天生相抵触、互难触及，如何能脱离形下物质的限制，并达到形上的神秘永恒性，可能是建筑艺术的一大挑战。因此，老子告诫要能"弃绝"现实，以进入不可名的形而上状态："无象之象，无状之状。"

另外又说："善行无辙迹，善言无瑕谪"（善于行路的，不留痕迹；善于言谈的，不留话柄），也说明真正的价值，不在表面言行（例如建筑的造型风格）的彰显，反而是存在于那些不可见的内隐部分。

二、五个事件：兼论"后'9·21'世代"的建筑作为

台湾建筑的现代性发展，自日治时期起已经逾百年，确实亟待各方认真面对。我在此想以历史事件的关键点，来切分台湾建筑发展的演化转折，其中会以政治/经济的变化与社会意识的转换为观察处，作为一种阅读台湾建筑史的参考。

原则上，我将台湾现代建筑依"关键事件"划分五个时期，并分别简单叙述如下。后段重

点放在第五段时期，也就是“9·21”大地震后，台湾中生代建筑师发展的现象观察，作为本文时空涵构下的聚焦微观处。

关键事件1：甲午战败/日本殖民统治台湾（1895年）

台湾的现代建筑发展，大约可以甲午战争落败，1895年成为日本的殖民地，作为第一个可标记的起始点。在这之前，台湾的统治权数百年间几度易手，多样的文化影响各有余荫可寻；但对台湾的建设，可能始自于1862起的同治年间，因为开放通商口岸与洋务运动的发生，开启了原本封闭的台湾社会。

到了日治时期的城市与建筑发展，相对就显得积极与蓬勃，1900年发布的《台湾家屋建筑规则》，与1908年西部纵贯铁路全线通车，奠定初期的发展基础。其间受过西方建筑专业知识训练的日本技师大量来台，公共建筑发展达到高峰，风格则以仿西洋古典样式为主轴。李乾朗在《台湾近代建筑之风格》[1]里，将这时期的风格，定位为“后期文艺复兴巴洛克样式”，以出身东京帝大的近藤十郎与森山松之助二人作为代表，重要作品有总督官邸（今台北宾馆）、台中州厅（今台中旧市政府）、公卖局，以及总督府（今总统府）等。

除了这样的风格外，傅朝卿指出另两支相对微弱，却值得注意的脉络，一是在1923年关东大地震后，日本本土被贬抑的现代主义建筑，也才得找到发展的契机，这样的时代背景间接影响了台湾。傅朝卿写说：“到1920年代末期台湾所建之建筑，基本上都有摆脱西洋历史式样建筑，特别是正统古典语汇的倾向。因为求变转新似乎是这些建筑共同的特征，所以我们可以将之称为‘转型’期之建筑。”[2]

这时期由官方主导的式样，逐渐被民间年轻设计师的求知与创新力量挑战，装饰艺术（Art Deco）与包豪斯（Bauhaus）的影响逐渐显现，蓬勃地在电影院等民间商业空间或小型的公共工程里出现。真正代表性的展现，应是1935年的台湾博览会，展馆虽多是临时性的建筑，却鲜明地标志出对装饰艺术风格的向往与致意。

另一支则始于1937年的卢沟桥事变，日本的军国主义与“大东亚共荣圈”，将台湾以“皇民化”、“工业化”及“南进基地化”重作定位，建筑风格因此再度与政治的意识形态相链接。其中“皇民化”运动，尤其全面压制台湾的汉人文化，寺庙被大量拆除，传统戏曲与表演（例如歌仔戏与布袋戏）被禁，算是单一崇拜日本文化的压迫期。

这样以军国主义及民族主义作为核心的时代，再次浮现了一批以政治为名的公共建筑，李乾朗这样写：“在当时，日本政坛右派得势，一种以拥护日本利益与大和民族主义的构思，借着大东亚共荣圈的目标被广为宣传……满州国的新建筑揭示了明确的风格，那就是具有一顶东方、尤其是中国式或日本式的大屋顶，被加封在近代钢筋混凝土的建筑物之上。”

这时期的作品在台湾并不算多，但却能色彩鲜明地与时代背景作辉映，相对辨识性也极高，大都集中在当时作为南进基地的高雄，代表建筑有高雄市政府与高雄火车站等。

关键事件2：日本战败/国民政府接收台湾（1945年）

“国民政府”在来台后，对自身文化的正统位置有着隐忧，尤其面对着断联已久、长期被日本文化影响的台湾社会，确实有着欲将之（日本文化与台湾地域文化）驱除于主流价值认知外的意图，譬如1960-1965年的查禁歌曲及推行国语运动，可视为排斥地域文化，以让自身正统化的一个例证。

而与日本文化的关系，更是纠结不明与松紧难料。“国府”迁台后，先禁止日本电影的输入，也禁止日文的配音与字幕，到了1965年才松绑；而1972年与日本断交，1973年起禁止日本漫画进口，禁说日文与禁用日语。基本上，日本文化一直以着“反正统”的背德姿态，或隐或显地出入在台湾人的时代与社会记忆里。

李乾朗写道：“从1949年‘国府’迁台之后，整个台湾的政治、文化，即弥漫着这股病态的气息。政府有关单位不但刻意忽视地方文化，甚至打压灭绝奄奄一息的地域传统。建筑学者不关心近代建筑，其实另有原因，有人认为台湾的近代建筑，多为日据时期日本人留下来的，心中难免有抹不去的仇恨情节。”

战后至1960年代末期，第一批衔接的是随“国民政府”撤守台湾、主要来自上海的建筑师们，包括王大闳、杨卓成，与上海圣约翰大学的张肇康、沈祖海，代表作品有王大闳1953年的建国南路自宅，与1962年贝聿铭、张肇康、陈其宽合作的东海大学路思义教堂。

主要的建筑思维，在于如何将现代主义与中国传统建筑做联结，这本是极度困难的议题，再加以政治权力下的国族主义氛围笼罩，且未能与本土的文化连接，使得路途崎岖。王俊雄说：“然而，我们也要注意到，那是一个在威权统治下选择不多的时代，与本土台湾之间的关系也被残酷切断，在缺乏真实脉络支持下，运动者的困惑、折中与踌躇不前，其实显出时代的困难。”[3]

关键事件3：台美断交/乡土论战全面开始（1978年）

1970年代起台湾遭受到一连串国际政治局势冲击，例如与日本冲突的钓鱼岛事件、退出联合国、与日本断交，以及关键的1978年12月与美国断交。郭肇立在《战后的台湾建筑文化》文章里，对这样动荡的时代背景，以及引发在文化上（包括建筑）的全面冲击，如此说明：“总之无可否认的是，台湾人民对乡土主义的觉醒，是发生在这个敏感而骚动的70年代……此时期的台湾乡土建筑运动与中国传统建筑热烈相结合，缺乏直接对本土社会的省思与批判，而是温和地、浪漫地抒情怀乡，族群之间没有蓝绿意识型态，在思古幽情的台湾古厝上，共同寻求‘中华文化’的慰藉。严格地说，70年代台湾的乡土建筑运动是文学性的，他们并未真正关怀培育本土建筑设计。”[4]

这些内部的能量与矛盾，酝酿着文化“自体”何在的质疑，与期待再定义的社会需求。1980年代起，建筑业受到资本主义及商品化的冲击日增，后现代主义风格为体、意图寻找与中国或台湾本土的联结，成为发展主流，这可以李祖原的宏国大楼（1990年）、大安国宅（1984年），及汉光/汉宝德的中研院民族学研究所（1985年）为代表。建筑风格也见到原本多用于政治权力的传统建筑语汇，被大量转用到商业与民间建筑上，可视为一种对符号与道统的破解与下放。

关键事件4：政治解严/多元文化全面蓬发（1987年）

1990年代启始前，台湾政经环境有着剧烈的转变，包括1987年解除台湾地区戒严、1988年解除报禁、1989年开放政党的组设、1991年核准新银行设立等，铺陈了一个鼓励建筑美学百花齐放的政经环境。

郭肇立在同篇文章，叙述这时期的文化多元现象："80年代之后，由于台湾社会戒严体制的松动，后现代主义在台湾开始蔓延，去中心主义，多元价值的要求，弱势族群抬头，要求权力再分配：女性、同志、工人、眷村、客家、原住民等社群主体与身份认同的问题，一时成为台湾社会普遍关怀的议题。"

对在地价值的重新认知及公民意识的崛起，配合逐渐浮现的经济泡沫化现象，让建筑师们（譬如谢英俊、黄声远）得以再审视现代建筑应如何作为。罗时玮在《扰动边界》的导言里写："于是，有一种'在地的'感觉浮现出来，这可以有好几重的意义，一个正面的含意是'活出自己'，这是相对于全球化、国际化而言，一个区域整体文化上的讯息，感觉到一种自己特有的、可供作文化认同的部分逐渐清晰起来，可以比较自信地观看自己的处境与问题，也可以说逐渐形成一个能够论述自己的条件与氛围。"[5]

指出来"一种自己特有的、可供作文化认同的部分逐渐清晰起来"，也就是说，这时期的建筑发展已逐渐摆脱战后被禁锢已久的"现代与传统"论争，厘清1980年代以降建筑与商业的模糊关系，更直接回答公民权利兴起后的社会需求，也借此建立台湾当代建筑的在地面貌。

关键事件5："9·21"大地震/生态、环保与微观的萌芽（1999年）

"9·21"大地震对台湾社会造成巨大的冲击，除了生命财产的损失外，人们开始意识到对自然环境的长期摧残与反扑，也经由面对生命的渺小脆弱，了解到存在的价值与生活的意义。这时期，台湾同时经历了经济的微型泡沫化，时间约在1995到2005年间，案源与案量大幅削减，造成产业发展的停滞。

这样的困境同时提供了建筑界省思的机会，若以日本为例，许多成长于经济泡沫期的"后泡沫世代"（Post Bubble Generation），因为失去大型事务所与商业市场的庇护，只能在现实的细缝中寻求生存。这看似不幸的现实，反而给予他们体会现实的契机，因此当大环境好转，面对重现的权力结构与机制时，不仅懂得自我拿捏位置，对于建筑的信仰何在，也显得从容自信。以及，日本建筑过往的英雄/大师时代终得暂时告终，常民与平凡的小建筑，可以有着全新的时代意义。

台湾在经历经济泡沫化的过程中，也引发建筑界内在的辩证与矛盾，譬如对在地与全球的思考，以及对建筑与文化、社会与现实的关联何在，都作出各样的反思与检讨。若以1999年的大地震为划分点，“前‘9 · 21’世代”的谢英俊、黄声远、邱文杰与廖伟立，准确地思索如何由过往追求文化符号或扮演全球化系统的角色位置，转向到了建立建筑师与社会现实积极对话的主轴，并确立台湾当代建筑的自体可能。

同时间，“后‘9 · 21’世代”逐渐成形，包括刘国沧、张淑征、孙德鸿、吴武易、黄瑞茂、林友寒、姜乐静、徐岩奇、张清华/郭英钊、杨家凯、黄明威、叶炽仁、黄谦智、洪育成、甘铭源/李绿枝等人，展现缤纷多元的面向。这整批人在教育/成长的背景上，显露出相对于前世代更为多元的色彩，除了留学国外再返台者依旧蔚为主流外，也有全然接受国外建筑教育的张淑征、黄谦智，更有益发茁壮的本土建筑力量显现，譬如刘国沧、吴武易、黄瑞茂、姜乐静、甘铭源/李绿枝等人，值得重视。

我将延续先前对老子价值系统的思考，针对五个建筑的基本议题，包括空间、美、社会/文化、永续与宗教，来作出我对他们的思考与观察。

整体来看，“后‘9 · 21’世代”最令人印象深刻的表现，是在于对于生态/永续议题的回复。几乎此一世代的建筑师对此皆有着墨，可拿来作代表的：一是绿色生态作出发的建筑，包括张清华/郭英钊的生态建筑、黄谦智废物再循环/利用的设计作品、洪育成的木构造建筑，以及甘铭源/李绿枝的在地化绿建筑工法。基本上，强调与自然生态的和谐共存，废弃物有效回收再利用，以及以在地/再生材料做建筑。

另一支，则强调与既有环境的接合，以植入/接枝/缝合的融入观念，来替代完全铲除/换新的粗暴，这可以刘国沧在台南的大小作为、黄瑞茂长期在淡水的深耕成果，或是甘铭源/李绿枝投入云林农村空间环境整备为例子。

另外，在社会/文化面的结果也颇可观。除了延续“前‘9 · 21’世代”重视在地现实的特质，并展现对于环境与细节的微观能力，细腻贴己地回答使用者的需求，即令是中小型的案子，也认真扮演专业者当有的角色。譬如吴武易对于台湾人的家/住宅的再定义，以及姜乐静在潭南国小对布农文化的尊敬与爱，都是亮眼的成果；而刘国沧、甘铭源/李绿枝与黄瑞茂的建筑作为，本质就蕴藏对社会/文化的深刻体会，皆能自然显现在作品里。

与“前‘9 · 21’世代”对现代性的批判态度相对照，譬如谢英俊对资本垄断住宅市场的破解，或是黄声远对空间权力的夺回，皆有与现代性既联合又斗争的色彩，因此美学与空间性格，也有着反中产的姿态（尤其是谢英俊）。“后‘9 · 21’世代”的批判性格相对比较微弱，可与此相模拟的应是黄瑞茂、刘国沧、甘铭源/李绿枝等，以在地小区做思考的轴线。

此外，对于空间及美的看法，有着再度回归现代主义本体信仰的趋势，譬如杨家凯、黄明威、林友寒、张淑征，皆能以着纯粹也扎实的语汇，延续现代主义在台湾的发展与脉络，与全球的走向积极对话，不懈不怠也轻快利落，展现台湾与世界同步对语的能力，是不可忽视的一个鲜明现象。尤其对比“前‘9·21’世代”的同一脉络，邱文杰、廖伟立的向在地位置修正，龚书章的退出、林洲民的略显沉寂，就让人特别注意这样以现代主义为宗的发展，后续如何在台湾演化。

对于空间与美的态度，也有另一支虽以现代主义为体，却略有岔异的发展，譬如徐岩奇以有机建筑为出发的空间美学，叶炽仁让简约理性与自然无为的交织，或是孙德鸿对于单纯低调的凝目，显露出现代主义的回旋可能。

至于，最是归属形而上的宗教价值，响应就相对薄弱。孙德鸿的斋明寺，以隐退及宁静的气息，与省约简练的手法，做出适切回应；叶炽仁在台东的系列小住宅，谨守本分，不夸饰、知进退，空间松弛自在，透露出豁然无求的人生观，陶渊明意味的形而上价值隐隐浮现；以及刘国沧的安平树屋，以时间的流动/连续观念，颠覆建筑物的主体角色，并借之展现悠悠忽忽的生命观，大约是少数可见的代表。

结语：民意归向为本、生态环境为尊

“后‘9·21’世代”出现在台湾最富裕活泼，也最民主多元的此刻，却也同样是建筑作为机会最匮乏时代。因为，这不是战后百废待举的时代，也不是1970年代路线辩证的时代，没有1980年代“钱淹脚目”的滚滚案源，也少了1990年代的理想/改革色彩。反而，私人建筑与公共建设都进入缓坡期，大型公共建设或高单价私人建筑，沦为外来建筑师的竞逐舞台，中青代生存空间受到挤压。

但在前述看似幸运的各个年代里，建筑师的俯仰起落几乎完全受制于大时代的政商环境，也就是说建筑师的理想，与政治权力或资本权力的思维近乎同步。幸运时，各得其所各取其需，不幸时（也是大半的时候），则只能沦成为权力者的“喉舌”。

这样的角色位置，1990年代后期起开始转变，建筑师显现出挑战政治与资本权力的力道。代表者应是黄声远的宜兰县社福馆，直接宣示公民空间优先于政治权力思维，另外则是谢英俊的“9·21”灾后邵族部落自力建屋，也提出在被资本权力完全绑架的现代住宅，如何得以自主脱困的一线生机。

这样过程里，台湾的现代建筑发展，开始有与小区结盟的发展趋势。“小区”这名词在1990年代台湾的各样文化发展中，逐渐蔚为具指标意味的名词，也成了与所谓“城市”相对立的思考体。

杨弘任在《以小区为名》里写着：

“小区的议题浮上台面，成为社会改造的议题，是非常晚近的事情。自1960年代中期以来，‘小区’一词原本是防堵共产势力的冷战防线架构下，因应联合国援助后进国家改善生活条件而设立，基本上依照由上而下的资源分配管道与议题设定方式来运作。到了1990年代前后，诸多带有社会改造意识的行动者，开始援引‘小区’之名，带动由下而上的草根民主与本土认同运动风潮。

“在1990年代词汇与社会的变动关系中，‘小区’之名陆续添加了国族认同的想象、社会人类学人群连带的想象、文化改造的想象，以及草根民主的想象，混同而汇集为我们新的历史事实与行动信念。”[6]

这样的发展与趋势，积极地铺陈了台湾建筑此刻的位置点。因为这现象除了真实回映近二十年政经现实的剧烈转变外，也见证台湾逐渐成熟公民社会的成形，背后蕴含的时代意义，与其对台湾建筑发展的影响，不但不可轻忽，而且值得期待。

“后‘9·21’世代”此刻面对的环境，有其现实存活上的悲观性，但也可视之为得以摆脱政治/资本权力钳制的契机。或许，此世代借此可认真思考此刻面对的时代挑战何在，重新定位“为何要做建筑”的战略位置点，并理解做“小建筑”与完成“大理念”的不矛盾性。

基本上，我觉得“后‘9·21’世代”延续了前一世代对社会/文化关注的承传，更展现了对人类生态环境的积极关怀与响应，加以在美学与空间思考与作为上，有着粹练的表现，即令时代的现实环境逼人，或许得以展现出另一种崭新的面貌，重谱台湾现代建筑的下一页历史。

（《弱空间：从〈道德经〉看台湾当代建筑·自序》，田园城市出版社，2012年版）

1 李乾朗，《台湾近代建筑之风格》，（台北）《室内杂志》1994年。

2 傅朝卿，《图说台湾建筑文化遗产：日治时期篇1895-1945》，（台北）台湾建筑与文化资产出版社，2009年版。

3 王俊雄，《“中华民国”与建筑：百年发展历程》，本文曾发表在“传承与转型——“中华民国”发展史论文研讨会”，2011年1月28—29日，政治大学人文中心主办，“中华民国”建国百年筹备会委托；修改后收录于《“中华民国”发展史——教育与文化》。

4 郭肇立，《战后台湾建筑文化》，《文学·台湾：总统府文化台湾特展专辑》，（台北）“国家”台湾文学馆筹备处，2007年版。

5 罗时玮，《扰动边界》，（台中）东海大学建筑研究中心，2006年版。

6 杨弘任，《以小区为名》，《秩序缤纷的年代》，（台北）左岸文化，2010年版。

论王澍

——兼论当代文人建筑师现象、传统建筑语言的现代转化及其他问题

金秋野

摘要：本文讨论建筑师王澍的思想和作品，指出王澍是从环境伦理、职业人格和设计语言三个方面应对中国现代化和城市化过程中的严重现实危机，重新梳理传统与现代、中国与世界的关系，为当代中国建筑学注入新的内容。本文进而指出：王澍的建筑是在诗的层面起到醒世而不是救世的作用；王澍所秉持的“传统”主要与晚明心学有关，借以扩充当代营造者的文人情怀；王澍努力从事传统建筑语言的现代转化工作，但其作品仍然带有较浓厚的西方色彩，建造过程与他所批判的潦草城市化也有相似的地方。作为先行者，王澍思考传统的方式深具现实感和批评性，他创造性地开辟出一条建筑学革新之路，他的实践和理论，是当代中国的激烈城市化过程中富有价值的探索和反思。

绪论

矛盾

迄今为止，王澍在其并不漫长的职业生涯中，已经留下了大量的建成作品。把这些建筑放在一起来看，能够揭示出的问题，远远超过此前国内建筑学界关怀的范畴。在国际上，这些作品受到越来越多的关注；而在国内，人们的态度可以说相当两极化。据笔者观察，它们得到了大量的赞扬，却也引起了普遍的质疑和不解。围绕着王澍作品的评价，“建筑圈”和公众都分裂成两个阵营，这意味着，一般意义上的社会领域，在王澍独特的思想和作品的冲击面前，都无法维持原有的清晰边界。可以说，王澍的作品从一开始就伴随着矛盾和困惑。他自己也说：“困惑，关于存在者的困惑，正是我在每一个我建造的房子中试图保持的，并试图让它们的使用者分享。”[1]

“黍离之悲”

众声嘈杂之际，拉开一点距离，对漩涡中心的同时代人作出客观判断，似乎成了不可能的任务。好在王澍长于对自己的作品进行阐释和分析，这为我们留下了解读的线索。在一篇题为《建筑如山》的文章中，王澍这样介绍参

观宁波博物馆选址时的感受："场地位于一片由远山围绕的平原，不久前还是稻田，城市刚刚扩张到这里。原来这片区域的几十个美丽的村落，已经被拆得还剩残缺不全的一个，到处可见残砖碎瓦。"[2]作为建筑师，在动笔之前，王澍经常会对未来建筑物行将取代的自然乡土和传统生活发出慨叹。这份"黍离之悲"，是中国传统文人特有的情怀。在其背后，是对传统中国现代转型之际"国在山河破"的深切痛惜。在一次名为"江山如画"的主题演讲中，王澍阐述了如下观点：传统中国是存在于一套完整的景观诗学系统中的，这套系统就是"山水"，它蕴含了宇宙学、社会伦理学和人文诗学三重意义，是中国"自然之道"的直观体现。而在中国现代化和城市化的过程中，这个体系完全崩溃。王澍这一观念，其实是近现代中国在西方冲击之下产生的深刻矛盾在建筑师身上的投影，两百年来，中国一心一意追求的"现代"，在物质环境方面，将"自己的理想世界"系统地转化为"他人的理想世界"，这一转变肤浅、粗糙而夸张，让平和的传统生活瓦解、悠久的田园理想幻灭，撕裂了敏感的诗人之心。半个世纪以前，梁思成曾以那篇《为什么研究中国建筑》让人们体味到同样的沉痛与感伤。[3]

建筑师是什么

王澍是在背着十字架做建筑。在潦草的中国城市化大潮中，王澍自愿背负起一个文明对另一个文明征服过程中弱势者必须觉悟并承担的文化责任。遗憾的是，自中国有建筑师制度以来，绝大多数建筑师都不自觉地站到征服者的立场上去看待中国建造活动的技术水平和建造品质，从而产生了深深的自卑。王澍的登场揭示了中国建筑师群体的身份危机。王澍将自己的设计团队命名为"业余工作室"，在"业余"二字背后，是对中国现代专业建筑设计系统和注册建筑师制度甚至中国专业建筑教育制度的全面怀疑。他名副其实的"业余"不仅证明中国建筑百年来建立的体系、规范和习惯思维与这块土地、它的历史和现实无关，进而证明这套貌似科学严谨的知识构造和方法体系，事实上推行的是对中国珍贵自然风物的系统拆解，对西方现代物质文明甚至西方人居理想的不假思索的麻木模仿、简单重复，并在建筑教育、专业评估、注册建筑师制度和商业房地产运作中逐步编织起一套牢不可破的神话，在一代代建筑人中薪火相传。

一个新方向

在当代中国建筑界，王澍并非代表了一种极端个人化的选择，因为类似的立场实际上已经成为一股力量，也就是所谓的"文人建筑师"现象。但是，这一方向迄今仍处于探索阶段，对现实的影响，更多反映在"义理"或"诗学"层面而缺少"事功"。十多年来，随着王澍建筑哲学的明晰和作品的大量建成，这一方向正日益引起社会各界的普遍重视。除了独特的价值观外，这个群体也在彼此呼应，尝试摸索一套可操作的形式语言，而文人园林成了古代书画作品之外最直观的研读和模范对象。王澍的作品不仅让我们有机会反思中国现代建筑艰辛的跋涉之路，也向学界提出新的问题，例如：面对时代病，建筑到底能做些什么？"文人风骨"代表着什么样的精神价值，对当代的营造活动有什么影响？“传统”具体指什么，如何对现实发生作用？“园林语言”如何应用到当代建筑设计当中？带着这些问题，本文拟从环境伦理、职业人格和设计语言三个角度，讨论王澍设计思想和作品的独特价值，以及其中蕴含的矛盾和困惑。首先，我们还是回到开篇，来看看他作品深处潜藏的“黍离之悲”到底是什么意思。

一、“国在山河破”

平衡

1705年（康熙四十四年）扬州大水。石涛作诗来纪念这一事件：“天爱生民民不待，人倚世欲天不载。天人至此岂无干，写入空山看百代。”按照中国传统的世界观，天灾背后是人祸使然。一旦人欲膨胀，天与人的关系就表现为对峙和冲突（天地不仁），自然灾害和战争瘟疫频频发生，人既是这场灾难的起因，也是主要的受害者。神秘的观念将其解释为恶行的“果报”，其实只是天道与人欲失去平衡的累积后果。遗憾的是，西方现代物质文明，恰恰是以肯定人欲为基础的人本胜利。工业化的过程中，以知识启蒙的名义，强者的私欲投射到自然界和弱者身上，造成了严重的问题。如果说“空山”象征着中国悠久的自然风物和理想家园，百代之后的今天，就只剩下片段的“残山剩水”，零落于城市、郊区、新农村和高速公路盘踞的国土缝隙之间。在物质环境方面，中国的现代过程伴随着日用物品的大规模西化，一举击碎了传统生活的器物链条。表面上看，这些改变只在“工具”的层面发生，不会改变个人或民族国家的血脉精神。但工具是载道之器，当身边万物和语言词汇都彻底取之于外的时候，人也就不是原来那个人了。事实上，无论是文言文还是传统器物，都不只是一种工具，也是一套关系。使用它或抛弃它，改变的是人和人交往的方式、人与自然相处的方式。可以说，现代问题的真正根源，在于这层关系的断裂。意识到这一点，对传统的留恋就不单纯是一种情绪、一份怀念，而是一种觉悟，一种处境意识，以理智寻找对抗“现代”的精神武器。

回忆的碎片

毋庸讳言，中国当代物质环境粗糙荒芜，人心浮躁疏离。但面对这种现实，一个人是怀有同情之希望，还是幻灭之绝望，不仅是一份精神信念，也是一种道德抉择。王澍说：“全球化在中国最大表征莫过于城市的发展……在一个自身具有悠久建筑历史传统和地方风格的土壤上开展大规模与高速度的建造工程，必然伴生出尖锐的文化矛盾。”作为建筑师，他也是这种矛盾的观察记录者。在受托建造上海世博会宁波滕头案例馆时，他先对滕头村进行了一番考察，并作如下记录：“这个国家数千年的城市文明在三十年间已成废墟，而作为其根基的乡村，要么已成废墟，要么正在荒芜。”[4]滕头村靠发展乡镇企业致富，一派新农村景象，从邻村移来一座祠堂，并请城里的设计院做了新的规划，“典型的美国郊区别墅群”。在这些冷静客观的景物描写背后，是一份难以自抑的沉痛："很多事情已经无法挽回"。怀着这样的感情，王澍设计的滕头馆却并不是传统乡村景观的原样再现，而是一座形体方正、简单平静又粗暴顽固的内向的建筑，"以碎片的方式，就像回忆，没有历史，有些破碎模糊，想办法控制住它的真实，触摸到它的质感，构造出一种新的东西来。"[5]这是对历史的诗性解读。

内部的贫困

王澍说："每一次，我的营造策划都是从个人的记忆入手。"[6]对于这一代人来说，记忆意味着流年急景，迅速迭替的日常景物和器物，还有抓不住的流行价值。建筑师们一面背负着沉重的历史压力，一面因为无法追赶时代潮流而蹉跎岁月，"总是试图证明自己所作所为正是在继承传统，甚至最猛烈地批判现代性的举动也是现代性的一种"。王澍则宁愿以拾荒者的方式整理故物，"让一个事物在一个世界里如其所是"。王澍是这条道路上的独行者，在其身侧，是盲目复制的历史、伪造记忆的建设，僵化教条的保护、舞台布景一般的西式建筑群，各种风格式样纷至杂陈，表面多样下极端的贫乏。王澍将之命名为"内部的贫困"："中国建筑师学习西方建筑的时候，也包括学习中国传统建筑的时候，所设计的建筑都是没有内部的，外部的场所也没有，它只是一个物体，内部尤其难：有房间没有空间，有空间没有场所。"在舞台布景般的浮华潦草背后，是人心的荒芜，建筑内部的贫困，就是人心的空虚。

小世界

王澍并没有费力黏合这些碎片使之完好如初，而是广致穷搜、漫漶堆积，使之"如其所是"地倾泻在世人眼前，刺痛人们的内心。在时代面前，建筑师也许真的开不出什么救世良方，但在精神上，他可以为无声的体量赋予一层光晕，就像一部小说可以纯为消遣，也可以成为一部史诗。我想，狄更斯在写作《艰难时世》的时候，心里应该有个完整的时代图景吧。王澍也正是以作家的手笔，在中国的传统和现实之间建立了联系，从而超越了前辈建筑师的符号民族主义。出于对建筑师强烈表达欲和贫乏形式语言的反感，王澍有意避免受到建筑外部形象的诱惑："总之，我看到的不是文化，也不是地方性，我看到的是一群让我亲近的'物'……这种物的关系的最佳状态就在于不考虑形象。"[7]王澍不辞劳苦，从拆迁现场搜集了数以千万计的残砖剩瓦，来建造一个小小世界。[8]这里不容纳温情的怀旧，只有磊落的伤怀。王澍说："比建筑更重要的，是它将提供一个什么样的体会世界的场所结构……将勾带起一种什么样的生活。而我要做的，就是让人们在某种无目的的漫游状态中一次又一次地从亲近身体的场所差异中回望那座青山，返回一种我们已经日渐忘却的知识，使一种在过去一个世纪中被贬的生活方式得以活生生地复活。"[9]王澍带着乡土中国最后一批手工匠人，将残山剩水和残砖剩瓦一段一段拾掇起来，于是青山作为自然的片段、青瓦作为传统生活的片段，融入了这小世界的每一个角落，在欢腾热烈的建设大潮背后，沉淀着这个时代最深切的忧思。

王澍的矛盾之一

“黍离之悲”是一份诗人情怀，在山河破碎之后，也许人们期待建筑师能开出一副对抗西方物质文明的良方，但诗人毕竟只是诗人，诗的功用在心。王澍的建筑注定挽救不了城市化铁蹄下的传统文明，但它可以让这场欢宴粗粝刺目，让匆匆赶路的人们驻足缅怀，这就是诗人的价值所在。王澍显然并不满足于醒世的角色，他也曾在“钱江时代”这样的设计里努力探寻着救世的可能性，然而通过建筑拉接早已疏离的天人关系，赢回手工劳动的简单快乐，营造恬淡和睦的理想家园，这一观念并不陌生，我们曾在拉斯金的演讲中听到过，在霍华德的著作中读到过，在柯布的图纸中见到过，而这些，大概只是理想家们一个经久不衰的幻觉吧。这是王澍的矛盾之一。

二、“文人”比“建筑师”大

“文人”

“建筑师”在现代对传统、人欲对自然的征伐中扮演了不光彩的角色。也许正是现代职业分工所划定的狭小视野，让建筑师们钟情于理工技术的锱铢细节，失去了家园想象。对满足于行业精英角色的中国建筑师而言，强大的西方物质文明不仅是一种诱惑，也是一种抚慰。其实建筑师也不见得没有生活情趣，只是他习惯了分裂，在生活中讲情趣，做起建筑来就习惯性地无趣，慢慢也就变成了无趣的人。与现代专业人士相对的，是中国传统“文人”人格，寄情山水，自觉抵御着工具化的命运。而在王澍的描述中，哪怕是文人的闲情逸致，也反衬出建筑师的刻板无趣。因此王澍不断强调，他首先是一个中国文人，只是碰巧从事了建筑这个行业。在他的观念里，“文人”是远大于“建筑师”的一个角色。为了赢回家园，必须首先让自己重新成为一个传统意义上的“文人”，这种人格、这些情感，在现代化和西化的过程中，都已流失殆尽了。因此，冲破专业藩篱，放弃职业身份，重塑完整人格，是诗意营造的伦理基础。

“业余”是个态度

于是王澍将工作室命名为“业余”。所谓“业”，应该是指日益僵化的“建筑师”职业。所谓“余”，应该是指用世界之大、生趣之广来填充“营造”活动，为其赋予新的内容。对此，王欣的解释最为贴切。他说：“业余是相对专业而言的，专业容易产生自恋，把自己包裹起来，妄图自明，不需要交换与交流。我们不能忘记我们面对的是一个世界，这里什么都有，花鸟鱼虫山石树水风光烟霭……建筑占了几分？”[10]专业的目的是为了分工，最终却一叶障目，让所谓的专业人士只知建筑，不知其他。但在王欣的观念中，业余并不只是打破了职业界限：“业余是一个积极的态度，算是一种自觉的模式，因为暂时失去了专业，所以眼睛很宽容，态度很‘齐物’，而不至于在建筑的这棵树上吊死，于是学会‘关系’这个词语，操纵其中的多项综合地去做，利用多样的标准综合地评价。”[11]业余让人们放宽视野，发现除了城市还有乡村，除了房子还有院子，除了建筑还有自然。于是建筑师不再固步自封，他重拾“营造者”的本能，“让专业变得业余，身份变得业余，手段变得业余，材料变得业余，当然还得让时间变得业余——就是得懂得如何得闲去走走看看，品品坐坐，修修补补”。[12]“业余”这个词似乎暗示，现代问题的解决之道，居然在日常举止、饮食起居之间；你的态度变了，你的人格就变了，人们都变成不一样的人，世界就变了。所以“态度比方法重要”。[13]这是王澍看得很深的地方。

忙与闲

但如何让“时间变得业余”？现代社会就像自由落体，它的稳定运行是靠加速度（突破膨胀，或者经济增长点）来维持。一个人有多忙，成了社会身份的象征。这是事情的表面，真相是人的工具化。城市生活之中，人似乎变得更自由了，其实是更受束缚了。城市是一个实验室，当人失去跟自然所有关联的时候，你可以生存得很舒适，但这种舒适危如累卵，因为它的平衡点太高。当一个人习惯了空调，他的身体就慢慢失去适应气候变化的能力了。为了维持这份舒适，人们就不得不放弃闲暇，成为自身欲望的佣人。所以现代职业分工其实也是一层表象，只是让你忙起来而不必去思考“什么样的生活更值得过”的一份日程表，然而人们入戏太深，不能自拔。这个时候，一个人只有具备了“放下的智慧”，才能谋得片刻清闲。只有“业”的繁忙，没有“余”的闲暇，没办法成为文人。当然文人和建筑师不只是闲和忙的区别，王澍说：“在这个时代，建筑师不愿做任何真正艰难的工作，而一个文人可能毫无压力、兴致盎然地去做大量繁复的工作，亲承着耐心和过细的心思。”[14]原来王澍要做的不只是一个有情趣有闲暇的文人，还要有兴味去做繁琐而细致的工作，这份工作，为了区别于“建筑”，他管它叫做“营造”。“营造是一种身心一线的谋划与建造活动，不只是指造房子、造城或造园，也指砌筑水利沟渠、烧制陶瓷、编制竹篾、打制家具、修筑桥梁，甚至打造一些聊慰闲情的小物件。”[15]在对现有的教育制度失望之余，王澍希望“不多的几个人”把文人精神延续下去，只要“文人风骨不绝”，传统就能找到生根发芽的机会。但“文人”这个词太大了，王澍在谈“文人”的时候，到底指什么呢？

为什么是李渔

笼统地谈“中国文人”是毫无意义的。王澍举李渔来说明他心目中理想的文人境界：“他和袁枚相似，敢开风气之先，甘冒流俗非议，反抗社会，但敞开胸怀拥抱生活。这类文士是真能造园的，我们今天的社会同样需要这样一种文士去和建筑活动结合。”[16]这是王澍为当代建造者确立的人格标准。王澍曾在不同场合戏称自己是个“17世纪的文人”。不说建安七子、竹林七贤，不说唐宋八大家，偏偏说17世纪的文人，一定是有原因的。17世纪从明万历二十八年延续至清康熙三十八年，是朝代更迭的乱世。建筑史上，这是江南私家园林营造最为鼎盛的一个时期，今世仅存的园林，大多是那个时期的遗物。明清之际的文人群体在传承前代文人精神的同时，发展出很多独特的气质。闲居、尚奇、讲性灵、好古董都是这个时期的特点。[17]晚明人心思变，以心学对抗理学，社会开放风气蔓延，奢靡之风大盛，讲究服饰，大排筵宴，玩赏器物，游历市井。不少真诚之士心灰意冷之余退隐家乡，成为“闲居者”。有了闲暇，文人的书斋生活演化为精致的艺术，而园林作为艺术生活的载体，也得到长足的发展：“令文人激动不已的，是他们能规划并亲手创建理想的生活环境。”[18]文人没法做官了，忽然发觉生活是如此美好，遂以设计师身份参与到历来为中国社会所鄙视的手工艺活动中。王艮提出“百姓日用即道”，这是很了不起的。没有这种认识，文人本不屑于关注器物，更不认为游山玩水本身就是求道的过程。肯定手工艺的价值，肯定人欲的正当，之后才有园林的兴盛。李渔是明末秀才，属于绅士集团中的下层文人，他就是个把日常享乐当做人世间头等大事的人。

尚奇与享乐

17世纪的文人园林，与其说占据了传统文化精神之主流，不如说打上了特殊历史时期的深刻烙印。在中国文化史里，李渔是一个反传统的老顽童角色。如果说“风骨”代表着一种清高的道德操守，李渔刚好给人留下相反的印象。派崔克·韩南的研究向我们揭示出李渔对自我形象的塑造：既是智者，又是谐星；既是苦行者，又是享乐主义者；嗜好新奇又胆大冲动，圆滑又天真，思想独立又玩世不恭。李渔努力放纵本性中的天真，与他戏剧中塑造的刻板教条的儒家“道学先生”作对。[19]李渔上承李贽的“童心说”，下启沈复和袁枚的“性灵说”，他们都是中国文化史中的异端。李渔的标新立异在于对理学的蔑视和否定。他说：“人惟求旧，物惟求新。新者也，天下事物之美称也。”李渔深受晚明“尚奇”观念的影响，将新奇视作童蒙本性流露，是创造力的根源。[20]李渔断言“性之所发，愈出愈奇”，将新奇视作性灵的自然呈现。而人的本性是通过官能激发而显露出来的，所以“享乐”就成了正当的事情。由五官审美愉悦带来的本能快感，自此获得了伦理上的正当地位，这与宋明理学背道而驰。李渔虽然宣称自己是儒家，却对与社会责任相关的自我牺牲精神嗤之以鼻。作为诗以言志的性灵派，他与同时代的大儒顾炎武迥然有别，所以晚明的文人人格摇摆于极度逍遥和极度克己之间，甚至在中国历史中也是一个特别多样化的时期。

情趣

李渔将发诸自性的新奇视为创造力的根源，而造园就是此类师法自然的创造中最艰难的一类。李渔认为，这类创造太过艰辛，那些好的造园者，都像鬼神附体了一般。假如没有天真本能的审美直觉，就不能窥探“天机”。很显然，他把园林的营建看作是造物主假人之手来完成造物活动，而人则窃取了自然的秘密，这与现代建筑建立于科学世界观的自明体系有着根本的差异。董豫赣用园林的“互成性”来对比现代主义建筑的“自明性”，可以说是将建筑存在的依据，从柏拉图那种理想几何图式的清晰完备，拉回到自然世界中万事万物的此消彼长，这是对天道的尊重与敬畏。这里，自然不仅不是征服或改造的对象，反而是无法企及的膜拜对象。这是造园活动背后的环境伦理，它固然也以人欲的满足为前提，却仍将“天理”置于“人欲”之上，以童心之清澈让本初的物质欲望与自然同源并保持之，这就是“情趣”的本质。“情趣”是王澍特别推崇的一个词，把它视作判断一个人是否具备文人资格的标准。他说：“情趣，如此轻飘的一个词，却能造就真正的文化差别。对中国文人而言，情趣因师法自然而起，自然显现着比人间社会更高的价值。人要以各种方式努力修习才可能接近自然的要求，并因程度差别而分出人格。”[21]现代建筑师正是过于看重“实用技能”而排挤了“情趣”，才造出了一个无趣的世界。王澍引用童寯的话：“今天的建筑师不堪胜任园林这一诗意的建造，因为与情趣相比，建造技术要次要得多。”[22]情趣是文人的特征之一，而李渔又是个中极品，他出于任性，把情趣这一本能放大到极致，并应用于园林营造之中。正因为此，生活在17世纪的李渔成了王澍心目中“文人”的代言人。

心学传人

“情趣”一词起源很早，但一直未能成为主流的艺术批评观念，直到晚明公安派出现后才大谈其趣。[23]袁宏道强调“任性而发，趣源于情”，与李渔的理论一样，都有浓厚的“童心说”的痕迹。晚近的研究表明，李贽延续了王阳明心学的“良知”之说，并将王学中个体性增强的趋势推向高峰。[24]童心说对诚实人性的追求和人欲的肯定，已经相当接近于康德哲学的自由观。“情趣”作为一个现代美学术语，是朱光潜从王国维的“境界说”中发展而来的，也有康德美学影响的痕迹。作为一个特立独行的文人，李渔并非某种宽泛的“中国传统”的继承者，而是延续了王学左派如王艮和何心隐的观念。产生于17世纪的中国园林总体上可以看作性灵之说在日常生活中的实物证据。当王澍以“情趣”作为文人造园的人格基准之时，他实际上已经对所谓“传统”进行了精心的剪裁，并与三百多年前的心学传统遥相呼应。相比于延续清代训诂传统、开创中国现代建筑教育体系的梁思成，王澍反其道而用之，直接师承于实学的对立面，将实学注重知识考证积累的特点扭向心学注重行动创造、强调“爱物”的方向，为现代造园做好思想准备。

遗民和移民

晚明心学在清初的衰落和实学的兴起，与明季文人对身世家国的反思有关。从放纵到禁欲，朝代更迭对一代学人的思想人格造成了严重的冲击。明遗民抚今追昔，痛感玩物丧志的闲适生活无异于集体罪恶，心学也就相应被贬为亡国之学。清代的反思传统唤起的经世之学，到近代成为人们对抗西方文明侵略的避难所。与心学相似，启蒙思想也具有注重物质、强调个人独立性、正视人欲的特征。当梁思成和童寯怀着亡国之痛为中国现代建筑奠基之时，晚明文人的闲情逸致，也许正像隔岸商女的低吟浅唱，让人心生隔膜。通过朱启钤，中国建筑学承接清代的训诂传统，它的“无趣”实际上可以看作是文化沦陷之际良知学人的自我牺牲。时势造人，忙与闲并不只个人选择，也跟国运息息相关。如果把文明之争看做一场战役，现代中国人所经受的屈辱，远比明末文人雉发易服为甚。只是这种屈辱，随着现代化目标的步步逼近而渐被淡忘，语言和器物日益西化，人们成了暂住在这块土地上的西方移民。面对“国在山河破”的现实，不管是王澍还是前辈梁思成，都没办法毫无负担地闲适起来。在王澍的文字和建筑里，我们其实不大能看到晚明小品文或私家园林的散淡超脱。

王澍的矛盾之二

僵化保守又空洞无趣，这是王澍为当代中国建筑学指出的症结所在。王澍想以园林之轻盈对付城市之笨重，想以17世纪的性灵对抗21世纪的功利，他为“造园”赋予了一层历史使命。但王澍自己又说：“谈论造园这种情趣之事，本不该这么沉重。”[25]造园需要极端个人化的超脱，与一种文化的传承无关，与一个民族的命运无关，只跟个人的生活选择和生命体验相关。王澍本人剑拔弩张，总是呈现出一副决裂的架势。王澍进入美院，与教育体制决裂；不接商业项目，与市场经济决裂；上承文人传统，与前辈师友决裂；穿长衫做夯土，与时代风气决裂。王澍是背着十字架做建筑的人，即便“业余”之后，依然大开大合、不苟言笑，反观李渔，一生都滑稽调侃、散漫放纵。李渔也在反抗束缚他的习俗文化，但他只是为了闲适地享受生活，而不是要做个殉道者。王澍则总是那么忙碌，他把他的时间和精力大量投入尺度巨大、头绪纷繁的现代公共建筑。处在巨大历史变革中的王澍，在重新定义当代中国建筑师职业伦理的时候，将期望寄托于明季文人，然而李渔们所有，正是王澍所缺。王澍说得对，李渔这样的文人的确是能造园的，但在这个震耳欲聋的时代，李渔在哪里呢？这是王澍的矛盾之二。

三、“造园”比“搞建筑”难

造园之难

人格锻造须假以时日，对此，王澍有着清醒的认识。他说：“园在我心里，不只是指文人园，更是指今日中国人的家园想象。主张讨论造园，就是在寻找返回家园之路，重建文化自信与本土的价值判断。以我们这代人的学养多少有点勉力为之，但这种安静而需坚持不懈的事，一定要有人去做，人会因造园而被重新打造。”这是在说为什么要造园。这句话是鼓舞人心的，但一位成熟的建筑师应当追问：在这个具体的时代，园到底是什么，我们应当造什么园，如何造。17世纪的文人园虽然封闭在院墙之内，却和一个完整的自然系统紧密相关，它建立在真实的山水趣味之上。[26]同时，文人园的营造和游赏，都是相当私人的行为。哪怕从17世纪的眼光来看，私家园林的尺度都是相当袖珍的，很多精致的趣味，只因物质条件上处处掣肘，不得已而为之。在环境系统与生产力水平发生如此巨大变革的今天，即便是从最抽象的意义上来谈，造园一事也只能师其用心而再变之。

难在语言

造园之难，难在语言。有人说，中国作家已经失语很久了。这种失语，源于一种生活信心的丧失，与母语逐渐隔膜，不得不以翻译的语言，来描述想象中“美好”的生活。可是对于中国建筑师来讲，也许从来都没有过自己的形式语言。将建筑形式比作语言，是一种文学性的类比，不是说建筑真的就是语言。跟文学一样，建筑需要精确地组织，诗意地叙事。这不是西方“语言学”所谓的科学语言，而是指一类文明中的个体使用符号、组织素材的方式。好比一个诗人，内心澎湃起伏，这种感情是难以言传的，却也需要确定的字词组合，或直抒胸臆，或旁敲侧击，将这种感情表达出来。语言并非万能，但文化是靠语言来传承的。拿中国传统建筑来说，使用砖木构造、柔性结构，用斗拱撑起屋顶，房屋与院子交替而成群落，融入自然山水之间。甚至包括匠人选材下料的方式，里面都有很诗意的东西，但表达方式是确定的，甚至是技术性的。它们都是传统匠人的语言，但不是中国当代建筑师的语言。中国传统建筑语言没办法应用在当代城市化进程中，就像文言文不能用来撰写国际公约。然而，本该扮演西方文明传教士的中国建筑师却一直三心二意，一方面大概缘于重视纲纪传承的清代学术的意外融入，使学院派不敢轻易承认全盘西化的现实；另一方面，则与译介西方建筑语言时急躁迫切导致的含混失准有关。中国建筑师并没有很好地掌握“现代建筑”这门外语，而文言文则完全生疏了。

象山实验

王澍的中国美术学院象山校区（杭州转塘，包括前后两期），大概是中国自现代转型以来规模最大、立意最深、原创性最著、批评性最强的实验建筑群。不难想象，王澍一定是希望利用这样一个难得的机会探索传统园林语言的现代转译。作为整体，文人园林讲述了一个与西方现代建筑如此不同的故事。谈到细节，造园强调人工环境与地形的互相塑造，强调房舍与其他空间要素（植物、墙垣、水道和山石等）的平等关系以及随之而来的位置经营，强调手工操作并根据现场体验实时修改。王澍将多年园林研究的体验和观感一股脑地投入象山校园的设计。关于象山一期和二期的阐释与评价包含了过多的抱负、方法和旨趣，让人迷惑。而且，一期与二期的立意、设计手段和实际观感存在很大的差异，印证了象山校区的实验建筑身份。在词汇和句法层面，王澍非常努力地转译个人的园林经验。例如在象山一期中，采用三面围合的院落布局，通过建筑外表皮水平排列的瓦作密檐缩小外部观察者的视觉尺度，通过立面上垂直排列的巨幅门扇减弱内部使用者的心理尺度。[27]引入一系列传统工艺做法，如外做干砌石法、原色杉木门、手工锻造的风钩和插销等，“以民间做法和专业施工有效结合并能大规模推广为研究目标”。使用了300万片回收旧砖瓦，保留了溪流、土坝和鱼塘。象山二期的手法则更为自由生动，王澍依据中国书法运笔的“自然摆动”来处理建筑群体的位置关系，模仿自然山水的疏密相间的空间格局，对建筑和其他空间要素（地形、植被、水体）平等对待、间隔布置，造成曲意不尽的漫游感，并在对峙飞白处留出了大量的缝隙空间，容纳多种多样的活动。相对于现代建筑根据功能区分的“类型”，王澍在设计宁波五散房的过程中发明了一系列带有自然旨趣的“范型”，将之命名为“山房”、“水房”等，应用于象山二期。“类同型异”，相同的建筑范型，通过在不同位置与山水之间的相互点染而获得多样性。建筑的立面和屋顶、建筑与建筑之间、建筑与环境之间彼此纠缠，充满了形体对峙呼应而成的可游空间，环境变得丰富、含混而多义，路线选择歧义重重。王澍解释说，象山二期中，“建筑和景观的区别已经不存在，建筑往往就是景观，并具有一种中国宋代山水绘画的气息。”不经意间，王澍会在文章中透露自己设计中细节的出处，例如某处借鉴了传统绘画的“三远法”，某处模仿了《溪山行旅图》的比例，某处采纳了董源的笔意，某处沿袭了洪谷子的类型，某处吸取了《营造法式》的施工经验，并且经常让读者相信，他已能熟练掌握与传统工匠共同工作的方法。王澍努力列举园林和古代艺术的细节在象山存在的依据，以证明象山实验与文人园林的亲缘关系。

不同的故事

然而没有任何直接证据指明传统文人园林的布局与书法章程之间的关系。王澍用以证明象山建筑群的园林属性的一些细节，例如环境中保留的水田和地方植被、建筑与景观的相互融合、乡土材料与民间技艺的结合，都是当代设计中一些常规的做法，只是在此根据特定的设计条件进行了转化。[28]关于建筑的形式语言，王澍在一篇题为“我们从中认出”的文章中明白地阐述了自己的观点。王澍说：“实际上，无论是历史的还是现代的，造房子的人面对的都是砖、瓦、水泥、钢材和木材，面对的是门、窗、墙、柱，这些都只是普通材料而已。我工作的重心在于让这些普通材料编织成一种世界的可能性。”这个世界，应该就是文人园林的世界。这段话表明，在“词汇”的层面上，王澍并不认为古典园林与现代建筑有着本质的区别，使用同样的基本语言，造园者和现代建筑师讲述着不同的故事，因而塑造了不同的世界。换句话说，利用常规的现代建筑材料和抽象的建筑语言如墙、柱、门窗，编织一个不同于西方现代的建筑世界，是可能的。这意味着，文化习惯发生作用的地方，实际上是建筑语言的结句、谋篇层面。如何组织这些建筑自身的基本语汇，摆脱现代建筑常规情节和叙述模式的影响，在公共尺度讲述一个属于此时此地的园林故事，才是现代造园者真正需要关心的问题。王澍回忆宁波美术馆的设计经验：“空间的中心和边界，内与外，高与低，打开与关闭，无目的的漫游，行动与完全静止，轻与重，通过与突然中断，一瞥，从暗到明或从明到暗，偶遇，实体的实感，空间的空虚，纯粹物料的物感。”通过这一组“偏爱的主题”，王澍是否在告诉我们，这就是他期望塑造的空间经验，他将基本语言组织起来以实现的句法和篇章，一连串的冒险小故事，就像象山一期人们从密檐遮蔽的昏暗室内向外观看明亮世界的感受，刘心武所谓的“幽明”之境？这些小片段连缀起来，让建筑内部蜿蜒而幽深，真的是在讲述一个现代园林故事吗？

尺度的困境

针对这个问题，董豫赣直率地说出了他的困惑：“（象山二期）不是以建筑类型的简单来对仗基地的复杂，而是以建筑来模拟基地的复杂性来加强复杂……于是重点不再是建筑与空白出的残山剩水的即景……疏密不发生在建筑与象山之间，而是发生在不同类型的建筑之间。”[29]象山建筑群太密集了，尺度太大了，无论如何阐释建筑与象山的对话、如何描述类园林的空间体验，都无法排除人们在水泥花园中漫步的直观感受。象山建筑群的丰富性，更多来自建筑物体自身的此消彼长，自然或地形在如此隆重的庞然大物面前早已无地自容了。园林对现代建筑最深层的批评在于，园林里的建筑处在与自然中的种种要素平等的地位上，这一点并未在象山很好地体现。无独有偶，象山实验并非在现代城市尺度复活古典园林语言的第一次尝试，早在1980年，贝聿铭就在香山饭店设计中对巨大建筑体量进行分散处理而形成院落，融入古典园林的意境。到苏州博物馆，他基本放弃了建筑与自然融合的打算，转而用建筑物体之间的相互呼应来模仿园林空间。在荒漠般的现代人造环境面前，自然已经鲜有容身之处，更不要说跟庞大乖张又不纳入自然循环的钢筋混凝土人造物和谐共处了。钱泳曾说：“造园如作诗文，必使曲折有法，前后呼应，最忌堆砌，最忌错杂，方称佳构。”行走在象山二期，连篇累牍的形体大量涌入眼帘，庞大的建筑群蜿蜒展开，每一栋建筑都各显其能，缺少常识意义上的中心和周边，节奏均一、语速峻急，令人疲惫。象山校园所讲述的这个故事，虽然与千篇一律的中国城市有着巨大的差别，却也不像古典园林般曲尽天然，它塑造了一种非常难以用语言描述的环境品质。

手艺的分寸

漫步在象山校区，最突出观感，是它对现代建筑一系列现成标准的违背，如封闭、舒适、耐候和实用等。在象山，大多数建筑都不是完全封闭的，内外通过游廊或门洞连通。很多建筑没有电梯和空调位，为了追求“幽明”效果，采光条件亦成问题。冬季里，阴暗的走廊、室内和滴水的中庭，使环境缺少温暖和舒适的宜居感，而大量的廊道、平台和构筑物，在增加建筑可游性的同时，亦令使用效率大幅降低。古典园林会让人心静神驰、物我两忘，但象山建筑群会无时无刻不提醒你它庞大而固执的存在。这些感觉，直接造成了非专业使用者对建筑品质的疑惑不解。[30]“大规模建造”的泡沫病也蔓延到实验建筑上。象山一期和二期建造的周期都为一年多，设计师不得不边改方案边监督进度，王澍所说的“有限前提下的自由放任”[31]，很大程度上是工期逼迫之下的无奈之举。反观在美学上受到业界轻视的苏州博物馆，却因其成熟的材料组织和细节、耐久性、舒适性与实用价值，表现出了相当的建造诚意。有人说，象山建筑群对舒适性的忽视是有意的，是对城市化过程中人的反自然倾向的批评。这一说法是站不住脚的。自古以来，为居住者提供温暖的庇护就是建筑的价值所在。象山校园建筑品质的缺陷，其实是王澍坚持采用的建造技艺不适应大规模高速度的建设方式使然。由时间积淀而形成的工匠传统，里面就包含了正确使用材料、配合具体的建设规模、选用合适的构筑手段，以获得美、舒适和耐久的统一，使人能安然度日、安心入睡。民间经验中最宝贵的就是这些物性的成熟品质，那些属于建筑本体的诗性体验而先于文化、意义等附加值的部分。在这方面，王澍的工作的确显示出他引以为傲的"业余"。

理论的蜕变

尽管有诸多的不尽如人意之处，王澍一直都在勉力为之。中国人的家园之梦隐藏在历史的烽烟之中，这是一条漫长的跋涉之路，需要几代人的探索和积累。王澍说："扪心自问，我们这个时代的人学的西方的东西远远多于学的中国的东西，我们喜欢谈论中国的传统，但是我们对中国的传统基本不了解，都是一些泛泛的，稍微具体一点就不了解。"[32]借助一些零碎的记忆和片段的发现，王澍试图找回一些具体的"传统"，好为日后的造园者提供素材。也许对中国建筑人来说，唯有在思维上卸掉了外来的视角，在理论上去除了外来的观念，甚至在言谈间忘掉了外来的辞藻，才能真正开始"学做中国人"的痛苦蜕变。纵观王澍十多年来的理论文字，这一去西返中的"逆向启蒙"清晰可见。王澍不说建筑说房子，不说建造说营造，都是别有深意的。重读王澍的硕士论文《死屋手记》，里面充满了西方哲学概念和思辨。等到2000年前后的《教育/简单》，对当代中国问题的具体思考就明显压倒了西方式的理论兴趣。2003年的《当空间开始出现》，王澍又回到西方语境的建筑探讨，而在2005年的《那一天》中，王澍甚至已经摆脱了理论文章的撰写习惯，让思想沿着散文或笔记体自由发展。如果说2006年王澍在谈及宁波美术馆的设计时仍让西方式的命题流露在言谈之间，那么到了2007年的《造园与造人》，则基本上摆脱了西方理论文章的结构和语言，与2008年的《营造琐记》一道，形成了一种随笔式的文风，充满了真知灼见和感人的力量。

差异的世界

为了让自己在一个新的文化土壤中重生，王澍带着中国一代建筑人，按部就班地抹去从小被强加在记忆中的异质文化内容，开始慢慢学做具有独立文化意识的现代中国人。如果说启蒙运动释放出抹平一切差异的尚同意志，那么王澍努力寻找的，就是与之抗衡的观念，这就是他时常提及的"差异性"。这是对西方现代建筑中蕴藏的启蒙思想的全面背离，一个托古改制的反乌托邦。王澍在谈到象山二期时曾说："我对差异性的兴趣很大。它和时间性是有关的……这就好比自然界中自然生长的林子和人工的、飞机播种的林子之间有一个截然的区别。我们今天来讲一个世界最真实的真相，应该是带有差异性的一种结果。"[33]王澍所说的差异性，应该是指事物由于自然或历史的选择，随着时间而慢慢获得存在的价值，逐步变得生动多姿而富有意义的过程，也许这是天道允许事物出现的方式，与之相比，现代人类的造物（工业商品的设计和制造）简单粗劣，经不起推敲。正是时间的关系，让前现代时期的建筑和艺术散发出虔敬的信念之光，使园林成为不自由的人生中梦想和幻觉的栖息之地。所以王澍说，“寻找差异，就是在与时间作斗争”。一个人一生中要付出多少努力，才能让自己的作品呈现出水滴石穿的圆润，让一种技艺被社会接受，在经济和美、功能和意义之间求得平衡。没错，一切都是平衡，中庸之为德，其实就是生活的艺术，造园本来是在造境，造一个不违天道又和光同尘的人生。只有时间能筛选和鉴别卓尔不群，假如一个人在顽强追求自己的理念，他最大的敌人就是时间。

情系方塔园

2007年，通过逐渐清明的文人慧眼，王澍重新发现了方塔园。这个时候，王澍的园林研究并不只是苏州园林那种明清园林的面貌，也包括世间已然不存，但可以在文字和绘画中觅其踪迹的宋代之前的园林。在那里起作用的也许不再是晚明文人沉溺的趣味，而是更加“旷远高古”的品格，如王澍在方塔园中辨识出的“轻、旷、沉、隐”，“对‘旷远空间’的着力，颠覆了明清园林的繁复意涵”。[34]方塔园是冯纪忠先生在20世纪80年代的作品，一度被人们遗忘，如今被王澍发现，并推为当代造园的典范之作。能够造园的显然不只李渔和晚明文人，在那之前，曾经有过更加高明的文人造出更高格调的园子，又一一被时间吞没。也许，关于唐宋园林的缅怀只是现代失语者的幻想，但这幻想足以催生出更有价值的东西。所谓传统，本来就是人为创造的历史、一代又一代缓慢积累的智慧。赖德霖认为中国文人建筑传统的复兴是群体努力的结果，有一群人为此做出了贡献。[35]但在王澍心中，也许只有极少数人才称得上是真正意义上的现代造园者，甚至完成了后人难以企及的寂寞诗篇。

王澍的第三个矛盾

童明在《零度的写作》一文中列举王澍对自己设计理念的表述，从前期的“抽象几何学的诗意形式”到近期的“自然形态的叙事与几何”，使用的都是哲学化的西方式理论语言。有时候，王澍也会随口提到罗兰·巴特或胡塞尔，如同谈论一位老朋友。童明也指出王澍早期建筑与矶崎新作品的相似之处，以及王澍作品形式上的前后连贯。即便是使用回收砖瓦、竹模板立面、模仿书法笔意的近期设计作品，其平面组织和建成以后的空间感觉，也带有很明确的西方色彩。或许彻底在思想和作品上抹去西方影响的痕迹，既无可能，也不必要。早晚有一天，东西方的思想对立终将成为历史陈迹。但是，在此时此地的这个瞬间，西方思维已经成了一种文明回归母体的阻碍。无论是晚明的小趣味，还是五代的大气象，都在告诉今天的中国人，除了我们习以为常的这种生活态度以外，也有很多大智慧者过着更加从容有度的生活，营造着更加合于自然之道的世界，而我们的身体里流淌着他们的血液。他们不仅引我们去看更加深沉的生活之美，也教我们如何平息末法之世的浮躁和慌乱。为了聆听他们的教诲，我们只能遗忘构成自己现实文化身份的语言和思想，就像脱掉一身临时御寒的衣裳，张开双臂，投入陌生的回忆之海。

在撰写这篇文章的时候，我时常为笔下带有翻译色彩的表达方式感到困扰。我在努力避免某某性、某某主义这样的措辞，遗憾的是，我无法完全做到。我可以深深想见王澍在他选择的这条道路上的痛苦和艰辛，这个多少人尝试一下又放弃的沉重包袱，要担起它，实在是需要一点牺牲精神的，而牺牲精神属于宗教感情，也在现代文明的对立面。王澍的成功，也许有助于唤起久违的理想精神，但也可能会引起新一轮不假思索的形式膜拜，树立新的神祇，结出更大更毒更鲜艳更让人迷惑的果实。提醒跋涉在这条路上的每一位旅人都保持清醒、注意安全，因为那个魂牵梦绕的前世之家园，还在很远很远的远方。

1、6　王澍,《我们从中认出——宁波博物馆设计》,《时代建筑》2006 年第 5 期。

2　王澍,《建筑如山》,《城市环境设计》2009 年第 12 期。

3　梁思成,《为什么研究中国建筑》,《建筑学报》1986 年第 9 期。研究中国建筑可以说是逆时代的工作。近年来中国生活在剧烈的变化中趋向西化，社会对于中国固有的建筑及其附艺多加以普遍的摧残。虽然对于新输入之西方工艺的鉴别还没有标准，对于本国的旧工艺却已怀鄙弃厌恶心理……他们虽不是蓄意将中国建筑完全毁灭，而在事实上，国内原有很精美的建筑物多被拙劣幼稚的所谓西式楼房或门面取而代之。主要城市今日已拆改逾半，芜杂可哂，充满非艺术之建筑。纯中国式之秀美或壮伟的旧市容，或破坏无遗，或仅余大略，市民毫不觉可惜。雄峙已数百年的古建筑，充沛艺术特殊趣味的街市，为一民族文化之显著表现者，亦常在“改善”的旗帜之下完全牺牲……这与在战争炮火下被毁者同样令人伤心，国人多熟视无睹。盖这种破坏，三十余年来已成为习惯也。

4、5　王澍,《剖面的视野》,《时代建筑》2010 年第 2 期。

7 、13、15　王澍,《营造琐记》,《建筑学报》2008 年第 7 期。

8、16、21、22、25　王澍,《造园与造人》,《建筑师》2007 年第 2 期。

9　王澍,《那一天》,《建筑与文化》2008 年第 4 期。

10、11、12　王欣,《他治 · 经营 · 业余》,《城市建筑》2009 年第 6 期。

14 王澍,《教育 / 简单》,《时代建筑》2001 年增刊。

17 白谦慎,《傅山的世界》，三联书店，2007 年版，第 3 页。

18 万木春,《味水轩里的闲居者》，中国美术学院出版社，2008 年版，第 20 页。

19 韩南，《创造李渔》，上海教育出版社，2010 年 12 版，第 37—51 页。

20 同 17，第 14—25 页。

23 肖学周，《试析朱光潜〈诗论〉"情趣"说的成因》，《湖南文理学院学报（社会科学版）》2007 年第 4 期，"情趣一词最早出现于南朝宋代范晔的《后汉书》，南朝陈代姚最在《续画品》里评论沈粲的画作时说："右笔迹调媚，专工绮罗屏障，所图颇有情趣。"

24 刘季伦，《李卓吾》，东大图书公司，1999 年版，第 121 页。

26 同 18，万木春在《味水轩里的闲居者》一书中大致勾画了 17 世纪江南地区的自然风物："江南地区的繁华景象仍限于城镇市郊，而城镇之间的水乡原野，依然人烟稀少，自然山水没有遭到破坏。"唯其如此，作为现代人的我们才能理解为什么董其昌遇洞庭斜阳会想起米家墨戏、见湘江奇云会回忆郭熙雪山。山水画就是古人生活世界的直观写照。

27 有关象山校区的方案构思、设计过程和建造经验，参见王澍、陆文宇，《中国美术学院象山校区》，《建筑学报》2008 年第 9 期。

28 参见常青在"树石论坛"上委婉的批评，《时代建筑》2008 年第 3 期。

29 参见董豫赣在"树石论坛"上的发言，同上。

30 例如《文汇报》2012 年 3 月 13 日文章《王澍实验建筑引争议，窗子小光线暗廊道像迷宫》。这篇文章的观点，在非专业人士中较有代表性。

31、32 《向王澍发问关于中国建筑的一切》，《南方都市报》2012 年 3 月 13 日。

33 方振宁，《问道——方振宁和王澍的对话》，《艺术评论》2012 年第 4 期。

34 王澍，《回想方塔园》，《世界建筑导报》2008 年第 3 期。

35 赖德霖，《中国文人建筑传统现代复兴与发展之路上的王澍》，《建筑学报》2012 年第 5 期。

光辉的城市和理想国

金秋野

勒·柯布西耶屡败屡战

1934年11月3日，巴黎，一个冬日。勒·柯布西耶（Le Corbusier，以下简称柯布）提笔给母亲写信，跟往常一样，他事无巨细地汇报着自己的大事小情："我的著作《光辉的城市》，是一部宏大的交响；它如此复杂，以至几乎将我耗尽。"[1]此时正值建筑师最富斗志和创造力的人生中段，他的作品和文字中都有熊熊怒火，连家信都异乎寻常的短促："好了，我要停笔了。我必须马上回到我的书稿上去，必须，必须，必须！"柯布的这份紧迫感其来有自。当时，他也算是个享誉世界的建筑家了，无论作品还是思想都令人肃然起敬。但与巨大的声望相比，他所涉足的大尺度项目却少得可怜，尤其得不到权威的承认："我被无情地排斥在所有官方项目之外。"[2]人们在追名逐利，而他只爱自己的理念。

勒·柯布西耶被誉为现代建筑领域中的毕加索或爱因斯坦。理论家佐尼斯借用怀特海形容柏拉图哲学的话来描述他的事业："自从勒·柯布西耶之后，所有其他建筑师的成就都只是一个注脚。"[3]的确，这个人定义了整个20世纪建筑学的基本内容，为建筑赋予超越以往的意义承载力，将其提升到信仰的高度。跟古往今来了不起的大建筑家一样，柯布的心思，正面浸透了前人杰作的光辉，背面深深植根于此时此地的生活当中。他说："家庭或城市，其实都是一回事：二者都体现着同一类统一关系。如果我们在头脑中唤起一幅城市的图景，就能想象在这个物质环境中我们的所作所为。"[4]为此，不管是面对简单的小建筑，还是复杂的大城市，柯布总是敬心诚意，勉力为之。他追寻的倒不是个别作品的风格或潮流，而是一个历史时期建筑语言所能表达出的深层诗意。他把这份诗意抽象提炼，成为一系列“空间原型”，铸进机器时代人类生活的纪念碑。

建筑与绘画的区别，在于建筑师因人成事，必须靠别人的资本实现自己的梦想。为此，柯布时常要卑躬屈膝，求告于权威门前。1932年12月中旬，柯布连发五信，哀求阿尔及尔市长、法国军方负责人、突尼斯殖民地总督、法国公共卫生部部长、阿尔及利亚总督，所有他能够想得到的大人物，求他们挽救他可怜的小方案。然而，他虽然困兽犹斗，内心却显然明白：“哎，大局已定！”[5]这并不是全部。在《光辉的城市》第六章中所列城市规划方案二十一项，个个夭折。这些图纸笔笔都是心血。这也还不是全部。勒·柯布西耶一生周游列国，为世界各地做规划方案不胜枚举，除在印度昌迪加尔部分实现之外，全部颗粒无收。可以说，以一位颇负盛誉的建筑师，终其鼎盛之年，将最多的心血浇灌于分文不取的城市幻象，真可谓是“伟大的捕风”。

勒·柯布西耶做“光辉的城市”，一言以蔽之，可谓“知其不可为而为之”。柏拉图在《会饮篇》中借女祭司迪奥提玛（Diotima）之口说：“最美丽和最高形式的智慧，乃是对城市和家庭体制的关注。”《光辉的城市》一书，从本质上讲，是一本以建筑面目示人的讽世道德书。以机器时代之名，柯布怀慈悲之心，对当时的城市化模式和居住制度发出全面的征讨。若干年后，人们口诛笔伐，认为柯布及其现代主义同仁，以一己之好恶来决定人类环境的面目，自私又狂妄。他们不明白，这份“狂狷”，乃是古往今来梦想家的通病。房屋、城市，都是承载人类居住理想的工具。时代不同了，“道”固然还是原来那个“道”，“器”却必须获得全新的外部形态和组织结构，来消化生产力方面巨大的变革。以建筑设计的时代语言载永恒之道，柯布是现代世界中当之无愧的第一人。

一百年前的农民进城

柯布的城市经验来自于巴黎，20世纪上半叶，那里是名副其实的世界中心，思想风暴的酝酿之地。受大革命拖累，法国的工业化进程在七月王朝时期刚刚起步，在第二帝国时期才告完成。莫奈笔下乌烟瘴气的火车站，是狂飙突进的城市化运动的缩影。1870年，法国境内铁路线总长已达17500公里，促进了人口向城市聚集。1853年开始，奥斯曼在拿破仑三世授意下启动了毁誉参半的巴黎改造计划，从尺度上彻底重塑了城市。1846年巴黎人口尚不足百万，但到1886年时已增加到二百三十多万。柯布出生于瑞士讲法语的朗格多克地区，1917年伴随着新世纪滚滚的农民进城大潮来到巴黎这个花花世界。其时，目光敏锐的人们已经意识到城市问题的严峻。就在二十年前，霍华德在著名的《明日的田园城市》一书中已经表达了对城市恶性增殖的忧思，提出了城乡一体、纯朴自然的城市发展理念。然而柯布却说：“田园城市只是一个前机器时代的迷梦。”[6]在他眼里，霍华德的城市模型散发着低廉的浪漫乡愁，无视机器时代的潜力与风险。为此，他要构思一个紧凑高效的新城市模型。至于它到底意味着什么，柯布此时还没有把握。

毫无疑问，这个新的城市模型意味着对人类现有城市化模式的全面批评。柯布的批评集中于三个方面。第一，城市的无度扩张造成了大量紊乱无序的类城市化区域，霍华德所推崇的卫星城，在现实中沦为生活品质低下的郊区。第二，城市地理空间上的分化造成贫富差异、阶级分层和社会不公。他说："劳动阶层、公司职员和女店员都被城市扫地出门，送到铁路沿线的郊区去居住。早晨、黄昏，劳动阶层坐在闷罐车厢的边缘昏昏欲睡，沿着铁轨去往城市地带，开始一天的艰辛劳作。"[7]对此，柯布感同身受。1932年，刚刚摆脱底层地位的柯布认真听取了女秘书布依松的抱怨。她告诉他，自己的青春都葬送在连接巴黎到郊区"田园城市"的铁路上，起早贪黑，不得休息。郊区肮脏而贫瘠，不像城市整齐干净，也不像农村清新质朴，那里聚集着大量收入低下的外来人员，艰难寻找成为城市人的机会。柯布叹道："我曾认为这些巴黎的小鸟们羽毛光鲜，生活一定乐趣无穷，原来一切都是空幻……巨大的城市聚结，人群熙熙攘攘，个体却经受可怕的孤独。"[8]第三，城市腹地也好不到哪儿去，最繁华的地段，往往充斥着贫民窟一般的走廊式街道和内院式街坊，"新的城市在旧城上面叠床架屋，沿着街道两侧，旧日房屋已经壁立如悬崖，新建房屋却在其上累加悬崖的高度……街道生活令人备感厌倦，吵闹、肮脏、危机四伏"。柯布认为："今日之日，人们非但没有享受到自由，所见唯各色奴役而已。奇怪的是，这般奴役，当事人还纷纷表示赞成，且已没有任何限制。"[9]

凭着敏锐的直觉，柯布指出这股风暴的根源所在："到19世纪，铁路出现了，带来各个城镇爆炸性的发展，进入第一次郊区化进程。进入20世纪，麻风病肆意蔓延——大规模的郊区化进程带来城市环境的去自然化。"[10]与柯布同时期的美国城市史家芒福德曾在其经典名著《城市发展史》中预言："城市权力这样集中所带来的历史性的结果……不止一次地标志着一种历史的周期性文化在完全崩溃和垮台以前的最后阶段……这个大都市文化的本身就蕴藏着爆炸力。"[11]面对分享同样命运的进城农业人口，柯布既同情，又不解。他这样描写道："让我们回过头看看今日的西方世界：最触目惊心的现象，就是乡下人对城市的大举入侵……每天，从世界各地，都有人们朝着巴黎辛苦赶路。他们出现在火车站上，然后来到塞瓦斯托波尔大道，来到火车站大街，来到雷恩街……然后，他们在站前旅社安顿下来，或者跟着同乡旧故一起奔走，那些人当年也跟他们一样背井离乡来到这里。所有的这些人都面临同样的命运：他们被迫挤进这座城市里最肮脏污秽的贫民窟，这些勇猛的兽类失去了利爪，如今被城市的铁笼所囚禁，而这个笼子的栅栏非比寻常，就是四面脏兮兮的墙壁。他们将在这里辛苦谋生，在这里生儿育女。"[12]然而，对于大多数城市移民来说，等待他们的可不是命运的转机："这些人里有多少只是赘肉，成为城市发展的累赘和负担、痛苦的羁绊、注定要失败的一群，人肉垃圾堆？一部分城市居民就这样成为无用之人。人口太多了。有一大群人终于厌倦了城市生活，但是他们不会承认这一点，免得自己由于失望而陷入沮丧。"[13]

那么，是什么原因将人们从土地上连根拔起，塞进日益膨胀的都市呢？柯布解释道："新的光辉，新的生活，新的……求新而一再求新。或许你也可以说，这只不过是幻觉，是虚假的魔力。但它却是事实本身。生活在乡村中的人们，只要向城市的大门口瞟上一眼，就会按捺不住内心的向往，想去品尝所有的新奇事物！”[14]

正是人们内心深处的小小欲望，驱动了绵延百年的城市化运动。可是，没有人把世风的冷暖放在心上，那些手握权柄的大人物，“要么忙于搜寻新兴的市场，要么抓紧保护各人的既得利益”[15]。对这些人，柯布已经全然失去信心：“这个世界上，所有的政府都丝毫不能领会，‘创造一个时代’到底意味着什么。他们只是忙于从国家破损的船身上刮去那些寄生的藤壶。”[16]聪明的人看准了旁人的虚荣和盲信，出于对利益的无尽追求，不断生产欲望、推销欲望。柯布把罪恶的渊薮归结为“无用的消费品”。他痛心疾首地说：“眼下，我们都不顾一切去占有去攫取，拼命追求那些无用的消费品……可它们只不过是一些幻觉，我们希望向别人展示我们的生意有多成功，品味有多别致，生活有多体面。雪崩一般的新奇事物就要把我们活活埋葬了；可是每天想着如何制造它们的人类，却一直受到饥饿的威胁；然而在表面上，在这个驱使所有人磨牙吮血讨生活的现实世界里，一切却表现得光明正大，仿佛每个人都在自食其力，光荣体面……奢侈品，那些臭名昭著的身外之物，汇成了毫无价值的潮流，我们制造出来装点我们时代的锦衣华服，其实只是无可计数的、无穷无尽的、无休无止的毫无意义的东西。”[17]

那么，这份欲望古已有之，何以会在此时爆发出如此凶悍的驱动力呢？柯布认为，它来自于机器时代生产效率提高之后的一个副产品——“闲暇时光”。他算了一笔账：“随着机械化的日益普及，人们生命中不被工作占据的空闲时间将大大增加……每天二十四小时，除去睡觉用掉的八小时，再减去工作需要的五小时，我们竟然拥有了十一小时未被任何事情占用的时间！”[18]他认为，这么多的闲暇时光，对现代社会而言不仅不是好事，反而是莫大的威胁。闲逸而生虚妄，作为财富汇集之地，人类历史上的大都会莫不是庄重华美和污秽淫逸的共生体。

在柯布笔下，城市化的原罪跟资本运行的内在逻辑有着直接的关联。这个逻辑就是：通过不断拉大的城乡差异哄抬城市土地价值；生产“无用的消费品”，以提升人类个体内心的欲望；以信贷机制促进流通和再生产，达到刺激消费的目的；在消费的刺激之下，鼓励浪费，生产更多的“无用的消费品”，再通过广告、促销等手段刺激更多购买欲，如此循环往复，直到将有限的资源消耗殆尽。然而，红尘里的众生在内心驱策或外物胁迫之下，紧随现时代的发展神话，奔向芒福德预言中的大崩溃。

天赋的使命感驱使柯布寻求一种生存模式来与之抗衡。在书中，他反复提倡基本的快乐：“制定一个计划，生产有益的产品；以高度自制和克己的精神，排斥任何无用的商品……基本的快乐，在我心中意味着阳光、绿树和空间，无论在心理上还是在生理上，都让人这种生物感觉到深层次的愉悦。只有它们能将人类带回和谐而深邃的自然疆域，领悟生命本来的意义。”[19]这份基本的快乐，以户外运动强健体魄，以节制生活陶冶情操，正合乎柏拉图“以体育强健身体，以音乐培育心灵”的教化法则[20]。在此基础上，柯布提出城市应在体积和容量上适当收敛。他说："一旦这个改造完成了，不适合城市生活的人就会回到土地上去。"同时，必须"以大工业生产接管建筑学，激发集体主义的劳动热情，遏制金钱崇拜。"这就是柯布开出的药方。他的最终目标，是带领现代人摆脱物欲的奴役，重返精神崇高："这座城市赖以实现的理论基石就是个人的自由。"[21]

"城市使用说明书"

1928年，苏联开始推行以工业化为目标的第一个五年计划。为了合理部署城市化方略，以政府的名义，向世界各地学者和专业技术人员发出了一份调查问卷。柯布慎重作答，将自己的城市思考灌注其中，后来以《给莫斯科的回信》为题发表。可他仍不甘心，遂停下手头的工作，全力以赴将心中酝酿已久的理想城市绘制成二十张图纸，这就是"光辉的城市"。他说："那份问卷只关注莫斯科一个城市，而这个解决方案却着眼于机器时代的人类城市的社会组织现象——它事关我们时代的所有城市。"[22]在柯布笔下，它俨然是一台结构严密效能不俗的新机器（若干年前，他曾宣称"房屋是居住的机器"），倘若将这套图纸联系起来看，正是一本翔实生动的"城市使用说明书"。

现在，设想你是这座光辉的城市中的一位居民。一天早上，你在宽敞明亮的房间中醒来，室内温湿度宜人，这是因为配备了先进的中央空调系统。房屋的尽头是一面完整的中空玻璃墙，清澈的绿意在窗外徐徐展开。这些设施，在当时都是了不起的新发明。在这里，人均居住面积达到了14平方米，是当时法国标准的两倍。你洗漱完毕，准备用餐。这时候，尽管户内有装备完善的整体厨房，你却大可不必费心于烹饪，只要一个电话，社区服务中心就会将早餐送到门口。你走出家门，门外是一条长长的走廊，足有1300米长，因为你居住在一栋沿着折线展开的多层公寓大楼，每2400个居民享有一个共同的出入口和垂直交通核，你的家门离这个交通核的距离绝不会超过一百米。走廊尽端连接着托儿所，而幼儿园和小学则位于大楼外不远的公园里。

你可以选择到二层驾车出行，也可以直达一层，步入户外。这座城市里的建筑全部使用底层架空柱（这也是柯布的一项发明），地面层从而变得畅行无碍。整个城市地表空间供居民步行，就像一个无边无际的公园，建筑的屋顶也被设计成屋顶花园。尽管如此，由于采用集中式布局，居住密度反而较纽约、伦敦等大城市为高，达到了每公顷一千人。公园中到处分布着运动场地和游戏设施，也有游泳池和沙滩。透过五米高的架空底层，人们的视野连绵不断，极目四望，你总能看到遥远的地平线。

行人才是这座城市的主人，机动车道都被举到半空，因此你再不必为横穿马路而焦急等待。私人汽车可以直达每座公寓二层的停车平台，这里是城市车流的"港口"，它们彼此通过快速交通网连接在一起，驾驶者不再为无处停车而寻寻觅觅。位于不同水平高度的机动车道和人行道绝无交叉，也没有红绿灯，这大大减少了交通事故，并节省了警力。卡车和有轨电车都在专用道路上行驶，这座城市里没有公共汽车。

马路再也不从窗根底下经过，传统的街道生活也就不复存在了。取而代之的是一条位于每座公寓大楼中的“室内街道”，餐馆、商店、理发店一应俱全。每座公寓大楼还设有专门的公共服务中心，采用集体经营模式，统一采买生活必需品，为本社区居民提供无微不至的日常服务。你可以电话预约家政料理，也可以在服务中心宽敞的厅堂中举办盛大的宴会。

在这里，一切活动力求简单基本，往昔五光十色的城市生活随着传统街道的消失而隐退于记忆之中，迫使人们去寻找“基本的快乐”，努力做个机器时代的“高尚野蛮人”。这种人格，借助城市地表一望无垠的开敞空间而复归于现代时代的生存想象，与绿树和清风一道，填满了人们因闲暇而空置的内心。这就是勒·柯布西耶略带斯多葛色彩的“维吉尔之梦”。

光辉的城市并不是为某座具体城市所作的规划方案，作为一个现代城市的“原型”，它可以在特定地段根据客观条件权宜变化。柯布将其类比于高度秩序化的人体结构——重工业和轻工业对应于腿部；住宅区和使馆区对应于躯干；而商业区、政府和研究机构则对应于头颅。

柯布这样写道：“这个方案的总体特征为：城市延伸的范围较当前城市为小，故而，区域距离相应减小，没有郊区，也没有居住性的新城，这就一劳永逸地解决了当今城市和田园城市因自身的矛盾而强加于我们身上的交通危机……新城市的人口密度大约是原来的三到六倍，它提升了土地的价值……在城市中，行人与车辆永远不会彼此交叉。地面完全留给行人使用。……我们今天所熟知的‘街道’彻底消失了。各式各样的运动设施，直接出现在人们的家门口，出现在公园中。整个城市一片绿意；这是名副其实的绿色城市。”[23]反观我们自己的城市，街区、建筑、道路、绿地、公共设施等彼此连缀，城市人好像电子游戏中勇敢的主人公，奔跑、翻滚、跳跃，只能在事先设定的通路中完成规定动作。这种空间结构，其实是一种行为规范。城市中每一块土地，都在交代从属关系，指向特定目的，唯独不能自由选择。正是在这个意义上，底层架空所带来的苍茫的视线、道路从地面删除所带来的无目的性的漫游，才真正有别于人类现有的城市，成为一种全新的空间秩序。柯布认为，它更接近鸿蒙时期的生存经验，即“生命本来的意义”。与大多数建筑师构思的未来城市不同，光辉的城市虽然超越了常识，却言语平实、结构紧凑，不去追求令人目眩神迷的视觉效果。它质朴而庄重，是机器时代的纪念碑，现代世界人类自由的象征。

一个人的雄心

评标会上的图纸就像城市里的人群一样拥挤，若想脱颖而出，与其唤起人们的思考，不如勾起人们的欲念。柯布，作为一个不合时宜的人，一不肯迎合大众口味，二不肯屈从评委眼光。他把光辉的城市看作医治现代城市问题的良方，其核心内容就是要人们克己复礼，回归秩序。不妨仔细想想这些理性线条背后隐含的意义：回收私人土地、统一规划建设、采取内聚式的城市形态、底层架空、大面积的城市公园，这难道不是要打击地产投资，改变以土地转让和炒作为手段的经济增长模式吗？以室内街道取代室外街道、设立公共服务中心、取消农贸市场和个体经营、进行社会再组织，这难道不是要遏制私有经济，打击投机行为，改革所有制模式和分配制度吗？切断郊区化进程、以大工业生产接管建筑学、建立完善的交通系统、推动城市人口返乡，这难道不是要建立新经济体系，提高效率，缓解剥削吗？建立空间分区系统、改革聚居模式、消灭奢侈品、提供全新的休闲方式，这难道不是要改造人性、提倡自我克制的生活方式、寻求基本的快乐、建立全新的社会伦理吗？

光辉的城市正是堂吉诃德手中的钝剑，柯布用它跟整个世界来抗衡。他固执地认为，现代城市的救赎之道，就是以集体主义的合作、参与、热情精神取代金钱文明，以大工业生产接管建筑学。他痛心疾首地宣称："整个世界都病入膏肓。重新调校这部机器势在必行。重新调校？不，那实在是太温柔了。在人类面前，如今出现了一种可能性，去进行一场空前的冒险：去建造一个全新的世界……因为已经没有时间可以浪费。"[24]如果说光辉的城市是一种批评，它针对的不是科学技术本身，而是技术的滥用所造成的重大社会危机；不是财富的积累，而是以财富积累为唯一目的的经济发展模式；不是人类正常的欲望和享乐，而是贪婪、惰性和懦弱，以及各种各样的挥霍浪费。在柯布的观念中，机器时代本身没错，是人们在本能的支配之下，误用了工具，奴役了自身。救赎之道却还藏在技术创新之中：一旦重工业接管房屋建造，住宅将变得廉价，而大规模集中式住宅的建造一方面极大释放城市地表空间，一方面极大提升人口密度，从而提升土地价值。柯布认为，这一份收益可供市政府进行持续的城市更新，修建新的基础设施并继续提高密度，从而改变城市向郊区恶性蔓延的趋势。这个提案如有机会付诸实施，必须有一个前提，即：政府回购全部私人土地，掌控全部城市建设项目，单纯以社会公益为目的，彻底抛弃盈利企图。现实面前，这些想法无疑都是螳臂挡车。人人都在顺流而下，柯布偏要逆流而上。

因此，光辉的城市跟摊在市长办公桌上的一般设计图纸很不一样，这分明是个从物质和精神文明根部重塑人类社会的狂妄计划。勒·柯布西耶想要创造的是一个有着明确物质形式的新世界。它的物质形式，决定了新世界的物质和精神文明类型。创造一个世界，这是最高级别的创造。其内在的逻辑为：为了让普通人重返基本的快乐，必须改变现有居住制度、交通组织和所有制模式。为此，必须改革国家财经制度，改变生产关系、分配法则和土地所有制。为此，又必须改变现代人的伦理观念，启蒙教育大众，使之主动热爱并投入新生活。若非如此，则其具体建筑的物质形式，就无法跟"新生活"之间建立直接的关联。因此不难理解，《光辉的城市》一书中为何到处出现将私人地产收归国有的主张："回收私人地产，不管是已经开发还是未经开发都重新进入流通，作为城市发展规划的基础条件。"[25]与古往今来的社会改革家一样，柯布的新世界之梦，带有天下大同的空幻色彩；而在他的新世界中，尽管政治体制、经济制度和社会规范都粗疏简陋，却有一个不同寻常的地方，那就是一套无中生有的城市规划和建筑设计蓝图，从城市地平线的整体形态到个别卧室的开间尺寸都毫不含糊，紧凑、自由、严谨、庄重，让人叹服。在建筑世界，图纸上的形式对应于现实环境里的秩序。这个形式不是凭空捏造：建筑师仔细辨析因果，胸中充满诗意，通过细心的计算，让纷杂的原始条件在直觉中幻化，直至呈现于图纸之上。这个形式就是期待已久的答案，它被寄望于解决具体或抽象的问题，柯布对此深信不疑："当一种技术产品已经在纸面上设计出来，它就真实存在。"[26]

故此，尽管挫折一个接着一个，柯布却表现出不可理喻的雄心。在写给友人的信中，他这样说："光辉的城市。您看到了吗？一个走钢丝艺人在表演完他最危险的特技之后，嘴角露出微笑。光辉，因为取得了完全的胜利。光辉的城市，我胸有成竹！"[27]在其背后，已经不再是冷静的思考，而是"虽千万人吾往矣"的信念。柯布说："要有信念。大众会走出来，把内心交给勇于奉献的人。"[28]以超越常人的权力意志，柯布宣称："把它变成一条简短的法令，冷酷地推行下去。任何试图挑战其权威的人都将受到严厉惩罚。"[29]虽然不断强调社会公正和个人自由，柯布本人却是个不折不扣的精英主义者，他说："生活中有两种人：比所有人都更强大的支配者，以及乌合之众。我绝不想让自己沦为乌合之众。"[30]柯布用方案来追求真实的历史感，那是人类的生存环境和定居方式短暂的安定和永恒的流变，他讥笑那些冥顽不灵、死抱昔日价值的政客和专家，把自己比作为巴黎鞠躬尽瘁的拆迁大王奥斯曼，要在今生今世大刀阔斧摧毁旧世界，"各领风骚数百年"。柯布说："尊重前人最好的方式是超越前人……超越于平凡事物之上，不是自命不凡，而是尊严的体现。"[31]这样，柯布在救世情怀与个人野心之间达成了走钢丝艺人般危险的平衡，他引用圣-埃克苏佩里的诗句来刻画自己的动机："我们并没有奢求长生不朽/只是不愿意看到/行为和事物突然之间失去它们所有的意义。"[32]这个人一点都不天真，也许，他从没把自己当成那座光辉的城市中的子民；他是永恒价值的追求者和史诗的创造者，是悲悯地俯瞰众生的"哲人王"。他说："一旦这个目标达成，人就不再是贩夫走卒或被践踏的尼伯龙根；他就化身为造物主之一。此时，他获得特殊的能力，能够对未来的事件作出裁夺。一旦他的计算告一段落，他就会凌驾于俗世之上，受命发出神谕，而他也往往就会发出神谕——'世界正该如此'！"[33]

光辉的城市以现代语言寻求永恒的秩序感，从这个意义上讲，它充满了古典精神，是英雄主义的、精英主义的、史诗般的作品。这正应了波德莱尔对现代性的判语："现代性就是过渡、短暂、偶然，它是艺术的一半，另一半是永恒和不变……因为几乎我们全部的独创性都来自时间打在我们感情上的印记……从过渡中抽取永恒。"[34]光辉的城市通过机器美学来获得尺度和形式，通过这种形式，建立了一种克己奉公的组织模式和生存理想，提倡个人的尊严和自由，同时也暗示着社会公平与正义。以批评和理性而开始计算，由计算而获得形式，由形式而建立秩序，从而造就了凌驾于机器时代人类生活之上的新权威："只有一种层次分明的序列，秩序井然，大家都乐于遵守。像完美的蜂巢一样，这种积极有序的氛围，端赖于全体人员对于秩序、规章、纪律、公平和善行的主动尊奉。”[35]与田园城市不同，这是一个高度有序和决定论的生存理想，其冷峻、严肃、独断专行的外形，表明作者对这个世界上无所不在的廉价温情的排斥。这就是柯布的现代生活之梦，也是这个泥沙俱下的时代里少有的、焕发着高贵气质的东西。

1932年，柯布致信阿尔及尔市长，劝他接受自己的城市改造方案："我没有任何私心杂念，我所做的一切仅仅是为阿尔及尔的明天考虑，为了阿尔及尔城，我要献出我自己的规划方案。”[36]这位市长很为难，不知如何拒绝，才不至于挫伤这位天真汉的自尊，他只好说："这是一项从现在开始的百年规划！”柯布愤怒地反驳道："这些规划可以为当代社会带来不可或缺的平衡，它们不可以被推迟到一百年之后，现在就必须实行！”[37]造物主永远都不会眷顾真实的人格，使其臻于完美，制度、艺术与建筑亦复如此。英国女建筑师简·德鲁曾在印度昌迪加尔新城规划中担任柯布的助手，她回忆道："柯布虽然一直追求戏剧性的最大化，但也是一位细致文雅的绅士……他会兴奋不已，当他从英国女王伊丽莎白手中接过颁发给建筑师的金质奖章；他会跟皮埃尔争论，认为君主专政优于民主专政，因为它更富于诗意，更公正超然。”不难理解，光辉的城市就像柏拉图的理想国，只是另一个“诗意而超然”的乌有乡的倒影。因此，它并非一般意义上的设计方案。这是一个人，怀着对现实的严肃怀疑，以及对弱小之物的深切悲悯，以圣徒般的牺牲精神和狂人般自我实现的愿望创造出的理想中的世界图景。

“二战”以后，柯布的反对者如雨后春笋般涌现出来。人们一面崇拜，一面深感自尊受了伤害，以卑弱的“人性”为武器，以传统街道尺度的散失为理由，向自大生硬的老建筑师发出怒吼。对此，柯布沉默不语，他的苦恼是千百年来智者的苦恼——燕雀安知鸿鹄之志。柏拉图为理想城邦所定义的“智慧、勇敢、节制、正义”四样品质，被现代人弃之如敝履。他们宁可去追逐资本的泡沫、流行的旋律、高扬的指标，以及各种简单易得的快慰。对于柏拉图而言，他的目标与其说是建立一个理想国度，毋宁说是为思想者正名，怀着自尊与傲慢，他说："哲学家中的最优秀者对于世人无用。”这话固然没错；但同时也得明白，哲学家的无用，其责任不在哲学本身，而在世人——“微斯人，吾谁与归”？

柯布的城市理想，以及随之而来的现实挫折，随着“二战”的硝烟而偃旗息鼓。几十年后，柯布回忆往昔，他这样写道："在那段辛苦工作的日子里，午夜时分，每当我们俯身于案头，忙于图纸的绘制时，都会感到一阵阵的绝望，因为这些图纸似乎永远也画不完，我对皮埃尔·让纳雷说："我们要仔仔细细地画这些图，我们总会一步步地走向衰老。但是你可以这样对自己说：再过十年或者二十年，这些图纸就会作为时代的见证而被人们重新发现；更加美妙的是，那也就是它们被公之于众之时。”[38]相信在那一刻，柯布一定体会到了投身于永恒、规律与未知事物中的巨大的幸福感。这也是支撑他义无反顾、不求回报追寻伟大城市形式的精神动力。

（原载《读书》2010年第7-8期）

1 让 · 让热编著，牛燕芳译，《勒 · 柯布西耶书信集》，中国建筑工业出版社，2008 年版，第 240 页。

2 同上，第 244 页。

3 亚历山大 · 佐尼斯著，金秋野、王又佳译，《勒 · 柯布西耶：机器与隐喻的诗学》，中国建筑工业出版社，2004 年版，第 235 页。

4、5、6、7、8、9、12、13、14、15、16、17、18、19、21、22、23、24、25、26、27、28、29、30、31、33、35、36、37、38 勒 · 柯布西耶著，金秋野、王又佳译，《光辉的城市》，中国建筑工业出版社，2011 年版，第 104，249，94，12，91，137，95，119，150，64，86，90，92，189，229，149，178，134，131，179，248，204 页。

10 勒 · 柯布西耶著，刘佳燕译，《人类三大聚居地规划》，中国建筑工业出版社，2009 年版，第 131 页。

11 刘易斯 · 芒福德著，宋俊岭、倪文彦译，《城市发展史》，中国建筑工业出版社，2005 年版，第 539 页。

20 柏拉图著，段至诚译，《理想国》，中国对外翻译出版社，2006 年版，第 73 页。

32 这段诗句出自圣 - 埃克苏佩里的《夜航》，勒 · 柯布西耶在《光辉的城市》第 176 页引用。

34 郭宏安译，《波德莱尔美学论文选》，人民文学出版社，1987 年版，第 484—486 页。

有关瑞霭、海云、季风、寒潮的记述，或一幅切过大连上空的节气剖面

刘东洋

摘要：说到城市或是建筑的"基地"，人们常会想到坚实的土地，却把地面之上的天空以及白云之下流动的空气当作无睹或是无思之在。本文恰要把基地观察的焦点从土地转移开去，以大连为例，讲讲这座城市上空近乎透明的风的故事。

一、《金州观海》里的瑞霭

在描绘大连一带的咏景诗里，明代辽东巡按御史温景葵的那首七律《金州观海》一直受到此地文人们的传诵："青山碧水傍城隈，驿使登临望眼开。柳拂鹅黄风习习，江流鸭绿气皑皑。浮槎仿佛随人去，飞鹭分明自岛来。极目南天纷瑞霭，乡人指点是蓬莱。"[1]

温景葵，字志忠，山西大同人，嘉靖七年（1528年）中举，曾任山东邹平长山县知县、监察御史、姑苏（苏州）太守等职，是活跃在明中晚期的一位知名政治人物。李辅在《全辽志·图志考》（1565年本）里提到辽阳"西关"时言道，"西关在肃清门外，嘉靖三十二年，巡按温景葵包筑。"[2]一般明代的巡察们会在监察之地待上个一年半载，那就意味着温景葵很有可能于嘉靖三十二年（1553年）也来过金州。《明世宗实录》曾提到嘉靖三十三年（1554年），倭寇袭扰南京，朝廷曾"遣福建道御史温景葵、兵部主事张四知往山东募兵御倭寇"。而李辅《全辽志》亦提到，"辽自壬寅北虏侵犯之后，边民忧惧。景葵令乡村量力筑台，有警就便保守。具见奏疏其持法之严、驭吏之肃。咸称之为真御史云"。[3]此语无意间指明温景葵于"壬寅宫变"之后（嘉靖三十五年，也就是1556年之后）似曾在辽东督查过。《实录》又表温景葵嘉靖"四十二年以右佥都御史巡抚顺天。四十四年告病罢归，屡征不起"。那么，这首《金州观海》可以写在1553年到1563年这十年间温景葵的任何一次巡察路上。

这首诗写得很直白，诗中所提到的“青山碧水”，如泛指金州古城周围的山山水水，那就当指城东雄伟的大黑山或矮浅的北屏山、南山，以及流经城南城北的砚池河和北大河了；“驿使登临望眼开”的开阔在当时可以做到。那时的人站在金州城头，往西、往南，都可眺望到大海。不过，乡人所言的“蓬莱”为修辞上的夸张，从金州城头，怎么望也不可能望到真实或是传说中的蓬莱；“鹅黄”与“鸭绿”取自王安石“含风鸭绿粼粼起，弄日鹅黄袅袅垂”中的常见提喻，分别是“柳芽”和“春水”的代称。既为间接暗指，偏又说出“柳树、江水”，略显画蛇添足。加了“拂”、“流”二字，才让诗的意象“流动”起来；第五、六句有些转机。“浮槎”是竹筏子。[4]在明初海禁之后海面上已无帆船行驶，浮槎就是北方渔民的木舟吧。“飞鹭”是飞过来的鸭子，也可能是此地海上常见的海鸭子。至此，从开篇城池的安静，从登城之后的小动，到江上微风，“浮槎去，飞鹭来”把语言带得“飘动”起来。这种语言的“提速”瞬间就把吟者从地面的封闭状态，高举到了辽阔。然后，用“极目南天”的远景把思绪拉向虚无缥渺的仙境。

对于这首宦游诗，读者固然可以从诗歌本身的成就或是诗人生平的视角去加以赏析。而此处，我们却要从这一16世纪中叶的诗意瞬间采撷下一段吹过大连上空的风来。

无疑，这诗中描写的是春时，不是金陵的“二月”，是辽南的清明。如果我们可以暂时忽略一下从宋到明、从明到今的气候波动的话，王安石《南浦》中“南浦东冈二月时，物华撩我有新诗”所勾勒的场景仍然会出现如今南京城的阳历三月中，而同样的场景在大连地区出现常要等到阳历四月中。因此，温景葵登上金州城头举目远眺的那个日子应在清明之后，每年只有这时，金州城外沿河生长的杨柳们才会呈现出雾一般的靡绿。

说来，柳树并不是大连地区的名贵树种，《南金乡土志》直接将之划到“栝棬之属”，也就是作为各类编织之用的柳条。“直长者，采取入贡，备账房之用”。那些赤茎的柽柳，又叫三春柳，多长在西河套这样的盐碱地上，更是无人搭理的植物。此地山上多赤松、白松，又不少榆槐柞栎。明《辽东志地理》中在提及金州时，指出它的别称叫“榆林”：“不知起自何时，俗传地产榆因以名。”明嘉靖六年（1527年）《榆林胜水寺重修记》也用了“榆林”这个俗名，说“榆林城东去二十里许有大黑山……松柏绕涧，景致幽奇”。我们可以想象一下，温景葵登高环顾，他可能看到了沿着驿道以及河岸生长的杨柳，散布在海滩上的柽柳杂木，城外的榆林，远处山间里的松柏。只是榆槐柞栎在杨柳发芽时尚未发芽。远望时，春色最足者还属这杨柳。当然，此时最代表“春天”的植物——迎春——应该已经开了。接着开花的当是探春、杏花、桃花。花开花落，也算是农人最紧张的时节。“清明忙种谷，谷雨种大田”。这句当地农谚里的“大田”指的是生长玉米、高粱这类作物的农田。此地农人都要在清明之后、谷雨之前，把大田里的种子播下去，等着那些高粱、玉米的新芽冒出地面。然后，赶在谷雨之后那一场雨到来之前，铲除弱苗，以免谷雨一过，苗根纠缠在一起，好苗不壮。这一切，就像是农人在看着老天的脸色抢收成似的，年复一年地上演着。

温景葵的诗中提到了“乡人”，但没有直接描述乡人的状态。被询问的“乡人”是行走在路上，还是在田里忙碌着？金州古城以南的冲积原那时应该已经被开垦出来了吧？总之，那一日，他登城远望，望到了瑞霭。这瑞霭，如果从此地一年的节气特征去看，竟只是初春短暂的时日里才有的奇观。

二、半岛上空的风

日本早稻田大学的山本竹司在1923年的《满洲建筑》上用了大正十年（1921年）的气象数据比较了中国东北和日本两地的风土差异，其中的某些数据颇令人惊讶。

城市	夏月平均气温（℃）	平均最高气温（℃）	平均最低气温（℃）	平均最高和最低温度差（℃）	平均湿度	当年降雨天数	当年雨水量（mm）	晴好天数	大风天数	平均风速（m/s）
东京	25.4（8月）	29.7（8月）	-1.3（1月）	31.0	74%	146.9	1542.3	55.8	44.7	3.7
京都								29.4	9.7	2.0
奉天	24.6（7月）	30.1（7月）	-19.4（1月）	49.5	65%	89.4	646.3	117.5	97.4	4.2
大连			-8.9（1月）						217.1	6.5
长春			-23.4（1月）						202.5	

【表一，日本城市与中国东北城市1921年气象数据比较，图表来源：山本竹司 1923】

尽管这组1921年气象数据残缺不全，它们还是把大连地区多风且风急的特征凸显了出来。不甚清楚日本人当时的气象统计数据是以何等级别的风力作为多风天的标准的，217个有风日，年平均风速达到了6.7米/秒，那一年，大连在“风”流上全面超过了奉天（沈阳）、长春、东京、京都。这一印象跟长时段的气象观察资料基本吻合。如果我们去查看《大连市志》或是《金县县志》的话，比如说查看1976年到1979年的气象资料，金州古城一年中超过8级大风的天数就有28天，且主要出现在春、冬两季。[5]此外，可能和多数人的预判正好相反，劲风在陆地上经常出没的地带多在金州一侧，而不是面黄海海岸（长海诸岛除外，因岛屿置身于海洋之中，无山体遮蔽，故而岛上风强风烈）。以大黑山为界，金州古城的上空汇聚着各种强劲的风。古城的这一特点可以说跟整个辽东半岛从火山喷发、流沙沉积、地层叠加、风蚀和海侵过程所形成的地貌格局，以及极地涡旋和西太平洋上的副热带高压环流系统有关。

先看大连地区的地貌流变过程。跟中国其他地区的地质史一样，辽东半岛也经历过亿万年的沧海桑田。要说此地的地质变化有什么特别之处的话，当属这一地区沧海桑田的次数。自28至25亿年前的新太古代末期，随着鞍山运动隆起、沉积、变质之后，辽东半岛的地界里出现了陆岛陆核。这片最为古老土地，日后经历了早元古代局部的地壳下陷，形成大连北部的裂谷海槽，然后海槽中的地层再次隆起，形成浅海潟湖。距今19至10亿年的中元古代，海水退出了辽东半岛，形成了陆地环境，经受风化。10至6亿年前的晚元古代时期，今瓦房店西部、金州西南、大连市区旅顺及半岛西部海域再次下陷，海水入侵，大连地区再次变成陆表海环境，开始漫长的沉积过程，逐渐变成潟湖、潮坪、浅滩的模样。4.5亿年前，今大连地区再次浮出海面，然后又再度遭受海侵。直到距今2.3亿年时，海水又退去，大规模的花岗岩侵入。距今6500万年前，辽东半岛持续上升，今天的渤海变成了一个巨大的内陆湖泊，不过，在距今300万至200万的第四纪后，随着辽东半岛持续抬升，这个巨大的湖泊才被“撕开”口子，辽东半岛与山东半岛之间失去了陆桥。在人类开始在这个星球上挣扎的几百万年里，几度冰川，多次海侵海退，才形成了今日的大连地貌。[6]

如果说这种地质史里的地貌结构描述基本上跳过了人的感受的话，晚清文人魏燮均的《金州杂感》则直观地描述了1850年代的金州土地：“金州据一隅，大海环三面。境内多峰峦，平野无其半。山枯草木稀，地僻民风悍。垦田无膏腴，黄壤黑坟遍。滨海斥卤生，毗山石砾乱。土硗苗不肥，禾稼细如线……”魏燮均的这首《金州杂感》（其一）用一种类似“白诗”的笔触，一口气罗列出来金州（也就是日后大连）的诸般地貌状态：大海、峰峦、少平野、黄壤、海卤、毗山、石砾、硗地，满目的苍凉。至于为何他写得如此哀怨，随后我们会明白。这里，魏燮均实际上描述出来了两海之间辽东半岛南端的三种基本地貌、两片气候区和一条多风带。三种基本地貌主要是中部的低山丘陵、东部的漫岗、沿海沿河形成的冲积小平原。两片气候区指的是以大黑山为界，面向渤海湾的半湿润季风气候区和面向黄海的湿润气候区，二者的差别不止降雨量上的差别，还跟渤黄两海的诸多生态特征有关。那条风道，则指的是渤海湾东侧，沿着辽河和千山山脉北上的少雨带。那里，也是斜穿了东北上空的强风带。

每一年，光顾到中国东北上空的气旋们都像是老友一般带着它们源头的名字归来：贝加尔湖气旋、蒙古气旋、河套气旋、华北气旋、渤海气旋、江淮气旋，以及来自太平洋的季风和台风们。[7]从这些气旋跟大连的方位关系上，我们就能判断出它们主要出现在哪个季节。冬季，强烈的西北风吹来，它们在金州1971到1985年的14年风天记录里，变成了11月平均2.7次、12月平均3次、1月平均3次、2月平均3次的8级以上大风。这些日子里，必定就是大连地区的寒潮期。然而，风天的密集期出现在3月，这14年里平均每年24.1次的8级风天，有3.8次要出现在惊蛰和春分之间。[8]对于更北的北方来说，这是春风吹化冻土的时段，而对金州的农人来说，这也正是海上东南风开始到来的前奏。北风和南风要在这里交战差不多一个月，才进入了清明之后的缓风期，然后是一段浓雾频现的初夏，偶尔会乌云密布地下下雨。多数的时候，海边的天空就那么少云地晴着，夏季的太阳把海水蒸发到了海面之上，变成淡雾，不断地笼罩着这里的海，直到8月的雨季，那时，东南沿海的台风又可能袭来。或者，从华北和渤海形成的气旋会带来豪雨。暴雨之后，秋风骤起，又开始了另外半年的西北风期。

这样的概述已经表明，温景葵在清明之后登上金州城头时所望到的南方瑞霭，仅仅是大连地区最为短暂的一个节气片刻，而且，还多发生在上午。因为到了这个时节，对流的风速变缓，暖湿气流在夜间会被大连湾里的海面和转山、南山、绿山这些接受了初春夕照的山体的气温夹在中间，才有了上午那片平流的瑞霭。

三、在风雾中栖居

在大连市的东北方，在黄海之中，有个近岸岛屿叫“广鹿岛”（属长海县）。岛上有个“吴家村”，曾经出土过“小珠山二期”的新石器时期聚落遗址（小珠山二期的断代大体被定在距今6300到5400年的时间段里）。考古学家们一直在讨论着“吴家村”遗址上的先民究竟是跟红山文化还是跟山东半岛文化的关系更加密切，并且试图证明在这个遗址上所发掘出来的种子就是早期的荞麦。对于我们来说，倒是这些房子的建造特征很值得关注。它们多为“圆角方形”。如果仅从建造技术的角度（而不是社会的组织形式）去理解的话，这也正是房子从半地下穴居加叉木支撑的草棚顶建造方式，走向了墙体和屋顶关系变得彼此清晰起来的那个阶段。[9]一份刊登于1981年《考古学报》上的考古报告对于其中的F1房址是这么描述的：房址“为方形圆角半地穴式建筑，挖在生土中。居住面距地表0.80米左右，东西长4.97米，南北宽4.76米。门开在西北角，朝西，门道向房外伸出，呈半圆形，长0.8米，宽1.6米，有一步台阶。台阶至居住面高0.35米。房内发现柱洞22个，柱洞直径为12—20厘米、深10—36厘米。柱洞分布基本为二层，外面一层靠近墙边，一般较粗，有的是一粗一细并排支撑（如北墙中间的两组、南墙两角和中间的三组树洞）。房屋因失火坍塌而被废弃，房内堆积全系黄土，其中炭化的檩木，南北向的较粗，直径13—15厘米，东西向的交错叠压在南北向檩木上，都较细，一般粗5—10厘米。南北檩木有的是圆木，有的是圆木劈开，呈半圆状，半径在5厘米左右。未被火烧的木架全都朽掉，在堆土中留有疏松的空洞……屋顶应是用黄泥抹成，厚20厘米左右。居住面很坚硬，上有一层草灰。推测原地面可能铺有一层草。从屋内堆积看，当时房子四壁可能是用枝条编成再围草或抹灰”[10]。尽管这份报告谨慎地使用了“可能”与“也许”这类不肯定的副词，我们基本上却可以肯定在这栋建筑身上，作为覆盖的屋顶和作为围合的墙体已经开始分离。这一分离也见证着此地先民6000年前的建造技术发展水平。

吴家村遗址的F1房址是在火烧之后被先民们遗弃的。就在那片厚厚的草拌泥屋顶之下，压着一只没有跑出去的小猪。是因为岛上常年不断的大风吗？是大风吹倒了房子，然后火种点燃了房屋？是因为屋面的自重突破了支撑的极限终于瞬间坍塌吗？或者完全因为起火在先？如果那样，为何小猪不能够幸免于难？还有，为何开口设置在了西北向？对于这些问题，估计我们永远都不会有肯定甚至令人满意的答案。但我们还是从这堆残留物中看到了“重量”的力量。考古学家所言的“檩木”（无论当时的人管它叫什么，一定有一个可以交流的名字）直径为13—15厘米，加上椽木的直径5-10厘米，加上草拌泥的20厘米，这个F1房址的屋顶构造厚度就为38—45厘米，或者取个均值41.5厘米。细心者可以查查草拌泥的单位重量和那些木头的单位重量，大体可以估算出这个面积这一屋顶的重量。概言之，这类海岛上的远古建筑已经在依靠重量去抗击风雨了（尽管说小珠山二期大连的气候条件肯定比如今湿润温暖些，但季风寒潮一定也存在）。而加厚房屋墙体和屋顶的厚度去抵抗风雨，即使到了1970年代仍然是此地渔民们建房时的常用做法：本地找来的石头砌墙，本地搜集来的苇草做屋顶。越厚越暖，也越能抗拒劲风。

在诸多自然要素中，就是在阳光、雾气、风流、雨雪当中，大连地区的房子最喜阳光。这里的纬度（38° 43′ —40° 12′ ）和海洋性气候，都让夏季正午海边的阳光没有那么毒辣。建筑出檐少许就可以遮挡住走到北回归线（23° 26′ ）上太阳的照射。而冬天，当太阳行到赤道以南时，此地的房子又百般欢迎阳光扫进室内。总之，北方海边的人和海边的建筑对于太阳从不厌恶。雪也不是巨大问题。虽然《南金乡土志》里存有骇人的记录，“顺治十年十一月，大雪盈丈”，这样的豪雪只是特例中的特例。多数的冬天，农人们在期盼着老天能降下豪雪，覆盖田地，缓解墒情。而且即使降雪，辽南海边的房子上也不会像吉林的房子顶上那样积雪数月。至于雨水，建筑若不是建在河滩上，被洪水冲击的可能几乎没有。但是说到风和雾，不是台风——台风是谁也预算不出路径的——而是年复一年的寒风，夏秋两季的雾气，都是栖居者在房屋选址和建造模式上不得不担心的事情，不然，居住在海边的人就很容易患上风湿骨痛。

在海上，风来了，雾就散去。对于住宅来说，消解雾气的方式也不外乎是让室内的空间流动起来。所以，大连地区过去乡村的房子一定是留有北窗的，以便保证南北向的风穿过程。但在冬季，北风会扫得北墙寒冷，很多手脚勤快的居民要用土坯把北窗给砌死，到了来年春天才又把这堵“墙”给挖下来，年复一年。觉得这样做法太过麻烦的人，那就只能去糊窗子了。也是年复一年地糊北窗。

俄罗斯人占据了青泥洼之后完全平移了欧洲砖石建筑的砌法。现存的图纸和实体建筑都表明，他们在私人单体住宅身上能把外墙墙体做到480毫米，最薄部分都要做到一砖半厚，即360毫米，并在室内施以木质墙裙。而日本人在本土时多以木构建筑为主要栖居建筑，等他们侵占了大连乃至东北之后，日本建筑师们所要面临的一个挑战就是中国东北的地域气候和建造技术之间的匹配问题。[11]1905年颁布的大连建筑法规就开始提倡“保温、防火、美观的不燃建筑物；木造家屋只容许暂时性之用途”。[12]到了1920年代，有关满洲住宅的防风、防寒、防潮，同时又能增加采光面积，保证室内卫生条件，构成了那一时期《满洲建筑》中日本建筑师们热议的话题，比如当时满洲日本建筑师协会的荣誉会长松室重光的那些文章以及山本竹司的论文。后者甚至提出了如何向东北古代砖石建筑学习构造技术的命题。他们为此还搜集了荷兰人的抗风建造资料、美国和德国的砌体作法。而1924年颁布的《现行大连市建筑规则改正案》里对于砖石砌墙体的最小厚度都有了详细的要求。[13]

四、风的崇拜与哀怨

风在空中经过乃是大自然的造化。没有风，也就没有了诸多种子从一地到另一地的漂移，许多植物也完成不了授粉结子。有了信风，从福建、浙江来的商船才会沿着东海快速北上，来到金州用绸缎布茶跟北方商人换取大豆药材山货。还有，此地的渔民们才能从各种迹象中揣摩风的脾气从而判断渔汛和危险。“春过三天鱼北上，秋过三天鱼南行”[14]，这句渔谚说的是时令中鱼群的迁徙；“东风雨，北风开，再过三天又回来”，说的是短期内风的行踪规律[15]；“小潮涨得像大潮，海上要刮大风暴”[16]，说的是从眼前潮汐的异象中，预测危险的到来。同样，“海里鱼探头，大风在后头”[17]，是从鱼儿的行为中揣摩风势。一旦发现大风将至，渔民们就会把各种网具撤掉，以防不慎。

毫无疑问，最怕海上风浪的人就是渔民、商贾和水师。这三种人的存在也是大连地区沿着海岸线那些大大小小海神娘娘庙和天后宫存在的理由。老百姓对于海神娘娘到底是东海龙王的三女儿还是福建的林姓女子，还是二者杂合的产物，并不太关心。那些香火曾经旺盛的大型天后宫肯定供奉的是天后。供养人也多是商家和驻扎在大连地区的满清军人。在大连湾，有一座小庙就在19世纪末叶被扩建成了天后宫。光绪十九年（1893年）《重修天后宫碑记》上记录了此庙扩建的具体理由：“冯真君之于粤，甘将军之于鄂，皆以保护行旅，庙食一方。至滨海之区，则无不崇祀天后，盖其御灾捍患，捷于影响。敬之者，尤甚于冯、甘二君也。余以光绪十三年移驻兹土，督筑炮台，军中饷械、糇粮悉由海上来。上年，军饷附轮来湾，途遇飓风，几遭不测，舟人慄慄危惧。俄而，红灯出于水面，若相导引者，舟随之行，至威海卫焉。质明，风定回驶，遂达防次。佥之神鸦红灯，皆天后所使护行舟者。”

立下此碑的人叫刘盛休，安徽人，淮军提督，曾统带铭军驻防大连湾。刘盛休的铭军还有庙里的天后根本没能抵挡得住一年后（1894年）日军从庄河登陆并一路杀过皮口、金州、大连湾、旅顺。漫长的海岸线让满清军队的防线漏洞百出、形同虚设。这则虔诚的碑记还告诉了我们一次海上的事件，载着军饷的官船幸运地躲过了一场飓风。

比之东南沿海诸地，大连被强台风光顾的几率要小上许多。可每隔那么10年左右，总会有一场强劲的台风在辽南登陆。《金县志》上记载了咸丰二年（1852年）七月的一场台风。说是“庄稼倒伏颗粒无收。翌年大饥”[18]。而前文中我们所提到的铁岭诗人魏燮均正在结束第二次探家于1853年春天重返金州的路上，在盖平道上，看到了因去岁风灾向北逃难的难民。他写道，“辞家向海澨，千里驰征轮。路遇尽流亡，遍是金复民。去岁被灾始，陆续及今春。络绎载道途，自旦达黄昏……饥饿无人色，羸病行且呻。辗转卖儿女，骨肉生离分。非不惜骨肉，残命危难存……”文学在这里显示了它描摹的本事。志书里寥寥几句的风灾记述，在诗人笔下呈现出惨不忍睹的细节。我们前文中所引述魏燮均的《金州杂感》，都写于那次台风过后的秋天。所以，诗人笔下的金州土地满目苍凉。在《金州杂感》（其七）中，诗人还告诉我们，此地在咸丰元年也曾遭受风灾："烝黎本穷困，况屡遭凶年。去岁被风灾，尚有六分田。今年苦阴雨，风灾尤甚焉。大木乃为拔，禾稼摧如绵，纵横卧陇亩，不辨陌与阡。"1852年的这场台风过后，整个金州的乡村地貌都被剥蚀得面目模糊。

五、另一首《金州观海》里的海云

魏燮均（1812—1889年）是满清末年的铁岭诗人、书法家，一辈子在风雨飘摇的时代里没有混上正经的功名。他原名昌泰，字子亨，又字伯阳、公隐，另号耕石老人、九梅居士等，因喜郑板桥，改名成"燮均"。此人的诗歌因其坎坷的生活经历，朴素写实，现存世千余首。他在四十岁那一年，也就是咸丰元年（1851年），可能是通过台隆阿（台湘楣）手下的书记彭星浦，谋得了到金州任幕僚兼金州县令奎文轩的弟弟奎文渔等弟子的教师机会。他在金州停留了近三年，曾有两个冬天回家探亲，八成因其父母相继过世的原因，三年后没能再返金州。不管怎样，魏燮均在那三年里为后人留下了大量直接描写金州和辽南风物的文字。

在他初到金州的那一年，曾写过若干首观海诗。隔着161年，我们仍然能够从这些句子里读到文人面海时所呈现出来的美学沉思。"到此览沧海，江河皆细流。波涛空际合，岛屿望中浮"（《登龙王岛观海》其一）；"俯瞰疑无地，龙祠祀上方。天风落疏磬，海雾失桅樯。世界归空色，乾坤入混茫。浮生翻悔小，一粟缈汪洋"（《登龙王岛观海》其三）；"笑听山僧说，晨昏万象呈。云霞蒸海气，风雨助潮生"（《登龙王岛观海》其四）。像这类观海诗，气质上泛着跟温景葵咏景诗里差不多的情怀。一个文人，作为过客，来到辽南的海边，听着庙里的山僧解释如何观察此地的天气，不得其中的要领。看见了茫茫大海，开始思考宇宙和人生。唯有这种沉思中，"海与我"、"此地与我生"尚没有什么真正痛切的联系。

这一年的中秋过后，天气寒凉起来。诗人的笔触也开始沉郁了下去，寂寞、孤单、思乡之情，都涌到了他登上金州城头西望的片刻。"登楼一凭眺，天末晚凉生。野树远依堡，海云低过城。乱帆收夕照，寒角动秋声。无限离乡感，谁知羁旅情。"魏燮均的这首《登金州城西楼晚眺》一洗夏天观海诗的"轻飘"，亦隔着300年，为之前温景葵那首著名的《金州观海》做了有意无意间的应答。温写的是清明，是早晨，魏记录的是晚秋和天末；温眺望了南方，魏眺望了西河套外的渤海；温看到了山海之间的瑞霭，魏看到了深秋的海云；温点染了浮槎远去，魏描绘了乱帆泊岸；温的情绪带着些春风意兴，魏的字里行间都是秋风迷离。海云过城的气象成了旅人思乡的由头。

转过年来，当魏燮均在金州度过了第一个自然周期之后，在目击了风灾民情之后，魏燮均的《金州杂感》再无前面那些观海诗里的自怜，满纸流淌着对于民生的哀叹："滨海斥卤生，毗山石砾乱。土硗苗不肥，禾稼细如线。丰年尚歉收，而况遭荒贱。加以重赋征，苦累更无算。睹此瘠土民，令人兴嗟叹"（《金州杂感》其一）。在这些近乎版画的文字里，这位旅居他乡的底层文人，通过身体性在场的体验，自觉不自觉地超越了对风景的审美，从天气和收成中，体恤到了金州百姓的疾苦与世态炎凉。

六、寄语大连上空的风

从旅顺的羊头洼出发，沿山脚穿过江西镇、三涧堡、营城子，过夏家河、金州南，在大黑山旁穿过开发区，从董家沟北上，过了皮口，就抵达了两百公里开外的庄河。一路上，我们也从沙质细腻的渤海沙滩、长满苹果树的山沟河谷、营城子汉墓，穿越了棕壤、黑壤区，进入到石灰岩页岩山麓，然后目睹那些被海风和海潮侵蚀得瑰丽奇异的黄海中的礁石，最终来到河水与海潮汇聚的蛤蜊滩。这一日的车程基本上可以横穿从渤海到黄海最具典型性的地貌，也可以感受到同一地区不同的节气脚步，观察到那些南来北往的风。

然而，本文从一开始还描绘了另外一种有关风的剖面。那就是风过人间给人所带来的感知变化。

多数的时候，此地的天空并不入画，很少云翳阳光地拉开丰富的层次，要么天高风急，要么云雾缭绕，到了严冬，又因寒冷会长久地呈现湛蓝。面对这透明到近乎乏味的天空，只有相处久了，人们才能从那乏味中觉察到什么。温景葵、魏燮均对这天空之下的风物吟诵均印刻着某种时间性。片刻的喜悦和周而复始的沉痛毕竟不同。俄罗斯人对于这里的天空也有过他们的理解。他们把大连的主要道路多对向“无限遥远的天空”。在修完了防风防浪的海堤之后，他们把这座城市的海港、市政厅、蓝图一并丢给了日本人。而日本人在占据了这里四十年之后，也留下了浅野虎三郎的《大连市史》以及青冈卓行的那些大连记忆走了。[19]

时间再次展示了它那种能把人类的身体与思想缓慢夯入基地的钝力。那些建在山坡上晒着太阳的农宅、抬头观望着此刻飘过大黑山山头云朵的农人，它们和他（她）们已经在多次失败和尝试中学会了怎样应对那些来无影去无踪的家伙。而温景葵、魏燮均的那些诗句，青冈卓行的传记，不外乎是意识在某个陌生的片刻或是经过了一段时间的生活之后所凝聚下来的体会。民谚和文学也因此常会也应该成为建筑师们了解一处基地的导引。

本文所要呈现的正是在较为缓慢的时间尺度上人与风相处的故事，以及从这些故事中重新理解天空这片基地的重要性与可能的方式。

如今，人们都说建筑和城市要面向基地，那这基地的概念里包不包含看上去既像永恒又像瞬息万变的天空呢？在规划和建造我们的城市时，要不要利用一下那些多风带？要不要巧借山体去躲避风头？要不要防备劲风到来时对于大型基础设施的威胁呢？人们还记得1999年11月24日那次海难吗，记得前年夏季的那场大火吗，记得去年夏季“梅花”掠境时海堤的溃败吗？为何只有到了危机时刻，才想到那些规划的荒谬呢？

画一幅有关风的剖面吧。尽管那横亘在辽东半岛南端的海岸、滩地和丘陵，那些打渔、种田、晒盐的地方，如今都在迅速消失，那瑞霭、那海云、那季风、那寒潮，仍然会在清明或晚秋回到高楼、工厂、高架桥、垃圾场、跑道的上空。它们仍然是我们未来规划与建造所必须面对的基地条件。

（原载《建筑师》2012年第6期）

1 李辅本《全辽志·艺文》，或孙宝田编著，《旅大文献征存》，大连出版社，2008 年版，第 206 页。

2 见李辅本《全辽志·图志考》。

3 见李辅本《全辽志·宦业志》。

4 李清照有“纵浮槎来，浮槎去，不相逢”的慨叹。最简陋的浮槎反倒成了仙槎，可渡银河浩瀚。

5 见大连市金州区地方志编纂委员会编著，《金县志》，大连出版社，1989 版，第 113 页。

6 以上辽东半岛的地质自然史，主要参考了《大连通史》（古代卷）“第一章，辽东半岛（大连）海陆成因及其演化史”。

7 详见周琳主编，《东北气候》，万象出版社，1991 年版。

8 见大连市金州区地方志编纂委员会编著，《金县志》，大连出版社，1989 年版，第 113 页。

9 有关这一阶段的介绍和推测，读者可参照诸如刘叙杰主编，《中国古代建筑史：原始社会、夏、商、周、秦、汉建筑》第一卷，中国建筑工业出版社，2003 年版，第 55—79 页。

10 引自《考古学报》1981 年第 1 期，第 84—85 页。

11 当然，日本明治维新以后，作为其本土建筑现代化的一种标志，也在大量地拷贝着欧式建筑以及砖石砌体结构。这段构造演化史有着诸多意义和细节，详见藤森照信的《日本近代建筑》第一至第五章。

12 此乃当时军政官神尾下达指令。转引自越泽明。

13 譬如，在这些规则的修正稿里，已经对于砖石砌体的厚度跟墙体的高度、楼层有了具体的规范。

第二十条：建筑外墙砖造且其高十五尺以上长二十四尺以下者，其墙厚应遵循以下规定。

一，高二十五尺以下者，墙厚应设计为一尺以上。

二，高二十五尺到四十尺者，其第一层墙厚为一尺四寸以上，其第二层以上墙厚为一尺以上。

三，高四十尺到五十尺者，其第一、二层墙厚为为一尺四寸以上，其第三层以上墙厚为一尺以上。

四，高五十尺以上者，其最高层墙厚一尺以上，以下每二十八尺以内递增三寸。

第二十一条：砖造内墙厚，按前条规定减去三寸即可。

注，1 日本尺 =0.303 米，一日本寸 = 0.0303 米。

14 见大连市史志办公室编，《大连市志·民俗志》，方志出版社，2004 年版，第 16 页。

15 见大连市金州区地方志编纂委员会编著，《金县志》，大连出版社，1989 年版，第 744 页。

16 见大连市史志办公室编，《大连市志·民俗志》，方志出版社，2004 年版，第 15 页。

17 见大连市金州区地方志编纂委员会编著，《金县志》，大连出版社，1989 年版，第 745 页。

18 见大连市金州区地方志编纂委员会编著，《金县志》，大连出版社，1989 年版，第 14 页。

19 清冈卓行 1922 年出生于大连，1948 年战后回到日本，1951 年日本东京大学文学系毕业，而后撰写各种和大连记忆有关的文学著作，比如《萨哈罗夫的幻想》、《槐花的大连》、《大连小景》、《在大连港》等。《槐花的大连》使其在 1970 年荣获日本第 62 届芥川奖。

参考文献

1 阿桂编纂，乾隆本《盛京通志》(上下册)，辽海出版社，1997 年版。

2 赤石又一郎译，《荷兰新风压规定》，《满洲建筑杂志》Vol.15，No.4，1935 年。

3 崔世浩编著，《辽南碑刻》，大连出版社，2007 年版。

4 大连市金州区地方志编纂委员会，《金县志》，大连出版社，1989 年版。

5 大连市地方志编纂委员会，《大连市志 · 自然环境志 \ 水利志》，大连出版社，1993 年版。

6 大连市史志办公室编，《大连市志 · 民俗志》，方志出版社，2004 年版。

7 地委调查研究室，《关东农村若干问题的调查》，党内参考材料，1948 年。

8 樊铧，《政治决策与明代海运》，社会科学文献出版社，2009 年版。

9 加藤繁，吴杰译，《康熙乾隆时代关内外的通商》，《中国经济史考证》(第三卷)，商务印书馆，1973 年版，第 131—148 页。

10 建筑规则研究委员会，《现行大连市建筑规则改正方案》Vol.4，No.2，1924 年。

11 李辅编撰，嘉靖本《全辽志》，1566 年。

12 李元奇编，《大连旧影》，人民美术出版社，2000 年版。

13 辽宁省博物馆、旅顺博物馆、长海县文化馆，《长海县广鹿岛大长山岛贝丘遗址》，《考古学报》1981 年第 1 期。

14 刘叙杰主编，《中国古代建筑史：原始社会、夏、商、周、秦、汉建筑》，中国建筑工业出版社，2003 年版。

15 满洲建筑协会，《星浦住宅组合住宅悬赏设计采用图案》，《满洲建筑》Vol.3，No.4，1923 年。

16 乔德秀编撰，《南金乡土志》，新亚印务出版社，1932 年版。

17 三田升之助，《大连市建筑规范的修正征求稿》，《满洲建筑》Vol.4，No.1，1924 年。

18 三田升之助，《大连市建筑规范的修正征求稿》，《满洲建筑》Vol.4，No.2，1924 年。

19 山本竹司，《满洲建筑之我见》，《满洲建筑》Vol.3，No.10，1923 年。

20 孙凤华主编，《东北气候变化与极端气象事件》，气象出版社，2008 年版。

21 任洛编纂，嘉靖本《辽东志》，1537 年。

22 松室重光，《建筑改善的建议》，《满洲建筑》Vol.2，No.4，1924 年。

23 松室重光，《新生活的标准》，《满洲建筑》Vol.4，No.4，1924 年。

24 藤森照信著，黄俊铭译，《日本近代建筑》，山东人民出版社，2010 年版。

25 王万涛主编，《大连通史 · 古代卷》，人民出版社，2007 年版。

26 魏燮均(清)，毕宝魁校注，《九梅村诗集》(上下册)，辽海出版社，2004 年版。

27 瀛云萍编著，《大连乡土地理》，哈尔滨出版社，2005 年版。

28 越泽明，黄世孟译，《中国东北都市计划史》，大佳出版社，1986 年版。

29 越泽明，《大连的都市计划史：1898—1945》，《日中经济协会会报》No.134/135/136 合刊，1984 年。

30 郑应顺主编，《大连开发区地理概貌》，辽宁人民出版社，1985 年版。

31 中华地理志编辑部编辑，《东北地区自然地理资料》，科学出版社，1957 年版。

31 周琳主编，《东北气候》，万象出版社，1991 年版。

到方塔园去

刘东洋

摘要：本文介绍了作者本人时隔二十六年两次造访松江方塔园的个人感悟。通过不断询问方塔园细部设计的用意，本文旨在勾勒冯纪忠先生笔下现代性的特点。值先生故去周年之际，以表敬意。

从同济去方塔园的路并不好走，这是我时隔多年后对初访方塔园的非自愿记忆（involuntary memory）[1]。一层层日后的阅读和反思被我叠加到了那次初访身上，以至于有些细节开始变得日益清晰起来，而另外一些则变得相对模糊，甚至包括那次初访的确切时间[2]。好吧，就算那是1983年春季里一个风和日丽的日子。那一天，当校车颠簸了几个小时从喧嚣的上海驶进当时只有几万人的松江时，衣被天下、长街十里的繁荣已沉到了这座古城的底部。像许多江南古镇一样，松江城面目敝旧。而方塔园这个冯纪忠先生"文革"之后的力作就守在这敝旧旁边，隐在大上海的边缘。

那时，我们这届学生刚刚修完了赵秀恒老师的空间构成课，大家毫不意外地都能欣赏方塔园里那迥异于一般江南园林曲径通幽状的"空间限定"（Plane-Defined Spatiality）。我想很多初访方塔园的人都会有这种新鲜感。我记得，当我走在方石砌出的堑道里，看着斜墙一层层错开，石块偶尔凸出，我惊讶地意识到，原来用卡纸围合的空间界面也可以用这么有力的石材给砌出来呀。同去的王扣柱老师一个劲地让我们看那地面，还有诸如承托着石础的台子。说实话，当时并不懂得这铺得一层层的台地是为了哪般。

整个园子里最能唤起我们共鸣的要属有着瓦顶与钢柱的北门了。就在前一年里，贝聿铭先生（I.M.Pei）设计的香山饭店也刚竣工。随着香山饭店的形象逐渐深入人心，大一大二的学生也开始关注起中国现代建筑的传统性或是传统建筑的现代化命题来。我们年级"未来建筑师"小组的几个成员已经从陈从周先生那里借来香山饭店的幻灯片，一张一张地研读过贝先生所谓"新而中"的建筑细部。

宏大命题历来更具煽动性，更能激动年轻的心。这个"新而中"的话题甫一出现就在同济课堂里得到了积极的响应。我日后对于传统和历史的兴趣也多半跟1980年代的那些讨论有关。后来，当我拜读了冯先生的访谈录时发现，冯先生从维也纳归国后，他以及他那一代建筑师也都曾关注过类似的话题。冯先生在1952年同济图书馆设计方案里就试验过“马头墙”的做法[3]，跟香山饭店那些母题们不谋而合。当冯先生的高中同窗贝聿铭以每平方米1028元的天价[4]完成了贝氏阐释时，我们这些冯先生的弟子的弟子们也期待着从系主任的作品里看到一种不同的回应。

果然，按照当时主管上海城建的钱学中先生的话说，这个北门设计得有些意思。用“几根钢管做柱子，很简单！工地上哪里都有钢管。上面用角铁及螺丝钢做成构架，有点空间结构的味道。屋面，檩子也就是小的工字钢，然后铺上木板，上面瓦片一盖。这些材料，要花多少钱呐？施工又是多么的简单？但是这个作品，你看看，我说一直到现在为止，全国所有园林大门，或者其他的公共建筑，没有看到有一个用这样的材料，达到这样的艺术效果的！一看就是中国的味道，又不是古代的，是非常现代化的”[5]。

钱先生的感言大体也道出了我的心声。方塔园北门的现代与古朴，概炼与轻灵，是以一种看似我们大家都可以效仿的俭朴呈现出来的。我那时并不了解冯先生的个人履历，亦无从揣摩冯先生这种点石成金的本领是何以练就的。如今回想起来，冯先生在归国之后花了他生命中最为宝贵的三十年，体悟到了在中国做建筑师的那份深重与责任：“建筑的问题就是这样。它有很强的工程性。虽然你不能超越它，但它也有个性的一部分。难就难在这个地方。个人，一方面不能超越物质那一部分，另外也不能超越社会不接受的部分，建筑比其他的艺术更难。”[6]早在“三反”、“五反”期间，当冯先生开始接手同济和平楼的设计时，在项目资金匮乏且话语权有限的条件下，冯先生还是想方设法要让和平楼身上体现出一点点他所追求的“建筑动作”来。他说，“我把底下的窗稍微（做）窄一点，上头的窗稍微宽一点。这样就使得两层楼的建筑看上去底下稳一点，上头稍微轻一点，是不是？我说这个是什么道理？我在那种心情之下，回到图纸上还是要略微弄得有点花样，有点意思在那儿。这个意思当然是很小的一点意思，动作也很少，但是我认为这种地方正是建筑需要的。”[7]

我们是到了1990年代才开始呼吁建筑要“以人为本”，而冯先生的和平楼早就埋下了面向人性的如此细腻的建筑诠释。惭愧呀，我从和平楼前走过了无数次，偶尔会感觉到那栋小楼传递来的温暖，但我从未意识到我的感受源自设计师埋下的“建筑动作”。像入口处骑楼式的做法，半隐了入口，没有那么直白，同时弥散出一点民居的味道来。这些地方就是冯先生所言的“这种地方正是建筑需要的”东西。

从建筑本体到窗台设计，冯先生几十年来百转千回地试图打通亘在“思”与“筑”之间的阻碍，其结果之一就是我们后来每逢听冯先生点评历史与建造时，总有那种破墙而出的畅快。譬如读到，“秦始皇向往仙境，这个‘神’是‘示’补，‘仙’是‘人’补，皇帝憧憬的极乐世界以及从神近乎人化了，人殉到了尾声。极乐世界接近了人间，才出现园林，人才对自然不再抱有恐惧”[8]，我即刻被震了一下，我的脑海里会浮现出冯先生指点园林流变时的身形与意气，通达透彻，入木三分。

这些都是日后的感悟。我初访方塔园时全然不知何谓“宋意”，何谓“现代构成”，但在方塔园身上看到了建筑先例有了再生的可能，而且基地条件[9]也会衍生出园子的整体叙事。这次踏访成了我日后对方塔园进行记忆重构的一张底图。

等我在1988年年底读到《何陋轩答客问》时，我已经出国留学有段时间了。我在1987年参加纽约水岸设计竞赛时，跟着加拿大老师和同学们去了一趟埃森曼（Peter Eisenman）的事务所，听埃森曼滔滔不绝讲了一个上午，回来后，根据自己的笔记和阅读，写了篇介绍埃森曼创作手法的文章[10]寄给了《时代建筑》。巧了，冯先生的《答客问》也发表在同一期上。编辑徐洁在给我寄来的杂志里留了一张纸条，嘱我细读冯先生的文章。我离开上海时，何陋轩尚未建好。此时，看到杂志上那茅屋一般的形象，不禁大为所动。我那时也参加了一个园子的竞赛，听冯先生言到：“禹锡《陋室铭》，铿锵隽拔，不在长短。建筑设计，何在大小？”可谓字字入心，我选的基地好像也只有半公顷大小。

那篇《何陋轩答客问》向我敞开了设计的另外一个维度。我之前从没想过设计可以这么平民化，又如此恣意狂放、颇具禅意。诚然，我当时人在海外也就根本搞不清楚这文章的一问一答间冯先生还要告诉别人，“我是‘独立的，可上可下’”[11]。同样，我那时亦不可能读出其设计过程中的各种指涉与观照[12]。我在彼时彼地透过文字和图片倒是看见了一颗狷狂的文人心。

却说那日放下手中的杂志，竟呆了半晌。阅览室对着的庭院里已堆满了白雪，我在脑海里则努力搜寻着我对冯先生的印象，结果，时间定格在了某个初冬的下午。我们几位同学在129礼堂操场上踢完了球，汗流浃背地遛到了文远楼前的那片草地。不知谁踢偏了一脚，把足球踢到了路上，恰巧冯先生从那里经过，随性一脚，又把皮球给踢了回来。几位同学笑着给冯先生鼓起掌来，而冯先生呢，也点头笑笑，双手仍旧插在袖管里，径直走进了文远楼里。我对我们这位老系主任的印象也就定格在了那倏然隐去的背影上。

这一印象随着时光的流逝失去了细部，变成了深刻的剪影，以至于后来的三十年里，我常觉得我个人的学术成长总跟文远楼里的那个背影有关。

作为同济人，不管我人在国内还是海外，我对有关方塔园的消息保持着持续的关注。然而，再访方塔园的机会好像次次错过，一直到了2007年，“到方塔园去”已经变成了一种学术必然。因为我应承了在2007年年底要在广州华工的讲座上，跟同学们探讨一下19世纪末叶滥觞的“神智论”（Theosophy）与风格派（De Stijl）乃至包豪斯（Bauhaus）的微妙关联；还有，我想梳理一下充斥在斯卡帕（Carlo Scarpa）和霍尔（Steven Holl）等人作品中那些碎片般的缺口到底跟风格派有着怎样的似与不似[13]。这个话题，从1980年代末起，就尾随着我。

重读杜斯伯格（Theo van Doesburg）的《新造型艺术原理》，让我再次领略了1920年代现代派话语中的强硬、激进、乐观与决然。当年风格派成员们所签署的《宣言》[14]裹挟着那个时期荷兰艺术家们所期待的“现代性”（modernity）[15]。他们的立场是国际性的，号称自己是进步的，最终要通过行动在未来解决所有的问题。他们身上没有丝毫对过去的留恋。作为思考生活的方式，风格派《宣言》也把艺术形式与客观、普遍、构成性联系了起来，起码在绘画上是这样。风格派画家们都试图把绘画艺术从对自然的模仿中解脱出来，既不推向印象，也不推向人群，而是推向开放的宇宙[16]。蒙德里安的话就佐证着这一立场：“在自然界，形式（肉身性）是必要的：在自然界，我们所看到的一切都只能通过形式呈现，而形式则要通过（自然的）色彩可见……在艺术中，我们对普遍性（的关系平衡造型性）进行直接的造型表达，对非肉身性的东西进行体验，并因此剔除蒙蔽着永恒的暂时性。”[17]从此，我们也在蒙德里安的画中只看到水平与垂直线、直角、三原色，当然，这些线和块面的不均匀构成是漂浮在无框的画面上的。

我从蒙德里安、杜斯伯格、康定斯基、伊顿等人所相信的“联觉”以及声音、色彩与形式的对应关系溯到了神智论的影响[18]。而风格派艺术家们的实验远不只理论上的。他们的色块构成很快就从画布落到了建筑身上。他们会给房子室内墙上刷上大小不一补丁般的色块，希望通过那种色块的叠加，将建筑墙体从盒子状态分解成为板块，主要是在空间感觉上，让那些补丁般的缺口承担消解封闭空间，走向开放宇宙的任务[19]。最终，这类新造型主义的三维绘画实验演化成了诸如施罗德住宅（Schroder House）的板块状墙面以及密斯巴塞罗那展览馆（Barcelona Pavilion）身上那些各自独立的墙们。

是的，我所追溯的就是上世纪初年发生在欧洲现代主义建筑场里有关空间构成的一段演化史。它杂合了一堆新旧时代的宇宙论，一些良莠并在的画论和设计原理，最主要的，它所展示出来的现代性，奋不顾身地拥抱着技术、理性、客观性以及打破国家与地域界限之后的国际主义。然而，这现代性并不是真空标本，等现代建筑运动发展到斯卡帕那代人的时候，风格派的决然和激情都已平息。斯卡帕根本就不洗刷传统，他是不是个开放宇宙论者都另当别论。于是，我们在布里翁家族墓地（Cimitero Brion, San Vido d'Altivole）里即使目睹了一条嵌在墙上白色、黑色、金色、银色和其他色彩的玻璃马赛克的“天际线”，它也不一定只代表无垠宇宙，如萨博尼尼（Guiseppe Zambonini）所言，那更多的是“一个关于内心故事的水平展开的情节”[20]，是生者与死者、今生和往世的对话。在那一刻，在那个墓地里，现代性变得感伤起来。而在维罗纳古堡博物馆里（Museo di Castelvecchio, Verona），蒙德里安式的不规则窗棂、刻意破掉框子的石灰华铺地、带着缺口的水泥墙们，既没有沦落成为无关痛痒的形式手段，也基本告别了杜斯伯格那乌托邦的口味。它们成了插入历史遗迹中的当下姿态，因与旧建筑的反差，让记忆震荡了起来[21]。

对斯卡帕建筑的研读，让我不由得想起了冯先生设计的方塔园。我问自己，冯先生的方塔园呈现给我们的又是怎样一种现代性呢？冯先生几十年来不断强调要用“情”克服技术的“冷”，在方塔园身上实现了吗？这一好奇让我生发了重返方塔园的强烈渴望。

2009年12月，正当我准备启程去广州时，传来了冯先生过世的噩耗。想到一年前在网络上看到冯先生在深圳获奖时的情形，颇有些愕然。愕然之余，再也没了托词。我在广州讲座结束后，去了苏州，又从苏州坐上了开往松江的长客，去完成一次我个人对冯先生的拜谒和凭吊。

我差不多有十年时间没再走过苏州到松江的这条线了。昔日的河汊沟渠填的填，断的断，或是被高速路所覆盖。冯先生当年所赞美的庑殿顶农居所剩无几。加油站、仓库、停车场、楼群，成了沿途常见的地标。

去年此时，寒流压近上海，方塔园里一片阴霾。寂静里，一个节点一个节点地看过来，感慨油然。有关方塔园作为冯纪忠建筑创作“与古为新”的价值已经被讨论过多次，这里，我只想回到前面我的那个疑惑上去：与西方现代建筑大师对于现代性的阐释相比，冯先生的方塔园到底有着怎样的不同与贡献呢?

我还是从“赏竹亭”处那条一半处在屋檐内一半处在屋檐外的石凳讲起吧。如果我们把它视为是一种“空间构成”要素的话，无疑，这种说法完全成立。它导引着游人的视线，跟不远处的石马构成了类似巴塞罗那展览馆中墙体与雕塑的微妙关系；其次，它强化着路径，又将场地划分成为左右两块。在这个意义上，它就是规定空间的界面。然而我们不该忘记，这个长条的家伙毕竟同时还是一条石凳。雨天、晴天，夏天、冬天，人多、人少，游人是可以选择坐在这条长长的石凳上，并且根据天气和心情，去选择坐下的位置。这让它彻底区别了那种只能看而不中用的空间构成要素。冯先生很看重这个“用”字。然而，也就在这个“用”字上，冯先生同样破掉了传统定式。在任何一个中式的亭子里，鹅颈椅或是美人靠不外是绕着亭子比较老实地作为边缘坐席出现的。冯先生则说，“那个草亭子其中的一个座位是伸出去的，至于这个亭子上头的草顶，我不管它了，反正蛮好嘛，这个亭子特点就在这个地方。”[22]冯先生用看似随意的一推，就把习惯作法中总是处在四周的长凳，推到了亭子的中央。不仅如此，妙就妙在，那石凳且从草顶下飞将出去，绵延向竹林。这就等于把石凳“用”的定式解开，注之以新的价值与身份。

可以这样说，在方塔园里我们所看到的貌似风格派手法的切口、残缺、块面化细部都有这种妙意。它们多是对于中国传统定式的破解与再造。塔院围墙本可以被连起来，再开上几道角门。五老峰前铺地的残角也可以被补满，只要让石头挪挪位置。可是冯先生在这些我们习以为常的所谓白墙灰瓦和青石铺地的传统做法身上，只消这么一撕，这些本来已经沉入定式的套路就具有了陌生且灵动的开放感。当塔院遭遇了广场，最终出现了开放的墙；当何陋轩从高处伸到水边，它的围合变成了流动的弧面镂空矮砖墙；当河道被扩大成为水面时，水系衍生出一种新的尺度；当草地变成草坪时，在遗址身边出现了现代公园的要素。如前所述，这不是彻底让人头晕目眩的未来感或是不可融化的抽象感，而是意料之外情理之中的以现代西方建筑的基本构成手法，向基地自身故事和历史回望的“建筑动作”。

这种封闭与开放的对话也同样出现了在了斯卡帕古堡博物馆墙面的撕口上（我不知道冯先生是否讨论或解析过斯卡帕的作品。或许这对我来说已经不太重要，因为我只是想说二位大师共享着某种对于历史的敏感）。在斯卡帕的建筑身上，这种撕口，一来可以破掉新墙的完型，使之没有那么强势；二来，恰好可以通过缺口去做新旧建筑的对比，形成一种类似考古层累的姿态，以一种蒙德里安抗击封闭的视觉美学手段，去反衬展品或是旧建筑身上的斑驳肌理。

不过在方塔园里，诸如何陋轩周围的那些切口在日常生活中还兼任着平台上的排水功能。这就让冯先生的作品远离了斯卡帕细部的精致，更具人间烟火。冯先生的何陋轩可不是在“看的目光”中老去的，而是在脚的践踏、烟熏火燎、满地流水的状态下老去的。怎么说呢？这倒不由得让我想起海德格尔（Martin Heidegger）对于凡 · 高（Van Gogh）画中农妇破鞋的那句由衷赞美：“凡 · 高的油画揭开了这器具即一双农鞋真正是什么。这个存在者进入它的存在之无蔽之中。”[23]

当竹工们的劳作完成之后，何陋轩的命运也就交给了节气、使用和周围的水土；这个棚子来自田间山坡的茅草和竹材，根本比不过石头对于时间的抗拒能力。它们庇护棚下生命的过程也是它们自身消亡的过程。在它们的衰败中，何陋轩那种对于生命的庇护使命才能得以圆满。从一开始，从冯先生下笔时，这个简朴又温和的“陋轩”根本不奢求自己肉身的永恒，它的老去和更新恰恰成就了“何陋轩，何陋之有”的内核。

这是冯先生到了晚年才在设计中抵达的圆融境界吗？还有，冯先生在方塔园里，还采用了一种跟斯卡帕相近且很能体现冯先生性格的设计策略，那就是用平面定位线和竖向标高去讲述基地故事的手法。

我们都知道文艺复兴的建筑师们特别痴迷于在建筑的平立剖上埋下具有神性比例的“线构”（lineamenta）。而到了斯卡帕这里，他用一些跟基地具体历史有关的特殊或是偶然性的几何控制线丰富了以前那种普世性的线构。譬如，在维罗纳人民银行（Banca Populare di Verona）的立面上，那些窗子的转角都不是真正的90度角，而是来自该基地里罗马遗迹的88.5度转角[24]；在威尼斯斯坦普里亚基金会（Fondazione Querini Stampalia，Venice）室内的细部上，我们会看到诸如不同高度上石灰华之间被刻意显露出来的接缝。这些接缝对应着室外小桥的桥面高度。而靠近运河一侧跟旧建筑脱开的新墙的高程设计，记录了发生在过去的洪水水位标高[25]。也就是说，斯卡帕设计中的诸多几何控制线悄悄地带入了某些基地历史的线索。而我在方塔园里亦惊喜地发现，原来整个园子的水平和竖向控制线里，也有类似的历史或是自然史的刻写。

像标高，方塔园里的标高设计非常复杂：

北入口：+ 5.03米；北路径中段高处：+5.80米；北入口处土丘最高处：+6.5米；天后宫台基：+ 5.4米；天后宫台基与广场之间的台基：+ 6.8米；方塔地面：+ 4.17米；周围地面：+4.7米；广场：+ 3.5米；照壁底部：+4.67米；照壁前水池平台：+4.10米；西南原

有小土丘：+10.5米；塔西原有小土丘：+10.3；东北角原高：+6.0米 改造为+8米；东入口：+4.14米；东北角堑道起始平台：+5.4米；堑道升高到：+6.2米；堑道结束处：+4.2米……

如冯先生在《方塔园规划》一文中所给出的解释那样[26]，塔院广场的标高为+3.5米，这是当地洪水水位的高度。它也是冯先生为了要突出方塔的高耸，所能够下挖的最低极限；方塔的地面标高为+4.17米，明照壁底部平台标高为+4.67米，这类标高其实都是方塔园未建之前，松江古兴圣教寺和三公街的历史标高。如果我们比对一下旧日地图和方塔园标高设计，冯先生对于历史遗存的标高一个都没有动，不仅没有动，还赋予了它们一定的纪念性；而在另外一类属于浅丘或是河道地貌的标高上，冯先生基本上基于原来地貌特点做了一定程度的特征放大。比如，在园子西南角，原本地势就不低+10米，那么冯先生造林时，把挖河道里的土又堆到这片土丘上，冯先生说，这个方向上，园子外面的建筑实在煞风景；还有就是基地东北角，那是过去关帝庙的基地，+6米标高，冯先生在这里做到+8米，也对这个方向进行了遮挡。

与斯卡帕那种类似藏头诗般的历史遗存标高设计法相比，冯先生的标高设计也更倾向于实用性的考虑。不过，在我看来，冯先生还是有意无意间以他行事的性格完成了两件重要的事情。一个，冯先生同样以类似考古学家的敏感，最大限度地保持了历史遗迹的历史定位；其次，他总在"放大"着这些历史遗存在空间范围上的影响力。

让广场全面下沉以便突出方塔的高耸，这点，我们前文已经说过了。而当我们沿着被扩大的水体北岸向东走去时，我们会在笔直的硬岸线上看到一石尺码的错位。当我们回到总平面上看时，这个看似偶然的错位点，大体对应了方塔东侧的檐口线。隔着一道围墙，隐约之间，方塔的影响力就这么弥散了过来。也许我们根本就不会注意到这种关系，也许看到了，仅仅将之视为是一种形式游戏而已，但那确是多年前冯先生在园子各处为方塔身影悄悄埋下的伏笔。它也是那种冯先生很在意的"建筑动作"。

我是在下午近4点时才从松江搭长途车返回上海的。去年的上海正在筹办世博会，到处都在忙着修路。车子进到徐家汇就被堵得寸步难行。我换了一辆出租，上了高架，往同济奔来，却同样被堵在车潮里。透过车窗，看着傍晚时分大上海绚烂的灯火，我又开始回味起白天的经历。时隔二十六年，冯先生再一次让我望见了那个隐去的背影，先生的作品真是常看常新。二十六年后，我从冯先生的作品中所发现的已不再只是立意高远，还有他留在人世的一抹温情。先生从基地出发，从普通建筑的基本问题出发，消解了风格派积极革命态度背后的对抗、虚无和痛苦[27]，同时，也改造了我们传统的自满与封闭。他没有把传统的再造仅仅理解成为形式的纪念性，没有。他也没有把现代建筑创作推向非此即彼的绝境，没有。就在建筑泛滥成为一种喧嚣的时代奇观时，冯先生把建筑身上的现代性诠释成了一种可以跟祖先对话并跟普通人生命相融的绵长。做到了这个份儿上，冯先生的方塔园算不算是对中国现代建筑发展的重要贡献呢？“建筑比其他的艺术更难”，这是冯先生多年前的慨叹。幽暗中，我听到了心跳。

从同济去方塔园的路并不好走，回来的路也很难。

（原载《时代建筑》2011年第1期）

1 心理学里管那些通过施加意愿所唤起的各种线索都叫做自愿性记忆，从中意识可以寻找对于过去经历的重现；而非自愿性记忆往往是很难靠意愿唤起的线索，可能是其他记忆的副产品或是一些珍贵或不太珍贵的片段。这个词现在倒是经常被用来形容斯卡帕等人的作品特征来，所以，此处我也就转用一下，去描述我对初访方塔园某些细节的不自觉忘记。

2 我会大致上把那次初访方塔园的时间设定为 1983 年，因为转过年来就从各类媒体那里听到了各种对于方塔园的非议。是春天吗？好像。可是与我们乘着校车同去方塔园的王扣柱辅导员该是那年秋季才开始留校任教的。

3 冯先生自己后来认为，那不算是深思之举，真的造出来，也会不满意的。

4 折合成 1979 年的美元市值为 685 美元。 在 1970 年代末、1980 年代初，1000 元人民币每平方米的造价可谓天价。当时很多机关厂矿职工的月薪也多在几十元人民币的水平。

5 见冯纪忠，《与古为新：方塔园规划》，第 149 页。

6 见冯纪忠，《建筑人生：冯纪忠访谈录》，第 86 页。

7 见冯纪忠，《建筑人生：冯纪忠访谈录》，第 35 页。

8 见冯纪忠，《建筑弦柱：冯纪忠论稿》，第 125 页。

9 冯先生自己这样解释北门的设计：“一个横着的，一个竖着的，它们是错开的关系。因为错开，有点距离嘛，所以老远看着，它有点歇山的感觉。因为它是朝北的，是从北面看嘛，太阳总照不到，它主要是一个面起作用……”（见冯纪忠，《与古为新：方塔园规划》，第 141 页。）这段话平和地道出了冯先生对民居意象以及现场直观感受的重视。

10 这篇文章如今看来既没有真正揭开“解构主义”（Deconstructionism）的来龙去脉，也没有真的搞懂埃森曼的句法渊源，跟冯先生的《答客问》比起来，鲁莽草率毕显。

11 见冯纪忠，《与古为新：方塔园规划》，第 74 页。

12 冯先生在 2007 年的回顾中说，何陋轩的“动感”比巴塞罗那展馆大一点；何陋轩的弧墙堪比博洛米尼（Francesco Borromini）对圣玛利亚教堂墙面流动的处理（冯纪忠语，见冯纪忠，《与古为新：方塔园规划》，第 106 页）。注：如果指外墙的流动，此处的“圣玛利亚教堂”很可能指圣卡洛教堂（San Carlo alle Quattro Fontane）。

13 参照 Anne-Catrin Schultz, Carlo Scarpa: Layers, 2007。

14 “（1）我这里所代言的荷兰风格派，源自接纳现代艺术后果的必然性；就是说，要针对普遍性问题，找出实际的解决方案。（2）对我们来说，最重要的就是建造，而建造就是把我们所能拥有的手段组织成为某种统一性。（3）这种统一性只有通过克制表现方式中那些武断的主观要素才能够实现。（4）我们拒绝对于形式的一切主观化选择，我们将采用客观、普遍、构成化的方式去选择形式。（5）我们管那些不害怕艺术新理论后果的人，称为进步艺术家。（6）荷兰进步艺术家们最先采纳了一种国际化的立场，即使在一战期间……（7）这种国际化立场源自我们工作本身。亦即，源自实践。在其他国家那里，同样的必要性也出自进步艺术家们的发展。”（见 Theo van Doesburg, *Principles of Neo-Plastic Art*, 1968, p.2。）

15 有关现代性（Modernity）的概念，哲学家哈贝马斯（Jurgen Habermas）曾在《现代性——一项未竟的工程》中给出过一次从古到今其历史语境的综述，显然，在古代，人们对于“现代”（modern）的意识在于要从当下和过去的关联中去寻找新与旧的过渡。亦即，这种对于“现代”的意识并不排斥传统。自 18 世纪的启蒙运动之后，出现了根据科学、道德和艺术的自身内在逻辑去发展“客观科学、普世性道德观和法则，以及自主性艺术”的有关现代性的庞大工程（见 Jurgen Habermas, *Modernity——an Incomplete Project*, 1983, p.9）。现代性显然成了基于普世理性、强调自主、拥抱开放的思维方式和社会运动。在这种激进的革命态度下，传统开始受到了极大的挑战。“现代性拒绝传统的任何规范化要求；现代性生活在对于所有规范的造反的体验之中”（Jurgen Habermas, *Modernity—— an Incomplete Project*, 1983, p.5）。我们因此也就颇能理解，在风格派的先锋艺术家那里，现代艺术是要朝未来看的，可以与传统无关的。对此海尔蒂·海尼（Hilde Heynen）将之概括为先锋艺术的无根性（rootless）（见 Hilde Heynen, Architecture and Modernity: a Critique, 1999, p.9）。

16 这份 1922 年的《宣言》主要是杜斯伯格一人的手笔，毋庸多言，在这个新立场与新艺术的形而上学光环下，风格派这个小团体里也是充满了差异性的。里德维尔德对于家具线条直线化的处理可能更多地源自车床加工木料时的技术理性，而蒙德里安对于直线的恪守根本在于他认为宇宙万物皆可被削减成为水平与垂直的矛盾。基于这一点，蒙德里安并不认为自己是在画着一些莫名其妙的抽象画，而是在画着很具象的宇宙深层结构。

17 见 Mondrian, *The New Art——New Life: The Collected Writings of Piet Mondrian*, 1986, p.49。

18 见 Annie Besant & C.W. Leadbeater, *Thought Forms*, 1980。

19 见 Friedman S. Mildred, edited, *De Stijl: 1917-1931, Visions of Utopia*, 1982；Nancy J. Troy, *The De Stijl Environment*, 1983；edited by Carel Blotkamp , *De Stijl: the Formative Years 1917-1922*, 1986。

20 见 Guiseppe Zambonini,“Process and Theme in the Work of Carlo Scarpa”, in *Re-Reading Perspecta: the First Fifty Years of the Yale Architectural Journal*, 2004, p.475。

21 见 Anne-Catrin Schultz, *Carlo Scarpa: Layers*, 2007, p.60。

22 见冯纪忠，《与古为新：方塔园规划》，第 59 页。

23 见海德格尔，《艺术作品的本源（1935—1936）》，《林中路》，孙周兴译，第 19 页。

24 对此，萨博尼尼曾写道：“从布里翁家族墓地开始，斯卡帕就开始发展一种更为抽象的态度，一种近乎建筑沉思般的更加默默思考的成熟。从这时开始，斯卡帕的每个方案都全部变成了他一个人的设计，通过提出具有挑战性的问题，斯卡帕成了能回答那些问题的唯一的人。斯卡帕顽强地思考着从之前项目积累下来的各种问题，越想越深。在维罗纳人民银行那里，斯卡帕在拆掉原来的建筑后，在拥挤的罗马方格子之间，建立了一个巨大的虚空。在这栋建筑身上，平面形式和立面是彻底脱钩的。为了寻找一种非常艰难的挑战，斯卡帕决定拿来老楼平面上所谓直角转角上 1.5 度的偏差，让这种角度差，贯彻到了整个新楼的任何角落”（见 Guiseppe Zambonini,“Process and Theme in the Work of Carlo Scarpa”, 2004, p.473）；另一位斯卡帕的评论者科里帕（Maria Antonietta Crippa）也写到，“这似乎显示出来斯卡帕对于习惯做法的一种无法忍耐，甚至到了一个程度，想要抗拒功能性”。见 Guiseppe Zambonini,“Process and Theme in the Work of Carlo Scarpa”, in *Re-Reading Perspecta: the First Fifty Years of the Yale Architectural Journal*, 2004, p.473。

25 见 Guiseppe Zambonini,“Process and Theme in the Work of Carlo Scarpa”, in *Re-Reading Perspecta: the First Fifty Years of the Yale Architectural Journal*, 2004, p.472；Kenneth Frampton, *Studies in Tectonic Architecture: the Poetics of Construction in the Nineteenth and Twentieth Century Architecture*, 2001, p.299。

26 见冯纪忠，《与古为新：方塔园规划》，第 123—128 页。

27 见 Hilde Heynen, *Architecture and Modernity: a Critique*, 1999, p.27。

参考文献

1. Annie Besant & C.W. Leadbeater, *Thought-Forms*, Wheaton: the Theosophical Publishing House, 1980.
2. H.P. Blavatsky, edited by Joy Mills, *The Key to Theosophy*, Wheaton: the Theosophical Publishing House, 1972.
3. Carel Blotkamp, edited, *De Stijl: the Formative Years 1917-1922*, Cambridge: the MIT Press, 1986.
4. Francesco Dal Co & Giuseppe Mazzariol, *Carlo Scarpa 1906-1978, Complete Works*, Milan, 1984.
5. Theo van Doesburg, Janet Seligman translated, *Principles of Neo-Plastic Art*, Percy Lund, Humphries & Co. Ltd., 1968.
6. Kenneth Frampton, *Studies in Tectonic Architecture: the Poetics of Construction in the Nineteenth and Twentieth Century Architecture*, the MIT Press, 2001.
7. Manfred Bock, Mildred S. Friedman &Walker Art Center, edited by Mildred S. Friedman, *De Stijl: 1917-1931, Visions of Utopia*, Walker Art Center, 1982.
8. Jurgen Habermas, "Modernity: an Incomplete Project" , in *The Anti-Aesthetic: Essays on Postmodern Culture*.
9. Hal Foster, edited, *Culture*, Bay Press, 1983, pp.3-15.
10. Hilde Heynen, *Architecture and Modernity: a Critique*, the MIT Press, 1999.
11. Wassily Kandinsky, edited by Kenneth C. Lindsay & Peter Vergo, *Kandinsky: Complete Writings on Art*, Boston: Da Capo Press, 1982.
12. Sergio Marinelli, *Carlo Scarpa: il museo di Castelvecchio*, Venezia: Electa, 1996.
13. Piet Mondrian, edited and translated by Harry Holtzman & Martin S. James, *The New Art—New Life: The Collected Writings of Piet Mondrian*, G.K.Hall & Co., 1986.
14. Anne-Catrin Schultz, *Carlo Scarpa: Layers*, Axel Menges, 2007.
15. Nancy J. Troy, *The De Stijl Environment*, the MIT Press, 1983.
16. Carter Wiesman, "I.M.Pei: a Profile in American Architecture" , Harry N. Abrams, 1990.
17. Michael White, *De Stijl and Dutch Modernism*, Manchester University Press, 2003.
18. Guiseppe Zambonini, "Process and Theme in the Work of Carlo Scarpa" , in *Re-Reading Perspecta: the First Fifty Years of the Yale Architectural Journal*, edited by Robert A. M. Stern, et al., the MIT Press, 2004, pp. 467-492.
19. 海德格尔，《艺术作品的本源（1935—1936）》，《林中路》，孙周兴译，上海译文出版社，1997 年版。
20. 冯纪忠，《与古为新：方塔园规划》，赵冰主编，东方出版社，2010 年版。
21. 冯纪忠，《建筑弦柱：冯纪忠论稿》，上海科学技术出版社，2003 年版。
22. 冯纪忠，《建筑人生：冯纪忠访谈录》，上海科学技术出版社，2003 年版。
23. 赵冰主编，《冯纪忠与方塔园》，中国建筑工业出版社，2007 年版。

第三届中国建筑传媒奖章程

第一条：定义

中国建筑传媒奖是中国首个侧重建筑的社会评价、体现公民视角、实现公民参与，以“建筑的社会意义和人文关怀”为评奖标准的建筑奖；是中国首个将两岸四地的建筑全面纳入评奖范围，实现评委对参赛作品先实地考察再评选的建筑奖。

该奖项由“南方都市报系”发起，由《南方都市报》、《南都周刊》、《风尚周报》主办，并联合《建筑师》、《时代建筑》、《世界建筑》、《domus 国际中文版》、《新建筑》、《世界建筑导报》、《住区》、建筑中国等国内主要建筑媒体共同举办。

第二条：口号

“走向公民建筑”。“公民建筑”是指那些关心各种民生问题，如居住、社区、环境、公共空间等，在设计中体现公共利益、倾注人文关怀，并积极探索高质量文化表现的建筑作品。

第三条：宗旨

将内地、香港、台湾、澳门四地建筑纳入评选范围，通过独立的评审机制，从专业、社会和文化层面，表彰两岸四地具有突出社会意义和人文关怀的优秀建筑作品。该奖项设立的目的还在于，让生活中无所不在的建筑，得到公众应有的关注，并借此促进建筑与社会的互动，推进公民空间建设和公民社会进程。

第四条：基本原则

中国建筑传媒奖侧重建筑的社会评价，是以建筑的社会意义及人文关怀为评选标准的奖项。该奖两年一届，下设杰出成就奖、最佳建筑奖、居住建筑特别奖、青年建筑师奖、建筑评论奖和评委会特别奖（机动奖，由评委会根据每届的评审情况决定）6 个奖项。各奖项各设大奖 1 名，获得者将获得奖杯、证书及奖金。

各奖项奖金（RMB，税后）数额如下：杰出成就奖 5 万元、最佳建筑奖 5 万元，居住建筑特别奖 2 万元、青年建筑师奖 2 万元、建筑评论奖 2 万元、评委会特别奖 2 万元。

第五条：组织机构

中国建筑传媒奖由组委会进行运营及管理，由提名及初评委员会和评委会进行提名及评审。

（一）组委会：成员由主办方组成，负责大奖的运营和管理。

（二）提名及初评委员会：成员约 10 人，由两岸四地重要建筑杂志主编和建筑学者组成，以确保奖项的专业性、学术性和公共性，所有提名人均以个人身份独立参与提名。提名委员会主席由提名人会议投票产生。

（三）评委会：成员在 5—9 人之间，由建筑师、建筑学者、人文学者及传媒人组成，以确保奖项的专业性、学术性和公共性，所有评委均以个人身份独立参与评奖（当值提名及初评委员会主席参与终评）。评委会主席由评委会推选产生。

第六条：奖项设置

中国建筑传媒奖下设杰出成就奖、最佳建筑奖、居住建筑特别奖、青年建筑师奖、建筑评论奖和评委会特别奖 6 个奖项。

（一）杰出成就奖：该奖项为人物奖。用以表彰在世的、有杰出成就，且对中国建筑发展起到重要推动作用的华人建筑师或建筑学者。

（二）最佳建筑奖：该奖项为项目奖。用以表彰深具社会意义和影响力、体现人文关怀、在空间营造上有突出贡献的建筑或城市设计作品（包括在两岸四地落成的外国建筑师作品）。 第三届参评建筑需在 2011—2012 年间在两岸四地落成并投入使用。

（三）居住建筑特别奖：该奖项为项目奖。用以表彰对探讨民众居住问题有启发意义，为中国居住文化发展起积极推动作用的居住建筑作品（含在两岸四地落成的外国建筑师作品）。第三届参评建筑需在 2011—2012 年间在两岸四地落成并投入使用。

（四）青年建筑师奖：该奖项为人物奖。用以表彰在两岸四地执业，年龄不超过 40 周岁（截至 2012 年 12 月 31 日），在建筑的社会意义和人文关怀上积极探索的华人建筑师（包括外籍）。第三届参评建筑师需在 2011—2012 年间，有富有上述意义的作品在两岸四地落成。

（五）建筑评论奖：该奖项为人物奖，用以表彰以中文写作，并深入评析中国当代城市与建筑的发展，弘扬建筑的社会意义和人文关怀，为建筑文化在大众传播方面起巨大推动作用的评论作者。第三届参评建筑评论家需在 2011—2012 年间，有 2 篇以上重要建筑评论作品在两岸四地媒体（含网络媒体）上发表。

（六）评委会特别奖：该奖项为机动奖。由评委会根据每届评审情况决定是否产生。

第七条：评奖流程

最佳建筑奖、居住建筑特别奖、青年建筑师奖采取个人申报与提名人提名相结合的方式进行，最终由评委会评选产生。

杰出成就奖及建筑评论奖由提名人提名，最终由评委会评选产生。

评委会特别奖由评委会根据每届评审情况决定是否产生。

具体程序：

（一）申报：可申报奖项为最佳建筑奖、居住建筑特别奖、青年建筑师奖。

（二）提名：提名人独立对所有奖项进行提名（每人每奖项提名数量为 1—3 个，不可空缺）。

（三）初评：初评由提名及初评委员会负责，初评包括两部分：1. 对申报作品进行评议、投票，选出提名作品；2. 对提名作品进行评议、投票，各奖项产生 3 个入围作品（各奖项可根据提名作品质量调整入围作品数量）。每个提名人每项奖提交 3 个入围作品，可提交自己提名的作品。入围作品得票需过半。

（四）公众投票：入围作品在中国建筑传媒奖官方网站公示，接受公众投票。各奖项中得票率最高的作品，在终评会占一票。

（五）评委考察：评委会对最佳建筑奖、居住建筑特别奖入围作品实地考察。

（六）终评：实地考察结束后，召开终评会议，投票产生获奖作品。所有获奖作品得票率需过半。

第三届中国建筑传媒奖提名名单

TJAD 办公楼

建筑设计：曾群、文小琴

提名理由：这幢停车库建于 1999 年，仅仅十年就终结了它最初的使命。如何运用现代设计手法，将“机器使用”的场所重新营造成为“人使用”的场所，创造一个开放的创意办公空间，这一理念的实现成为项目的最大挑战。改建基本保留了原有的三层混凝土结构，并通过钢结构加建两层作为中小型办公区域。加建部分似“玻璃盒子”悬浮于原结构上方，与原有混凝土建筑厚重的形体形成对比。

百子甲壹宋庄工作室

建筑设计：彭乐乐

提名理由：项目位于正在进行大量建设的北京通州宋庄艺术区内。用地面积将近 2 亩，东西长 50 米，南北长 25 米。建筑设计包括工作空间和生活空间两部分。建筑实践以对“自然、邻里、田园、环境”等问题的重新思考来展开，实践中国传统建筑意识的解决方法。将基地周边的主要特征（水面和植物）通过邻借、映衬状形传意等方式逐层地诱入并渗透到建筑内。

包头市图书馆、少年宫

建筑设计：曹晓昕

提名理由：为了充分发挥两个建筑的公共性，设计着力拓展两栋楼之间步行空间，将之拓展为连接两侧建筑的市民广场。受到内蒙古广袤草原延绵流动的地貌启发，图书馆、少年宫两栋建筑以流畅起伏的线条横贯整个场地，建筑形体彼此呼应，柔软的建筑屋面以草原丘坡的状态自然延续到广场，模糊了建筑和广场的界限，减少了对中心广场的压迫，更重要的是营造了为市民服务的积极流畅的公共空间。

北京建筑工程学院学生综合服务楼

建筑设计：胡越

提名理由：该建筑位于北京建筑工程学院大兴新校区内，是学生宿舍区内的一个小型公共建筑。该建筑提供的无柱大空间不仅为师生提供了一个可举办各种展览、文艺演出、社团活动及体育比赛的场所，其外廊形成的半室外空间亦将多样化的活动扩展至整个场地，形成了该建筑与周围学生宿舍楼之间的对话关系。整个建筑作为宿舍区可多功能使用的公共建筑，其创造的公共空间使整个学生宿舍区充满活力，并由此生动。

北滘文化中心

建筑设计：余啸峰

提名理由：佛山北滘文化中心项目用意探讨建筑在全球化时代如何承载本土价值，优先考虑把文化活动渗透入日常活动的可能性。从规划到空间设计，到建筑语言符号，处处渗透着本土文化，带给人一种亲切、熟悉却又焕然一新的感受，青砖黛瓦、窄巷漏窗，围合与融合的穿插，都在默默中传承着本土文化。文化中心是为市民服务的，也希望市民能真正地接受及享用。

北京侨福芳草地

建筑设计：徐腾

提名理由：本项目是一个技术创新特点突出的标志性商业办公大厦。设计采纳了目前最新颖的办公楼空间设计方法，包括人文、人体工效学、环保生态、节能技术、消防科学设计理念，为北京市开创了一个智能化环保商业建筑的先河。芳草地项目成功融合环保生态、节能科学理念，环保罩功能在不同季节时会作出空间环境调节。春秋季节为整栋建筑提供自然通风，夏季利用太阳热能提升气温，让热气在高层排放时于交通地带制造出大量风流。

茶园小学震后重建

建筑设计：aYa 阿尼那建造生活

提名理由：茶园小学设计试图将“建筑”的概念还原为民间建造的“房屋”的概念，让设计者摆脱形式的桎梏。结构体系参考当地传统穿斗式房屋进行转化，采用传统榫卯连接的木结构，与前廊结合的教室——宿舍和办公室——服务设施两条轴线沿着用地边界的两个方向依次伸展，最终在半室外的活动空间交汇，成为了重要的空间转换场所。

成都“醉墨堂”

建筑设计：刘珩

提名理由：建筑设计概念来源于苏轼的《石苍舒醉墨堂》，“惟见神采，不见字形”—— 形与影通过“水”的媒介穿越整个设计的过程中；“草书”般写意的空间和形态，飘逸的大屋顶倒影在墨池上。方案设想院子的地块原来是规整的四边形，里面布置了传统的四进建筑院落空间。外界挤压，地块发生倾斜，院落因此发生变形，通过“水池”形成自由而流动的形态，与地块取得呼应的同时仍然保持规整的空间形态。

过山车

建筑设计：空格建筑

提名理由：改造旨在为学校提供一个鲜明可辨的形象，重新定义现有公共空间。项目提出了一个连续弯折类似“过山车”的带状形象，通过三维折叠，创造了一系列与环境融合的空间，包括开放式的花园、阴影展馆和展览小径等。整个弯曲形态完全考虑了保留广场现有的树木以及利用现有树冠投射下的阴影，令建筑建成的伊始，就具有成熟的使用形态。

红砖美术馆建筑与庭园

建筑设计：董豫赣

提名理由：项目为农业大棚改造，改造后的功能为美术馆，庭院部分涵盖餐饮、办公，北部园林则提供游憩。作为对西方建筑与景观专业分离的批判，红砖美术馆的建筑与庭园设计分三部分展开：一方面，以白居易的《大巧若拙赋》对“巧”的匠心要求，将原有大棚的简陋空间改造为意象密集的美术馆展示空间；另一方面，为改观当代景观图案式设计的乏味，本设计借鉴中国园林长达千年的城市山林的经验，并尝试经营出可行可望可居可游的密集意象。

九间堂公共区域改造

建筑设计：俞挺

提名理由：九间堂 1、2、3 号院于 2007 年建成，当初均为矶崎新设计，功能分别为会所、办公和画室。2011 年建筑师对之进行了改扩建：在会馆里增建一个昆曲舞台；办公改建成一个国学院；画室扩建成私人画廊和新画室。《长生殿》昆曲舞台的改建为了不改变下沉式庭院的现状，建筑师将包厢和剧院这两个方盒子放在庭院之上，水池、鱼、树木原样保留，通体的白色连接起所有的空间、屋顶和四周的帷幕。

昆山有机农场系列 —— 采摘亭

建筑设计：直向建筑设计事务所

提名理由：项目场地位于昆山西郊巴城县境内，紧邻阳澄湖，现状是一片空旷的有机农田。“水平”是农场给人留下的强烈的第一印象，也是系列建筑中每一个单体希望回应的主题。采摘亭横向舒展的建筑形态呼应着场地的水平性，这种关系被漂浮的金属挑檐进一步强化，挑檐下方的区域成为建筑和自然景观之间的过渡空间，使建筑和自然的边界不再生硬。

零碳天地

建筑设计：吕元祥建筑师事务所

提名理由：建筑物是温室气体排放的主要来源，为应对气候变化，建造业对于减排担当着重要角色。香港九龙湾零碳天地项目秉持零碳、零废、环保运输、环保物料、环保用水、多样性、环保及公平贸易等原则，功能包含展览及教育场地、办公室、会堂、休憩区、广场、室外展区、香港首个都市原生林以及绿色茶室，向本地及世界各地的建造业展示环保建筑的尖端科技及先进设计，并提高市民对可持续生活模式的认知。

勤和避难屋

建筑设计：谢英俊

提名理由：避难屋不是永久性的构造物，所有的构建都是必须可以拆除的。因此设计时采用可回复的工法，材料将来居民可回收，或直接再利用，或回归土地，减低对环境的冲击。最不易回复的钢筋混凝土，只用在地基等必要之处。门窗关系通风、采光与安全，除了山区较大的风势，同样满足低预算、自行组装、可回收等限制。由于没有污水处理系统，尿粪分集厕所成了合乎卫生与生态永续的解决之道。

青浦青少年活动中心

建筑设计：大舍建筑事务所

提名理由：青浦青少年活动中心位于青浦的东部新城，青浦新城相对老城而言，尺度变大了，道路通直，建筑离道路的距离因为统一而机械的规划控制呈现出单调与疏离。青浦青少年活动中心建筑根据具体的使用特点，将不同的功能空间分解开来，化为相对小尺度的个体，再利用庭院、花园、广场、街巷等外部空间类型将其组织在一起，从而成为一个建筑群落的聚合体。

上海当代艺术博物馆

建筑设计：章明、张姿

提名理由：作为2010年上海世博会后续利用与开发的重点项目，上海当代艺术博物馆由世博会城市未来馆改扩建而成，而城市未来馆的前身则是建成于1985年的上海南市发电厂主厂房及烟囱。经历了全方位改造后的原南市电厂已经蜕变为功能完善、空间整合、动线清晰的充满人文气息与艺术魅力的城市公共文化平台。

台湾大学博雅教学馆

建筑设计：蔡元良

提名理由：博雅馆为大一大二学生进行通识课程之教学大楼，地处校园中心，公共性原就较高，加上设计者蓄意发挥，不但制造多方向出入口，又融合周围环境形成多种多层次室内外公共空间，各种空间之间流动通畅，让博雅馆成为台大校园中的一处新公共空间。其积极扮演环境中之整合者角色，堪足赞许。

台湾历史博物馆

建筑设计：竹间联合建筑师事务所

提名理由："国立"台湾历史博物馆作为一个代表族群历史、文化的博物馆建筑，除了满足内在的机能，也试图追寻其意象的自明性。然而在忠实于现代主义的本质与抽象性下，仍然避免局限于后现代符号性的象征与假借。在此选择以"渡海"作为台湾族群集体记忆基因，以地景叙事的方式，逐步开展台湾历史，让空间来诉说先民经验。

唐山博物馆改造扩建

建筑设计：都市实践
提名理由：唐山博物馆前身是三座呈“品”字形的旧“万岁馆”，经历了大地震的考验，是建筑古董。项目在新旧建筑体量处理上，加建部分成功地使旧建筑主体突出，并弥补了其尺度失调的不足。在材料处理上，大胆地采用了超白彩釉玻璃这一现代材料，既拉大的新旧建筑之间的时代距离，又弱化了新建筑的体量，同时突出了旧建筑。

天津文化中心

建筑设计：天津市城市规划设计研究院
提名理由：在这个项目中，政府办公职能让位于市民文化服务功能而退出中心城区优越地块的举措，表达了政府在提高市民文化生活质量上的努力探索。整个项目统筹于以“文化、人本、生态”为主旨的“城市客厅”概念下，中、德、日、美四国 12 家设计单位成功地完成了一次非常理性的集群设计实践。

西藏雅鲁藏布大峡谷艺术馆

建筑设计：标准营造
提名理由：建筑师通过设计将这个不大的艺术馆和当地的景观很好地融合在了一起。自然光的运用和建筑色彩的选择也尊重了西藏当地的文化，将这个当代建筑植入了西藏。建筑不仅仅扮演了艺术馆的角色，办公、游客巴士调度中心、餐厅等功能赋予了它更多的内涵。这样一个从本质尊重当地文化，融入自然景观，具有交流性的项目，让我们看到了当代建筑在西藏产生和发展的可能。

孝泉民族小学

建筑设计：华黎
提名理由：孝泉是一个人口四万左右的镇，位于德阳西北面，紧邻绵竹，也是受地震破坏比较严重的地区之一。学校的灾后重建得到社会各方的爱心捐助。建设内容包括 18 个班的教学楼、各种活动室、学生宿舍、食堂等，共 8900 多平方米。设计关注建筑作为灾后重建活动应根植于当地，而非由外部输入，建立与地域的内在联系。

新故乡 PAPER DOME 见学园区

建筑设计：邱文杰、高呤洁等
提名理由：新故乡见学园区位于台湾埔里桃米小区，为小区自立营造之成果，为最具庶民色彩之建筑空间。见学园区创建者为廖嘉展，在 1999 年台湾中部“9 · 21”大地震前，他以桃米设区为基地，成立“新故乡文教基金会”，以生态为基本理念，结合绿色和知识，积极推动小区营造。9 · 21 大地震后，他结合灾后重建和小区营造于一炉，创造了台湾最具传奇性的小区营造模式，见学园区即为此模式之空间生产结果。

元上都遗址工作站

建筑设计：李兴钢
提名理由：元上都遗址是中国元代北方骑马民族创建的一座草原都城的遗迹。工作站位于遗址之南，解决遗址景区售票、警卫监控、管理办公、休息及游客公共卫生间等功能需求。一组白色坡顶的圆形和椭圆形小建筑，围合成对内和对外的两个庭院，分别供工作人员和游客使用。根据功能需求，这些小建筑大小不一、高低错落，相互之间的群体关系形成了有趣的对话。

云阳市民活动中心

建筑设计：汤桦

提名理由：场地依托江堤与山体，为不规则带状地形，东西向长约为420米，南北向宽约150米。其间布置的建筑、广场、天桥形成一体，附着于长江岸边。建筑高24米，共5层。作为城市重要的文化设施，项目为库区人民的文化活动提供了一个免费优质的服务场所，为三峡移民融入城市提供了身份认同的物质空间。2011年建成至今，市民充分享受着这一公共设施带来的生活品质的提升。

中央电视台（CCTV）大楼

建筑设计：OMA

提名理由：中央电视台（CCTV）大楼环状造型以出挑75米的巨大直角悬臂构成了一个真正的三维体验。项目的实现鼓励了一种更具想象力的工程学，在工程上和建筑上所包含的新可能性，将影响中国建筑师，引发更广阔的想象。中央电视台新台址主楼也提供了中国媒体制作中前所未有的公众开放性，象征面向公众的媒体机构。

内蒙古工业大学建筑馆

建筑设计：张鹏举

提名理由：项目由内蒙古工业大学校园中的一处废旧厂房改造而成。经过向学校申请并比较了适宜的功能，决定改造为重实践、重交流的开放性专业教学场馆——建筑馆，并成为一个成功的工业建筑保护改造案例。在中国当今有限的条件下，以可持续发展的思想，结合工业建筑遗产保护与再利用，为大学的建筑学院营造了极有意义的学习建筑的场所。

安亭镇文体活动中心（申报晋级）

建筑设计：张斌、周蔚

作品意义：随着安亭镇经济的快速增长以及城镇化水平的不断提高，居民对于文化体育的需求也在不断增加。该项目的建设将为安亭镇提供一个高标准、多功能的文化体育活动中心，进一步完善城市基础设施，促进城镇体育文化事业的发展。项目总建筑面积14000平方米左右，四个独立体量各自具有高度严格的功能及空间要求，它们遵循一种非常克制表现性的操作方式来呈现自己。

巴彦淖尔市西区中学（申报晋级）

建筑设计：曹晓昕

作品意义：对应气候，建筑师在教学区设置了五个内向型不同主题的庭院，不仅提供了较高层学生的课间活动空间，也为矩阵排列的教学区提供了空间状态下的标识系统。这不仅仅是一次低造价状态下以空间方式介入人并改善生活的尝试，更是对残酷的高中生活的精神滋补与心理慰偿。我们希望高中的他们记住的不再仅仅是公式和符号，还有各式各样的空间和这些空间里发生的各式各样的故事。

营口市鲅鱼圈保利大剧院（申报晋级）

建筑设计：凌克戈、徐琦

作品意义：剧院采用简洁的体量，丰富的细节表现出现代建筑实用、美观、富有时代感的特性，极富时代感的外墙喻示营口经济开发区奔向国际的新气象。剧院既要考虑东南侧景观，也要考虑到月亮大街视线，因此，各个立面统一采用折线形金属半透明材料，形成统一的立面形象，在此基础上根据功能情况又做了不同的细节处理，使其在和谐统一中富有变化。

白色墙屋——杭州光复路改造综合楼（申报晋级）

建筑设计：陈浩如

作品意义：传统的白色墙壁巧妙地解决了高墙对院落和街道的压抑，同时也是内部园林的诗意背景。面对弧形街道的新外墙类似折叠的纸片，穿之而过的洞口引入一条街巷，其他的洞口则引入建筑内部，内部不规则的布局反映的是被街道切割成不规则的原始地块。高墙疏导街道，并形成安静的建筑内部。

上海宝华国际广场（申报晋级）

建筑设计：加拿大 CPC 建筑设计

作品意义：上海宝华国际广场位于上海市闸北区，紧邻大宁绿地。项目由一幢 100 米高的办公楼和六幢独栋多层办公及商业楼组成。简洁的建筑体量不仅仅能够保证办公空间效率，对于建筑节能，降低运行成本也有着明显的优势。同时作为上海北部地区最重要的公园——大宁绿地公园的背景，也要求建筑体量的简洁和含蓄。

北京官书院胡同 18 号（申报晋级）

建筑设计：刘宇扬建筑事务所

作品意义：官书院胡同是位于北京北二环边上的一条小胡同。设计主要从两方面入手，一方面，在原四合院的建筑框架中，填充出一系列金属展示窗及木质展示柜，形成传统与现代两种风格的反差与结合；另一方面，在四合院当中营造出一种江南意境的园林景象。本案虽然尺度小，功能属性也较为私人化，但它所推崇的是一种注重文脉保护，而非一味复古的精致、谦蓄而又带有创新内涵的建筑文化以及一个尊重私有财产和个人价值的社会。

大连万科朗润园创意工坊（申报晋级）

建筑设计：上海日清建筑设计

作品意义：基址位于大连万科前革社区朗润园的出入口处，形状为比较规则的矩形，如何保留基地原有的人情及记忆成为设计出发的大背景。设计希望通过基地原址上留下的自然属性（保留白桦树）和人文属性（人居住的遗留物——瓦片）的整合、重组以及再升华，形成独特的灰空间以及别样的表皮肌理，达到软化建筑几何机械的目的。

东北师范大学益田附小（申报晋级）

建筑设计：罗琦

作品意义：基地位于深圳龙岗与东莞凤岗交界处。该小学处在东莞益田大运城邦花园小区三期东北角，属于该社区配套公建。设计旨在创造自然温情且充满交流可能性的校园。空间丰富有趣，强调室内外空间的开放、流动、过渡、共享，外立面与内部空间相辅相成，相互反映，并兼顾不同属性楼体之间的识别性。与周边规划整体和谐的关系、山景的渗透、功能空间与交通流线的紧凑合理组织也是本设计重点之处。

广州国际羽毛球训练中心（申报晋级）

建筑设计：倪阳、胡庆峰

作品意义：在高度的限制条件下，建筑利用两组转折而又契合的形体，组合成生动、动感的建筑体量。两形体间设计的大步级，在强调建筑形体构成的同时，引导区分人流，划分出羽联办公空间及比赛功能。建筑向南悬挑，塑造体育建筑力量感与整体感的同时，与南边开放的市民广场形成互动的城市空间。而广场上别致的数码条景观带，利用植被和铺地的相互错动，加强建筑形体上速度感的变化，引导入口空间，优化建筑与城市的关系。

杭州曦轩酒店（申报晋级）

建筑设计：陈喜汉

作品意义：项目规划融合现场特点，分为“动”区和“静”区。“动”区组织图书馆和酒吧，“静”区组织展览馆和冥想。首层先凝造明亮、通透的空间，再上二、三层是更私人，错落的感观世界。这样的高低层安排亦象征着诗词的联系，当中一个的旋转角型图书馆升起，贯通各层。

葫芦岛海滨展示中心（申报晋级）

建筑设计：META- 工作室

作品意义：建筑选择了一个邻近公共活动海滩西侧的位置，距离涨潮线只有 100 米。建筑首层，悬挑下创造了 600 平方米的公共休闲空间，海滩上的人流可以自由出入；二层，作为主体功能 1000 平方米的洽谈空间，让“开放的舞台”更引人注目；在此之上还有屋顶的观景平台，三个层次的景观体验各不相同。

间舍（申报晋级）

建筑设计：超城建筑

作品意义：这座建筑将提供包括业主在内的三至五人最基本的办公功能，此外这座建筑最主要的功能将是作为业主展示其私人收藏和进行笔会交流的小型展馆。项目以宽 3.3 米至 3.6 米为模数的一“间”，由设计方根据委托方所提出的建筑面积大小要求来设计的。“间舍”所建之地位于乡村地区，其外表装饰面所用的石材也是当地生产的。

京士顿国际小学（申报晋级）

建筑设计：吕达文

作品意义：本案是一所有独特理念教育的小学，由私人营办，受标准制度约束的程度较少。故此，建筑设计关注并探求一种自下而上，由自发性学习种种的可能性引生出来的建筑空间，再通过体验其原校上课方式，期望从各种自发学习及创意启发的模式，设计各种“可能性空间”，就是我们每个人内心探求可能时产生的学习意向，构成设计理念。

良渚山房（申报晋级）

建筑设计：物言建筑工作室

作品意义：房子要隐匿在山水之间，同时能与自然形成关照是建筑师下意识的选择。山不高，房子的体量就不能做得太庞然；景深远，房子就要创造高一些的视角以窥全貌。于是主要的功能空间被埋在半地下作为基座，而在其上组织几个聚散往来的小房子。这样一来，既消化了建筑的体量，同时创造出更多样的观景视角。

深圳林间会馆（申报晋级）

建筑设计：陈颖

作品意义：城里业主返乡下，果园内搭建一个交流的“平台”，供客人采摘果实、沐浴、更衣、就餐，短暂停留休息之用。此“平台”躺在大自然怀抱内水平伸展，悬浮于基地，品尝的农家菜必须烧柴火烹饪，所以作为实体的厨房被独立出去，作为虚体的客厅餐厅几乎全透明的做法让建筑消融于环境，内缩的空间提供了风景画框一样的视角体验。

罗浮山水博物馆（申报晋级）

建筑设计：思为建筑
作品意义：罗浮山水博物馆是一私人藏品博物馆，兼带私人聚会和招待功能。项目位处广东省著名风景区罗浮山，临博罗县湖镇显岗水库。项目用地由大大小小的山丘和山坡穿插组合而成，并产生优美连绵的山地线条。建筑群在占地约 100 亩的若干临水山坡上以不同组合形式依山而建、亲水而筑。设计哲学着眼于“阳光、空气、青山、净水、运动”等自然要素的巧妙运用。

南海意库二期工程（申报晋级）

建筑设计：黄大田
作品意义：南海意库位于深圳南山区，临近蛇口海上世界，原为蛇口社区人尽皆知的“三洋厂区”，是改革开放最早期的“三来一补”厂房之一。伴随产业升级，一期工程先期将一号、三号、五号厂房改造为创意产业园并更名。设计针对一期厂房改造存在各栋厂房相对独立、缺乏整体社区氛围、历史痕迹全然消失、与片区重点公共场所海上世界联系薄弱等问题做了一系列调整。

南宁规划展览馆（申报晋级）

建筑设计：冯果川
作品意义：场地位于李宁体育园自然山体的尽端，常规做法是在路边留出空旷的纪念性广场，将建筑后退挤到山边，削去大部分山体建造十几米高的挡墙。我们的做法则是将建筑贴向道路布置，尽可能为山体留出空间，沿街的建筑体量托起架空，形成有遮阴的近人尺度公共空间，代替空旷的前广场，这里既是室外临时展厅，也是供市民遛弯的通道，如此可以让城市规划展览更贴近市民。

TIT 设计师工作室群（申报晋级）

建筑设计：竖梁社
作品意义：TIT 设计师工作室群位于 TIT 创意产业园内，包括十余栋 200—1000 平方米的小建筑以及小品设计。建筑和景观试图探索激活城市“边角余料”空间的可能性，从物质空间层面探讨如何将城市生活引入基地中，细微考虑城市居民对空间的使用要求，探讨多种规划的可能性。在设计中，规划、建筑、景观和部分室内一体化设计，形成了整体性的广义的景观思路。

林芝尼洋河谷游客接待站（申报晋级）

建筑设计：标准营造
作品意义：整个工程采用并发展了西藏民居的传统建造技术。混凝土基础以上便是 600 毫米厚的毛石承重墙体。在进行多种颜色试验之后，我们选择了给石头墙刷上当地常见的纯洁的白色。纯净的颜色强化了空间的几何转换。从日出到日落，不同方向和高度角的阳光射入各个洞口。人们可以在不同的角度时刻体验到建筑的戏剧性空间，建筑在传递强烈当代性的同时仍然保持了其纯朴的本质。

宁波鄞州区文化活动中心（申报晋级）

建筑设计：陈浩如
作品意义：方案的目的是在原有村落肌理上建造一系列庭院式的现代化中央活动中心。尊重原有村落特点，将传统建筑中的院落空间布局尽可能地延续到新建筑群中，将其原有的肌理脉络重构成公共区域的花坛轮廓，将古建的屋顶用现在的材料仿成后置于水池中。

起动九龙东办事处（申报晋级）

建筑设计：香港建筑署及土木工程拓展署

作品意义：此建筑项目需要六个月时间内建造一个环保、低碳、可持续发展临时办公室，为办事处的团队提供理想的工作环境，供给市民一个用于咨询、交流的地方，同时向社会作一个环保建筑的示范作用。为求缩短工期并符合低碳环保的概念，地基使用混凝土，其他主要结构都是使用预制建组件。本建筑物年均能源消耗减少约 33%，相当于每年 48500 千瓦时，高峰电力需求减少约 37%。

青浦练塘镇政府（申报晋级）

建筑设计：张斌、周蔚

作品意义：练塘位于青浦区，地处上海西南，在这里源远流长的水乡文化并没有趋于场景化的展示，而是仍在充满生气地自我更新着。本案延续政府建筑大气形象的同时，创造出灵活多样的空间特征，以适应内在功能多样性的需要，进而形成公共、私密之间多种层级的领域空间。建筑总体呈现为单坡顶为主的连绵的白墙黛瓦院落，细部设计中出于自身内在结构与功能的需要有选择地融入体现地方特征的材料和构造方式，并挖掘其创新的可能性。

青浦豫才桥（申报晋级）

建筑设计：刘宇扬建筑事务所

作品意义：位于上海市郊的这座人车共行桥，正好处在一座新幼儿园和中小学校区的主要出入口，它的对面是一座城市公园，不远处则是新城的住宅小区。在这样的一个既特殊又典型的地理空间，青浦豫才桥不仅仅是一座人车共用的交通基础设施，也是周边的接送家长和学童每天上下课必经的城市空间。建筑师考虑了如何梳理进出人车的分流，同时表达出桥梁的结构逻辑和城市美学，最终得以按预应力反梁的做法，形成此桥梁最本质的结构美感。

陈家山公园茶会所（申报晋级）

建筑设计：刘宇扬建筑事务所

作品意义：本案位于上海郊区的一个刚落成的公园里。设计以“环保、时尚、文化”的取向，透过增加一系列安装于建筑南面的镀铜镂空金属外遮阳板，并茶叶的形式作为遮阳板的图像构成，来达成一个既节能，又富有诗意，能代表茶文化的休闲会所。

上海青浦环境监测站（申报晋级）

建筑设计：刘宇扬建筑师事务所

作品意义：本案设计融合了西方的“科学自然观”和古老中国的“人文自然观”，并透过个人自身对自然的观察、直观式的周遭环境体验，形成一种感染人们内心的“现象自然观”。在满足功能布局的科学性和空间形式的人文性之后，利用建筑所捕捉到的视觉瞬间，构成人与自然环境的内在关系。本案建筑采取了“三墙、三院、三楼”的手法，糅合了墙与院的空间，形成了建筑的形体。

上海文化信息产业园 B2 地块（申报晋级）

建筑设计：俞挺、徐晋巍

作品意义：项目地处上海市嘉定区马陆镇，整个园区占地 600 亩。本次设计为一期的 B2 地块，定位于新江南风格的庭院式花园办公社区，一共由 12 套低层独立办公楼组成。本案中，建筑师以一种历史人文主义思想，从环境心理学角度重新诠释中国传统民居空间的深层次涵义，通过重构领地内外的关系来重塑公共空间。三个层次的内外关系，重塑了常常被建筑师设计而又忽略的公共空间。

上海油雕院美术馆（申报晋级）

建筑设计：王彦

作品意义：美术馆在保留原有建筑结构的基础上进行改扩建。原建筑蜂窝状平面布局在沿街处留出不规则形状入口，使城市道路空间界面模糊缺失。新设计主张维护城市空间界面完整性，使建筑以沉着的姿态明确地平行于街道；留出尺度适宜的公共广场，取消台阶采用缓坡，方便可达，并在广场一侧结合地形设置长石凳，供公众小憩。

石榴树咖啡馆（申报晋级）

建筑设计：谷巍

作品意义：石榴树咖啡馆位于地安门十字路口附近的油漆作胡同。咖啡馆的业主是两个怀抱梦想的年轻人，在没有很多预算的前提下（约合 800 元 / 平方米），他们想在胡同里开一个属于自己的咖啡馆。对材料和建构的真实性的追求是这个建筑现代性的体现。灰砖、清水泥、木窗、生铁、轻砌块、锈石，所有的材料都是最廉价的、很容易找到的材料。它们传达出的朴素讯息是胡同文化精神，也是我们着迷于胡同空间的原因之一。

时代珠海综合商业会所（申报晋级）

建筑设计：林伟而

作品意义：山湖海会所设计是以“自然生态”为主题，位处于一个大自然的生态区，有大量的湖面及绿化，与建筑结合成为一体。会所的设计就表现这一点，首先是应每个会所及内部功能的要求，设计出独特的建筑“盒子”，将盒子迭砌成立体生动的建筑群，用自然物料如木、石等，与水、树、绿化结合成一体的生态设计。自然生态规律，如草、树等向太阳垂直生长，正反映在设计所用的大量垂直线条，以及与水面的结合上。

四川绵竹博物馆（申报晋级）

建筑设计：冯正功

作品意义：新旧建筑统一规划，新建博物馆以四个完整的矩形体量，错落布置，与东侧的双忠祠寻求呼应与平衡。新建博物馆的建筑体量与双忠祠历史建筑的院落建筑规模相当；竖向高度同样被控制，天际线平缓稳重，新建筑主体最高处与双忠祠最高的启圣殿屋脊持平；新旧建筑之间用植物、当地石材铺地形成横向的缓冲空间，并刻意营造出一系列相互观赏的切口，令观赏者体验到新旧之间“虚”“实”互动的节奏与趣味。

苏州仁恒观棠社区交流中心（申报晋级）

建筑设计：日清建筑设计有限公司

作品意义：基址位于苏州观棠小区的出入口处，由于地块转折的形状形成了一个三角区域，业主希望在此建立一个社区活动中心兼展示与艺术品鉴的会所。但这块三角形区域是高密度小区内为数不多的有可能布置集中绿地的空地了，面对 1500 平方米功能需求与自然阳光的选择如何做出诗意的解答是设计的出发点。设计在“有”与“无”之中探讨建筑存在的方式与意义。

遂宁河东新区滨江景观带规划（申报晋级）

建筑设计：杜昀

作品意义：遂宁是一个地处川中丘陵地区、资源匮乏、工业基础薄弱的二级城市，“先天不足”的同时规划起步也稍晚。在为河东新区五彩缤纷路进行定位时，它就已经脱离了简单的“湿地公园”、“旅游景区”和“城市公园”的概念。在这条多彩多姿的路上，它满足了遂宁老百姓环境的、文化的、旅游的、经济的多方面诉求，更像一条时尚与和谐共生的生态走廊、一个供人们共同分享城市发展成果的平台，一次让市民和外来游客心灵度假的体验之旅。

太湖新城小学（申报晋级）

建筑设计：卢志刚
作品意义：建筑处于无锡太湖新城的核心地段，现在空阔的场地就是未来熙攘的城市中心。建筑通过基地的切割、整理与塑造，希望为当下的快速城市化进程中的区域，留下关于自然与人的持续记忆。传统的学校模式被改变，新的造型语言和组织手法被引入，校园成为一个生机勃勃的空间，充满了诗意和趣味。

屏山天水围文化康乐大楼（申报晋级）

建筑设计：香港建筑署
作品意义：大楼包含两组主要功能：室内运动设施及图书馆。为天水围居民提供有关服务，更为他们提供一个全新的聚集点。屏山天水围文化康乐大楼融入了会堂与广场的设计概念，让人们聚集，是邻近地区中极具生命力的标志性建筑。体育馆大楼形态坚实，以对应其内在的功能。图书馆大楼则强调其朝南外墙的开放性，既加强了自然光的采集，亦尽览屏山周遭的景致。

西安临潼旅游度假区芷阳广场综合体（申报晋级）

建筑设计：上海日清建筑设计
作品意义：伴随着经济发展和城市生活的需要，西安作为承载中国历史变迁的重要城市，正在进行着城市系统的更新和提升。芷阳广场综合体项目的设计就是基于这一背景下展开的。山体与建筑相互交织、互为补充，倾斜的种植屋顶与山体自然连接，步步拾阶而上的景观和简洁现代体量交叉呼应、互为景观，让人工的建筑与自然的山体发生直接的联系。

西安秦二世陵遗址公园（申报晋级）

建筑设计：上海日清建筑设计
作品意义：秦二世陵遗址公园位于西安曲江新区，占地 64 亩，是曲江新区六大遗址公园之一。对遗址进行科学有效保护的同时，利用现状坡地的景观资源，成为该项目设计的核心思想。主入口广场位于用地西北侧，通过缓坡台地序列，与一号馆共同形成庄重大气，并赋予历史感的空间形式。二、三号馆为半覆土建筑，与北侧一号馆形成围合。

香港环保园行政大楼（申报晋级）

建筑设计：江立文
作品意义：环保园是政府推动及鼓励发展本港废物再造业及环保工业的一项重要计划。这幢占地 2500 平方米的大楼，位置优越，造型富动感。设计以提供全面的无障碍通道为大前提，以创新的手法于庭园的内缘加设一条无障碍坡道，弃用了楼梯之余，亦免除了装设升降机的需要，令室内的空间布局更一目了然、四通八达；而所有设施均置于最主要的同一楼层上，其余的机房及机电设备则设于下方的街道层，方便进出。

小西湾综合大楼（申报晋级）

建筑设计：吕元祥建筑师事务所
作品意义：小西湾综合大楼坐落于小西湾市中心，毗邻低密度建筑物，包括学校及商场。为了配合附近小区环境，大楼不会过高，并设架空天桥连接对面的小西湾商场与综合大楼的中心位置。开放而多形态的建筑设计，在促进小区互动交流的同时，减低能源消耗，又将居民的活动引进大楼内。

新芽学校系列（申报晋级）

建筑设计：香港中文大学建筑学院建筑集成创新中心
作品意义：系列包括四川崇州鞍子河自然保护区宣教中心、云南大理陈碧霞美水小学新芽教学楼、四川盐源达祖小学新芽学堂、四川广元下寺小学校园重建。自2008年以来，中心研发了基于中国大陆制造能力与建筑现实的轻型建造系统：全预制的轻钢复合结构建筑系统以及高性能木结构箱式建筑系统，并优先将轻钢复合结构建筑系统运用于四川省和云南省的震区小学与自然保护区宣教中心重建工作，示范了非常独特的灾后重建与发展的途径。

雅安市雨城区图书馆（申报晋级）

建筑设计：张之杨
作品意义：图书馆位于四川省雅安市雅安二中校园内，系由当代中国国学大师季羡林捐献20万稿费，用于支援灾后的重建工作，缘起修建。项目用地狭小且不规则，建造经费非常紧张，主要有三部分的功能要求：1. 图书馆；2. 学生的第二课堂；3. 季羡林先生纪念空间。通过将各层使用空间的错位分布，获得了超过500平方米的屋顶平台活动交流空间，大大增加了建筑的利用率。虚实两种空间的有机结合，为阅读者提供了良好的使用环境。

运河边上的院子（申报晋级）

建筑设计：张弘
作品意义：项目在改造设计的同时，遵循古镇特有的生长模式，在“旧房改造”的前提下，不停修改设计，让设计与当地的文化不断磨合，创造带有古镇本身文化底蕴的设计。通过小型投资人与设计师捆绑的模式，引入“设计师客栈”这一理念。同时通过与当地民间手工艺人的合作，探索与创建一种不同于传统江南古镇的商业化旅游模式。

重庆弹子石水师兵营会所（申报晋级）

建筑设计：邱腾耀
作品意义：重庆弹子石水师兵营会所是“长嘉汇”项目的销售中心，临近法国水师兵营，位于重庆南岸区，地处长江东岸，毗邻长江、嘉陵江两江交汇处。重庆法国水师兵营建成于19世纪末，坐落在弹子石片区，是当区著名文化历史地标。新古建筑隔着园林广场相对，新的部分重塑了古建的建构和比例，再以现代几何性的体量包裹，采取了跟古建近乎“对话”的形式，形成“你中有我”、“我中有你”，相映成趣的一对。

“居住建筑特别奖”提名

Rethinking the Split House

建筑设计：如恩设计研究室
提名理由：如恩的设计理念是重新思考并延续“分层式空间构造”这一弄堂建筑的典型特征，通过新的构筑物和天窗的嵌入添加更多空间兴奋点，强调了建筑特征的完整性，并使其适用于现代的生活形态。原有建筑立面上的装饰构件在过去的六十年间早已脱落殆尽，所以大面积的落地窗被嵌入建筑的正立面上，提升了每户客厅里的采光质量，而黑色的外墙更使整座建筑“消失”在弄堂口。

成都蓝顶当代艺术基地

建筑设计：刘家琨及众艺术家
提名理由：蓝顶当代艺术基地坐落于成都锦江双流交界地区，距离市区 10 公里，占地 1500 亩，在艺术家聚落的生存与可持续方面的探索方面具有社会意义。规划方面遵循与当地居民和谐共处的原则，聚落设计尊重原有的“林盘”所形成的自然状态。设计与建造中的多种模式共存，将建筑设计理念植根于周边的传统乡村民居。

大澳文物酒店

建筑设计：廖宜康
提名理由：根据具权威性的《布拉宪章》保育准则进行，令主楼、附属建筑、大炮、看守塔等恢复旧有面貌。为了确保正面外观不受干扰，新结构都建在建筑物的后方。活化再利用时，新用途必须与旧用途兼容：旧大澳警署本为水警提供栖息的房间，而大澳文物酒店也为游客提供住宿，功能相近。软件保育是建筑保育的重要一环，因此对旧大澳警署进行了广泛的历史文物搜集及研究，与游客分享警署的历史和轶事。

独龙族整族帮扶安居工程

建筑设计：吴志宏、柏文峰、吕彪
提名理由：滇西北边境山区扶贫工作在 2010 年国务院西部大开发工作会议列为新西部大开发的一项重点内容。在政府主导大规模民居更新的背景下，适应当地自然人文、社会经济条件，结合当地建设者和居民，自下而上进行民居设计和建设模式，探索以住屋建设促进社会综合发展的可能性和方法论。

胡同微居

建筑设计：宋永平
提名理由：项目位于北京东城老城区生活密集区域的帽儿胡同 21 号院，基于北京老城区居住密集区域，“胡同微居”设计思路是叠加与镶嵌。所谓叠加是指在明确功能分区的前提之下，各功能分区之间通过相互穿插重叠来实现空间形态的最大化，镶嵌是指有些建筑构件在不影响区域功能的前提下被嵌入其中并发挥作用。这个空间的基本功能包括卧室、起居、厨房、卫生间、衣帽间、楼梯等。

日照岚山滨海新城区规划

建筑设计：吴文媛、横松宗治
提名理由：针对城市边缘地区公共设施的缺失，（深圳）中国低冲击发展研究与行动小组以日照岚山南部海滨为基地，进行了全面的“低冲击”规划实验。本项目试图重塑城市、人与海洋的发展关系。对传统工业规划则提出批判性的思考，并强调“只有人的生活存在于此才能沉淀出治理污染的需求”。

黎里

建筑设计：阿科米星建筑设计事务所
提名理由：这是一个改扩建的项目。原房屋位于黎里古镇，是一座一层小车间，有连续两个双坡顶，毗邻柳亚子故居全被坡顶民居包围着。房子及其庭院被重新规划成混合使用的两种功能：一种是利用原车间改造而成的多功能艺术文化活动空间，供公众使用；另一种是在北院新建的带有两个房间的居住空间。两种空间相隔一个双折的坡屋顶：坡顶的下面是公共空间，而上面高低转折的坡顶则作为居住者的室外活动空间。

龙悦居三期

建筑设计：龙玉峰、丁宏、吴素婷
提名理由：近年来，深圳以保障性住房建设为契机，推进住宅产业化技术的普及和应用。本项目为采用工业化生产方式设计建造的保障性住房项目，并充分利用场地的地形、高差、通风、采光及景观的各个因素，对绿色技术进行有效选择和理性应用，为深圳打造绿色、低碳示范小区和住宅产业化示范小区。

马鞍桥村灾后重建综合示范项目

建筑师：吴恩融、穆钧、周铁刚、万丽、杨华、马劼
提名理由：马鞍桥村位于四川南部，2008 年 8 月，攀枝花地区 6.1 级地震后村里严重受灾，急需重建。本项目在灾后不到半年的时间内完成了第一、二阶段的工作，让村民及时恢复生产生活，同时进一步提高当地人居环境质量。考虑可持续设计、社区改造、公众参与等重点，通过研究、建造、培训、推广等措施，示范一种当地村民能够接受、掌握、传承的，具有可持续性的人性化重建模式。

梅陇镇 IV 期

建筑设计：陈凌
提名理由：本项目位于一个大社区中的最后一块用地，场地为三角形，场地自然地面呈不规则高差，道路纵坡最小 0.2%，最大 7%，较难处理。设计师结合场地的三边形形式及一二三期板楼综合设计，注意尊重和利用原有地形地貌，充分利用东西向面宽大、南北向进深小的场地特点，将建筑设计为一栋分为 A、B 两座的高层板楼，有如北极之光，闪电式形态布置，使围合空间有收有放。

美伦公寓 + 酒店

建筑设计：都市实践
提名理由：作为以公寓和主题式酒店为主体的美伦公寓，是以出租为主，因此能够摆脱陈词滥调的销售说辞，而去探索诗意的居住理念。项目坐落于深圳市蛇口半山别墅区脚下，典型的山丘地形激发了设计意向：山外山，园中园。依地势和空间的围合要求，建筑盘旋而出一段波折起伏的形体，把基地环抱其中，实现“山外青山楼外楼”的空间意境。

梦想集装箱

建筑设计：张淼
提名理由：项目坐落在深圳 F518 时尚创意园（旧厂房改造及文化产业园区规划项目）。“梦想集装箱”是以废旧集装箱改造为主体、模块化快速建造为优势、提倡节能环保、鼓励年轻人创业的一个计划。作为实践的集装箱改造共有三组，共使用旧箱体 9 个，每组大约 40—60 平方米，“建造迅速”是集装箱建筑的最大优势。

沈阳万科春河里

建筑设计：北典夫
提名理由：春河里项目坐落于沈阳市，在日本全 PC 框架一核心筒体系基础上，完善万科剪力墙装配式结构体系，形成了拥有外墙板、楼梯、迭合板、飘窗、阳台等多种 PC 形式的工业化工程，并在技术上进行改进，实现了飘窗一体化、无外架施工等工法，取得了良好效果，获得了区域的肯定。剪力墙装配式结构体系是万科集团根据北方地区特点自主研发的一种装配式结构体系，多适用于高层住宅和多层住宅。

石榴居

建筑设计：穆威、周超、余辉
提名理由：这是一个自生成项目，也是一次通过组织志愿者进行的自组织公益建造活动。"石榴居"是胶合竹预制建造体系的原型产品之一，所有构件都在工厂预制，现场装配。主结构采用 30mm×600mm 的门式钢架体系。作为竹木建筑体系，材料本身的优良热工性能、竹材在内饰的亲和力以及通过构造解决的保温隔热防水等问题，让石榴居并不是一个临时建筑。

祯祥之家

建筑设计：元根建筑
提名理由：元根建筑工房是台湾最能对抗居住建筑真实情况的专业者，祯祥之家为其近年代表作，为台湾居住在台北以外的中产阶级建立了一种都市住宅的模式。其紧凑中带着松脱，秩序中藏着神秘角落，空间如园林般可供环游、彼此穿透、唯一优美的家之颂歌。考虑东侧与南侧既有邻房的状态，建筑配置内庭以维护生活的风景成为一个简单而必然的决定。接续的棋路围绕着内庭铺陈，生活的场景在各种讨论里应运而生。

中新天津生态城

建筑设计：中国城市规划院、天津城市规划院、新加坡市区重建局设计团队
提名理由：中新天津生态城 23 平方千米，规划居住人口 35 万，选址于自然条件较差、土地盐渍、植被稀少、环境退化、生态脆弱且水质型缺水的地区，意在示范生态恢复性开发的可行性。除完整保留湿地和水系，建议绿色出行之外，生态城内住宅区的 500 米范围必须设有休闲与运动设施，以及交通便利、设计优良的绿地，以促进居民间的互动与交流。生态城也将达到百分之百的无障碍通行，方便老年人和残疾人。

朱家角胜利街居委会、老年人日托站

建筑设计：山水秀建筑事务所
提名理由：胜利街地处上海青浦朱家角古镇的东南一隅，这里远离北部喧闹的旅游区，是古镇原住民的安静居所。新建的街道居委会和老年人日托站位于两条小河的交汇处，将为当地居民提供社区事务办理、社区网吧、图书室、娱乐室、茶室、健身，以及老年人日托等社区服务。设计在结构形式和基本构造上依照《营造法原》的传统，抛弃装饰性构件，采取只保留有结构作用和构造作用的基本做法。

L 宅（申报晋级）

建筑设计：劳燕青
作品意义：L 宅位于浙江，坐落于乌镇、南浔、练市等水乡古镇间一个叫白水河的乡村。这是建筑师的乡间自宅，是老宅的拆建，建筑平面和老宅原址完全吻合。基地处于村落新旧区域过渡的节点部位。建筑以简洁的混凝土形体、多重院落的空间组合融入到江南典型的乡村环境中，在开放与封闭、功能的模糊与使用方式的多样性之间寻求平衡点。

聚舍（申报晋级）

建筑设计：Anderson

作品意义：项目位于顺德近郊，处于一面约 9 米高的悬崖之上，选址呈梯形，从西往东扩张。除了作避暑之用，设计时还加入了展览的元素，因此分为两部分：形态倾斜且伸延的画廊和较为宽敞而沉实的起居空间。开敞的花园与修长的画廊形成了空间的平衡，在保留开放性与私密性的取舍上亦恰到好处。

芦墟半园半宅（申报晋级）

建筑设计：物言建筑工作室

作品意义：改造项目被定义为一次集群设计游戏，旨在经由设计思考重新激活场地，给当代城镇更新注入新鲜血液，并打破设计师与使用者的身份界限，让业主和设计师共同完成平常生活的设计。房子三面有邻北向开口，唯一的河流景观可由北侧的高窗体验到。我们加了两道墙、一块板，钢框结构体轻轻地嵌入老房子，空间被分隔为一半住宅、一半院落。

南京仁恒 G53（申报晋级）

建筑设计：宋照青、王志华、赵晶鑫

作品意义：G53 项目位于南京市河西区，处于一个新兴住宅社区中的一个地块。建筑形态的确定，首先选择呼应周边道路的情况，建筑的主要立面均顺应周边道路的发展，形成连续的沿街立面和整体的街区体量。空间的围合符合传统的中国街区概念，以一个围合的大街坊来确定中间的院落空间，顺应中国人传统的内向型生活概念。

苏州仁恒棠北小区（申报晋级）

建筑设计：宋照青、岑岭、李竞

作品意义：基地四面环水，仅西北侧与陆地以一桥相接，东侧为独墅湖开阔的湖面，西侧与陆地隔水相望，拥有着得天独厚的景观资源。整个地块为南北向不规则的狭长地块，由于湖景东西两侧的景观的差异，以及建筑退红线的不同，本设计中别墅共由五种户型组成，利用高差和错落布局的手法，组织不同的观景观湖视线，以此来提高湖面景观利用率和景观视线的均好性。

西安华侨城壹零捌坊（申报晋级）

建筑设计：牟中辉

作品意义：在现今高密度中国，由于土地的集约与稀缺，住宅缺乏对空间的细致划分与规划，建筑与景观往往也是脱节的。在这个项目中，我们将规划、建筑、景观一体化设计，彼此不分，形成有机整体。设计借鉴中国传统“里坊式”规划模式，建立了一种空间体系——强调空间的等级与秩序，强调空间的层进与渐进，将单体建筑与环境形成有机整体。

新界农村原住民房（申报晋级）

建筑设计：吕达文

作品意义：新界是殖民时代英国在香港的“新租界”。随着农村在社会发展中的转变及生活方式的变化，这一百多年承传下来的建造规范，演进成各年代不同生活的反映。同时，围村互相守望的联系更受到冲击。设计希望改变围村新生活对私密性追求产生的疏离感，创造新凝聚性的可能，给当地居民提供新的交流方式及居住体验，在规范的限制下，以退让的方式构成立体感。

朱家角九间堂西苑（申报晋级）

建筑设计：邱江、韩强

作品意义：项目位于紧邻上海的水乡古镇朱家角。在这样的特殊地理位置和文脉背景下，设计总体思想是将新生活和传统相互融合，规划强调江南水乡小镇的景观规划特点，引入天然河水，演绎中国江南水乡风格的古典园林精神，塑造丰富、变幻、生动而醇美的空间与景致。户型设计引入"中庭花园"等院落空间，强调空间的递进感，推崇中式人居生活方式。

砖宅农舍（申报晋级）

建筑设计：王灏

作品意义：本住宅位于宁波市春晓镇，传统的水平扁平的农村结构保存完好，朴实而无华。祖传的宅基地约 250 平方米，本宅在原二间农舍基础上扩建而来，作为度假和母亲的栖身之所。本宅希望以一种朴素的乡下传统建材营造一个封闭而简单的乡下住宅世界。三道回型横墙，向心式布局，引道空间向内层层递进，以中央二层通高的内天井作为核心组织日常功能，回溯到传统的"内向"空间经验。

“杰出成就奖”提名

鲍家声

提名理由：南京大学资深教授、名誉院长，在建筑教育、办学、推展社会教育、著书立说、从一定程度上开拓建筑设计理论、推动中国现代建筑之发展均有极高之社会评价。他也是我国著名的图书馆建筑设计研究者，出版图书馆建筑专著 6 本，设计图书馆建筑近 50 项，遍布我国 15 个省 40 余座城市。

贝聿铭

提名理由：美籍华人建筑师，1983 年“普利兹克奖”得主，被誉为“现代建筑的最后大师”。贝聿铭为苏州望族之后，出生于民初广东省广州市。贝聿铭作品以公共建筑、文教建筑为主，被归类为现代主义建筑。他善用钢材、混凝土、玻璃与石材，对施工精度的高度把控、对几何形式的精准控制都让中国建筑师至今心驰神往。代表作品有美国华盛顿特区国家艺廊东厢、法国巴黎罗浮宫扩建工程、中国香港中国银行大厦，苏州博物馆，近期作品有卡达杜哈伊斯兰艺术博物馆。

何镜堂

提名理由：作为我国建筑界最优秀的设计大师之一，何镜堂院士是岭南建筑界的旗帜性人物。他创立了“两观三性”的建筑设计理念，探索出了产、学、研三结合的发展模式，为广东省和全国建筑科技事业的发展作出了突出贡献。何镜堂院士主持设计过两百多个重大项目，获奖无数。

华揽洪

提名理由：1951 年从法国归来，任北京都市计划委员会第二总建筑师，参加编制北京总体规划草案。1954 年起任北京市建筑设计研究院总建筑师。2002 年 9 月 13 日获得法国文化部长授予的文化荣誉勋位最高级勋章。设计作品包括“北京儿童医院”（1953 年）、“幸福村”——一个全面配套的住宅小区（1957 年）、“62-2 型标准化住宅方案”（1971 年）。

李灿辉（Tunney Lee）

提名理由：麻省理工学院教授，香港中文大学教授，杰出的建筑师、规划师、学者。1954 年毕业于美国密西根大学，随即于建筑师事务所及公营机构从事都市规划及设计，曾任波士顿及麻省总规划师。其职业生涯经历了建筑师、社区活动家、政府官员以及教育工作者等不同的角色，但却有一个一贯坚持的主题：只有当公众和社区积极地参与到设计和规划过程中，建筑设计和城市规划才能达到最好的社会效果。

罗小未

提名理由：主持同济建筑系外国建筑历史教学逾半个世纪的时间里，罗小未对中国现当代的建筑教学、建筑师及其实践的影响是全面的。她主编的图书一经面世便成为国内建筑学屈指可数的经典教材，后经修订、再版，如今仍为建筑及相关学科的必读教材。自 1995 年退休后仍致力于上海城市遗产保护和青年教师培养，对建筑学科的发展、中外建筑学术交流发挥重要作用。她主编了《外国近现代建筑史》，并著有《西洋建筑史与现代西方建筑史》、《外国建筑历史图说》等重要著作。

王澍

提名理由：以本土与当代的积极对话为特征，不仅对国内建筑界思考与创作有着方向性的影响，也为国际建筑界所关注。他曾应邀在国外多所知名大学作学术演讲，其作品也多次参加国际著名的建筑展。同时致力于当代中国建筑教育的探索和改革，并提出了“重建中国本土建筑学”的主张，在国内与国际建筑设计与教育领域具有一定的影响力。2012 年获得了“普利兹克奖”，成为获得这项殊荣的第一个中国建筑师。

张永和

提名理由：非常建筑主持建筑师，美国麻省理工学院（MIT）建筑系前主任、教授，美国建筑师学会会员，同济大学教授。张永和的作品在 1990 年代为闭塞的中国建筑学界引入一股新风，并一直坚持着实践。他的事务所培养了一大批当今活跃的独立青年建筑师。他历任多所国内外建筑院校的教师、院长，为培养下一代建筑师作了不懈的努力。作为“普利兹克奖”及多个国际大奖的评委，他显示了中国建筑师的影响力。更值得一提的是，他的影响力已经跨越了建筑本身，进入房地产界，乃至时尚界等广泛的设计领域。

“青年建筑师奖”提名

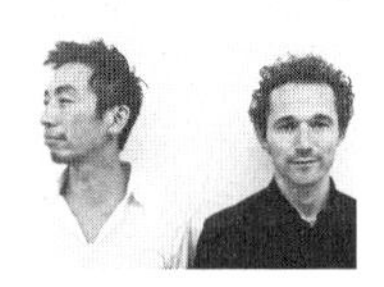

城村架构（Joshua Bolchover 和林君翰）

提名理由：城村架构是 Joshua Bolchover 和林君翰的设计研究组织。通过建筑项目、研究、展览和写作参与中国农村迈向城市的转变。城村架构是一个非营利运作的组织，在香港大学建筑学院内进行工作，与慈善机构、私人捐助者、中国政府部门以及大学合作。

多相工作室

提名理由：2006 年于北京成立，合伙人为陈龙、胡宪、贾莲娜、陆翔。2008—2010 年设计的上海世博会万科馆获得设计竞赛第一名，对空间设计与环保材料都进行了广泛实验。设计视野广泛，在展览设计、室内设计、产品设计等方面也有独到探索。倾向于基于理性的理解力和洞察力之上的发现，以及基于逐步的研究之后的解答。比起快速直接的反应，更愿意从迟缓的节奏中获益，对自身以及他人工作进行再认识，并从中开辟新的可能性，而思考的延续性也由此获得。

冯国安

提名理由：2001 年香港中文大学建筑学硕士毕业，2002—2006 年于北京非常建筑事务所和瑞士赫尔佐格和德梅隆事务所工作，2007 年成立间外工作室 Elsedesign。工作室作品曾在国内获得多个奖项，包括 2011 年“一百万保障房”设计竞赛入围奖和 2012 年香港环球设计大赛空间类优秀作品奖。代表建筑作品包括重庆黄桷坪当代美术馆、深圳国际彩印公司总部和建设中的潮州东山湖温泉别墅。

黄谦智

提名理由：哈佛大学建筑硕士，小智研发创办人。多年来致力于将垃圾变为建材和日用产品的实验。他的探索如宝特砖，是将废弃的塑料瓶再生为具有全新结构功能的建筑结构瓶，具有透光、阻绝空气与热能及坚固耐用的特点，其特殊 3D 蜂巢状卡榫扣具有强韧的结构性。小智研发全部是基于可回收材料的研发，既发明了革命性建材，也创造了全新的环保建筑的幕墙、结构、建造体系，他同时也在日用产品的再生材料探索方面取得了诸多突破性的成果。

黄印武

提名理由：1996 年毕业于东南大学建筑系，获建筑学学士学位。2002 年留学瑞士联邦理工大学 (ETH—Zurich)，获 Nachdiploma 学位。2006 年毕业于香港大学建筑学院，获建筑保护硕士学位。2003 年起受聘于瑞士联邦理工大学景观与空间规划研究所，担任瑞士沙溪复兴工程项目负责人至今，主要负责国际慈善资金的管理与实施，在地方政府的积极配合下，顺利实施完成了沙溪复兴工程的一、二、三期工程。2011 年起担任沙溪低碳社区中心项目负责人。

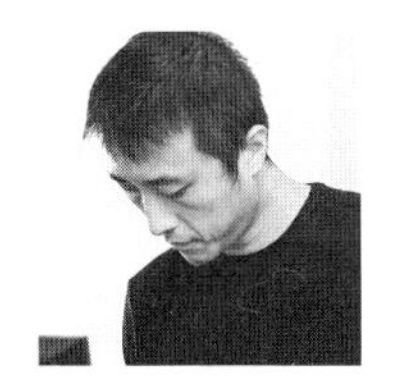

李虎

提名理由：毕业于美国莱斯大学和北京清华大学建筑学院。2000—2010 年李虎任职于美国斯蒂文 · 霍尔建筑事务所，从 2005 年起成为事务所合伙人，创建并负责其北京工作室，期间负责设计了一系列都市建筑作品，以其在绿色可持续建筑实践和城市公共空间营造的成功而产生重要影响力。2010 年底正式退出斯蒂文 · 霍尔建筑事务所合伙人职位，与黄文菁一起专注于 OPEN 建筑事务所的实践。

李立

提名理由：东南大学博士，2003—2005 年于同济大学建筑学博士后科研流动站完成博士后研究。2005 年至今，执教于同济大学建筑与城市规划学院，现任副教授、博士生导师。他以自主性的空间研究为支撑，在设计教学与建筑实践中不断探索。代表作品有费孝通江村纪念馆、洛阳博物馆新馆等。

林欣苹

提名理由：1972 年出生于台湾。毕业于铭传大学商业设计系空间设计组，后于南加州建筑学院（SCI-ARC）获建筑硕士。2000—2002 工作于 SOM 旧金山事务所，2002 年和戴嘉惠于台北成立“佾所建筑事务所”。林欣苹对于建筑创作怀抱高度热忱，创作对象为台湾低预算的公共工程，借着材料、构造和空间的高度整合，在此恶劣环境下完成优秀作品，更显得她在专业上的成熟。代表作品为新店高中体育馆、台北东门邮局 163 和阳明高中体育馆。并曾于铭传大学、淡江大学和台湾科技大学建筑系兼任教职。

刘国沧

提名理由：1972 年出生于台湾。于成功大学建筑系获得学士和硕士后，创立打开联合工作室。刘国沧持续致力于根植在当地生活的创造性设计，自在游走于传统与现代、地方和全球、理论和实践、农村与都会以及生活和工作，他的设计实践模糊了许多边界，为人们打开新视界。作为一位建筑的专业家，却在国际舞台上受到不只建筑专业领域的关注，企图以多元的艺术与建筑作为，传达对台湾文化的正向关心，并以实际的作为增加台湾产业的国际曝光度，成为台湾人文建筑师的典范。

刘振

提名理由：2007 年毕业于湖北美术学院环艺专业。2006—2009 年在谢英俊建筑事务所工作，2011 年至今工作在 CCDI（悉地国际）。代表作品有 WWF 访客信息中心、里坪村小学校等。他拥有质朴的社会责任感和人文关怀，同时关注材料、能耗、传统工艺等实际问题。

陶磊

提名理由：2007 年创建自己的建筑工作室，并于 2011 年正式成立陶磊（北京）建筑设计有限公司，同时任教于中央美院建筑学院及中央美术学院继续教育学院。在实践中，一直试图让建筑在当代的语境下，以有机、轻松且快乐的方式体现真实、自由的生活氛围，旨在中国传统的空间意识、文化意识及当下价值观的前提下去营造属于自己的空间意境。代表作品有：凹舍、悦 · 美术馆、孟宅等。

王硕

提名理由：毕业于清华大学并在美国莱斯大学，取得建筑学硕士学位，曾在纽约、鹿特丹、北京多家国际知名的设计事务所从事建筑设计及城市研究。2009 年离开 OMA，与合伙人一同专注于 META- 工作室的实践探索。作品具有明确的基于研究的特性，并且试图通过跨学科的合作建立城市研究和设计实践之间的桥梁。

王振飞

提名理由：2007年毕业于荷兰贝尔拉格学院，获得硕士学位，旅欧期间曾就职于荷兰UNStudio事务所和MVRDV事务所。在此之前获得天津大学建筑学院学士学位，并在天津华汇工程建筑设计有限公司工作。他于2008年回国创立了华汇设计北京分公司（HHD_FUN），并任主持建筑师。代表作品有日照山海天阳光海岸配套公共设施、于家堡工程指挥中心等。

段晓明（申报晋级）

出生在农村，自幼酷爱美术，但至今没有接受过任何专门的建筑及艺术相关教育；2003年毕业—2005年间，在北京从事室内绘图工作，并决心成为建筑师；2006—2007年，在深圳联合创艺建筑设计有限公司从事室内设计，并尝试建筑设计；2008—2009年，在北京，师承于恩师易介中，从事建筑及相关设计；2010年，成立北京舍汇建筑设计有限公司，并转移至南昌至今。代表作品包括江西从上实业办公楼、北京探戈坞音乐谷项目样板房等等。

冯果川（申报晋级）

本科毕业于重庆建筑大学，硕士毕业于北京大学建筑研究中心。2006年以来主持筑博建筑工作室。工作室一直关注建筑的社会性，寻找建筑与城市和环境的新关系，营造有效有趣的公共空间，通过设计调整空间利益配置，建构良性社会关系。代表作品包括南方科技大学校园规划、南宁市规划展示馆、泰然大厦、惠州万林湖会所等等。

谷巍（申报晋级）

1974年出生于北京。1997年毕业于北京工业大学土木工程系，获学士学位。2004年毕业于巴黎高等建筑专科学院获法国政府认证建筑师学位D.P.L.G。曾在法国AREP公司和Claude Vasconi Architectes Associes事务所工作，2006年回国后在场域建筑工作室工作，任合伙人建筑师。2008年后成立个人工作室一天建筑。建成的项目包括怀柔千院会所、雁栖开发区警察局、M宅等。

韩强（申报晋级）

加拿大CPC建筑设计顾问有限公司主创设计师。1998年毕业于西北建筑工程学院建筑系。在城市项目上，根据城市文脉关系和自身的功能特征，试图在城市中建立居住、办公、商务、出行、购物、文化娱乐、社交、游憩等各类功能复合、互相作用、互为价值链的高度集约的街区。用这种规划模式，力图通过新建筑的融入，将各个建筑单体整合为城市公建群体。

黎永宙（申报晋级）

美国加州州立理工大学园林建筑学学士，美国园境师学会准会员，现就职于梁黄顾建筑师（香港）事务所有限公司。主要作品包括重庆爱都会、成都城南一号展厅、重庆都会首站、香港东亚书院纪念公园、济南中建总部文化城二期等。设计作品强化以美化环境、打造绿色社会为主的环保理念，从而体现出以可持续发展为目标的整体设计原则。

凌克戈（申报晋级）

重庆建筑大学建筑学学士，2012 至今在上海都设建筑设计有限公司任总建筑师。代表作品包括上海 2010 年世博会世博中心、鲅鱼圈图书馆等。2009 年入选“中国 100 位最具影响力建筑师”。四项作品入选《2006 中国建筑艺术年鉴》。2006 年获第六届中国建筑学会青年建筑师奖，2007 年重庆大学主教学楼项目获“中国建筑”詹天佑奖。

卢志刚（申报晋级）

1997 年毕业于重庆建筑大学建筑城规学院。2003—2004 年，获法国总统奖学金，赴法国巴黎凡尔赛建筑学院进修。1997—2005 年任职华东建筑设计研究院，从事建筑设计工作，任主任建筑师、建筑创作所副总建筑师。2005 年至今，创建米丈建筑（MINAX）及米丈堂文化 (MINAXDO)。在建筑实践的同时，关注建筑学在大众中的交流与传播，并视之为中国建筑师推进当下建筑学发展的必要工作。曾策划中西城市比较研究的“城市取样 1 × 1”中欧巡回展，著有《城市取样 1 × 1》。

吕达文（申报晋级）

香港注册建筑师，毕业于香港大学建筑系，获授建筑硕士（优等荣誉）和建筑文学士（一级荣誉），工作多年后，有感于公众与社会文化对建筑之更深刻认知，后赴美国哥伦比亚大学深造建筑及城市设计硕士。获得哥伦比亚大学建筑学院“最佳城市设计奖”，毕业回国后，正值香港殖民时代结束的社会转变，在香港和深圳两地开设建筑设计所，从事建筑及室内设计相关工作。

钟乔（申报晋级）

1998 年毕业于深圳大学建筑系，现任深圳筑博工作室主持建筑师，国家一级注册建筑师。代表作品包括中粮集团亚龙湾总部、深圳南方科技大学行政办公楼、361 度厂区职工风雨廊、湖南浏阳欧阳予倩大剧院等。他的设计注重社会性，从建筑的城市角色和社会性出发，引导开发商自愿还地于民，以开放的心态接纳“人民的入侵”，通过分析周边城市环境，判断以何种公共空间的模式反馈给城市生活。

荣朝晖（申报晋级）

1994 年毕业于合肥工业大学建筑系，任职于江苏省江阴市建筑设计研究院有限公司。建筑形式只是思考的结果并非目的。在巨变的年代里，荣朝晖认为建筑需要给人传递出平静的心态和亲切的表情，这样文化才可以自然的延续。代表作品有南门会、新桥展览馆、南菁中学新校区等。

王彦（申报晋级）

1978 年出生，2001 年毕业于同济大学建筑学专业，2005 年取得瑞士苏黎世联邦工业大学建筑学硕士学位。曾先后就职于瑞士赫尔佐格和德梅隆建筑事务所，瑞士凯乐建筑技术有限公司，2008 年至今任上海绿环建筑设计事务所主持建筑师。代表作品包括鼎立雕刻馆、上海油雕院美术馆等等。

邢立华（申报晋级）

合肥工业大学建筑学学士。2001 年 7 月—2002 年 7 月任深圳市华筑设计工程有限公司建筑师，2002 年 7 月—2009 年 2 月任深圳市建筑设计研究总院建筑创作中心设计总监，2009 年 2 月至今任深圳市建筑设计研究总院有限公司孟建民建筑工作室所长。代表作品包括渡江战役纪念馆、合肥美术馆等等。

徐晋巍（申报晋级）

1981 年 11 月生。长安大学建筑学本科，天津大学建筑学硕士，国家一级注册建筑师。2011 年至今就职于上海建筑设计研究院有限公司项目三部，任方案创作主管。代表作品：上海文化信息产业园 B2 地块、无锡协信阿卡迪亚会所、西安路易山庄 B 型别墅设计、江西新余市文化中心、南通二中新校区规划及建筑设计等。

张淼（申报晋级）

2000 年毕业于天津城市建设学院，2008 年成立深圳市张淼建筑设计事务所，担任主持建筑师。代表项目包括前岸艺术酒店等。建筑师认为，任何设计都是对“思想”的一种表达方式，表现手法只是适合于这种表达方式的一种演绎。空间的设计无区分内或外，所谓的“建筑外观”是在满足建筑内部各功能空间的使用后，自然形成的一种外部形态。

郑宇飞（申报晋级）

加拿大 CPC 建筑设计顾问有限公司副总经理，1996 年毕业于南京建筑工程学院。代表作品包括浦江智谷园区、金地天逸居住区等。郑宇飞关注可持续发展的概念，致力营造智能化的建筑和社区。他的建造符合地域特点，结合现代建筑规划设计手法体现后工业社区正生态的空间序列，强调绿化生态空间的有机构成，深入体现后工业时期社区的全新生产模式与环境。

日清建筑设计团队（申报晋级）

首席建筑师宋照青，团队包括岑岭、李杰、程虎、任治国。日清设计是一家从事建筑和土木设计与监理，城市规划及与此相关的调查计划咨询等业务的综合性设计咨询机构。自 1997 年开始，积极参与了国内外众多大型项目的设计。日清设计希望通过不懈的努力与研究，为广大中国的城市建设及土地规划贡献力量。代表作品包括中星美华村、秦二世陵遗址公园、苏州仁恒棠北小区等等。

“建筑评论奖”提名

冯果川

提名理由：长期关注建筑批评和公共话语，在《南方都市报》等公共媒体上发表论文多篇，对当代城市和社会问题敢于直言批评，将专业问题置于公共话语之中，推动建筑与社会的互动交流。他提出“走向日常的建筑学”观点，指出当下国家意识形态大叙事与精英意识形态小叙事掩盖了建筑学更应该关注的、广泛存在的日常生活现实。

冯路

提名理由：上海无样建筑工作室的创始人和主持建筑师。自 1999 年起积极参与讨论建筑、城市与文化等相关问题，于 2000 年起担任 ABBS 纯粹建筑论坛版主十年间，有很好的理论修养和建筑设计能力，有大量的建筑评论与研究文章发表，在网络上的工作对建筑文化的大众传播工作影响力相当大。

赖德霖

提名理由：清华大学建筑历史与理论博士，芝加哥大学中国美术史博士，路易维尔大学美术系亚洲美术与建筑助教授，是著名建筑史学者。由于有着工学、建筑学、美术及考古学等多方面的专业知识与研究背景，他对于中国现代转型过程中产生的种种问题以及它们对城市和建筑发展的影响也有更清晰的把握。

李翔宁

提名理由：同济大学建筑与城市规划学院教授、中西学院院长。作为研究中国当代建筑理论、批评与策展的青年学者，积极地介入现实，活跃于建筑文化界，积极致力于中外建筑文化的交流与创新，包括建筑展览、论坛的策划和执行等，以搭建中外建筑文化沟通的平台。

汪文琦

提名理由：东海大学建筑学学士，柏林艺术大学建筑系硕士与博士。悠游于哲学和建筑之间的建筑评论家，总是坚持：建筑，在实用性之中更有其不可忽视的宇宙、人生面向。建筑评论取径为重置建筑于生活世界，以建筑进行生活价值的讨论。

王家浩

提名理由：建筑师、建筑批评及策展人、艺术家，从事设计、批评、策展、研究及教学等工作。现居住、工作于杭州、上海。在从事建筑与城市设计研究以及当代艺术创作的同时，还致力于探讨全球景观——资本时代压力下的中国城市化进程，及其条件下的社会发展新模式的可能性，并不断地对作为创作主体的建筑师的社会生产机制与知识体系提出批评。

周榕

提名理由：美国哈佛大学设计学硕士，清华大学建筑学院博士，副教授。以观点鲜明、率直、富于挑战性和批判性著称。在中国超速城市化浪潮与癫狂的建筑大跃进进程中，周榕始终保持着一个评论家应有的独立精神、自由思想和批判勇气。

第三届中国建筑思想论坛

（2011年12月18日，深圳音乐厅）

组织机构

主办《南方都市报》、《南都周刊》、《风尚周报》
全程赞助 光耀集团
运营机构 AND传播机构
合办《建筑师》、《时代建筑》、《世界建筑》、《domus国际中文版》、《新建筑》、《世界建筑导报》、《住区》、《城市·环境·设计》、《景观设计学》、《城市中国》、ABBS建筑网
官方网站 gd.qq.com/cama；cama.oeeee.com
官网支持 大粤网、奥一网
网络支持 新浪乐居
支持媒体《南方日报》、《南方周末》、《南方人物周刊》、《21世纪经济报道》、《城市画报》、《名牌》、《云南信息报》、《新京报》、《新周刊》、南方网、凯迪社区、新华社、中央人民广播电台、广东电视台、南方电视台、深圳电视台、腾讯、凤凰网、网易、Archina建筑中国

组委会

主任 黄常开、曹轲
副主任 庄慎之、陈朝华、夏逸陶、李丁
成员 余刘文、谭康林、池少伟、钟晨、高子晴
总策划人 赵磊

执行团队

AND传播机构·传媒大奖事业部

采编团队

采编 赵磊、左娟、黄露、郝丹、卢韵如、何嘉益、王莎莎、李丹、张雨丝
摄影 黄集昊、陈以怀
美编 郭雪琼
校对 张红慧

第三届中国建筑传媒奖（2012年）

组织机构

主办单位 南都全媒体集群、《南方都市报》
独家赞助 华侨城地产
独家运营 AND文化传播

发起《南方都市报》、《南都周刊》、《风尚周报》
合办《建筑师》、《时代建筑》、《世界建筑》、《domus国际中文版》、《新建筑》、《世界建筑导报》、《住区》、《景观设计学》、Archina建筑中国

官网 南都网（cama.oeeee.com）
官微 @中国建筑传媒奖

门户合作 腾讯、大粤房产、新浪乐居

特别合作《新周刊》、《人物》、《城市画报》、凤凰网房产

支持媒体《南方日报》、《南方周末》、《21世纪经济报道》、《南方人物周刊》、《名牌》、南方网、奥一网、腾讯 大粤网、凯迪网、《云南信息报》、《江淮晨报》、搜狐焦点、网易房产

专业资讯平台 ikuku建筑网、谷德设计网、自由建筑报道、SketchUp论坛

App制作 铁贝壳DigitalPartner

组委会

黄常开、陈剑、庄慎之、吴学俊、陈朝华、夏逸陶、余刘文、谭康林、池少伟、高子晴、赵磊

执委会主任 谭康林
总策划人 赵磊
执行统筹 高子晴

核心工作团队

总策划人　赵磊
策划助理　何柳

评审组
统筹　邮差
统筹助理　尹骁萌

现场组
统筹　卢仲怡
嘉宾统筹　梁美美
场地及制作统筹　蒋晓飞
设计及流程统筹　赵磊、谢旭
内部媒体统筹　朱丹瑾
外部媒体统筹　谢志平

整体形象　西行设计
视频制作　原景数码

采编团队

采编　张雨丝、王日晶、卢韵如、黄露、王莎莎、何嘉益、何柳、
　　　王相明、左娟、罗一洋
摄影　陈文才、黄集昊、万家（实习生）
美编　张搏
校对　张红慧、吴迪

图书在版编目(CIP)数据

走向公民建筑 2 / 南方都市报编 .— 桂林 : 广西师范大学出版社，2013.4
ISBN 978-7-5495-1104-4
Ⅰ. ①走… Ⅱ. ①南… ②中… ③中… Ⅲ. ①建筑学－学术会议－文集 Ⅳ. ① TU-53

中国版本图书馆 CIP 数据核字（2013）第 056347 号

策划：一石文化
http://blog.sina.com.cn/isreading

内容策划　赵磊
特约编辑　王乃竹 / 一石文化
装帧设计　陆智昌 / 一石文化

广西师范大学出版社出版发行
　　桂林市中华路22号　邮政编码：541001
　　网址：www.bbtpress.com

出 版 人：何林夏
出 品 人：刘瑞琳
责任编辑：周　昀
全国新华书店经销
发行热线：010-64284815
山东临沂新华印刷物流集团印刷
　　临沂高新技术产业开发区新华路　邮政编码：276017

开本：765mm × 1000mm　1/16
印张：25.75　字数：554千字
2013年4月第1版　2013年4月第1次印刷
定价：68.00元